海洋信息理论与技术系列图书

光谱学导论

Introduction to Spectroscopy

主　编　刘文军　郭　帅
副主编　潘玉寨

哈爾濱工業大學出版社
HARBIN INSTITUTE OF TECHNOLOGY PRESS

内容简介

本书对原子光谱和分子光谱的相关理论进行了介绍，重点介绍了原子光谱和分子光谱的产生原理及其测量与应用。本书内容包括绪论、辐射场的吸收和发射、原子光谱、光谱仪器、分子对称性、分子光谱基础、双原子分子的转动光谱和振动光谱、拉曼光谱、电子光谱、核磁共振谱等。

本书可作为光电信息科学与工程专业及应用物理专业的本科生教材，也可以作为光谱学相关专业学习和讨论的参考书。

图书在版编目(CIP)数据

光谱学导论/刘文军，郭帅主编. —哈尔滨：哈尔滨工业大学出版社，2023.7

ISBN 978-7-5767-0854-7

Ⅰ.①光… Ⅱ.①刘… ②郭… Ⅲ.①光谱学-高等学校-教材 Ⅳ.①O433

中国国家版本馆 CIP 数据核字(2023)第 101133 号

策划编辑 许雅莹
责任编辑 王会丽 宋晓翠
封面设计 刘长友
出版发行 哈尔滨工业大学出版社
社　　址 哈尔滨市南岗区复华四道街 10 号 邮编 150006
传　　真 0451-86414749
网　　址 http://hitpress.hit.edu.cn
印　　刷 哈尔滨市颉升高印刷有限公司
开　　本 787 mm×1 092 mm 1/16 印张 15.5 字数 355 千字
版　　次 2023 年 7 月第 1 版 2023 年 7 月第 1 次印刷
书　　号 ISBN 978-7-5767-0854-7
定　　价 38.00 元

前　　言

激光和光电子等技术的发展，尤其是在飞秒范围内光学参量振荡器和放大器、阿秒脉冲的产生、使用光学频率梳测量光波的绝对频率和相位的实现，极大地促进了现代光谱学的发展。光谱学技术被广泛应用于物理、化学、生物学、医学、大气研究、天体物理、材料科学、计量学、光通信网络等领域。

全书共 11 章，在编写时，主要考虑了以下内容。

(1)电磁辐射与物质相互作用的经典物理和量子力学基础分析，光谱线的展宽机制。

(2)氢原子光谱和简单多电子原子光谱的量子力学求解方法。

(3)光谱学研究中常用的测量仪器工作原理和性能分析。

(4)以非数学的方式阐述和分析分子对称性、键合及分子轨道能量计算。

(5)分子光谱的量子力学分析，简单分子轨道的量子力学求解，从原子轨道构建分子轨道。

(6)双原子分子的转动和振动光谱。

(7)拉曼光谱(包括线性拉曼光谱和非线性拉曼光谱)的产生原理。

(8)双原子分子的电子光谱。

(9)核磁共振谱。

本书是为了满足学生对光谱学系统基础知识的需要而编写的，主要针对光电信息科学与工程专业或应用物理专业的本科生。

本书由刘文军、郭帅主编，潘玉寨副主编。第 1～3 章、第 5～8 章由刘文军编写，第 9 章和第 10 章由郭帅编写，第 4 章和第 11 章由潘玉寨编写。作为一本与光谱学相关的图书，它无法涵盖光谱学的全部内容，如多原子分子光谱、光谱学的实验技术等。编者希望本书能够为相关专业本科生的学习提供帮助，不同专业的学生也可以根据相关背景，选择相关章节。

限于编者水平，书中难免存在疏漏和不足之处，望广大读者批评指正。

编　者

2023 年 4 月

目　　录

第1章 绪 论

本章主要阐述光谱学的定义、光谱学的发展简史、光谱学的研究内容、光谱学中常用的基本常数，以及频率、波数、波长和能量之间的换算关系。

1.1 光谱学的定义

光谱学是光学的一个分支学科，它主要研究各种物质与电磁波谱中不同频率分量之间的相互作用，主要涉及原子和分子对电磁辐射的吸收、发射和散射有关的科学研究，这些原子和分子可能处于气相、液相或固相中。

光谱学是一种通用的方法和技术，通过对光谱的研究，人们可以得到原子、分子等的能级结构、能级寿命、电子组态、几何形状、化学键性质、反应动力学等多方面的物质结构知识，在物质分析中它也提供了重要的定性与定量的分析方法。学习光谱学的目的是理解光是如何与物质进行相互作用的，以及如何利用这种作用了解被研究的样品。

理论上，光谱学研究的实验装置主要由三部分组成：辐射源、分析仪和检测系统。在许多现代光谱学技术中，被研究的系统需要以不同类型的静态或振荡电磁辐射为条件，详细研究这些辐射对系统的影响，以得到更加完善的系统图像。电磁辐射与样品相互作用可以影响样品和电磁辐射，其基本思想框架图如图 1.1 所示。

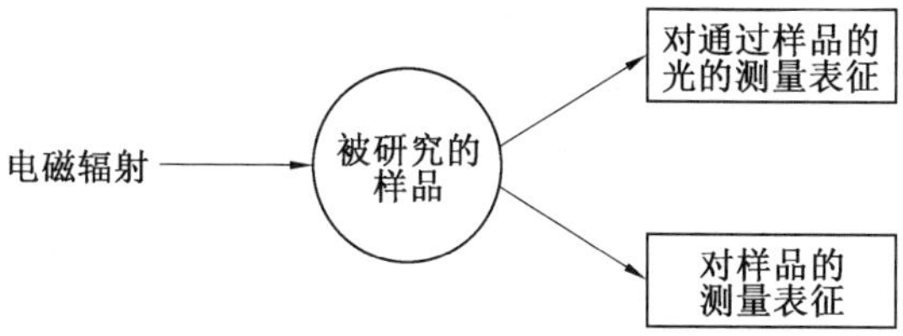

图 1.1 电磁辐射与样品相互作用的基本思想框架图

光谱学的初期研究主要涉及物质对光的吸收和发射过程，随着新的研究方法和研究方向的不断发展，光谱学的研究范围也在不断扩大。这些发展中的一个重要方向是时间分辨光谱，它可以提供其他方法所不能提供的高时间分辨率。在光谱学中还存在一些特定的极其活跃的研究领域，如单分子光谱和非线性光谱。光谱学技术在基础研究领域引起人们极大关注的一个重要原因是近年来所获得的令人兴奋的新知识、新发现，如单个化学键的化学反应动力学。此外，无损光谱技术被广泛应用于监控工业中不同过程和环境技术等领域。

1.2 光谱学的发展简史

1666年,牛顿通过玻璃棱镜把太阳光分解成从红光到紫光的光谱,他发现白光是由各种颜色的光组成的,这可算是最早对光谱的研究。

一直到1802年,沃拉斯顿观察到了光谱线,夫琅禾费在1814年也发现了光谱线。牛顿之所以没能观察到光谱线,是因为他使太阳光通过了圆孔而不是通过狭缝。1814—1815年,夫琅禾费发现了太阳光谱中的许多条暗线,并以字母来命名,其中有些命名沿用至今,此后便把这些线称为夫琅禾费暗线。

实用光谱学是由基尔霍夫与本生在19世纪60年代发展起来的,他们证明了光谱可以用作化学定性分析的新方法,并利用这种方法发现了几种当时还未知的元素,并且证明了太阳里也存在着多种已知的元素。

从19世纪中叶起,氢原子光谱一直是光谱学研究的重要课题之一。氢原子光谱中最强的一条谱线是1853年由瑞典物理学家埃格斯特朗探测出来的。此后的20年,在星体的光谱中观测到了更多的氢原子谱线。1885年,从事天文测量的瑞士科学家巴耳末找到一个经验公式来说明已知的氢原子谱线的位置,此后便把这一组线称为巴耳末系。继巴耳末的成就之后,1889年,瑞典光谱学家里德伯发现了许多元素的线状光谱系,其中最为明显的是碱金属原子的光谱系,它们也都可以用一个简单的公式进行解释。在分析氢原子光谱的过程中,所取得的各项成就对量子力学法则的建立起了很大的促进作用。这些法则不仅能够应用于氢原子,也能应用于其他原子、分子和凝聚态物质。

尽管氢原子光谱线的波长表达式十分简单,不过当时对其起因却茫然不知。一直到1913年,玻尔才对它做出了明确的解释,但玻尔理论并不能解释所观测到的原子光谱的各种特征,即使对于氢原子光谱的进一步解释也遇到了困难。能够圆满地解释光谱线产生的原因是20世纪发展起来的量子力学。光谱学在量子力学的发展中起着关键作用,对理解原子、分子性质和光谱实验结果至关重要。

光谱学使得量子力学的概念和描述具体化,不再是抽象的数学公式,如成功地观察到谱线分裂现象,这种分裂与电子的轨道角动量和自旋角动量密切相关。

电子自旋的概念首先是由乌伦贝克和古兹密特在1925年为了将碱金属原子光谱的测量结果作为假设而引入的。在狄拉克的相对论量子力学中,电子自旋的概念有了牢固的理论基础,它成了基本方程的自然结果而不是作为一种特别的假设。

1.3 光谱学的研究内容

根据光谱研究方法的不同,习惯上把光谱区分为发射光谱、吸收光谱与散射光谱。这些不同种类的光谱,从不同方面提供物质微观结构知识。

发射光谱可以分为线状光谱、带状光谱和连续光谱。线状光谱主要产生于原子,带状光谱主要产生于分子,连续光谱则主要产生于白炽的固体或气体放电。每种原子都有独特的光谱,犹如人的指纹一样各不相同。

每种原子自身都有一系列分立的能态，每一能态都有一定的能量。把氢原子光谱的最小能量定为最低能量，这个能态称为基态，相应的能级称为基态能级。当原子以某种方法从基态跃迁到较高的能态时，原子的内部能量增加，原子就会把多余的能量以光的形式发射出来，于是产生了原子的发射光谱；反之就产生吸收光谱。这种原子能态的变化不是连续的，而是量子性的，称为原子能级之间的跃迁。

在分子的发射光谱中，研究的主要内容是双原子分子的发射光谱。在分子中，电子态的能量是振动态能量的 50～100 倍，而振动态的能量是转动态能量的 50～100 倍。因此在分子电子态之间的跃迁，总是伴随着振动跃迁和转动跃迁，许多光谱线密集在一起而形成带状光谱。

从发射光谱的研究中可以得到原子与分子能级结构的知识，包括有关重要常数的测量，并且发射光谱被广泛地应用于物理、化学、生物等领域。

当一束具有连续波长的光通过物质时，光中的某些成分便会有所减弱，用光谱仪测量就得到该物质的吸收光谱。一般来说，吸收光谱学所研究的是物质吸收了哪些波长的光，吸收的程度如何，为什么会有吸收等问题，研究的对象基本为分子。吸收光谱的范围是很广阔的，有的吸收谱是连续的，称为一般吸收光谱；有的吸收谱显示出一个或多个吸收带，称为选择吸收光谱。选择吸收光谱在有机化学中有广泛的应用，包括对化合物的鉴定、化学过程的控制、分子结构的确定、定性和定量化学分析等。

分子的红外吸收光谱一般研究分子的振动光谱与转动光谱。分子振动光谱的研究表明，许多振动频率基本是分子内部某些很小基团的振动频率，并且这些频率就是这些基团的特征，而不管分子其余的成分如何。

在散射光谱中，拉曼光谱是最为普遍的光谱学技术。当光通过物质时，除了光的透射和光的吸收外，还观测到光的散射。在散射光中除了包括原来入射光的频率外（瑞利散射和廷德尔散射），还包括一些新的频率，由印度物理学家拉曼等人在 1928 年通过实验发现，因此这种产生新频率的散射称为拉曼散射，其光谱称为拉曼光谱。在拉曼等人宣布了他们的发现的几个月后，苏联物理学家兰茨见格等也报道了晶体中这种效应的存在。拉曼效应起源于分子振动（和点阵振动）与转动，因此从拉曼光谱中可以得到分子振动能级（点阵振动能级）与转动能级结构的知识。拉曼散射的频率及强度、偏振等标志着散射物质的性质，从这些数据可以推导出物质结构及物质组成成分等，因此拉曼光谱得到了广泛应用。

拉曼散射的强度大约为瑞利散射强度的千分之一，因此拉曼散射强度是十分微弱的，在激光器出现之前，为了得到一幅完善的光谱，往往很费时间。自从发明了激光器后，利用激光器作为激发光源，拉曼光谱学技术发生了很大的变革。激光器输出的激光具有很好的单色性、方向性，且强度很大，因而它们成为获得拉曼光谱的近乎理想的光源，因此拉曼光谱学的研究范围有了很大的拓展，除扩大了所研究的物质种类之外，在研究燃烧过程、探测环境污染、分析各种材料等方面拉曼光谱技术也已成为非常有用的工具。

通过原子光谱和分子光谱确定的波长、跃迁概率等基本物理量对天体物理学、等离子体、激光物理等学科有着重要的意义。电子光谱和核磁共振也被广泛应用于物质分析。可调谐激光器的出现极大地促进了光谱学的基础和应用研究，出现了新的应用激光光谱，如环境遥感、医学应用、爆炸分析、激光诱导化学和同位素分离。时间分辨光谱可以用于分析原子和分子系统的动力学特性。高能量超短激光脉冲的出现迅速拓展了超强激光一物质相互作用的研究，在理论研究方面提出了新的课题。

1.4 光谱学中常用的基本常数

光谱学中常用的基本常数见表1.1。

表1.1 光谱学中常用的基本常数

量的名称	符号	数值与单位
真空中光速	c	$2.997\,924\,58\times10^{8}$ m·s^{-1}
真空介电常数	ε_0	$8.854\,187\,816\times10^{-12}$ F·m^{-1}
质子电荷	e	$1.602\,176\,462(63)\times10^{-19}$ C
普朗克常量	h	$6.626\,068\,76(52)\times10^{-34}$ J·s
摩尔气体常数	R	$8.314\,472(15)$ J·mol^{-1}·K^{-1}
阿伏伽德罗常数	N_A	$6.022\,141\,99(47)\times10^{23}$ mol^{-1}
玻尔兹曼常数	$k(k=R/N_A)$	$1.380\,650\,3(24)\times10^{-23}$ J·K^{-1}
原子质量单位	$\mathrm{u}(1\ \mathrm{u}=10^{-3}\ \mathrm{kg}\cdot\frac{1}{N_A}\mathrm{mol})$	$1.660\,538\,73(13)\times10^{-27}$ kg
电子静止质量	m_e	$9.109\,381\,88(72)\times10^{-31}$ kg
质子静止质量	m_p	$1.672\,621\,58(13)\times10^{-27}$ kg
里德伯常量	R_∞	$1.097\,373\,156\,854\,8(83)\times10^{7}$ m^{-1}

原子单位制中atom unit＝a.u.，应用时需要与arbitrary unit＝a.u.区分开。

在原子和分子物理中，用基本电荷e作为电荷单位、电子质量m_e作为质量的单位，有时是很方便的，令$e=\hbar=m_e=1$，$\hbar$是普朗克常量除以2π，m_e是电子静止质量。

$$1\ \mathrm{a.u.}=e\frac{e}{4\pi\varepsilon_0 a_0}=\frac{\alpha\hbar c}{a_0}=4.359\,743\,81(34)\times10^{-18}\,\mathrm{J}$$
$$=27.211\,396\ \mathrm{eV}=219\,474.630\,5\ \mathrm{cm}^{-1}=2R_y \tag{1.1}$$

式中，c为光速；R_y为里德伯常量；α为精细结构常数，表达式为

$$\alpha=\frac{e^2}{4\pi\varepsilon_0\hbar c}\approx\frac{1}{137}=7.297\,352\,533(27)\times10^{-3} \tag{1.2}$$

a_0为玻尔半径，是氢原子中最小的轨道半径，表达式为

$$a_0=\frac{4\pi\varepsilon_0\hbar^2}{m_e e^2}=5.291\,772\,106\,7(12)\times10^{-11}\,\mathrm{m} \tag{1.3}$$

原子时间尺度由玻尔轨道上的电子周期决定，则

$$\tau_{a_0}=\frac{a_0}{\alpha c}=2.418\,884\,326\,500(18)\times10^{-17}\,\mathrm{s} \tag{1.4}$$

1.5 频率、波数、波长和能量

光谱学技术和方法的选择取决于所研究现象的能量范围。原子光谱和分子光谱的光谱范围及不同能级结构之间的跃迁如图 1.2 所示，可以用不同的单位表示。波长、频率和能量之间存在如下的简单关系：能量 $\Delta E = h\nu$，波长 $\lambda = c/\nu$，波数 $\tilde{\nu} = 1/\lambda = \nu/c$，频率 $\nu = c/\lambda$；h 为普朗克常量，c 为光速。能级间隔 ΔE 的单位可以用 eV、nm、cm^{-1} 或者 Hz 表示。表 1.2 中给出了不同能量单位之间的换算关系。

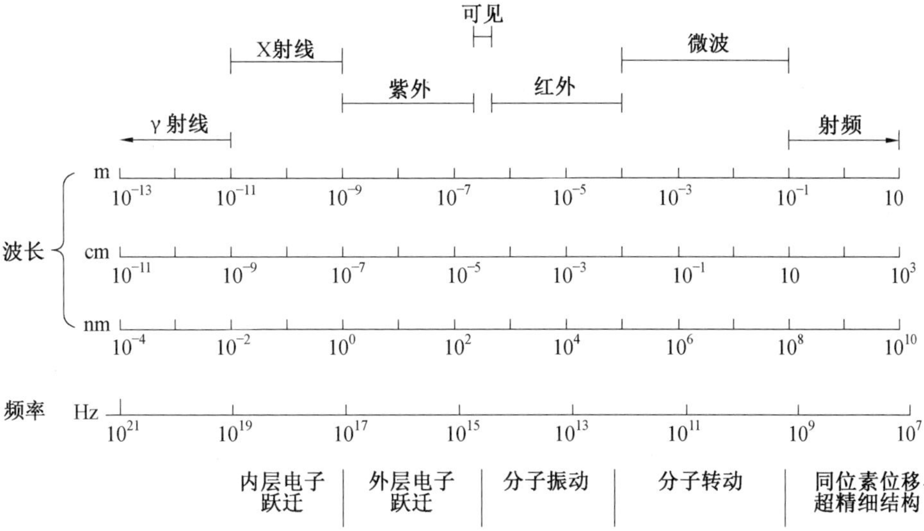

图 1.2 能级跃迁与大致对应的光谱波长

表 1.2 不同能量单位之间的换算关系

单位	Joule	cm^{-1}	Hz	eV
1 Joule	1	$5.033\,78\times10^{22}$	$1.509\,19\times10^{33}$	$6.241\,50\times10^{18}$
1 cm^{-1}	$1.986\,58\times10^{-23}$	1	$2.997\,92\times10^{10}$	$1.239\,92\times10^{-4}$
1 Hz	$6.626\,08\times10^{-34}$	$3.335\,65\times10^{-11}$	1	$4.135\,67\times10^{-15}$
1 eV	$1.602\,18\times10^{-19}$	$8.065\,02\times10^{3}$	$2.417\,99\times10^{14}$	1

单位的选择主要取决于能量区间及传统因素：

X 射线区	keV
可见和紫外区	nm
红外区	μm，cm^{-1}
射频区	MHz，cm^{-1}

上述单位之间的近似关系为

$$1\ eV \longleftrightarrow 8\,000\ cm^{-1} \longleftrightarrow 1\,200\ nm$$

$$1\ cm^{-1} \longleftrightarrow 30\ GHz$$

$kT|_{T=300} \approx 0.025$ eV(k 为玻尔兹曼常数，T 为绝对温度，$T=300$ K 为室温)

内层轨道之间的跃迁通常位于X射线区(keV)，外层轨道之间的跃迁通常位于可见、近紫外和红外区(eV)。原子光谱精细结构的量级为 10^{-3} eV(约 10 cm^{-1})，超精细结构的典型量级为 10^{-6} eV(约 300 MHz)。分子振动能分裂的量级为 0.1 eV，转动能分裂的量级为 10^{-3} eV。当然，这些能量的变化是很广泛的，上述的数值仅仅是为幅度量级提供初步的估算。

原子高能级 $|k\rangle$(物理上态的一种表示符号)与较低能级 $|i\rangle$ 之间的电子跃迁对应的光子能量为

$$\Delta E = E_k - E_i = h\nu = hc/\lambda_{\text{vac}} = hc\tilde{\nu} \tag{1.5}$$

式中，ν 是频率；$\tilde{\nu}$ 是波数，λ_{vac} 是真空中的波长。

最精确的光谱测量是测量跃迁频率，单位是Hz。测量了频率、波数或波长(在真空中)中的任何一个，就可以准确地确定其他项，这是因为光的速度是精确定义的。最常见的波长单位是纳米(nm)、埃(1 Å$=10^{-1}$nm)和微米(μm)。波数的国际单位是米的倒数，但是在实际应用中通常是用厘米的倒数表示：1 $\text{cm}^{-1}=10^2\,\text{m}^{-1}$，相当于 $2.997\,924\,58\times10^4$ MHz。除了频率和波数的单位外，原子能量通常用电子伏特(eV)表示，1 eV 是与下列每一个量相当的能量：

$2.417\,989\,40(21)\times10^{14}$ Hz

$8\,065.544\,45(69)$ cm^{-1}

$1\,239.841\,91(11)$ nm

$11\,604.505(20)$ K(Kelvin)

$1.602\,176\,53(14)\times10^{-19}$ J(Joule)

温度的基本单位开尔文(K)相当于 0.7 cm^{-1}。玻尔兹曼常数 k 的单位是波数每开尔文，即 $0.695\,035\,6(12)$ cm^{-1}/K。

在理论计算中经常用到原子单位制的能量单位 a.u.，1 a.u. $=2$ Rydberg(里德伯)。核质量为 M 的原子的里德伯常量 R_y 为 $1R_y=R_M=M(M+m_e)^{-1}R_\infty$，$R_\infty$ 是核质量 M 为无限大时里德伯常量的极限值，$R_\infty=m_e c\alpha^2/(2h)=10\,973\,731.568\,509(73)$ m^{-1}。

在光谱学中，对于一般单位来说，最常遇到的前缀是：T$=10^{12}$(tera)，G$=10^9$(giga)，M$=10^6$(mega)，k$=10^3$(kilo)，c$=10^{-2}$(centi)，m$=10^{-3}$(milli)，$\mu=10^{-6}$(micro)，n$=10^{-9}$(nano)，p$=10^{-12}$(pico)，f$=10^{-15}$(femto)，a$=10^{-18}$(atto)。

习 题

1.1 把下列物理量值转换成波数，单位为 cm^{-1}。

①$9.748\,32\times10^{-7}$ GHz；②$6\,437.846\times10^{-5}$ Å。

1.2 计算频率为 4.6 GHz 的辐射和波数为 37 000 cm^{-1} 的辐射中一个光子的能量分别为多少？

第 2 章　辐射场的吸收和发射

本章介绍了与谱学中吸收和发射跃迁有关的电偶极矩、自发和受激跃迁概率的计算；从经典力学出发分析推导了与吸收和色散有关的折射率；分析了光谱线的部分展宽机制，如多普勒效应展宽、均匀/非均匀展宽、饱和展宽。

2.1　电磁辐射

1861—1864 年，麦克斯韦创立了电磁理论；1886 年，赫兹用实验证明了电磁波的存在，并且证明光波也是电磁波。麦克斯韦的电磁理论成为研究光吸收和色散的基础。图 2.1所示为沿 x 方向传播的线性偏振波（通过均匀各向同性介质），电场强度 $\boldsymbol{E}$ 在 xOy 平面上振荡，磁场强度 $\boldsymbol{H}$ 在 xOz 平面上振荡。两个振荡具有相同的频率 ν 和相同的波矢 $\boldsymbol{k}$，在图 2.1 所示的情形中波矢只具有 x 分量 $k_x=2\pi/\lambda$。线性偏振波的传播可以用下述方程描述：

$$E_y=A_{0y}^{E}\cos(k_x x-2\pi\nu t) \tag{2.1a}$$

$$H_z=A_{0z}^{H}\cos(k_x x-2\pi\nu t) \tag{2.1b}$$

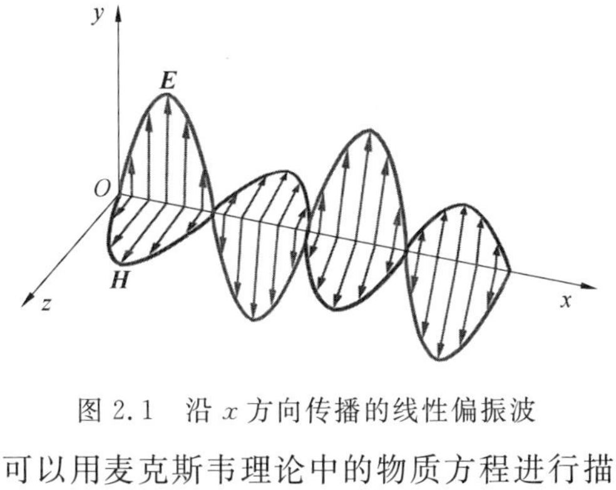

图 2.1　沿 x 方向传播的线性偏振波

各向同性均匀介质可以用麦克斯韦理论中的物质方程进行描述，介电位移 $\boldsymbol{D}$ 和感应电极化 $\boldsymbol{P}$ 可以表示为

$$\boldsymbol{D}=\varepsilon_0\boldsymbol{E}+\boldsymbol{P}=\varepsilon_0\varepsilon_r\boldsymbol{E}=\varepsilon_0(1+\chi_e)\boldsymbol{E} \tag{2.2}$$

式中，ε_0 是真空的介电常数；ε_r 是相对介电常数；χ_e 是电极化率。

磁感应强度 $\boldsymbol{B}$ 有一个类似的物质方程

$$\boldsymbol{B}=\mu_0(\boldsymbol{H}+\boldsymbol{M})=\mu_0\mu_r\boldsymbol{H}=\mu_0(1+\chi)\boldsymbol{H} \tag{2.3}$$

式中，μ_0 是真空的磁导率；μ_r 是相对磁导率；M 是磁极化强度。

电场分量在大多数光谱中起着最重要的作用，而磁场分量在磁共振技术中起着至关重要的作用。

为了确定波的传播速度 c，可以设定式(2.1)中余弦函数的相位变量为零并求一阶导

数 $\mathrm{d}x/\mathrm{d}t$，得到

$$c=\lambda\nu=\frac{1}{\sqrt{\varepsilon_0\varepsilon_r\mu_0\mu_r}}=\frac{c_0}{\sqrt{\varepsilon_r\mu_r}} \tag{2.4}$$

在真空中 $\varepsilon_r=\mu_r=1$，c_0 为真空中的光速。

电场的能量密度为 ED，磁场的能量密度为 BH，余弦的时间平均值为 1/2，因此线性偏振电磁波的能量密度 w 为

$$w=\frac{1}{2}\varepsilon_0\varepsilon_r E_y^2+\frac{1}{2}\mu_0\mu_r H_z^2 \tag{2.5}$$

沿 x 轴方向通过单位面积的能流密度——坡印亭矢量 $\boldsymbol{S}$ 等于能量密度和光速的乘积，即

$$\boldsymbol{S}=wc \tag{2.6}$$

根据式(2.6)可知沿传播方向的辐射能流与电场强度的振幅的平方成正比。

2.2 电动力学中的电偶极矩

为了描述偶极矩和极化率，采用电荷分布电势 $V(r)$ 的多极展开。电荷 q_n 位于 r_n 处，坐标系的原点位于电荷分布内或不远处。以水分子为例，其和观察点坐标系如图 2.2 所示，氧原子核位于 $\boldsymbol{r}'$ 处，观察点位于 $\boldsymbol{r}$ 处，图中灰色区域表示电子电荷分布。

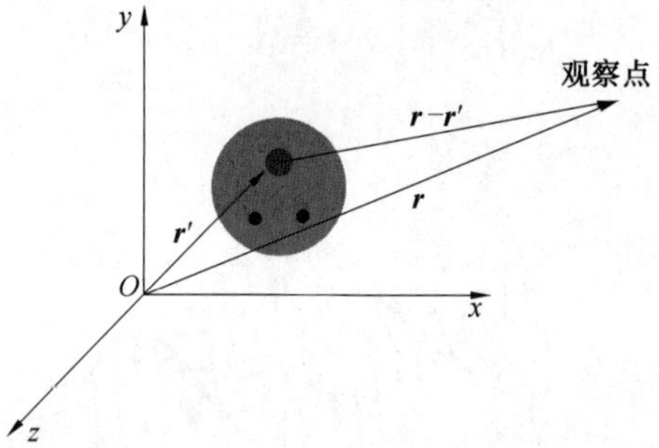

图 2.2 水分子和观察点坐标系

电势为

$$\begin{aligned}V(r)&=\frac{1}{4\pi\varepsilon_0}\sum_{n=1}^{N}\frac{q_n}{|\boldsymbol{r}-\boldsymbol{r}'_n|}\\&=\frac{1}{4\pi\varepsilon_0}\sum_{n=1}^{N}\frac{q_n}{r}\left[1-(x_n)_i\frac{\partial}{\partial x_i}+\frac{1}{2!}(x_n)_i(x_n)_j\frac{\partial}{\partial x_i\partial x_j}-\cdots+\cdots\right]\\&\approx\frac{1}{4\pi\varepsilon_0}[\boldsymbol{\varphi}^{(0)}+\boldsymbol{\varphi}^{(1)}+\boldsymbol{\varphi}^{(2)}]\\&=\frac{1}{4\pi\varepsilon_0}\left[\frac{1}{r}\sum_{n=1}^{N}q_n+\frac{1}{r^3}\boldsymbol{\mu r}+\frac{1}{r^5}\sum_{i,j}\theta_{ij}x_ix_j\right]\end{aligned} \tag{2.7}$$

式(2.7)表示的是观察点和电荷之间距离较大时的势能，即 $r=|\boldsymbol{r}|\gg|\boldsymbol{r}'_n|$，势能展开为观察点处 $1/r$ 的幂函数，展开的函数序列表明任何电荷的分布势能可以用多个乘积的和表示。以电中性的分子为例，在这种情况下展开式中的第一项 $\boldsymbol{\varphi}^{(0)}$ 为零，第二项 $\boldsymbol{\varphi}^{(1)}$ 为

偶极矩，$\boldsymbol{\varphi}^{(1)}$ 可以表示为 $\boldsymbol{\mu r}/r^3$ 或者 $\boldsymbol{\mu e}_r/r^2$，$\boldsymbol{e}_r$ 是沿 r 方向的单位矢量，$\boldsymbol{\mu}$ 是电荷分布的偶极矩，则

$$\boldsymbol{\mu}=\sum_{n=1}^{N} q_n \boldsymbol{r}_n \tag{2.8}$$

式(2.8)是矢量，方向沿着两电荷的连线，自负电荷指向正电荷，可用于衡量分子的极性。极性分子中正负电荷中心不重合，偶极矩大于零；而非极性分子中正负电荷中心是重合的，偶极矩为零。对于由无永久偶极矩粒子组成的介电材料而言，如 CO_2、CH_4，在外电场存在时分子的电子电荷密度和原子核几何构型偏离其平衡位置的现象，称为变形极化，由此产生的偶极矩称诱导偶极矩，表达式为

$$\boldsymbol{\mu}_{\text{induced}}=\alpha \boldsymbol{E} \tag{2.9}$$

诱导偶极矩的大小与外加有效电场强度 $\boldsymbol{E}$ 成正比，式(2.9)中比例系数 α 称为分子的极化率。这种诱导偶极矩与外电场的线性效应足以描述弱场导致的极化。当考虑非线性光学效应时，需要考虑诱导偶极矩的高阶项，式(2.9)可扩展为

$$\boldsymbol{\mu}_{\text{induced}}=\alpha \boldsymbol{E}+\beta \boldsymbol{E}^2+\gamma \boldsymbol{E}^3+\cdots \tag{2.10}$$

非线性效应在激光光谱学中扮演重要的角色。对于弱场，单位体积的感应偶极矩为

$$\boldsymbol{P}=\varepsilon_0 \chi_e \boldsymbol{E} \tag{2.11}$$

式中，ε_0 为真空介电常数；χ_e 为电极化率。

如果施加的是直流电源，则 $\boldsymbol{E}$ 是直流电场；如果采用频率为 ν 的交流电，并且电荷可以迅速改变方向，在这种情况下可以得到电场的相应磁化强度；带正电的原子核相对于带负电的电子壳层发生偏移产生电极化的时间小于 10^{-14} s。由于分子或晶格中的离子移位或振动导致的离子极化、畸变极化的时间相对较慢，时间量级约为 10^{-11} s，这两种极化统称为位移极化。

极性分子虽然有永久偶极矩，但由于热运动，偶极矩的取向是紊乱的，在没有外加电场时宏观物体中分子的平均偶极矩为零。有外电场存在时，一个偶极子的势能为

$$V=-\boldsymbol{\mu}\cdot\boldsymbol{E}=-\mu E\cos\theta$$

式中，θ 是 E 和 μ 之间的夹角。

2.3 吸收和色散

光在折射率为 $n>1$ 的介质中传播的相速定义为波长和频率的乘积，即 $c=\lambda\nu$，$c=c_0/n$，c_0 是光在真空中的速度。与频率有关的折射率 n 使色散可以用经典的模型进行描述。

考虑具有振幅矢量 $\boldsymbol{A}=(0,E_0,0)$ 的电场，它具有复数的时间依赖性 $\exp(\mathrm{i}\omega t)$，外场产生的受迫阻尼振荡的微分方程为

$$m\frac{\mathrm{d}^2 y}{\mathrm{d}t^2}+m\gamma\frac{\mathrm{d}y}{\mathrm{d}t}+m\omega_0^2 y=qE_0\exp(\mathrm{i}\omega t) \tag{2.12}$$

式中，m、q 和 ω_0 分别为振子的质量、电荷和特征频率；γ 为阻尼常数；y 为偏离平衡位置的位移。

式(2.12)的指数尝试解为 $y=y_0\exp(\mathrm{i}\omega t)$，可以得到受迫振动的复振幅为

$$y_0=\frac{qE_0}{m(\omega_0^2-\omega^2+\mathrm{i}\gamma\omega)} \tag{2.13}$$

在 y 方向上产生的感应偶极矩大小为

$$\mu_y=qy=\frac{qE_0}{m(\omega_0^2-\omega^2+\mathrm{i}\gamma\omega)}\exp(\mathrm{i}\omega t) \tag{2.14}$$

如果单位体积内有 N 个振子，则感应电极化为

$$\boldsymbol{P}_{\text{induced}}=\chi_e\varepsilon_0\boldsymbol{E}=N\boldsymbol{\mu}_{\text{induced}} \tag{2.15}$$

因此，极化率为

$$\chi_e=\frac{Nq^2}{m\varepsilon_0(\omega_0^2-\omega^2+\mathrm{i}\gamma\omega)} \tag{2.16}$$

介质的折射率为

$$n=\frac{c_0}{c}=\sqrt{\varepsilon_r\mu_r} \tag{2.17}$$

对于非铁磁性介质而言，$\mu_r=1$，则麦克斯韦关系为

$$n=\sqrt{\varepsilon_r}=\sqrt{1+\chi_e} \tag{2.18}$$

根据式(2.16)和式(2.18)可得，折射率的表达式为

$$n^2=1+\frac{Nq^2}{m\varepsilon_0(\omega_0^2-\omega^2+\mathrm{i}\gamma\omega)} \tag{2.19}$$

从式(2.19)可以看出折射率为复数，分解为实部和虚部可以表示为

$$n=n'-\mathrm{i}n'' \tag{2.20}$$

应用近似关系式 $n^2-1=(n+1)(n-1)\approx2(n-1)$，在共振频率 $|\omega-\omega_0|\ll\omega_0$ 或者 $\omega+\omega_0\approx2\omega_0\approx2\omega$ 附近，可以得到

$$n'=1+\frac{Nq^2(\omega_0-\omega)}{4m\varepsilon_0\omega_0[(\omega_0-\omega)^2+(\gamma/2)^2]} \tag{2.21a}$$

$$n''=\frac{Nq^2\gamma}{8m\varepsilon_0\omega_0[(\omega_0-\omega)^2+(\gamma/2)^2]} \tag{2.21b}$$

设一个沿 x 方向上传播的波为

$$E_y=A_y^E\exp[\mathrm{i}(\omega t-k_x x)] \tag{2.22}$$

应用波矢 $\boldsymbol{k}=n\boldsymbol{k}_0$，$|\boldsymbol{k}_0|=\omega/c_0$ 为真空中的波矢，式(2.22)可表示为

$$\begin{aligned}E_y&=A_y^E\exp\{\mathrm{i}[\omega t-k_{0x}(n'-\mathrm{i}n'')x]\}\\&=A_y^E\exp(-n''x\omega/c_0)\exp[\mathrm{i}k_{0x}(c_0t-n'x)]\end{aligned} \tag{2.23}$$

式(2.23)中等号右边的第一个指数项描述波的衰减，第二个指数项描述色散。

如果把振子的电荷 q 设为基本电荷 $-e$，式(2.21b)描述了带有一个价电子的原子的总吸收，态 $|i>$ 中 N_i 个电子可以通过吸收进入新的态 $|k>$(包括连续区的非离散状态)，因此对于从态 $|i>$ 跃迁到态 $|k>$ 的吸收，只需要考虑原子总吸收的一部分 f_{ik}。对于这些振子强度，有

$$\sum_k f_{ik}=1 \tag{2.24}$$

利用振子强度 f_{ik}，可以将离散跃迁引入经典导出方程，则折射率的虚部变为

$$n''=\frac{N_i e^2}{2\varepsilon_0 m}\sum_k \frac{\omega f_{ik}\gamma_{ik}}{(\omega_{ik}^2-\omega^2)+(\gamma_{ik}\omega)^2} \tag{2.25}$$

γ_{ik} 是从 $|i\rangle\to|k\rangle$ 跃迁的吸收谱线的宽度，并且它是对所有可能的激发能级 k 进行求和。由于频率 ω_{ik} 在一个宽的范围上延伸，因此不可能对所有 k 值输入单个频率都满足条件 $|\omega-\omega_{ik}|\ll\omega_{ik}$。

2.4 自发和受激跃迁、辐射定律

图 2.3 所示为吸收、受激发射和自发发射，自发发射不需要外部影响，受激发射只有在外部影响的情况下才能发生。考虑图 2.3 中孤立粒子的两个能级 E_1 和 E_2，$E_2-E_1=h\nu$。两个态的占有数为 N_1 和 N_2。

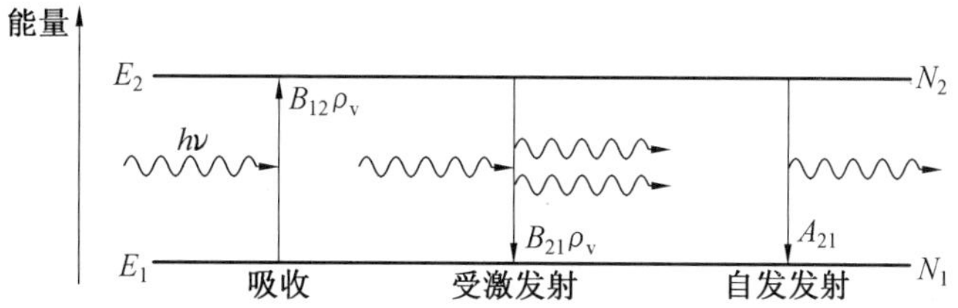

图 2.3 吸收、受激发射和自发发射

由于受激吸收，从态 1 跃迁到态 2 的粒子数为

$$-dN_1=B_{12}w_\nu N_1 dt \tag{2.26}$$

式中，$B_{12}w_\nu$ 是光谱能量密度为 w_ν 时的吸收概率。

跃迁粒子所吸收的能量为

$$dW_{abs}=h\nu dN_1 \tag{2.27}$$

从态 2 跃迁到态 1 以辐射的形式发射的能量为

$$dW_{em}=h\nu dN_2 \tag{2.28}$$

从态 2 到态 1 的粒子数为

$$-dN_2=(B_{21}w_\nu+A_{21})N_2 dt \tag{2.29}$$

自发发射概率 A_{21} 与外场无关，而受激发射概率依赖于外部电场，它是受激发射系数 B_{12} 与光谱能量密度 w_ν 的乘积。对于处于平衡态的闭合系统，吸收和发射量子数必须相等，即

$$(B_{21}w_\nu+A_{21})N_2=B_{12}w_\nu N_1 \tag{2.30}$$

可以得到下列关系：

$$\frac{N_2}{N_1}=\frac{B_{12}w_\nu}{B_{21}w_\nu+A_{21}} \tag{2.31}$$

应用玻尔兹曼统计，得到

$$\frac{N_2}{N_1}=\frac{g_2}{g_1}e^{-\frac{E_2-E_1}{kT}}=\frac{g_2}{g_1}e^{-\frac{h\nu}{kT}} \tag{2.32}$$

式中，k 为玻尔兹曼常数；h 为普朗克常量；g_1、g_2 分别为两个态的统计权重，不考虑能级的简并，设 $g_1=g_2=1$。

由式(2.31)和式(2.32)可以得到光谱能量密度 w_ν 为

$$w_\nu=\frac{A_{21}}{B_{12}\mathrm{e}^{\frac{h\nu}{kT}}-B_{21}} \tag{2.33}$$

在 $w_\nu\to\infty$ 和 $T\to\infty$ 的前提下，可以得到 $B_{12}=B_{21}$。应用近似 $\exp(h\nu/kT)\approx 1+(h\nu/kT)$，在 $h\nu\ll kT$ 和 $B_{12}=B_{21}$ 的前提下，有

$$w_\nu=\frac{A_{21}}{B_{12}\mathrm{e}^{\frac{h\nu}{kT}}-B_{21}}\approx\frac{A_{21}kT}{B_{21}h\nu} \tag{2.34}$$

在低频范围内($h\nu\ll kT$)，式(2.34)应符合瑞利－金斯定律，即

$$w_\nu=\rho_\nu=\frac{8\pi\nu^2kT}{c_0^3} \tag{2.35}$$

由式(2.34)和式(2.35)可以得到

$$\frac{A_{21}}{B_{21}}=\frac{8\pi h\nu^3}{c_0^3} \tag{2.36}$$

把式(2.36)代入式(2.33)，可以得到著名的普朗克辐射定律：

$$\rho_\nu=\frac{8\pi h\nu^3}{c_0^3}\frac{1}{\mathrm{e}^{\frac{h\nu}{kT}}-1} \tag{2.37}$$

如果用依赖于波长的能量密度 $\rho_\lambda\mathrm{d}\lambda$ 代替用频率表示的能量密度 $\rho_\nu\mathrm{d}\nu$，可以得到在真空中，有

$$\rho_\lambda=\frac{8\pi hc_0}{\lambda^5}\frac{1}{\mathrm{e}^{\frac{hc_0}{\lambda kT}}-1} \tag{2.38}$$

在式(2.38)的推导中用到了 $\nu=c_0/\lambda$ 和 $\mathrm{d}\nu=-c_0/\lambda^2\mathrm{d}\lambda$。

对于 $h\nu\gg kT$，有 $\exp(h\nu/kT)\gg 1$，由式(2.38)可以得到

$$\rho_\nu=\frac{8\pi h\nu^3}{c_0^3}\mathrm{e}^{-\frac{h\nu}{kT}} \tag{2.39}$$

对式(2.38)取关于波长 λ 的一阶导数并等于零，可以得到黑体在 $\lambda_{\max}$ 处的谱能量密度的最大值，波长遵从下列关系式：

$$\lambda_{\max}T=\mathrm{constan}\ t=\frac{hc_0}{49\ 651k}=28\ 978\ \mathrm{mm\cdot K} \tag{2.40}$$

式中，49 651 是导数的零点。

式(2.40)描述了随着温度的升高，强度分布的最大值向较短波长移动。这个定律是维恩在 1893 年推导出来的，被称为维恩位移定律。在 300 K 时，黑体的最大辐射位于约 10 μm 的红外波段；只有在约 4 000 K 时，它才会进入可见光谱。

由式(2.38)和式(2.40)，得到在最大值范围内的能量密度定律为

$$\rho_\lambda^{\max}=\mathrm{constan}\ t\cdot T^5 \tag{2.41}$$

对式(2.39)进行积分，得到黑体的总辐射为

$$\int_0^\infty\rho_\lambda\mathrm{d}\lambda=\frac{8\pi^6k^4}{15c_0^3h^3}T^4=\sigma T^4 \tag{2.42}$$

因此，黑体的总辐射与温度的四次方成正比。

如果使用爱因斯坦系数，根据式(2.36)得到自发发射和受激发射概率之间的关系为

$$\frac{A_{21}}{B_{21}\rho_\nu}\approx\frac{h\nu}{kT} \tag{2.43}$$

在 $T=300\ \mathrm{K}$ 的温度下，两种概率之间的平衡是位于 $\nu=\frac{k300}{h}\mathrm{K}\approx 6,25\times10^{12}\ \mathrm{Hz}$，相当于 $\tilde{\nu}=208\ \mathrm{cm}^{-1}$ 或者 $\lambda=48\ \mu\mathrm{m}$，位于远红外波段。

引入特征振动或模式，以拓宽自发发射与受激发射的关系。因此，可以在具有平行反射镜的封闭立方腔中使用光子图像或波动图像。在光子图像中，光子在镜子之间来回反射；在波动图像中，腔内形成驻波场，驻波的场强在空腔边缘消失，基于这一原因，反射镜 M 之间的距离必须是 $\lambda/2$ 的整数倍。在真空中使用驻波的图像，在长度为 L 的立方体中任意驻波的波矢为

$$\boldsymbol{k}=\frac{\pi}{L}(n_x, n_y, n_z) \tag{2.44}$$

式中，$n_i(i=x,\ y,\ z)$ 是正整数；$|\boldsymbol{k}|=2\pi/\lambda$。

振荡频率为

$$\nu=\frac{\omega}{2\pi}=\frac{c_0}{\lambda}=|\boldsymbol{k}|\frac{c_0}{2\pi}=\frac{c_0}{2L}\sqrt{n_x^2+n_y^2+n_z^2} \tag{2.45}$$

从所有模式的总和中可以导出矢量势 $\boldsymbol{A}$ 为

$$\boldsymbol{A}=\sum_j \boldsymbol{a}_j\sin(\boldsymbol{k}_j\boldsymbol{r}-\omega_j t) \tag{2.46}$$

矢量振幅 $\boldsymbol{a}_j$ 表示与时间相关的矢量，并且每个下标 j 和每个波矢 $\boldsymbol{k}_j$ 表示 $(n_x,\ n_y,\ n_z)$ 的一个确定组合。假设 $\boldsymbol{A}$ 是电磁场的矢势并设定 $\mathrm{div}\ \boldsymbol{A}=0$，它对于矢量积 $\boldsymbol{k}_j\boldsymbol{a}_j=0$ 的 j 值保持成立，因此波矢垂直于矢量振幅，波是横向的，可以表示为两个线性偏振波的线性组合。因此，每个矢量 $\boldsymbol{k}_j$ 具有两个特征振动，或者模式(或状态)。

式(2.45)中的波矢 $\boldsymbol{k}$ 可以用三维 k 空间中的一个点表示，这一空间和普通的三维空间的区别在于它只包含整数值 n_x、n_y 和 n_z 的点。区间 Δk_x、Δk_y 和 Δk_z 中 k 的可能取值的数目为 $\Delta n=\Delta n_x\Delta n_y\Delta n_z$，由于 $k_i=(\pi/L)n_i$，因此

$$\Delta n=\frac{L^3}{\pi^3}\Delta k_x\Delta k_y\Delta k_z \tag{2.47}$$

$|\boldsymbol{k}|$ 和 $|\boldsymbol{k}|+\Delta|\boldsymbol{k}|$ 之间的点的数目等于球壳的体积。由于仅考虑 n_i 的正值，因此相关的空间体积只有球壳总体积的八分之一，即

$$\Delta n=\frac{L^3}{\pi^3}\frac{4\pi}{8}|\boldsymbol{k}|^2\Delta|\boldsymbol{k}| \tag{2.48}$$

每单位体积的不同模式的数量是

$$\frac{\Delta n}{L^3}=\frac{1}{\pi^2}|\boldsymbol{k}|^2\Delta|\boldsymbol{k}| \tag{2.49}$$

用微分量(d)代替(Δ)，并用微分频率范围内每单位体积的模式数 $n(\nu)\mathrm{d}\nu$ 代替 $\Delta n/L^3$，用 $\mathrm{d}|\boldsymbol{k}|$ 代替 $\Delta|\boldsymbol{k}|$($|\boldsymbol{k}|=2\pi\nu/c_0$)，得到

$$n(\nu)=\frac{8\pi\nu^2\mathrm{d}\nu}{c_0^3} \tag{2.50}$$

根据式(2.37)和式(2.51)可得，发射系数之间的关系是

$$\frac{A_{21}}{B_{21}}=n(\nu)\mathrm{d}\nu \tag{2.51}$$

用光谱能量密度 w_ν 对式(2.51)进行拓展，受激发射概率与自发发射概率的关系为

$$\begin{aligned}\frac{A_{21}w_\nu}{B_{21}}&=w_\nu\frac{1}{n(\nu)}\frac{1}{h\nu}\\&=\frac{N\text{个光子的能量}}{\text{体积}\times\text{频率}}\,\frac{\text{体积}\times\text{频率}}{\text{模式的数目}}\,\frac{1}{\text{一个光子的能量}}\\&=\frac{\text{光子的数目}N}{\text{模式的数目}}\end{aligned} \tag{2.52}$$

结果表明，对于任意模式，受激发射概率与自发发射概率的关系等于这种模式中的光子数。

2.5 跃迁概率的计算

考虑电磁辐射与原子、分子的相互作用需要用量子力学知识进行处理，但是量子力学理论过于烦琐。下面用半经典推导代替精确的量子理论描述。

考虑偶极子的电荷分布以圆频率 ω 变化，电偶极矩随时间的变化为

$$\boldsymbol{\mu}(t)=\boldsymbol{\mu}\cos\omega t \tag{2.53}$$

经典自发发射偶极子的辐射功率遵循电动力学的平均辐射功率，即

$$\langle \boldsymbol{P}_{\mathrm{em}}\rangle=\frac{1}{4\pi\varepsilon_0}\frac{2}{3c_0^3}\left\langle\left[\frac{\mathrm{d}^2\boldsymbol{\mu}(t)}{\mathrm{d}t^2}\right]^2\right\rangle=\frac{\omega^4\mu^2}{12\pi\varepsilon_0c_0^3} \tag{2.54}$$

式(2.54)中的偶极矩算符 $\boldsymbol{\mu}=q\boldsymbol{r}$，$q$ 表示间距为 r 的电荷的绝对值，由于电子自旋具有两种可能性，因此式(2.54)中偶极矩算符应乘2。从态2跃迁到态1的跃迁偶极矩为

$$\boldsymbol{M}_{21}=q\int\Psi_2^*\boldsymbol{r}\Psi_1\mathrm{d}\tau \tag{2.55}$$

式中，Ψ_1 为态1的波函数；Ψ_2^* 为态2波函数的复共轭。

式(2.54)的功率期望值为

$$\langle\boldsymbol{P}_{21}\rangle=\frac{\omega^4}{3\pi\varepsilon_0c_0^3}|\boldsymbol{M}_{21}|^2 \tag{2.56}$$

由于 $\boldsymbol{r}$ 是矢量算符，因此 $\boldsymbol{M}_{21}$ 也是矢量，则

$$|\boldsymbol{M}_{21}|^2=|M_{21x}|^2+|M_{21y}|^2+|M_{21z}|^2 \tag{2.57}$$

对于自发发射偶极子，跃迁概率为

$$A_{21}=\frac{\langle\boldsymbol{P}_{21}\rangle}{h\nu}=\frac{16\pi^3\nu^3}{3\varepsilon_0hc_0^3}|\boldsymbol{M}_{21}|^2 \tag{2.58}$$

由式(2.36)和式(2.58)可得，爱因斯坦受激吸收系数为

$$B_{21}=\frac{2\pi^2}{3\varepsilon_0h^2}|\boldsymbol{M}_{21}|^2 \tag{2.59}$$

式(2.58)和式(2.59)描述了基于跃迁偶极矩 $\boldsymbol{M}_{21}$ 的受激发射系数 B_{21}、自发发射系数 A_{21} 和受激吸收系数 B_{21} 之间的关系。跃迁偶极矩 $\boldsymbol{M}_{21}$ 与讨论的状态的波函数有关，因此式(2.58)和式(2.59)是粒子与电磁辐射相互作用的重要基础，它们是许多光谱实验的基础。

2.6 寿命和自然线宽

图 2.3 中态 2 是激发能级，并假设它在热平衡中没有被占据，在 $t=0$ 时刻的激发导致粒子布居数为 $N_2=N_0$，从态 2 到态 1 的跃迁可以由自发过程和受激过程引起。本书的寿命一般指的是激发态的寿命，这是因光子的自发发射而导致的结果，可将离开态 2 的粒子表示为

$$-\mathrm{d}N_2=A_{21}N_2\,\mathrm{d}t \tag{2.60}$$

对式(2.60)进行积分并考虑初始条件 $N_2(t=0)=N_0$，可以得到

$$N_2(t)=N_0\mathrm{e}^{-A_{21}t} \tag{2.61}$$

函数 $N_2(t)$的时间平均值是激发态粒子的平均寿命 τ，表达式为

$$\tau=\langle t\rangle=\frac{\int_0^{\infty}tN_2(t)\,\mathrm{d}t}{\int_0^{\infty}N_2(t)\,\mathrm{d}t}=\frac{\int_0^{\infty}tN_0\mathrm{e}^{-A_{21}t}\,\mathrm{d}t}{\int_0^{\infty}N_0\mathrm{e}^{-A_{21}t}\,\mathrm{d}t}=\frac{1}{A_{21}} \tag{2.62}$$

从式(2.61)可以看出，当时间 $t=1/A_{21}$ 时，$N_2(t)$ 已降低到初始值 N_0 的 $1/\mathrm{e}$，等于粒子的平均寿命。通过测量激发态的寿命，可以直接确定自发辐射概率并通过式(2.59)计算爱因斯坦系数 B_{21}。寿命的标准偏差 Δt 是指平均寿命 τ 的均方根偏差，即

$$(\Delta t)^2=\frac{\int_0^{\infty}(t-\tau)^2N_2(t)\,\mathrm{d}t}{\int_0^{\infty}N_2(t)\,\mathrm{d}t}=\frac{\int_0^{\infty}(t-\tau)^2N_0\mathrm{e}^{-t/\tau}\,\mathrm{d}t}{\int_0^{\infty}N_0\mathrm{e}^{-t/\tau}\,\mathrm{d}t}=\tau^2 \tag{2.63}$$

在这种情况下，寿命 Δt 的标准偏差也是 τ。

1927 年，海森堡提出的量子力学原理指出，任意两个相互规范共轭量(如位置和动量、能量和时间)的不确定性乘积永远不可能小于$\frac{h}{2\pi}$，即

$$\Delta E\Delta t\geqslant\frac{h}{2\pi} \tag{2.64}$$

根据 $\Delta E=h\Delta\nu$ 和式(2.64)，可以得到

$$\Delta\nu\geqslant\frac{1}{4\pi\Delta t}=\frac{1}{4\pi\tau} \tag{2.65}$$

将式(2.63)和式(2.59)代入式(2.65)，得到

$$\Delta\nu\geqslant\frac{1}{4\pi\Delta t}=\frac{1}{4\pi\tau}=\frac{4\pi^2\nu^3}{3\varepsilon_0hc_0^3}|\boldsymbol{M}_{12}|^2 \tag{2.66}$$

作为频率不确定度的最小极限，从数学的观点来看，这是一个标准偏差。

为了导出与式(2.65)相似结果的经典关系，可以利用傅里叶变换关系。在光谱学中可以用傅里叶变换关系将信号从时域转换为频域，反之亦然。傅里叶变换的对称形式表达为

$$g(t)=\frac{1}{2\pi}\int_{-\infty}^{+\infty}f(\omega)\mathrm{e}^{\mathrm{i}\omega t}\,\mathrm{d}\omega \tag{2.67}$$

$$f(\omega)=\frac{1}{2\pi}\int_{-\infty}^{+\infty}g(t)\mathrm{e}^{-\mathrm{i}\omega t}\,\mathrm{d}t \tag{2.68}$$

考虑函数

$$g(t)=e^{-t/T_d}\cos\omega_0 t \tag{2.69}$$

式中，$t>0$ 并且 $0<1/T_d\ll\omega_0$；ω_0 为振荡的频率；T_d 为衰减的时间常数。

在进一步考虑中，采用 $\exp(i\omega_0 t)=\cos\omega_0 t+i\sin\omega_0 t$，实数函数 $g(t)$ 可用复变函数代替，即

$$g(t)=e^{-t/T_d+i\omega_0 t} \tag{2.70}$$

使用式(2.69)可以得到式(2.70)的傅里叶变换为

$$f(\omega)=\frac{i}{\sqrt{2\pi\left(\omega_0-\omega+\frac{i}{T_d}\right)}}=\frac{T_d}{\sqrt{2\pi}}\frac{1}{1+(\omega_0-\omega)^2 {T_d}^2}+i\frac{T_d}{\sqrt{2\pi}}=f'(\omega)+if''(\omega) \tag{2.71}$$

复函数 $f(\omega)$ 被分离为式(2.71)等号右边的实部和虚部两部分，与频率相关的实部为

$$f'(\omega)\frac{\sqrt{2\pi}}{T_d}=\frac{1}{1+(\omega_0-\omega)^2 T_d^2}=f_{\text{Lorentz}} \tag{2.72}$$

式(2.72)为洛伦兹曲线表达式。图 2.4 所示为洛伦兹曲线及其半宽度 $\Delta\omega_{1/2}$ 和 $\delta\omega_{1/2}$，$2/T_d=\delta\omega_{1/2}$ 为曲线半峰值的全宽度(FWHM)。

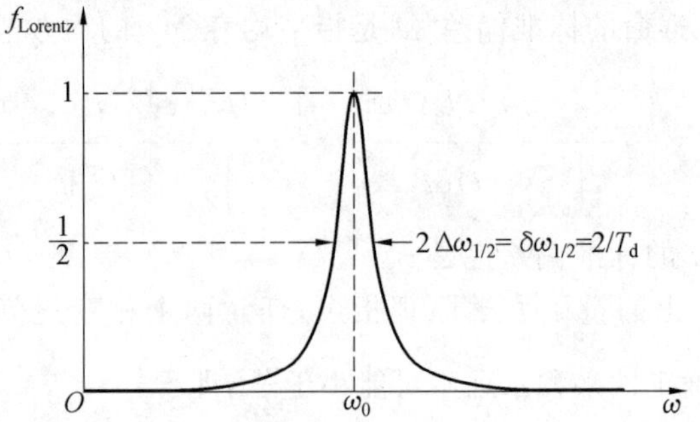

图 2.4 洛伦兹曲线及其半宽度 $\Delta\omega_{1/2}$ 和 $\delta\omega_{1/2}$

洛伦兹曲线 $f'(\omega)$ 具有与折射率虚部相同的频率依赖性，虚部 $f''(\omega)$ 与折射率的实部相似。在折射率方程的推导中，是从外电场作用下的阻尼振动微分方程式(2.12)开始的。自由振子由相应的齐次微分方程描述，即外场具有零振幅：

$$m\frac{d^2y}{dt^2}+m\gamma\frac{dy}{dt}+m\omega_0^2 y=0 \tag{2.73}$$

在初始条件为 $y=1$ 和 $(dy/dt)_{t=0}=0$ 的情况下，式(2.73)的实值解为

$$y(t)=e^{-t\gamma/2}\left[\cos\omega t+(\gamma/2\omega)\sin\omega t\right] \tag{2.74}$$

式中，$\omega=\sqrt{\omega_0^2-(\gamma/2)^2}$，如果阻尼较弱即 $0<\gamma\ll\omega_0$，可以认为 $\omega=\omega_0$，得到

$$y(t)=e^{-t\gamma/2}\cos\omega_0 t \tag{2.75}$$

表示频率 ω_0 的阻尼振荡的振幅为 $e^{-t\gamma/2}$。用 dy/dt 乘式(2.73)，得到

$$\frac{d}{dt}\left[\frac{m}{2}\left(\frac{dy}{dt}\right)^2+\frac{m}{2}\omega_0^2 y^2\right]+m\gamma\left(\frac{dy}{dt}\right)^2=0 \tag{2.76}$$

式(2.76)方括号中的两项分别对应于动能和势能，因此，它表示振荡的总能量 W。

从式(2.75)和式(2.76)中得到辐射功率为

$$\frac{\mathrm{d}W}{\mathrm{d}t}=-m\gamma\omega_0^2\mathrm{e}^{-t\gamma}\sin^2\omega_0 t \tag{2.77}$$

在一个完整的振动周期内,平均功率为

$$\langle\frac{\mathrm{d}W}{\mathrm{d}t}\rangle=-\frac{1}{2}m\gamma\omega_0^2\mathrm{e}^{-t\gamma} \tag{2.78}$$

在 $t=1/\gamma$ 时,功率下降到初始值的 1/e。因此,时间常数 $1/\gamma$ 可以被认为是大量无阻尼但有时限的振动的平均寿命,类似于一个态的寿命 τ,二者的关系为 $\tau=1/\gamma$。

通过将时间函数式(2.69)与相应的频率函数式(2.72)进行比较,并考虑 $T_{\mathrm{d}}=2/\gamma$,可以看出平均寿命为 τ 的振子产生宽度为 $\delta\omega_{\frac{1}{2}}=1/\tau$ 的洛伦兹曲线,以频率表示为

$$\delta\nu_{1/2}=\frac{1}{2\pi\tau} \tag{2.79}$$

这个按经典方法导出的方程与量子力学不确定关系式(2.65)相似,光谱线的"自然"轮廓通常是洛伦兹曲线,它的半宽度是有限寿命 τ 通过式(2.79)确定的。

目前,一直假设粒子只在态 2 中具有有限寿命,如果态 1 不是基态也具有有限寿命,即粒子在两种状态下都具有有限寿命,如图 2.5 所示,则必须用下式确定的 τ 替换式(2.79)中的 τ,则

$$\frac{1}{\tau}=\frac{1}{\tau_1}+\frac{1}{\tau_2} \tag{2.80}$$

禁戒跃迁激发态的寿命范围从皮秒到秒。

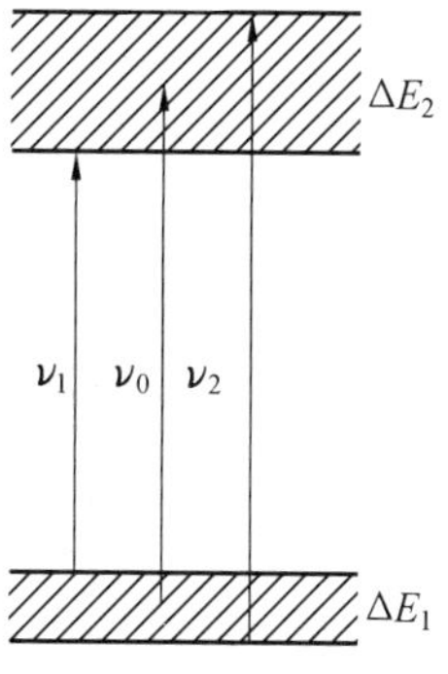

图 2.5 态 1 和态 2 都具有有限寿命示意图

例如,对于夫琅禾费线 D_1 的产生,涉及钠的基态 $3\mathrm{s}(^2\mathrm{S}_{1/2})$ 和具有寿命 $\tau=16$ ns 的激发态 $3\mathrm{p}(^2\mathrm{P}_{1/2})$,该线的波长为 $\lambda=c_0/\nu=589.1$ nm。根据这些数据,可以得到频率大约为 5×10^{14} Hz,根据式(2.79)可以得到 $\delta\nu_{1/2}=10^7$ Hz。另外,由于 $\tau/T=\tau\nu\approx8\times10^6$,因此发射的辐射振幅只有在几百万次振荡之后才明显减小。

2.7 多普勒效应展宽、均匀/非均匀展宽、饱和展宽

2.6 节中考虑的谱线自然展宽是线宽的下限,测量装置或强入射辐射饱和会导致观察到的光谱线轮廓展宽。此外,所研究的物质内原子和分子的运动也会导致谱线展宽。

粒子之间的弹性和非弹性碰撞导致碰撞展宽或压力展宽，如果碰撞导致发生跃迁，则状态的寿命缩短，谱线展宽可以由式(2.79)来计算。展宽效应可以发生在各种不同的形式中，在低压气体中多普勒展宽占主导地位。

多普勒在1842年提到并且几年后在声学和光学中都证明，如果音调(或辐射)源和观察者(或接收器)以速度 v 相对运动，则会发生频率变化。如果 $\boldsymbol{k}$ 是波矢，而忽略了相对论效应，则观测频率 ω 与发射频率 ω_0 之间的差值由关系式 $\omega-\omega_0=\boldsymbol{k}\cdot\boldsymbol{v}$ 给出。考虑一个沿 x 方向上移动的波，即 $\boldsymbol{k}=(k_x,0,0)$，因为 $|\boldsymbol{k}|=\omega_0/c_0$，并且 $\omega=\omega_0(1+v_x/c_0)$，所以

$$v_x=c_0\ \frac{\omega-\omega_0}{\omega_0} \tag{2.81}$$

麦克斯韦—玻尔兹曼速度分布给出了质量为 m 的 N 个粒子在温度 T 时的最概然速率 v_{p}，可表示为

$$v_{\mathrm{p}}=|v_{\mathrm{p}}|=\sqrt{\frac{2kT}{m}} \tag{2.82}$$

速率在 v 和 $v+\mathrm{d}v$ 之间的粒子数为 $n(v)\mathrm{d}v$，如果只考虑 x 分量 v_x 可得到一维方程为

$$\frac{n(v_x)}{N}=\mathrm{constantexp}\left[-\left(\frac{v_x}{v_{\mathrm{p}}}\right)^2\right] \tag{2.83}$$

吸收或发射的辐射强度 $I(\omega)$ 取决于吸收或发射特定频率的粒子的数量，因此由于多普勒效应，$I(\omega)$ 也取决于 v_x，把式(2.81)代入式(2.83)，得到

$$\frac{n(v_x)}{N}=\mathrm{constantexp}\left[-c_0^2\left(\frac{\omega-\omega_0}{\omega_0 v_{\mathrm{p}}}\right)^2\right] \tag{2.84}$$

因此

$$I(\omega)=I(\omega_0)\exp\left[-c_0^2\left(\frac{\omega-\omega_0}{\omega_0 v_{\mathrm{p}}}\right)^2\right] \tag{2.85}$$

强度分布对应于高斯曲线，将式(2.82)代入式(2.85)，得到谱线的多普勒宽度为

$$\delta\omega^{\mathrm{Doppler1/2}}=\frac{\omega_0}{c_0}\sqrt{\frac{8kT\ln 2}{m}} \tag{2.86}$$

利用阿伏伽德罗常数 N_{A}、摩尔质量 $M=N_{\mathrm{A}}m$、气体常数 $R=N_{\mathrm{A}}k$ 和真空中的光速 c_0，可以得到

$$\frac{\delta\omega^{\mathrm{Doppler1/2}}}{\omega_0}=\sqrt{\frac{T}{M}}\times 7.16\times 10^{-7} \tag{2.87}$$

例如，以589.1 nm的Na—$\mathrm{D_1}$线为例，在 $T=500$ K时，有

$$\frac{\delta\omega^{\mathrm{Doppler1/2}}}{2\pi}=1.7\times 10^9\ \mathrm{Hz} \tag{2.88}$$

因此，比自然线宽展宽了170倍。

所有粒子在态 $E_i\longleftrightarrow E_k$ 之间跃迁时，当考虑分别具有相同或不同的跃迁概率时，就会发生均匀和非均匀谱线展宽。

均匀展宽的一个典型例子是谱线的自然展宽，非均匀展宽的一个典型例子是多普勒效应展宽。均匀展宽中每个发光原子所发出的光对谱线宽度内任一频率都有贡献，而且这个贡献对每个原子都是相同的展宽。

在多普勒展宽中，虽然每个静止原子所发出的光的中心频率均为 ν_0，但相对接收器具有某一特定速度的发光原子所发出的光只对谱线内该速度所对应的表观频率有贡献，也就是说，不同速度的原子的作用是不同的。

如果有一个多普勒展宽谱线，对于一个频率 ω，它只在相对速度 v_x 的某个间隔中引起跃迁，同时谱线的其他部分不受影响，从而不发生吸收。这样的过程可以在谱线的饱和行为中看到。如果布居数的初始值由足够的自发发射或受激发射维持，该过程称为线性吸收，在这种情况下，吸收功率与输入功率成正比。然而，如果输入功率很高，导致介质出现非线性吸收，吸收系数不再是常数而是小于线性吸收系数，如图 2.6(a)所示，此时所讨论的两个能级的粒子布居数之差被输入能量显著改变；极端情况是两个能级的粒子布居数变得相等，出现吸收饱和，饱和改变了光谱线的形状，如图 2.6(b)所示。$S=0$ 表示没有出现饱和吸收，$\alpha_0(\omega)$为线性吸收系数，γ 为线性吸收的光谱线宽度；$\alpha_s(\omega)$为饱和吸收系数，它随输入强度的增加而减小，虚线为饱和吸收光谱线，γ_s 为宽度。均匀的展宽谱线在中间部分更强烈地饱和，因为那里的能量转移是最大的，这导致谱线展宽。

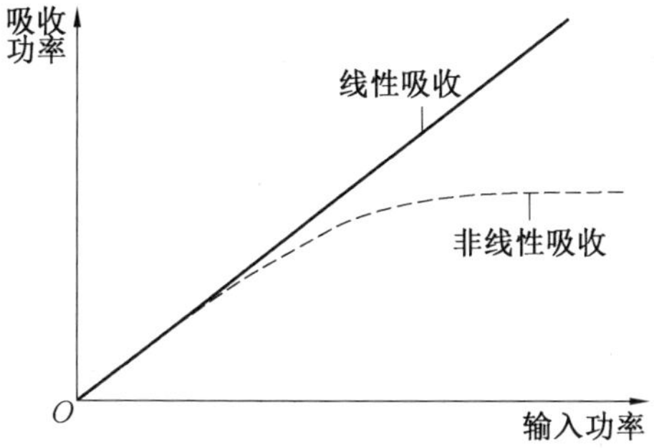

(a) 线性吸收和非线性吸收原理

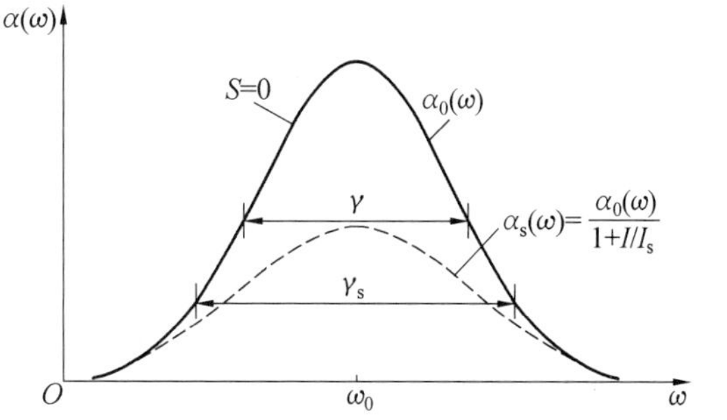

(b) 线性吸收和饱和吸收光谱线

图 2.6 吸收原理与吸收光谱

2.8 光谱的线强度和带强度

1726 年，皮埃尔·布格认为光束在吸收介质中的衰减与光束的强度和介质的长度成正比；1760 年，朗伯用一个方程描述了这一现象；1852 年，比尔通过对稀释溶液的吸收测量，发现具有恒定横截面的介质的透射率仅取决于光透过的介质的数量。这些认识导致了定量光谱学的基本定律，即比尔定律或比尔一朗伯定律。如果吸收层透射的光强度为 $I=DI_0$，它遵从的是透射率的对数并且透射率为

$$\lg\frac{I}{I_0}=-\varepsilon_\nu c_M d \tag{2.89a}$$

$$D=\exp(-\varepsilon_\nu c_M d\ln 10) \tag{2.89b}$$

定律中的 ε_ν 是与频率相关的摩尔消光系数；d 是物质层的厚度(单位通常为 cm)；c_M 是吸收物质的摩尔浓度，单位摩尔每升(mol/L)。摩尔消光系数 ε_ν 的量纲为体积×摩尔$^{-1}$×吸收层的厚度$^{-1}$，层厚度的单位为厘米，因此摩尔消光系数 ε_ν 单位为 mol/L。有些情况下也使用自然消光系数 $\varepsilon_{\nu n}$，在式(2.89b)中使用自然对数代替十进制对数，则 $\varepsilon_{\nu n}=$

$\varepsilon_\nu \ln 10 \approx 2.3\varepsilon_\nu$。

消光系数取决于折射率的虚部，因为它描述了电场通过介质时的衰减。由于辐射能与场强振幅的平方成正比，比较式(2.23)和式(2.89b)可以得到下列关系：

$$\frac{2n''\omega}{c_0}=\varepsilon_\nu^n c_{\mathrm{M}}=m_\nu \tag{2.90}$$

式中，m_ν是单位长度的消光率。

在实际应用中测量的是线或带的整体消光，对于对应关系的推导，将局限于线性吸收，在这种情况下，对于垂直于表面F的入射光束，入射光谱辐射强度为$I=c_0 w_\nu F$，吸收光谱强度遵从关系$I=I_0\exp(-m_\nu x)$。由式(2.89b)和式(2.90)可以看出

$$\mathrm{d}I=c_0 w_\nu F m_\nu \mathrm{d}x \tag{2.91}$$

若F为单位面积，沿x坐标积分到单位长度后，得到单位体积的光谱吸收强度I_{abs}为

$$I_{\mathrm{abs}}=c_0 w_\nu m_\nu \tag{2.92}$$

I_{abs}是频率的函数，在光谱线(或带)的频率范围内，入射电磁波的光谱能量密度w_ν可以认为是常数。

可通过积分得到在谱线的频率范围内积分的吸收强度，即功率密度为

$$\frac{\mathrm{d}w_{\mathrm{abs}}}{\mathrm{d}t}=\int_{\omega_1}^{\omega_2} c_0 w_\nu m_\nu \mathrm{d}\nu=c_0 w_\nu \int_{\nu_1}^{\nu} m_\nu \mathrm{d}\nu=c_0 w_\nu s \tag{2.93}$$

式中，s为积分吸收系数。

从式(2.26)可以看出，在非简并能级$E_k>E_i$和$N_k\ll N_i$之间，$|i>\longrightarrow|k>$跃迁的净速率为$B_{ik}w_\nu N_i$。对于每一个跃迁，吸收的能量为$h\nu_{ik}$，N_i是每单位体积的粒子数。单位体积的吸收功率为

$$\frac{\mathrm{d}w_{\mathrm{abs}}}{\mathrm{d}t}=h\nu_{ik}B_{ik}w_\nu N_i \tag{2.94}$$

根据式(2.93)、式(2.94)和式(2.59)，可以得到

$$s=\frac{h\nu_{ik}B_{ik}N_i}{c_0}=\frac{2\pi^3\nu_{ik}N_i}{3\varepsilon_0 c_0 h}|M_{ik}|^2 \tag{2.95}$$

式(2.95)将积分吸收系数与跃迁偶极矩结合起来。

根据式(2.90)、式(2.93)和式(2.94)，可以推导出爱因斯坦系数与振子强度之间的关系为

$$s=\frac{h\nu_{ik}B_{ik}N_i}{c_0}=\int_{\nu_1}^{\nu_2} m_\nu \mathrm{d}\nu=\frac{4\pi\nu_{ik}}{c_0}\int_{\nu_1}^{\nu_2} n''\mathrm{d}\nu \tag{2.96}$$

根据式(2.25)，只考虑共振附近的频率，得到类似于方程式(2.21b)的关系。根据实际情况，用频率代替角频率并最终有

$$n''=\frac{N_i e^2}{16\pi^2\varepsilon_0 m\nu_{ik}}\frac{f_{ik}\gamma_{ik}}{(\nu_{ik}-\nu)^2+(\gamma_{ik}/2)^2} \tag{2.97}$$

结合式(2.97)和式(2.96)并计算积分，得到

$$B_{ik}=\frac{e^2}{4\varepsilon_0 m h\nu_{ik}}f_{ik} \tag{2.98}$$

由此，给出了可测积分吸收系数、经典观点的振子强度、爱因斯坦系数和跃迁偶极矩

之间的关系。在将这些关系与其他出版物中类似的方程进行比较时，请注意，使用不同的基础知识会出现不同形式的方程；当使用辐射密度代替光谱能量密度时，频率被波长或波数代替，甚至用角频率代替频率时尤其如此。

习　题

2.1　根据海森堡不确定性原理，以 cm^{-1} 和 Hz 为单位估计脉冲长度为 30 fs(飞秒)的脉冲辐射的波数和频率展宽。

2.2　分子振动能级的自发寿命较长，导致处于电子基态的两个振动能级之间的分子跃迁的自然线宽非常小，对于典型寿命 $\tau=10^{-3}$ s，自然线宽为多少？

2.3　氢原子莱曼线系的 α 线(2p $\longrightarrow$ 1s 跃迁)，在温度为 $T=1\ 000$ K、$M=1$、$\lambda=121.6$ nm、$\nu_0=2.47\times10^{15}$ s 的情况下，多普勒光谱展宽为多少赫兹？多少纳米？

2.4　功率为 1 MW、波长为 1 000 nm 的单色红外测距仪在 0.1 s 内发射多少光子？

2.5　计算具有以下特征谱线跃迁的自发发射和受激发射爱因斯坦系数 A 和 B 的比率。

(a)70.8 pm X 射线；(b)500 nm 可见光；(c)3 000 cm^{-1} 红外辐射。

2.6　以时速 80 km/h 接近红色(660 nm)交通灯的多普勒频移波长是多少？

2.7　估算产生谱线宽度为 0.10 cm^{-1} 和 1.0 cm^{-1} 态的寿命。

2.8　光子的动量由德布罗意关系式给出：$p=h/\lambda=\hbar k$。假设一个面积为 1.00 m^2 的平面完全吸收 1 000 W 的 400 nm 光，计算辐射压力。

2.9　Cs 的功函数为 2.14 eV，求被波长为 400 nm 的光照射时发射出的电子的最大动能。

第3章 原子光谱

原子光谱是由原子中电子运动状态发生变化时吸收或发射的特定频率的电磁频谱产生的，原子光谱为线状谱。原子的吸收光谱是在亮背景上出现的一些暗线，原子的发射光谱是在暗背景上出现的一些亮线。用高分辨率的光谱仪器对原子光谱进行测量发现谱线中有精细结构和超精细结构，原子光谱的特征反映了原子内部电子运动的规律。

量子力学理论可以很好地解释原子光谱的产生，原子光谱也为量子力学提供了很好的实验支持。根据量子力学理论可以计算出吸收或发射的光谱线的频率和强度。原子光谱技术在化学、天体物理学、等离子物理学和物质分析应用技术科学中都有广泛的应用。

3.1 氢 原 子

1900 年，普朗克提出了黑体中微观振子的能量 E 和频率 ν 之间的关系为

$$E=nh\nu \tag{3.1}$$

式中，n 是自然数；h 是普朗克常量。

1913 年，玻尔在他的原子模型中假设电子以角动量 $p=n\hbar=nh/2\pi$ 围绕原子核做圆周运动，半径为 $r_n=n^2a$，$a=4\pi\varepsilon_0\hbar^2/Zm_re^2$，$Z$ 代表原子序数。氢原子玻尔半径为 $a_0=4\pi\varepsilon_0\hbar^2/m_ee^2\approx0.529\times10^{-10}\,\mathrm{m}$。能量的量子化遵循电子轨道角动量的量子化，玻尔进一步假定，按照经典电动力学定律这些状态中的电子不发射能量。然而，从高能级 n' 到低能级 n'' 的跃迁应该发射能量为 $h\nu$ 的光子，按经典计算能量的差值 ΔE 为

$$\Delta E=\frac{m_re^4}{8h^2\varepsilon_0^2}\left(\frac{1}{n''^2}-\frac{1}{n'^2}\right)=h\nu \tag{3.2}$$

式中，m_r 为电子和原子核的约化质量，$m_r=m_em_{\mathrm{nucleus}}/(m_e+m_{\mathrm{nucleus}})$。

1889 年，里德伯发现，波数可以写成类似于式(3.2)的形式，常数因子是用一个类似的波数方程来计算的，称为里德伯常量 R（R_∞ 表示 $m_r=m_e$ 时的里德伯常量极限值），这对于核的质量为无限大的假设是正确的。对于真实的原子核，必须考虑校正因子$(1+m_e/m_{\mathrm{nucleus}})$，则有

$$\frac{1}{\lambda}=R_\infty\left(\frac{1}{n_1^2}-\frac{1}{n_2^2}\right)=\frac{m_ee^4}{8h^3\varepsilon_0^2c}\left(\frac{1}{n_1^2}-\frac{1}{n_2^2}\right) \tag{3.3a}$$

$$R_\infty=\frac{m_re^4}{8h^3\varepsilon_0^2c_0}\approx1.097\ 373\ 15\times10^7\,\mathrm{m}^{-1} \tag{3.3b}$$

$$R=\frac{R_\infty}{1+m_e/m_{\mathrm{nucleus}}} \tag{3.3c}$$

如果把核的质量 m_{nucleus} 设为质子的静止质量，可以得到 R_H，从氢的光谱测得 $R_H=109\ 677.58\ \mathrm{cm}^{-1}$。

物质的粒子一波动双重属性一直是人们讨论的热点问题。1906 年，爱因斯坦用光的粒子性来解释光电效应；1924 年，德布罗意提出所有具有动量 p 的粒子都具有由方程

$p=h/\lambda$给出的波长，他归纳和推广了物质的粒子一波动属性。1926 年，玻恩给出了本质上具有统计意义的波函数 $\Psi(x, y, z, t)$，它描述了作为位置和时间函数的波的振幅，波函数 Ψ 与其复共轭 Ψ^* 的乘积 $\Psi\Psi^*$ 为 t 时刻粒子在位置(x, y, z)处被发现的概率，由此定义的波函数是 1926 年薛定谔提出波动方程的重要组成部分。

与时间无关的薛定谔方程为

$$\mathscr{H}\Psi=E\Psi \tag{3.4}$$

本征值方程仅对能量 E 的确定本征值具有归一化解 Ψ，称为本征函数。E 可以被认为是一个数值因子，它代表了可以观察到的量子力学系统的离散本征值的集合；算符 $\mathscr{H}$ 表示应用于波函数的数学运算，最简单的例子是质量为 m 的非相互作用粒子，其沿着电势 V 在 x 方向上移动，该运算是波函数 Ψ 的二阶微分，即

$$\mathscr{H}=-\frac{\hbar^2}{2m}\frac{\partial^2}{\partial x^2}+V(x) \tag{3.5}$$

量子力学的基本算符 $\mathscr{H}$ 是以哈密顿的名字命名的，被称为哈密顿算符。哈密顿量的三维表示是

$$\mathscr{H}=-\frac{\hbar^2}{2m}\nabla^2+V(r) \tag{3.6}$$

算符∇^2称为拉普拉斯算子，它通常也写为 Δ，并且在笛卡儿坐标系下为

$$\Delta=\nabla^2=\frac{\partial^2}{\partial x^2}+\frac{\partial^2}{\partial y^2}+\frac{\partial^2}{\partial z^2} \tag{3.7}$$

在球面坐标系下为

$$\Delta=\nabla^2=\frac{1}{r^2\sin\theta}\left[\sin\theta\frac{\partial}{\partial r}\left(r^2\frac{\partial}{\partial r}\right)+\frac{\partial}{\partial\theta}\left(\sin\theta\frac{\partial}{\partial\theta}\right)+\frac{1}{\sin\theta}\frac{\partial^2}{\partial\varphi^2}\right] \tag{3.8}$$

式中，r 是电子与置于核内坐标原点的距离。

图 3.1 所示极坐标图，显示了半径为 r 的球，矢量 $\boldsymbol{r}$ 将位于球中间的原点与表面上的点 P 连接起来，在极坐标中，点由 $P(r, \theta, \varphi)$给出，在笛卡儿坐标中由 $P(x, y, z)$给出，$P(r,\theta,\varphi)$与 $P(x, y, z)$之间的转换可以使用下列方程：

$$\begin{cases}x=r\sin\theta\cos\varphi\\ y=r\sin\theta\sin\varphi\\ z=r\cos\theta\end{cases} \tag{3.9}$$

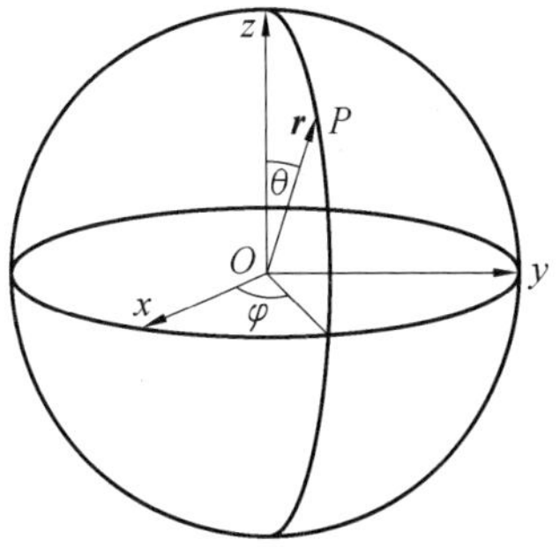

图 3.1 极坐标图

与时间有关的薛定谔方程的解描述了系统随时间的变化：

$$\mathscr{H}\Psi=\mathrm{i}\hbar\frac{\partial\Psi}{\partial t} \tag{3.10}$$

对于氢原子而言，约化质量为 m_r、电荷为 $-e$ 的电子在带电为 e 的原子核的电场中运动，库仑势包含电荷之间的距离 r，哈密顿算符为

$$\mathscr{H}=-\frac{\hbar^2}{2m_r}\nabla^2-\frac{e^2}{4\pi\varepsilon_0 r} \tag{3.11}$$

虽然极坐标中的拉普拉斯算子式(3.8)与笛卡儿表示式(3.7)相比显得复杂,但是它极大地简化了电荷球对称分布的问题,极坐标下波函数由径向函数和球谐函数的乘积组成,即

$$\Psi(r,\theta,\varphi)=R_{nl}(r)N_l^{|m|}\mathrm{P}_l^{|m|}(\cos\theta)\mathrm{e}^{\mathrm{i}m\varphi}=R_{nl}(r)\mathrm{Y}_l^m(\theta,\varphi) \tag{3.12}$$

式中,n 是主量子数;l 是轨道量子数,并且 $l<n$;$m(-l\leqslant m\leqslant l)$是磁量子数,也称为取向量子数(轨道角动量相对于任何外磁场或电场的方向的取向)。

对于径向波函数 $R_{nl}(r)$,半径 r 常被量纲为一的 $r=r/a_0$ 所代替,其中 a_0 是氢原子的玻尔半径。对于具有原子电荷 Z 的类氢原子核,须用 a_0/Z 替换 a_0。在前三个壳层中($n=1, 2, 3$),$R(r)$为

$$\begin{cases} R_{10}(r)=\dfrac{1}{\sqrt{a_0^3}}2\mathrm{e}^{-r/a_0} \\ R_{20}(r)=\dfrac{1}{\sqrt{8a_0^3}}\left(2-\dfrac{r}{a_0}\right)\mathrm{e}^{-r/2a_0} \\ R_{21}(r)=\dfrac{1}{\sqrt{24a_0^3}}\dfrac{r}{a_0}\mathrm{e}^{-r/2a_0} \\ R_{30}(r)=\dfrac{2}{\sqrt{27a_0^3}}\left[1-\dfrac{2}{3}\dfrac{r}{a_0}+\dfrac{2}{27}\left(\dfrac{r}{a_0}\right)^2\right]\mathrm{e}^{-r/3a_0} \\ R_{31}(r)=\dfrac{8}{27\sqrt{6a_0^3}}\left(1-\dfrac{1}{6}\dfrac{r}{a_0}\right)\dfrac{r}{a_0}\mathrm{e}^{-r/3a_0} \\ R_{32}(r)=\dfrac{4}{81\sqrt{30a_0^3}}\left(\dfrac{r}{a_0}\right)^2\mathrm{e}^{-r/3a_0} \end{cases} \tag{3.13}$$

径向波函数随着指数 r 的增大而呈指数趋向于零,在径向发现电子的概率为 $4\pi r^2 R_{nl2}$。

式(3.12)中的 $N_l^{|m|}$ 是归一化因子,$\mathrm{P}_l^{|m|}(\cos\theta)$表示勒让德多项式,拉普拉斯球谐函数 $\mathrm{Y}_l^m(\theta,\varphi)=N_l^{|m|}\mathrm{P}_l^{|m|}(\cos\theta)\mathrm{e}^{\mathrm{i}m\varphi}$,$l=0$, 1 和 2 的函数在式(3.14)中给出,考虑到进一步的必要变换,式(3.14)中也给出了笛卡儿坐标系下的函数:

$$\begin{cases} Y_{00}=\dfrac{1}{\sqrt{4\pi}} \\ Y_{10}=\sqrt{\dfrac{3}{4\pi}}\cos\theta=\sqrt{\dfrac{3}{4\pi}}\dfrac{z}{r} \\ Y_{1\pm1}=\mp\sqrt{\dfrac{3}{8\pi}}\sin\theta\mathrm{e}^{\pm\mathrm{i}\varphi}=\mp\sqrt{\dfrac{3}{8\pi}}\dfrac{x\pm\mathrm{i}y}{r} \\ Y_{20}=\sqrt{\dfrac{5}{16\pi}}(3\cos^2\theta-1)=\sqrt{\dfrac{5}{16\pi}}\dfrac{3z^2-r^2}{r^2} \\ Y_{2\pm1}=\mp\sqrt{\dfrac{15}{8\pi}}\sin\theta\cos\theta\mathrm{e}^{\pm\mathrm{i}\varphi}=\mp\sqrt{\dfrac{15}{8\pi}}\dfrac{(x\pm\mathrm{i}y)z}{r^2} \\ Y_{2\pm2}=\sqrt{\dfrac{15}{32\pi}}\sin^2\theta\mathrm{e}^{\pm2\mathrm{i}\varphi}=\sqrt{\dfrac{15}{32\pi}}\dfrac{(x\pm\mathrm{i}y)^2}{r^2} \end{cases} \tag{3.14}$$

在量子力学中态函数的线性组合也是薛定谔方程的解，从式(3.14)可以看出，对具有相反符号 m 的函数通过相加或相减，可以消除虚部或实部。

$$\begin{cases}\Psi_{2p_x}=\dfrac{1}{\sqrt{2}}(-\Psi_{2p,1}+\Psi_{2p,-1})\\ \Psi_{2p_y}=\dfrac{i}{\sqrt{2}}(\Psi_{2p,1}+\Psi_{2p,-1})\end{cases}\tag{3.15}$$

式(3.15)的组合是实值函数。

在 $m=0$ 的情况下，式(3.14)中的任何函数都是实值函数，属于轨道量子数 $l=0,1$ 和 2 的函数，分别用 s、p 和 d 来表示，因此 2p 代表 $n=2,l=1$。如果把式(3.14)等号右边的两个奇偶 m 值的波函数相加或相减得到式(3.16)，当 $l=1$ 时，坐标为 x、y 或 z；当 $l=2$ 时，坐标为 z^2、xz、yz、x^2、y^2 或 xy。

$$\begin{cases}\Psi_{1s}=\sqrt{\dfrac{1}{4\pi}}R_{10}\\ \Psi_{2p_x}=\sqrt{\dfrac{3}{4\pi}}R_{21}\dfrac{x}{r}\\ \Psi_{2p_y}=\sqrt{\dfrac{3}{4\pi}}R_{21}\dfrac{y}{r}\\ \Psi_{2p_z}=\sqrt{\dfrac{3}{4\pi}}R_{21}\dfrac{z}{r}\\ \psi_{3d_{z^2}}=\sqrt{\dfrac{5}{4\pi}}R_{30}\dfrac{3z^2-r^2}{2r^2}\\ \psi_{3d_{zx}}=\sqrt{\dfrac{5}{4\pi}}R_{31}\dfrac{zx}{r^2}\\ \psi_{3d_{yz}}=\sqrt{\dfrac{15}{4\pi}}R_{31}\dfrac{yz}{r^2}\\ \psi_{3d_{x^2-y^2}}=\sqrt{\dfrac{15}{4\pi}}R_{32}\dfrac{x^2-y^2}{2r^2}\\ \psi_{3d_{xy}}=\sqrt{\dfrac{15}{4\pi}}R_{32}\dfrac{xy}{r^2}\end{cases}\tag{3.16}$$

借助式(3.16)可以找到函数值为零的曲面，根据式(3.12)、式(3.13)和式(3.16)可以构造 $n=1,2$ 和 3 的波函数的三维描述，1s 轨道没有径向零点，2s 轨道有一个径向零点，3s 轨道有两个径向零点。电子轨道是原子或分子中电子的概率分布，这里给出的电子轨道代表了空间体积，它表示基于具有特定能态的电子和原子在其中出现的概率。例如，在简单的低能态氢原子中，电子最有可能在原子核周围的球体内找到；在较高的能量状态下，由于不同原子粒子之间的量子效应的相互作用，因此形状变为瓣状和环。轨道的形状取决于许多因素，最重要的是与特定能量状态相关的量子数：主量子数 n、轨道量子数 l 和角动量量子数 m。图 3.2 所示为氢原子电子在不同能量下的波函数，图中给出 $n=2,3,4$ 的原子轨道形状，图中每个点的亮度代表在那个点观察到电子的概率密度分布。

前面的方程只适用于氢原子，对于类氢原子及外壳中只有一个电子的离子，必须稍加修改。

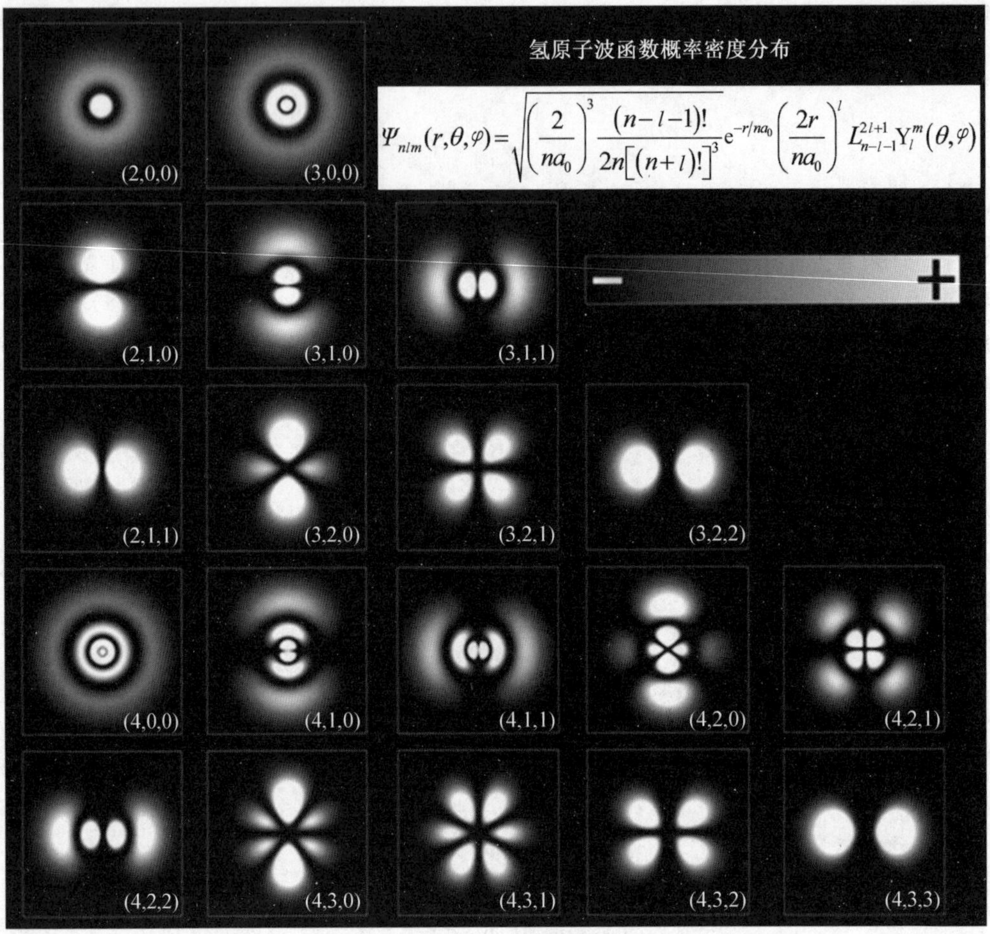

图 3.2 氢原子电子在不同能量下的波函数

3.2 多电子原子

3.2.1 有效核电荷:电子屏蔽和穿透

对于只有一个电子的原子或离子,可以只考虑带正电的原子核和带负电的电子之间的静电吸引来计算势能。然而,当存在多个电子时,原子或离子的总能量不仅取决于电子与原子核的相互吸引作用,而且还取决于电子与电子之间的相互排斥作用。当存在两个电子时,相互排斥作用取决于两个电子在给定时刻的位置,但由于无法指定电子的确切位置,不可能精确地计算相互排斥作用,因此必须用近似的方法来处理电子一电子排斥对轨道能量的影响。如果一个电子远离原子核(即原子核和电子之间的距离 r 很大),那么在任何给定时刻,大多数其他电子都将位于该电子和原子核之间,电子屏蔽原理示意图如图 3.3 所示。因此,这些电子将抵消原子核正电荷的一部分,从而减少原子核与更远的电子之间的吸引作用，结果是离核较远的电子会经历一个比实际核电荷 Z 小的有效核电荷 Z_{eff}，这种效应被称为电子屏蔽，屏蔽的实质是指内部电子排斥外部电子，从而降低核对外部电子的有效电荷，因此原子核对外部电子的“控制力”变小，因为它被一些电子屏蔽了。

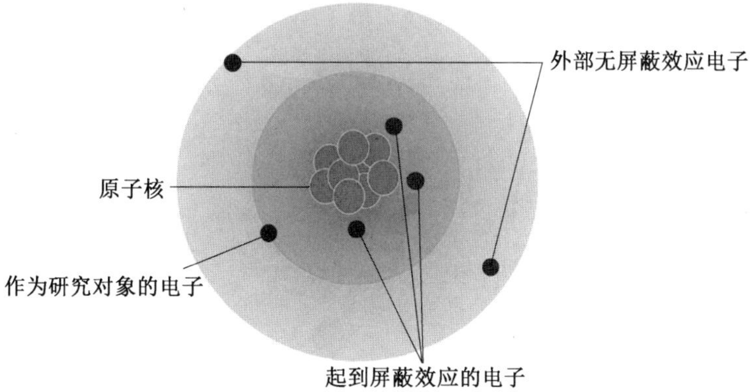

图 3.3 电子屏蔽原理示意图

当一个电子和原子核之间的距离接近无穷远时，Z_{eff} 的值接近 1，因为中性原子中的所有其他 $Z-1$ 个电子都平均分布在它和原子核之间；另外，如果一个电子离原子核很近，那么在任何给定时刻，大多数其他电子都离原子核更远，不屏蔽核电荷。在 $r\approx 0$ 时，电子所经历的正电荷近似为全核电荷，即 $Z_{eff}\approx Z$。在 r 的中间值时，有效核电荷介于 1 和 Z 之间，即 $1\leqslant Z_{eff}\leqslant Z$。因此，电子在给定轨道上所经历的实际 Z_{eff} 不仅取决于电子的空间分布在哪个轨道上，也与所有其他电子的分布有关，这会导致不同元素的 Z_{eff} 有很大的差异，图 3.4 所示为元素周期表前三行元素电子的有效核电荷 Z_{eff} 和原子序数 Z 之间的关系。由图 3.4 可以看出，只有氢的 $Z_{eff}=Z$，氦的 Z_{eff} 和 Z 的大小比较接近。

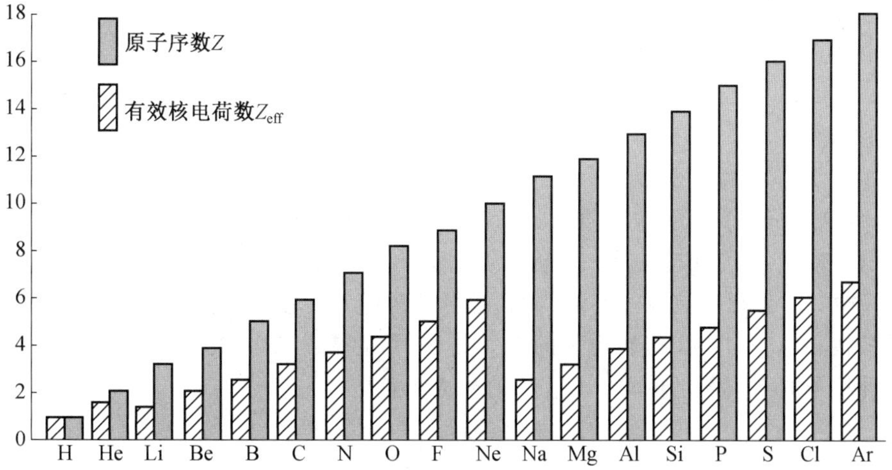

图 3.4 元素周期表前三行元素电子的有效核电荷 Z_{eff} 和原子序数 Z 之间的关系

由于屏蔽效应和相同 n 值、不同 l 值的轨道径向分布不同，多电子原子中不同的亚壳层是非简并的，氢原子 2s 和 2p 轨道的径向概率分布如图 3.5 所示，从图中可以看出，2s 轨道比 2p 轨道更能穿透 1s 轨道，因此当电子位于 2s 轨道时，它会经历一个相对较大的

Z_{eff}值，这导致 2s 轨道的能量低于 2p 轨道的能量。对于给定的 n 值，ns 轨道的能量总是比 np 轨道低，np 轨道的能量比 nd 轨道低，以此类推。因此，一些主量子数较高的子壳层实际上比 n 值较低的子壳层能量更低，如对于大多数原子，4s 轨道的能量低于 3d 轨道。除了氢原子的单电子外，其他元素的 Z_{eff} 总是小于 Z。

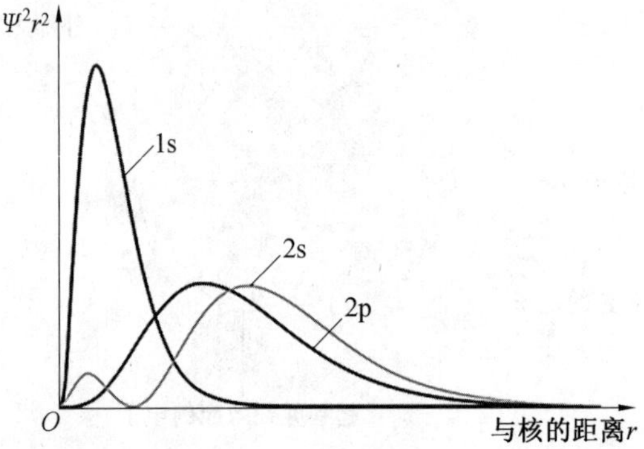

图 3.5　氢原子 2s 和 2p 轨道的径向概率分布

Z_{eff}可以通过从总核电荷中减去屏蔽的大小来计算，原子的有效核电荷为

$$Z_{eff}=Z-S \tag{3.17}$$

式中，Z 是原子序数(原子核中的质子数)；S 是屏蔽常数。

Z_{eff}的值将提供一个电子实际经历多少电荷的信息。从图 3.4 可以看出，原子的有效核电荷随着原子中质子数的增加而增加。因此，在元素周期表上从左到右移动时，原子的有效核电荷强度增加，使外层电子离原子核越来越近。

屏蔽常数可以通过计算除去所讨论的电子外的所有电子屏蔽的总和来估算，即

$$S=\sum_{i}^{n-1}S_i \tag{3.18}$$

式中，S_i是第 i 个电子的屏蔽。

可以估算出一个特定电子的 Z_{eff}，所有其他电子都能均匀、充分地屏蔽，一个简单的近似值是

$$S_i=1 \tag{3.19}$$

如确定氟阴离子、中性氖原子和钠离子三种粒子的 Z_{eff}，它们都有 10 个电子，非价电子的数量是 2(10 个总电子−8 价)，但它们的有效核电荷是不同的，因为它们有不同的原子序数 A。假设所有电子都能均匀、充分地屏蔽价电子，氟原子核的电荷 Z 为 9，但价电子被核心电子(1s 和 2s 轨道上的 4 个电子)明显屏蔽，部分被 2p 轨道上的 7 个电子屏蔽。三种粒子的 Z_{eff}表示如下(7、8、9 后的＋表示正电荷)：

$$Z_{eff}(F^-)=9-2=7+$$

$$Z_{eff}(Ne)=10-2=8+$$

$$Z_{eff}(Na^+)=11-2=9+$$

所以钠离子的有效核电荷最大。这也表明，Na^+ 的半径最小，这是正确的。

多电子原子或离子轨道能量的计算由于电子之间的相互排斥作用而变得复杂。电子屏蔽的作用，其中介入电子的作用是减少电子所经历的正核电荷，允许使用类氢轨道和有

效核电荷 Z_{eff} 来描述更复杂的原子或离子中的电子分布。不同 l 值和相同 n 值的轨道重叠或穿透填充内壳层的程度，导致大多数原子中同一主壳层中不同子壳层的能量略有不同。

前面描述的电子屏蔽、轨道穿透和有效核电荷的概念是以定性的方式给出的，下面给出一种定量估算电子屏蔽影响的模型，然后利用该模型计算原子中电子所经历的有效核电荷，将使用的模型称为斯莱特(Slater)法则。

斯莱特法则的原理是，一个电子所感受到的实际电荷等于某个数量的质子的电荷，但减去来自其他电子的某个数量的电荷。斯莱特法则允许用原子核中的实际质子数和每个轨道"壳层"中电子的有效屏蔽(例如，比较有效核电荷和过渡金属中的 3d 和 4s 屏蔽)来估算有效核电荷 Z_{eff}。斯莱特法则相当简单，对电子构型和电离能的预测也相当准确。

斯莱特法则具体内容如下。

(1)以下列形式写出原子的电子组态：

(1s)(2s, 2p)(3s, 3p)(3d)(4s, 4p)(4d)(4f)(5s, 5p)…

(2)识别确定感兴趣的电子，忽略较高组中的所有电子(上面形式组态的右侧)。它们不能屏蔽较低基团中的电子。

(3)分成下列两种情况。

①s 或 p 电子所经历的屏蔽。

同一组内电子屏蔽 0.35，但 1s 屏蔽 0.30；

$n-1$ 组内的电子屏蔽 0.85；

$n-2$ 或更低组的电子屏蔽 1.00。

②nd 或 nf 价电子经历的屏蔽。

组内电子屏蔽 0.35；

低组电子屏蔽 1.00。

斯莱特法则屏蔽常数的图形表示如图 3.6 所示。

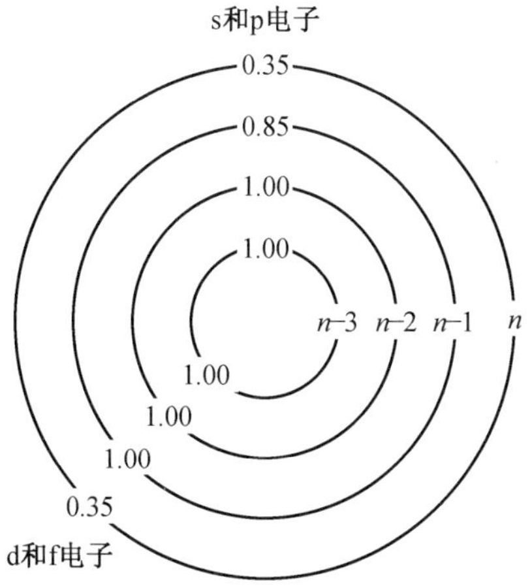

图 3.6 斯莱特法则屏蔽常数的图形表示

当低价壳层(或同一价壳层)中的电子向价电子提供排斥力，从而抵消来自正原子核的一些吸引力时，就会发生屏蔽现象。真正接近原子($n-2$ 或更低)的电子看起来很像质子，所以它们完全抵消吸引力。随着电子离感兴趣的电子越来越近，一些更复杂的相互作用就会发生，从而减少这种屏蔽。

将上述适当规则中所述的贡献相加，得到屏蔽常数 S 的估计值，该常数由除所研究的电子外的所有电子的屏蔽相加而得到，见式(3.18)，即

$$S=\sum_{i}^{n-1} S_i$$

n_i是特定壳层和次壳层中的电子数，S_i是受斯莱特法则约束的电子屏蔽。

例 3.1 氮原子中对于一个 2p 电子的屏蔽常数是多少？

解 首先，确定氮的电子构型，然后以适当的形式书写，再用适当的斯莱特定律计算电子的屏蔽常数，即

$$N: 1s^2 2s^2 2p^3 \longrightarrow N: (1s^2)(2s^2, 2p^3)$$

$$S[2p]=\underset{1s电子}{0.85\times 2}+\underset{2s和2p电子}{0.35\times 4}=3.10$$

例 3.2 溴原子中对于一个 p 价电子的屏蔽常数是多少？ 一个 3d 电子呢？

解 $Br: 1s^2 2s^2\ 2p^6\ 3s^2\ 3p^6\ 3d^{10}\ 4s^2 4p^5 \longrightarrow (1s^2)(2s^2, 2p^6)(3s^2, 3p^6)(3d^{10})(4s^2, 4p^5)$

$$S[p]=2+8+8\times 0.85+10+6\times 0.35=28.90$$

对于 3d 电子而言，忽略 3d 电子右侧的组态，因为这些对屏蔽常数没有贡献，则

$$S[3d]=1.00\times 18+0.35\times 9=21.15$$

在前面的描述中，有效核电荷 Z_{eff} 比实际核电荷 Z 小，Z 和 Z_{eff} 定量的表示见式(3.17)，即

$$Z_{eff}=Z-S$$

可以用得到的屏蔽常数 S 来计算相应原子电子的 Z_{eff} 估计值。

例 3.3 硼原子中一个 p 价电子的有效核电荷是多少？

解 硼中的 p 价电子位于 2p 子壳层中，有

$$B: 1s^2 2s^2 2p^1 \longrightarrow (1s^2)(2s^2, 2p^1)$$

$$S[2p]=0.85\times 2+0.35\times 2=2.40$$

$$Z=5$$

$$Z_{eff}=Z-S=2.60$$

3.2.2 氦原子：复杂原子系统的近似方法

氢原子的波函数和能量是由量子力学中心力场相互作用确定的。现在，考虑氦原子，由于它是三体问题，无法确定一个封闭形式的解析解，因此不得不用近似的方法。

氦原子有两个坐标分别为 $\boldsymbol{r}_1$ 和 $\boldsymbol{r}_2$ 的电子，还有一个坐标为 $\boldsymbol{R}$ 的原子核。原子核带有 $Z=+2e$ 电荷。描述氦原子的薛定谔方程为

$$\left(-\frac{\hbar^2}{2M}\nabla^2-\frac{\hbar^2}{2m_e}\nabla_1^2-\frac{\hbar^2}{2m_e}\nabla_2^2\right)\Psi(\boldsymbol{R},\boldsymbol{r}_1,\boldsymbol{r}_2)+$$
$$\left(-\frac{2e^2}{4\pi\varepsilon_0|\boldsymbol{R}-\boldsymbol{r}_1|}-\frac{2e^2}{4\pi\varepsilon_0|\boldsymbol{R}-\boldsymbol{r}_2|}+\frac{e^2}{4\pi\varepsilon_0|\boldsymbol{r}_1-\boldsymbol{r}_2|}\right)\Psi(\boldsymbol{R},\boldsymbol{r}_1,\boldsymbol{r}_2)=E\Psi(\boldsymbol{R},\boldsymbol{r}_1,\boldsymbol{r}_2) \tag{3.20}$$

式中，$\boldsymbol{R}$、$\boldsymbol{r}_1$ 和 $\boldsymbol{r}_2$ 表示每个粒子的笛卡儿坐标。

这是一个三体问题，这样的问题无法精确求解，因此这个问题将根据两个电子的坐标重新表述。第一个近似：$M \gg m_e$，把原子核固定在坐标原点（即 $R=0$），通过将原点转换为系统的质心，对于双电子一核坐标，这与之前讨论的氢原子一电子公式非常相似。因此，相对变量中的薛定谔方程为

$$\frac{\hbar^2}{2m_e}(-\nabla_1^2-\nabla_2^2)\psi(\boldsymbol{r}_1,\boldsymbol{r}_2)+\left[-\frac{2e^2}{4\pi\varepsilon_0}\left(\frac{1}{r_1}+\frac{1}{r_2}\right)+\frac{e^2}{4\pi\varepsilon_0\,|\boldsymbol{r}_2-\boldsymbol{r}_1|}\right]\Psi(\boldsymbol{r}_1,\boldsymbol{r}_2)=E\Psi(\boldsymbol{r}_1,\boldsymbol{r}_2) \tag{3.21}$$

式中，∇^2 表示两个电子的动能；$1/r_1$、$1/r_2$ 表示核一电子库仑相互作用。

式(3.21)等号左侧的最后一项表示电子与电子间距的绝对值作为库仑相互作用。电子一核库仑相互作用是一种径向对称势，它取决于以原子核为原点的电子的径向位置，而电子一电子排斥不具有固有的对称性，它取决于电子之间的间隔的绝对值。用球面极坐标表示动能算符 ∇^2 为

$$\nabla_1^2=\frac{1}{r_1^2}\frac{\partial}{\partial r_1}\left(r_1^2\frac{\partial}{\partial r_1}\right)+\frac{1}{r_1^2\sin\theta_1}\frac{\partial}{\partial\theta}\left(\sin\theta_1\frac{\partial}{\partial\theta_1}\right)+\frac{1}{r_1^2\sin^2\theta_1}\frac{\partial^2}{\partial\varphi_1} \tag{3.22}$$

在氦原子问题中，如果忽略电子与电子的排斥作用，就可以简化为求解二体问题，即求解氦原子薛定谔方程的独立电子近似，此时哈密顿量为

$$\begin{aligned}\mathscr{H}&=E_{k1}+E_{k2}+V_{Ne1}+V_{Ne2}\\&=\frac{\hbar^2}{2m_e}(-\nabla_1^2-\nabla_2^2)-\frac{2e^2}{4\pi\varepsilon_0}\left(\frac{1}{r_1}+\frac{1}{r_2}\right)\\&=\left[-\frac{\hbar^2}{2m_e}\nabla_1^2-\frac{2e^2}{4\pi\varepsilon_0}\frac{1}{r_1}\right]+\left[-\frac{\hbar^2}{2m_e}\nabla_2^2-\frac{1}{r_2}\right]\\&=\hat{H}_1+\hat{H}_2\end{aligned} \tag{3.23}$$

在独立电子近似下，如果将整个氦原子波函数作为单个电子波函数的乘积（这里近似为类氢波函数），则有

$$\boldsymbol{\Psi}(\boldsymbol{r}_1,\boldsymbol{r}_2)=\psi(\boldsymbol{r}_1)\psi(\boldsymbol{r}_2)$$

$$\begin{aligned}\mathscr{H}\boldsymbol{\Psi}(\boldsymbol{r}_1,\boldsymbol{r}_2)&=\hat{H}_1\psi(\boldsymbol{r}_1)\psi(\boldsymbol{r}_2)+\hat{H}_2\psi(\boldsymbol{r}_1)\psi(\boldsymbol{r}_2)\\&=E_1\psi(\boldsymbol{r}_1)\psi(\boldsymbol{r}_2)+E_2\psi(\boldsymbol{r}_1)\psi(\boldsymbol{r}_2)\\&=(E_1+E_2)\psi(\boldsymbol{r}_1)\psi(\boldsymbol{r}_2)\\&=E\psi(\boldsymbol{r}_1)\psi(\boldsymbol{r}_2)\end{aligned} \tag{3.24}$$

类氢的能量和波函数为

$$E_n=-\frac{Z^2}{n^2}E_H \tag{3.25}$$

$$\psi_{nlm}(\boldsymbol{r})=R_{nl}(Zr/a_0)Y_l^m(\theta,\varphi) \tag{3.26}$$

对于氦原子而言 $Z=2$，因此氦的近似波函数和能量为

$$\boldsymbol{\Psi}_{n_1,l_1,m_1,n_2,l_2,m_2}(\boldsymbol{r}_1,\boldsymbol{r}_2)=\psi_{n_1,l_1,m_1}(\boldsymbol{r}_1)\psi_{n_2,l_2,m_2}(\boldsymbol{r}_2) \tag{3.27}$$

$$E_{n_1,l_1,m_1,n_2,l_2,m_2}=-Z^2\left(\frac{1}{n_1^2}+\frac{1}{n_2^2}\right)E_H \tag{3.28}$$

独立电子近似(无电子一电子排斥模型)的合理程度可以通过将预测的电离势与实验值进行比较来确定。电离势是从原子中提取电子所需的能量,对于氦原子,可以表示为

$$\mathrm{He} \longrightarrow \mathrm{He} + e^-$$

理论上电离相关的能量变化是

$$\Delta E = E_{\mathrm{He,1s}} - E_{\mathrm{He,(1s)^2}} = -54.4\ \mathrm{eV} - (-108.8\ \mathrm{eV}) = 54.4\ \mathrm{eV}$$

电离势的实验值为 24.6 eV,因此独立电子方法存在显著的误差,理论中忽略了电子库仑排斥,所以除去一个电子所需的能量高于实验值。

氦的基态能量理论值为

$$E^0 = E_{1s,1s} = -\frac{2^2}{2}\left(\frac{1}{1^2}+\frac{1}{1^2}\right)E_{\mathrm{H}} = -108.8\ \mathrm{eV}$$

实验得到氦原子的基态能量为−79 eV。与实验相比,独立电子模型预测的基态能量要低得多,因为在独立电子模型中缺少了电子一电子之间的排斥势能。

1. 微扰法

氦原子的哈密顿量可以表示为

$$\begin{aligned}\mathscr{H} &= \frac{\hbar^2}{2m_e}(-\nabla_1^2-\nabla_2^2) - \frac{2e^2}{4\pi\varepsilon_0}\left(\frac{1}{\boldsymbol{r}_1}+\frac{1}{\boldsymbol{r}_2}\right) + \frac{e^2}{4\pi\varepsilon_0\,|\boldsymbol{r}_2-\boldsymbol{r}_1|}\\ &= \hat{H}^0 + \hat{H}^1\end{aligned} \tag{3.29a}$$

$$\hat{H}^0\,\boldsymbol{\Psi}^0 = E^0\,\boldsymbol{\Psi}^0 \tag{3.29b}$$

$$\hat{H}^1 = \frac{e^2}{4\pi\varepsilon_0\,|\boldsymbol{r}_2-\boldsymbol{r}_1|} \tag{3.29c}$$

电子一电子排斥项可以看作是对独立电子哈密顿量的"微扰",从这个意义上说,可以对独立电子模型的精确解确定的能量和波函数进行不同阶的微扰修正。下面讨论微扰理论在氦原子中修正两体库仑排斥的应用。

首先,将总波函数扩展到一阶微扰。下标"n"通常指任何能级(微扰理论除了基态的能级和波函数外,还能够给出其他能级和波函数):

$$\begin{cases}\boldsymbol{\Psi}_n = \boldsymbol{\Psi}_n^0 + \boldsymbol{\Psi}_n^1\\ \int_{-\infty}^{\infty}\boldsymbol{\Psi}_n^{0*}\,\boldsymbol{\Psi}_n^1\,\mathrm{d}\tau = 0\\ E_n = E_n^0 + E_n^1\\ (\hat{H}^0+\hat{H}^1)(\boldsymbol{\Psi}_n^0+\boldsymbol{\Psi}_n^1) = (E_n^0+E_n^1)\,(\boldsymbol{\Psi}_n^0+\boldsymbol{\Psi}_n^1)\end{cases} \tag{3.30}$$

将式(3.30) 展开,则有

$$\hat{H}^0\boldsymbol{\Psi}_n^0 + \hat{H}^1\boldsymbol{\Psi}_n^0 + \hat{H}^0\boldsymbol{\Psi}_n^1 + \hat{H}^1\boldsymbol{\Psi}_n^1 = E_n^0\boldsymbol{\Psi}_n^0 + E_n^1\boldsymbol{\Psi}_n^0 + E_n^0\boldsymbol{\Psi}_n^1 + E_n^1\boldsymbol{\Psi}_n^1 \tag{3.31}$$

式(3.31) 中等号两边的第一项相等,最后一项被近似 / 假设为小到可以忽略(这是一个微扰能量和波函数),则有:

$$\hat{H}^1\boldsymbol{\Psi}_n^0 + \hat{H}^0\boldsymbol{\Psi}_n^1 = E_n^1\boldsymbol{\Psi}_n^0 + E_n^0\boldsymbol{\Psi}_n^1 \tag{3.32}$$

为了求解 $\boldsymbol{\Psi}_n^1$ 和 E_n^1,式(3.32) 两边同时左乘 $\boldsymbol{\Psi}_n^{0*}$ 并进行积分,得

$$\int \Psi_n^{0*} \hat{H}^1 \Psi_n^0 \mathrm{d}\tau + \int \Psi_n^{0*} \hat{H}^0 \Psi_n^1 \mathrm{d}\tau = \int \Psi_n^{0*} E_n^1 \Psi_n^0 \mathrm{d}\tau + \int \Psi_n^{0*} E_n^0 \Psi_n^1 \mathrm{d}\tau \tag{3.33}$$

因为$\hat{H}^0$ 是厄米的，所以有

$$\int \Psi_n^{0*} \hat{H}^0 \Psi_n^1 \mathrm{d}\tau = \int (\hat{H}^0 \Psi_n^0)^* \Psi_n^1 \mathrm{d}\tau \tag{3.34}$$

$$\int \Psi_n^{0*} \hat{H}^1 \Psi_n^0 \mathrm{d}\tau + \int \Psi_n^1 E_n^0 \Psi_n^{0*} \mathrm{d}\tau = E_n^1 + E_n^0 \int \Psi_n^{0*} \Psi_n^1 \mathrm{d}\tau \tag{3.35}$$

求解 E_n^1，氦的独立电子能级的一阶微扰修正给出：

$$E_n^1 = \int \Psi_n^{0*} \hat{H}^1 \Psi_n^0 \mathrm{d}\tau \tag{3.36}$$

显然，这意味着，$E_n = E_n^0 + E_n^1$。对给定能级增加了一个“小”的扰动修正，那么波函数修正可借助于：

$$\hat{H}^1 \Psi_n^0 + \hat{H}^0 \Psi_n^1 = E_n^1 \Psi_n^0 + E_n^0 \Psi_n^1 \tag{3.37}$$

通过将 Ψ_n 展开为未受干扰波函数的线性组合来求解 Ψ_n^1：

$$\Psi_n = \Psi_n^0 + \Psi_n^1 = \Psi_n^0 + \sum_{j \neq n} a_{nj} \Psi_j^0 \tag{3.38}$$

式(3.38) 左乘 Ψ_{k0}^* 并进行积分，得

$$\int \Psi_k^{0*} \hat{H}^1 \Psi_n^0 \mathrm{d}\tau + \int \Psi_k^{0*} \hat{H}^0 \Psi_n^1 \mathrm{d}\tau = \int \Psi_k^{0*} E_n^1 \Psi_n^0 \mathrm{d}\tau + \int \Psi_k^{0*} E_n^0 \Psi_n^1 \mathrm{d}\tau \tag{3.39a}$$

$$\int \Psi_k^{0*} \hat{H}^1 \Psi_n^0 \mathrm{d}\tau + \int \Psi_k^{0*} \hat{H}^0 \sum_{j \neq n} a_{nj} \Psi_j^0 \mathrm{d}\tau = \int \Psi_k^{0*} E_n^1 \Psi_n^0 \mathrm{d}\tau + \int \Psi_k^{0*} E_n^0 \sum_{j \neq n} a_{nj} \Psi_j^0 \mathrm{d}\tau \tag{3.39b}$$

$$\int \Psi_k^{0*} \hat{H}^1 \Psi_n^0 \mathrm{d}\tau + \sum_{j \neq n} a_{nj} E_j^0 \int \Psi_k^{0*} \Psi_j^0 \mathrm{d}\tau = E_n^1 \int \Psi_k^{0*} \Psi_n^0 \mathrm{d}\tau + E_n^0 \sum_{j \neq n} a_{nj} \int \Psi_k^{0*} \Psi_j^0 \mathrm{d}\tau \tag{3.39c}$$

$$a_{nk}(E_k^0 - E_n^0) = E_n^1 \int \Psi_k^{0*} \Psi_n^0 \mathrm{d}\tau - \int \Psi_k^{0*} \hat{H}^1 \Psi_n^0 \mathrm{d}\tau \tag{3.39d}$$

考虑两种情形：

$$k = n \rightarrow E_n^1 = \int \Psi_n^{0*} \hat{H}^1 \Psi_n^0 \mathrm{d}\tau \tag{3.40a}$$

$$k \neq n \rightarrow a_{nk} = \frac{\int \Psi_k^{0*} \hat{H}^1 \Psi_n^0 \mathrm{d}\tau}{E_n^0 - E_k^0} = \frac{\hat{H}_{kn}^1}{E_n^0 - E_k^0} \tag{3.40b}$$

因此，波函数的一阶修正为

$$\begin{aligned} \Psi_n &= \Psi_n^0 + \Psi_n^1 = \Psi_n^0 + \sum_{j \neq n} a_{nj} \Psi_j^0 \\ &= \Psi_n^0 + \sum_{j \neq n} \frac{\hat{H}_{jn}^1}{E_n^0 - E_j^0} \Psi_j^0 \\ &= \Psi_n^0 + \sum_{j \neq n} \frac{\int \Psi_j^{0*} \hat{H}^1 \Psi_n^0 \mathrm{d}\tau}{E_n^0 - E_j^0} \Psi_j^0 \end{aligned} \tag{3.41}$$

对于高阶修正,能量和波函数以类似的方式展开:

$$\Psi_n = \Psi_n^0 + \Psi_n^1 + \Psi_n^2 \tag{3.42a}$$

$$E_n = E_n^0 + E_n^1 + E_n^2 \tag{3.42b}$$

因此,能量的二阶修正被确定为

$$E_n^2 = \int \Psi_n^{0*} \hat{H}^1 \Psi_n^1 \mathrm{d}\tau = \int \Psi_n^{0*} \hat{H}^1 \sum_{j\neq n} \frac{\hat{H}_{jn}^1}{E_n^0 - E_j^0} \Psi_j^0 \mathrm{d}\tau = \sum_{j\neq n} \frac{\hat{H}_{nj}^1 \hat{H}_{jn}^1}{E_n^0 - E_j^0} \tag{3.43}$$

根据上述讨论,氦基态能量的一阶修正为

$$E_n^1 = \int \Psi_n^{0*} \hat{H}^1 \Psi_n^0 \mathrm{d}\tau \tag{3.44}$$

当不考虑微扰时,1s 轨道上 2 个氦电子的波函数是两个电子独立波函数的乘积,即

$$\Psi^0(r_1, r_2) = \Psi_{1s}(r_1)\Psi_{2s}(r_2) = \left[\left(\frac{Z^3}{\pi}\right)^{1/2}\right]^2 \mathrm{e}^{-Zr_1}\mathrm{e}^{-Zr_2} \tag{3.45a}$$

$$\hat{H}^1 = \frac{1}{r_{12}} \tag{3.45b}$$

$$\begin{aligned} E_n^1 &= \int \Psi_n^{0*} \hat{H}^1 \Psi_n^0 \mathrm{d}\tau = \frac{Z^6}{\pi^2}\int \mathrm{e}^{-Zr_1}\mathrm{e}^{-Zr_2}\frac{1}{r_{12}}\mathrm{e}^{-Zr_1}\mathrm{e}^{-Zr_2}\mathrm{d}\tau \\ &= \frac{Z^6}{\pi^2}\int \frac{\mathrm{e}^{-2Zr_1}\mathrm{e}^{-2Zr_2}}{r_{12}}\mathrm{d}\tau = \frac{5}{4}ZE_{\mathrm{H}} \end{aligned} \tag{3.45c}$$

因此,具有一阶修正的基态能量为

$$E_n = E_n^0 + E_n^1 = -4E_{\mathrm{H}} \times 2 + \frac{5}{4}ZE_{\mathrm{H}} = -\frac{11}{2}E_{\mathrm{H}} = -74.8\ \mathrm{eV} \tag{3.46}$$

讨论:

(1) 忽略电子间的库仑排斥作用时,能量为 $E_0 = -108.8$ eV。

(2) 一阶修正后能量为 $E_0 = -74.8$ eV。

(3)13 阶修正后能量为 $E_0 = -79.01$ eV。

(4) 实验测定的能量为 $E = -79.0$ eV。

(5) 微扰理论结果可能大于或小于真实能量,这与后面变分法结果不同。

(6) 微扰方法可以用来计算任何能级,而不仅仅是基态。

求解 N 个电子原子的薛定谔方程意味着求解 $3N$ 坐标的函数。此外,如果单个电子存在不同的环境(核与价电子),就可以用单个电子轨道来近似 N 个电子波函数(薛定谔方程的本征函数),每个都依赖于单个电子的坐标,这是轨道近似。波函数可表示为

$$\Psi(r_1, r_2, \cdots, r_n) = \Psi_1(r_1)\Psi_2(r_2)\cdots\Psi_n(r_n) \tag{3.47}$$

每一个态函数 Ψ_n 都与一个轨道能量 E_n 相关联。需要注意的是,这种形式并不意味着完全独立的电子,因为每一个电子的动力学(和波函数)都受原子中所有其他电子的有效电场/势的控制。单电子轨道被氢原子波函数很好地近似。

2. 基态变分法

可以利用量子力学有关可观测量的期望值的假设,计算出基态能量和相关波函数为

$$\hat{H}\Psi_0 = E_0\Psi_0 \tag{3.48}$$

$$\int \Psi_0^* \hat{H} \Psi_0 \mathrm{d}r = \int \Psi_0^* E_0 \Psi_0 \mathrm{d}r = E_0 \tag{3.49}$$

Ψ_0 未知，所以假设一个尝试函数χ，确定哈密顿量 $\mathscr{H}$ 的期望值，并定义它为变分能量 E_{var}，则

$$E_{\mathrm{var}} = \frac{\int \chi^* \mathscr{H} \chi \mathrm{d}r}{\int \chi^* \chi \mathrm{d}r} = \int \chi^* \mathscr{H} \chi \mathrm{d}r \tag{3.50}$$

式(3.50)中最后一个等式假设尝试波函数χ 是归一化的。

变分定理指出，对于任何选择的波函数 $E_{\mathrm{var}} \geqslant E_0$。首先尝试将波函数展开为正交波函数的线性组合，即

$$\chi = \sum_n a_n \Psi_n \tag{3.51}$$

根据归一化条件：

$$\int \chi^* \chi \mathrm{d}r = \sum_n |a_n|^2 = 1 \tag{3.52}$$

变分能量为

$$E_{\mathrm{var}} = \int \chi^* \mathscr{H} \chi \mathrm{d}r = \sum_n |a_n|^2 E_n \tag{3.53}$$

从近似的变分能量中减去基态能量，得

$$E_{\mathrm{var}} - E_0 = \sum_n |a_n|^2 E_n - \sum_n |a_n|^2 E_0 = \sum_n |a_n|^2 (E_n - E_0) \geqslant 0 \tag{3.54}$$

因为所有的其他能量必须等于或大于基态能量，因此作为一种近似，可以假设几个尝试波函数，确定变分能量，然后在波函数空间中进行优化。变分法还要求变分参数出现在公式中，以便进行优化，如对于一维谐振子，有

$$\mathscr{H} = -\frac{\hbar^2}{2\mu}\frac{\mathrm{d}^2}{\mathrm{d}x^2} + \frac{kx^2}{2} \tag{3.55}$$

尝试波函数为

$$\chi = \left(\frac{\gamma}{\pi}\right)^{1/4} \mathrm{e}^{-\gamma x^2/2} \tag{3.56}$$

式中，γ 为微分变量。

$$\begin{aligned} E_{\mathrm{var}} &= \int \chi^* \mathscr{H} \chi \mathrm{d}r = \left(\frac{\gamma}{\pi}\right)^{1/2} \int \mathrm{e}^{-\gamma x^2/2} \left(-\frac{\hbar^2}{2\mu}\frac{\mathrm{d}^2}{\mathrm{d}x^2} + \frac{kx^2}{2}\right) \mathrm{e}^{-\gamma x^2/2} \mathrm{d}x \\ &= -\frac{\hbar^2}{2\mu}\left(\frac{\gamma}{\pi}\right)^{1/2} \left[\int_{-\infty}^{\infty} \gamma \mathrm{e}^{-\gamma x^2} \mathrm{d}x + \int_{-\infty}^{\infty} (\gamma x)^2 \mathrm{e}^{-\gamma x^2} \mathrm{d}x\right] + \frac{k}{2}\left(\frac{\gamma}{\pi}\right)^{1/2} \int_{-\infty}^{\infty} x^2 \mathrm{e}^{-\gamma x^2} \mathrm{d}x \\ &= \frac{\hbar^2 \gamma}{4\mu} + \frac{k}{4\gamma} \geqslant E_0 \end{aligned} \tag{3.57}$$

对 γ 变分并优化 E_{var}，得

$$\frac{\mathrm{d}E_{\mathrm{var}}}{\mathrm{d}\gamma} = \frac{\hbar^2}{4\mu} - \frac{k}{4\gamma^2} = 0 \tag{3.58a}$$

$$\gamma = \frac{(k\mu)^{1/2}}{\hbar} = \alpha \tag{3.58b}$$

则一维谐振子的精确解为

$$\chi=\psi_0(x)=\left(\frac{\alpha}{\pi}\right)^{1/4}\mathrm{e}^{-\alpha x^2/2} \tag{3.59a}$$

$$E_{\text{var}}=\frac{\hbar\omega}{2}=E_0 \tag{3.59b}$$

现在回到氦原子,可以尝试用变分原理来确定合适的波函数和能量。氦原子哈密顿算符为

$$\mathscr{H}=\frac{\hbar^2}{2m_e}(-\nabla_1^2-\nabla_2^2)-\frac{2e^2}{4\pi\varepsilon_0}\left(\frac{1}{r_1}+\frac{1}{r_2}\right)+\frac{e^2}{4\pi\varepsilon_0\,|\boldsymbol{r}_2-\boldsymbol{r}_1|} \tag{3.60}$$

为了书写方便,式(3.60)可以用原子单位表示为

$$\hat{H}_{\text{He}}=\frac{1}{2}(-\nabla_1^2-\nabla_2^2)-2\left(\frac{1}{r_1}+\frac{1}{r_2}\right)+\frac{1}{|\boldsymbol{r}_2-\boldsymbol{r}_1|} \tag{3.61a}$$

$$E_{\text{var}}=\int\chi^*H\chi\,\mathrm{d}r \tag{3.61b}$$

可以尝试一个波函数,它是两个氢 1s 轨道的乘积,每一个轨道代表电子 - 核系统的相对运动:

$$\chi=\Psi_{1s}^{\tilde{Z}}(r_1)\,\Psi_{1s}^{\tilde{Z}}(r_2) \tag{3.62}$$

式中,$\tilde{Z}$ 表示变分参数的有效电荷。

尝试将波函数定义为类似氢原子的一个电子轨道,有

$$\Psi_{1s}^{\tilde{Z}}(r)=\frac{1}{\sqrt{\pi}}\left(\frac{\tilde{Z}}{a_0}\right)^{3/2}\mathrm{e}^{-\tilde{Z}r/a_0} \tag{3.63}$$

那么尝试波函数为

$$\chi(r_1,r_2)=\left(\frac{\tilde{Z}^3}{\pi}\right)^{1/2}\mathrm{e}^{-\tilde{Z}r_1/a_0}\left(\frac{\tilde{Z}^3}{\pi}\right)^{1/2}\mathrm{e}^{-\tilde{Z}r_2/a_0} \tag{3.64}$$

变分能量为

$$\begin{aligned}E_{\text{var}}&=\frac{\tilde{Z}^3}{\pi}\int\mathrm{e}^{-\tilde{Z}r_1/a_0}\,\mathrm{e}^{-\tilde{Z}r_2/a_0}\left[-\frac{1}{2}(\nabla_1^2+\nabla_2^2)-2\left(\frac{1}{r_1}+\frac{1}{r_2}\right)+\frac{1}{|\boldsymbol{r}_2-\boldsymbol{r}_1|}\right]\mathrm{e}^{-\tilde{Z}r_1/a_0}\,\mathrm{e}^{-\tilde{Z}r_2/a_0}\,\mathrm{d}\tau\\&=\tilde{Z}^2-\frac{27}{8}\tilde{Z}\\&=E_{\text{var}}(\tilde{Z})\end{aligned} \tag{3.65}$$

$$\frac{\mathrm{d}E_{\text{var}}(\tilde{Z})}{\mathrm{d}\tilde{Z}}=2\tilde{Z}-\frac{27}{8} \tag{3.66}$$

$$\tilde{Z}=\frac{27}{16}<2 \tag{3.67}$$

可以得到 $E_{\text{var}}(\tilde{Z})=-77.5\ \text{eV}$,变分近似给出了合理的结果,但有效核电荷不再是2,而是小于2。

3. 哈特里 - 福克(Hartree - Fock)方法

要解氦原子的薛定谔方程,首先必须假定波函数的某种函数形式,如轨道近似,其中

总波函数被写成单个原子轨道的乘积(每个轨道取决于单个电子的坐标,每个轨道与唯一的轨道能量相关),这客观上把问题转化为一个独立的电子问题,但要注意的是"独立性"并不严格。如前所述,独立的电子感受到来自其他电子的有效电势,即

$$\chi(\boldsymbol{r}_1,\boldsymbol{r}_2)=\Psi(\boldsymbol{r}_1)\Psi(\boldsymbol{r}_2) \tag{3.68}$$

由于还不知道这些轨道可能是什么样子(尽管可以猜测它们很像氢轨道波函数),可以将这些单独的轨道标记为 $\Psi^{\mathrm{HF}}(\boldsymbol{r}_1)$ 和 $\Psi^{\mathrm{HF}}(\boldsymbol{r}_2)$,这是哈特里－福克轨道,也可以用变分的方式求解轨道能量,它实际上是哈特里－福克轨道的径向部分,不同于标准的氢轨道。径向分量包含一个"有效核电荷",而不是一个多电子原子的实际核电荷,这种有效电荷试图考虑在给定轨道上其他电子对特定电子的屏蔽效应。

如果把电子 2 的电荷密度解释为

$$e\Psi^*(\boldsymbol{r}_2)\Psi(\boldsymbol{r}_2)=e\left|\Psi(\boldsymbol{r}_2)\right|^2 \tag{3.69}$$

可以通过电子 2 的电荷密度库仑相互作用的积分来写出电子 1 的有效电势,由电荷密度加权,得

$$V_1^{\mathrm{eff}}=e^2\int\Psi^*(\boldsymbol{r}_2)\frac{1}{r_{12}}\Psi(r_2)\,\mathrm{d}\boldsymbol{r}_2 \tag{3.70}$$

这就是中心场近似或中心力问题。可以写出电子 1 的有效哈密顿和单电子薛定谔方程:

$$H_1(\boldsymbol{r}_1)=-\frac{1}{2}\nabla_1^2-\frac{Z}{r_1}+V_1^{\mathrm{eff}}(\boldsymbol{r}_1) \tag{3.71a}$$

$$H_1(\boldsymbol{r}_1)\Psi^{\mathrm{HF}}(\boldsymbol{r}_1)=\varepsilon_1\Psi^{\mathrm{HF}}(\boldsymbol{r}_1) \tag{3.71b}$$

很明显,需要了解电子 2 的分布函数(概率密度)来构造电子 1 的有效电势。同样,对于多电子问题,需要所有其他电子的信息来解决这个单电子问题。因此,这种方法需要一种如下所述的自洽方法。

(1) 从尝试波函数 $\Psi(r_2)$ 开始。

(2) 用 $\Psi(\boldsymbol{r}_2)$ 计算 $V_{1\mathrm{eff}}(\boldsymbol{r}_1)$,则有

$$V_1^{\mathrm{eff}}(\boldsymbol{r}_1)=e^2\int\Psi^*(\boldsymbol{r}_2)\frac{1}{r_{12}}\Psi(\boldsymbol{r}_2)\,\mathrm{d}\boldsymbol{r}_2 \tag{3.72}$$

(3) 对电子 1 求解薛定谔方程:

$$H_1(\boldsymbol{r}_1)=-\frac{1}{2}\nabla_1^2-\frac{Z}{r_1}+V_1^{\mathrm{eff}}(\boldsymbol{r}_1) \tag{3.73a}$$

$$H_1(\boldsymbol{r}_1)\Psi^{\mathrm{HF}}(\boldsymbol{r}_1)=\varepsilon_1\Psi^{\mathrm{HF}}(\boldsymbol{r}_1) \tag{3.73b}$$

(4) 用 $\Psi(\boldsymbol{r}_1)$ 计算 $V_{2\mathrm{eff}}(\boldsymbol{r}_2)$,则有

$$V_2^{\mathrm{eff}}(\boldsymbol{r}_2)=e^2\int\Psi^*(\boldsymbol{r}_1)\frac{1}{r_{12}}\Psi(\boldsymbol{r}_1)\,\mathrm{d}\boldsymbol{r}_1 \tag{3.74}$$

(5) 对电子 2 求解薛定谔方程:

$$H_2(\boldsymbol{r}_2)=-\frac{1}{2}\nabla_2^2-\frac{Z}{r_2}+V_2^{\mathrm{eff}}(\boldsymbol{r}_2) \tag{3.75a}$$

$$H_2(\boldsymbol{r}_2)\Psi^{\mathrm{HF}}(\boldsymbol{r}_2)=\varepsilon_2\Psi^{\mathrm{HF}}(\boldsymbol{r}_2) \tag{3.75b}$$

继续迭代,直到得到 $\Psi^{\mathrm{HF}}(\boldsymbol{r}_1)$ 和 $\Psi^{\mathrm{HF}}(\boldsymbol{r}_2)$ 的自洽结果,即从一次迭代到下一次迭代波函数不变。得到完整薛定谔方程的解为

$$\chi(\boldsymbol{r}_1,\boldsymbol{r}_2)=\Psi^{\mathrm{HF}}(\boldsymbol{r}_1)\Psi^{\mathrm{HF}}(\boldsymbol{r}_2) \tag{3.76}$$

可以用全哈密顿量来计算哈特里－福克能量：

$$\begin{aligned}E^{\mathrm{HF}}&=\int\Psi^{\mathrm{HF}*}(\boldsymbol{r}_1)\Psi^{\mathrm{HF}*}(\boldsymbol{r}_2)\left[-\frac{1}{2}(\nabla_1^2+\nabla_2^2)-Z\left(\frac{1}{r_1}+\frac{1}{r_2}\right)+\frac{1}{|\boldsymbol{r}_2-\boldsymbol{r}_1|}\right]\cdot\\&\quad\Psi^{\mathrm{HF}}(\boldsymbol{r}_1)\Psi^{\mathrm{HF}}(\boldsymbol{r}_2)\,\mathrm{d}\boldsymbol{r}_1\mathrm{d}\boldsymbol{r}_2\\&=I_1+I_2+J_{12}\end{aligned} \tag{3.77a}$$

式中

$$I_1=\int\Psi^{\mathrm{HF}*}(\boldsymbol{r}_1)\left(-\frac{1}{2}\nabla_1^2-\frac{Z}{r_1}\right)\Psi^{\mathrm{HF}}(\boldsymbol{r}_1)\,\mathrm{d}\boldsymbol{r}_1 \tag{3.77b}$$

$$I_2=\int\Psi^{\mathrm{HF}*}(\boldsymbol{r}_2)\left(-\frac{1}{2}\nabla_2^2-\frac{Z}{r_2}\right)\Psi^{\mathrm{HF}}(\boldsymbol{r}_2)\,\mathrm{d}\boldsymbol{r}_2=I_1 \tag{3.77c}$$

$$J_{12}=\int\Psi^{\mathrm{HF}*}(\boldsymbol{r}_1)\Psi^{\mathrm{HF}*}(\boldsymbol{r}_2)\frac{1}{|\boldsymbol{r}_2-\boldsymbol{r}_1|}\Psi^{\mathrm{HF}}(\boldsymbol{r}_1)\Psi^{\mathrm{HF}}(\boldsymbol{r}_2)\,\mathrm{d}\boldsymbol{r}_1\mathrm{d}\boldsymbol{r}_2 \tag{3.77d}$$

式中，I_1、I_2 项可以被认为是氦离子能量。

对于氦原子，基于哈特里－福克方法的基态能量与实验结果吻合得比较好，即

$$E_{\mathrm{HF}}=-77.87\ \mathrm{eV}$$

$$E_{\mathrm{experiment}}=-79.0\ \mathrm{eV}$$

关于轨道能量，有

$$H_1\Psi^{\mathrm{HF}}(\boldsymbol{r}_1)=\varepsilon_1\Psi^{\mathrm{HF}}(\boldsymbol{r}_1) \tag{3.78a}$$

$$\begin{aligned}\varepsilon_1&=\int\Psi^{\mathrm{HF}}(\boldsymbol{r}_1)\hat{H}_1^{\mathrm{eff}}(\boldsymbol{r}_1)\Psi^{\mathrm{HF}}(\boldsymbol{r}_1)\,\mathrm{d}\boldsymbol{r}_1\\&=I_1+J_{12}=E^{\mathrm{HF}}-I_2\end{aligned} \tag{3.78b}$$

如果认为 I_2（或 I_1）代表氦离子的能量，则电子 1 的轨道能量是

$$\varepsilon_1=E-I_2=\text{氦原子的总能量}-\text{氦离子的能量} \tag{3.79a}$$

$$\varepsilon_1\gg-\text{电离能}=-E_{\mathrm{ionization}}=E-I_2=\text{氦原子的总能量}-\text{氦离子的能量} \tag{3.79b}$$

轨道能量与电离能的关联近似地为大多数系统提供了合理的估计。在某些情况下，系统误差可以通过与实验数据的相关性来处理。还必须注意，轨道能量根据用于计算的波函数的形式而变化，对电子关联的校正也会导致差异。

关于原子的一个特定电子组态的轨道能量和总能量之间的关系，可以考虑氦原子的两个轨道能量之和，即 ε_1 和 ε_2。

$$\varepsilon_1+\varepsilon_2=I_1+I_2+2J_{12}=E^{\mathrm{HF}}+J_{12} \tag{3.80}$$

因此，简单的轨道能量之和会高估电子－电子的排斥。对轨道能量而言，在哈特里－福克近似下，总能量为

$$E^{\mathrm{HF}}=\varepsilon_1+\varepsilon_2-J_{12} \tag{3.81}$$

对于一个多电子原子，特定电子组态的总能量是由轨道能量和电子－电子排斥的相互作用决定的。此外，在决定一个特定电子组态相对于另一个电子组态的稳定性时，必须考虑总能量，而不是仅考虑轨道能量的相对差异。

3.3 包含电子自旋的态函数

3.3.1 电子自旋

电子自旋是内在固有的，它独立于环境，自旋不依赖于 r、θ 和 φ。引入自旋角动量（自旋角动量算符）如下：

(1)自旋运算符为$\hat{s}^2$ 和$\hat{s}_z$。

(2)自旋波函数为 $\alpha(\sigma)$和 $\beta(\sigma)$。

(3)σ 是与内禀自旋相关联的一些坐标。

(4)自旋量子数为 $s=1/2$（与$\hat{s}^2$ 相关）；m_s（与$\hat{s}_z$ 相关）取两个值，$m_s=1/2$ 和 $m_s=-1/2$。

自旋角动量遵循诸如轨道角动量的一般角动量行为，如

$$\hat{s}^2\alpha(\sigma)=\hbar^2 s(s+1)\alpha(\sigma)=\frac{3}{4}\hbar^2\alpha(\sigma) \tag{3.82a}$$

$$\hat{s}^2\beta(\sigma)=\hbar^2 s(s+1)\beta(\sigma)=\frac{3}{4}\hbar^2\beta(\sigma) \tag{3.82b}$$

$$\hat{s}_z\alpha(\sigma)=m_s\hbar\alpha(\sigma)=\frac{\hbar}{2}\alpha(\sigma) \tag{3.82c}$$

$$\hat{s}_z\beta(\sigma)=m_s\hbar\beta(\sigma)=-\frac{\hbar}{2}\beta(\sigma) \tag{3.82d}$$

正交性条件为

$$\int\alpha^*(\sigma)\beta(\sigma)\mathrm{d}\sigma=\int\beta^*(\sigma)\alpha(\sigma)\mathrm{d}\sigma=0 \tag{3.83a}$$

$$\int\alpha^*(\sigma)\alpha(\sigma)\mathrm{d}\sigma=\int\beta^*(\sigma)\beta(\sigma)\mathrm{d}\sigma=1 \tag{3.83b}$$

对于电子总是 $s=1/2$，$m_s=\pm(1/2)$；向上自旋是 $m_s=+(1/2)$，向下自旋是 $m_s=-(1/2)$。

通过引入自旋及自旋函数 α 和 β，可以将波函数写为

$$\Psi(\boldsymbol{r}_1,\alpha)=\Psi(\boldsymbol{r}_1)\alpha(\sigma_1) \tag{3.84}$$

3.3.2 电子的不可分辨与泡利不相容

原子中的电子在实际中都是不可区分的，在宏观尺度上，原子系统的可观测性并不会因为改变“识别”（如果可能的话）单个电子的方式而改变，原子系统的性质与电子概率密度的平均值有关，有下列关系：

$$\Psi^2(\boldsymbol{r}_1,\sigma_1,\boldsymbol{r}_2,\sigma_2)=\Psi^2(\boldsymbol{r}_2,\sigma_2,\boldsymbol{r}_1,\sigma_1) \tag{3.85a}$$

$$\Psi(\boldsymbol{r}_1,\sigma_1,\boldsymbol{r}_2,\sigma_2)=\pm\Psi(\boldsymbol{r}_2,\sigma_2,\boldsymbol{r}_1,\sigma_1) \tag{3.85b}$$

对于费米子，取负号，波函数称为反对称；对于玻色子，取正号，波函数称为对称。这些粒子的性质由不同的统计来描述，前者是费米－狄拉克，后者是玻色－爱因斯坦。

氦(必须考虑 2 个电子)的反对称波函数为

$$\Psi=\Psi_{1s}(\boldsymbol{r}_1)\alpha(1)\Psi_{1s}(\boldsymbol{r}_2)\beta(2)-\Psi_{1s}(\boldsymbol{r}_1)\beta(1)\Psi_{1s}(\boldsymbol{r}_2)\alpha(2) \tag{3.86}$$

因此

$$\Psi(\boldsymbol{r}_1,\sigma_1,\boldsymbol{r}_2,\sigma_2)=-\Psi(\boldsymbol{r}_2,\sigma_2,\boldsymbol{r}_1,\sigma_1) \tag{3.87}$$

根据泡利原理,对于同一空间轨道上的 2 个电子,自旋必须相反(没有 2 个电子共享所有 4 个量子数)。这避免了区分 2 个电子,并且对于相同粒子的交换是反对称的。表示反对称波函数的一种更紧凑(和标准)的方法是用行列式形式:

$$\begin{aligned}\Psi(\boldsymbol{r}_1,\sigma_1,\boldsymbol{r}_2,\sigma_2)&=\frac{1}{\sqrt{2}}\left|\Psi_{1s}(\boldsymbol{r}_1)\alpha(1)\Psi_{1s}(\boldsymbol{r}_2)\beta(2)-\Psi_{1s}(\boldsymbol{r}_2)\alpha(2)\Psi_{1s}(\boldsymbol{r}_1)\beta(1)\right|\\&=\frac{1}{\sqrt{2}}\begin{vmatrix}\Psi_{1s}(\boldsymbol{r}_1)\alpha(1) & \Psi_{1s}(\boldsymbol{r}_1)\beta(1)\\ \Psi_{1s}(\boldsymbol{r}_2)\alpha(2) & \Psi_{1s}(\boldsymbol{r}_2)\beta(2)\end{vmatrix}\end{aligned} \tag{3.88}$$

对于任何两行或两列的交换(对应于任何两个粒子的交换),行列式形式是自动反对称的;而对于大于 2 个电子的系统是保持不变的。这些行对应于特定电子的空间轨道和自旋轨道的所有乘积。

对于 N 个电子的体系,行列式的形式是(N 个电子,因此有 N 个轨道):

$$\Psi(\boldsymbol{r}_1,\sigma_1,\boldsymbol{r}_2,\sigma_2,\cdots,\boldsymbol{r}_N,\sigma_N)=\frac{1}{\sqrt{N!}}\begin{vmatrix}\Psi_1(\boldsymbol{r}_1)\alpha(1) & \Psi_1(\boldsymbol{r}_1)\beta(1) & \cdots & \Psi_N(\boldsymbol{r}_1)\beta(1)\\ \Psi_1(\boldsymbol{r}_2)\alpha(2) & \Psi_2(\boldsymbol{r}_2)\beta(2) & \cdots & \Psi_N(\boldsymbol{r}_2)\beta(2)\\ \Psi_1(\boldsymbol{r}_3)\alpha(3) & \Psi_2(\boldsymbol{r}_3)\beta(3) & \cdots & \Psi_N(\boldsymbol{r}_3)\beta(3)\\ \vdots & \vdots & & \vdots\\ \Psi_1(\boldsymbol{r}_N)\alpha(N) & \Psi_2(\boldsymbol{r}_N)\beta(N) & \cdots & \Psi_N(\boldsymbol{r}_N)\beta(N)\end{vmatrix} \tag{3.89}$$

式中,Ψ_i 是空间轨道;α、β 是自旋轨道。

基态锂原子的行列式为

$$\Psi(\boldsymbol{r}_1,\sigma_1,\boldsymbol{r}_2,\sigma_2,\boldsymbol{r}_3,\sigma_3)=\frac{1}{\sqrt{3!}}\begin{vmatrix}\Psi_{1s}(\boldsymbol{r}_1)\alpha(1) & \Psi_{1s}(\boldsymbol{r}_1)\beta(1) & \Psi_{2s}(\boldsymbol{r}_1)\alpha(1)\\ \Psi_{1s}(\boldsymbol{r}_2)\alpha(2) & \Psi_{1s}(\boldsymbol{r}_2)\beta(2) & \Psi_{2s}(\boldsymbol{r}_2)\alpha(2)\\ \Psi_{1s}(\boldsymbol{r}_3)\alpha(3) & \Psi_{1s}(\boldsymbol{r}_3)\beta(3) & \Psi_{2s}(\boldsymbol{r}_3)\alpha(3)\end{vmatrix} \tag{3.90}$$

或者

$$\Psi(\boldsymbol{r}_1,\sigma_1,\boldsymbol{r}_2,\sigma_2,\boldsymbol{r}_3,\sigma_3)=\frac{1}{\sqrt{3!}}\begin{vmatrix}\Psi_{1s}(\boldsymbol{r}_1)\alpha(1) & \Psi_{1s}(\boldsymbol{r}_1)\beta(1) & \Psi_{2s}(\boldsymbol{r}_1)\beta(1)\\ \Psi_{1s}(\boldsymbol{r}_2)\alpha(2) & \Psi_{1s}(\boldsymbol{r}_2)\beta(2) & \Psi_{2s}(\boldsymbol{r}_2)\beta(2)\\ \Psi_{1s}(\boldsymbol{r}_3)\alpha(3) & \Psi_{1s}(\boldsymbol{r}_3)\beta(3) & \Psi_{2s}(\boldsymbol{r}_3)\beta(3)\end{vmatrix} \tag{3.91}$$

对于基态氦原子情形,两个电子在同一轨道上,有不同的自旋。因此,这种情况下的行列式可以分为空间行列式和自旋行列式。自旋部分波函数是反对称的,有

$$\begin{aligned}\Psi(\boldsymbol{r}_1,\sigma_1,\boldsymbol{r}_2,\sigma_2)&=\frac{1}{\sqrt{2}}\Psi_{1s}(\boldsymbol{r}_1)\Psi_{1s}(\boldsymbol{r}_2)\left[\alpha(1)\beta(2)-\alpha(2)\beta(1)\right]\\&=\frac{1}{\sqrt{2}}\Psi_{1s}(\boldsymbol{r}_1)\Psi_{1s}(\boldsymbol{r}_2)\begin{vmatrix}\alpha(1) & \beta(1)\\ \alpha(2) & \beta(2)\end{vmatrix}\end{aligned} \tag{3.92}$$

描述多电子系统的波函数在任意两个电子交换时必须改变符号(反对称)。

3.4 角动量耦合近似

在氢原子中，$n=1,2,3,\cdots$轨道是简并的，对于多电子原子，有 2s、2p 和 3s、3p、3d 等，电子排斥项的出现可以部分消除轨道的简并度。轨道能量 E_i 随主量子数 n 和角动量量子数而变化，特定轨道的能量 E_i 随 Z 增加而增加，如 1s 轨道的电离能 $E_{\mathrm{H}}=13.6\ \mathrm{eV}$、$E_{\mathrm{Ne}}=870.4\ \mathrm{eV}$。

原子中的电子可以按能量增加的顺序填入相应的轨道，从而给出原子的基态组态，没有 2 个电子可以拥有相同的量子数 n、l、m_l 和 $m_s l$；$m_l=-l,-l+1,-l+2,\cdots,l$，即它可以取 $2l+1$ 个值；$m_s=\pm 1/2$，因此每个轨道可以容纳 $2(2l+1)$ 个电子（ns 有 2 个，np 有 6 个，nd 有 10 个电子等）。

在轨道中运动的电荷 $-e$ 相当于在导线中流动的电流，因此会产生磁矩。轨道运动磁矩矢量 $\boldsymbol{\mu}_l$ 是与相应轨道角动量矢量 $\boldsymbol{l}$ 相对应的矢量。电子的自旋运动，有一个自旋磁矩矢量 $\boldsymbol{\mu}_s$ 与自旋角动量矢量 $\boldsymbol{s}$ 有关，对于每个电子，矢量 $\boldsymbol{\mu}_l$ 和 $\boldsymbol{\mu}_s$ 可以是同向的，也可以是反向的，如图 3.7 所示。

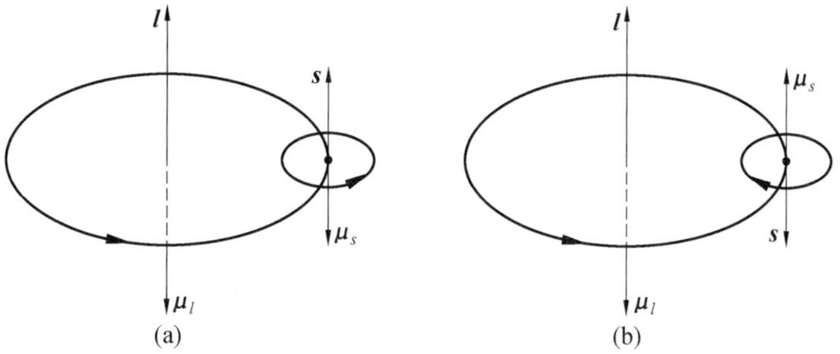

图 3.7 与轨道角动量矢量 $\boldsymbol{l}$ 和自旋角动量矢量 $\boldsymbol{s}$ 相关的磁矩矢量 $\boldsymbol{\mu}_l$ 和 $\boldsymbol{\mu}_s$

同一电子的轨道角动量和自旋角动量所产生的磁矩之间会产生相互作用，这种相互作用是角动量的耦合，磁矩越大，耦合越强；然而，有些耦合非常弱，可以被忽略。

常见的多电子体系的结构计算比较困难，常以近似的非相对论多电子哈密顿量为出发点，即

$$\hat{H}_0=\sum_i\left(\frac{\hat{p}_i^2}{2m_{\mathrm{e}}}-\frac{Ze^2}{4\pi\varepsilon_0 r_i}\right)+\sum_{i<j}\frac{e^2}{4\pi\varepsilon_0 r_{ij}}+\sum_i\zeta_i(r_i)(\hat{l}_i\cdot\hat{s}_i) \tag{3.93}$$

在上述公式中采用了独立粒子模型，即每个电子在核和其他电子产生的平均场中独立运动，这个场是只依赖于 r 的中心场，即中心场近似。中心场近似与泡利不相容原理导致多电子壳层的结构遵从能量最低原理。r_{ij} 是第 i 个电子和第 j 个电子之间的距离，第一项是单粒子哈密顿量之和，第二项是电子之间的静电相互作用，最后一项是自旋—轨道相互作用，第二项把多电子系统的哈密顿量与类氢离子的哈密顿量区分开来。由于哈密顿量包含两个以上的粒子，因此无法给出薛定谔方程的精确解。

原子系统的状态由壳层和亚壳层组成，它们由原子轨道的集合组成。原子轨道被指定为 nl，如 1s、2p 等，其中 s 和 p 分别表示 $l=1,2$。亚壳层非常类似于轨道，不同之处在

于,亚壳层指定了包含在其中的电子的数量,将一个有两个电子的 2s 轨道称为 $2s^2$ 亚壳层。通常具有 r 个电子的亚壳层命名为 nl^r,r 的最大值可以由 $(2s+1)(2l+1)=2(2l+1)$ 确定。对于 $l=0\sim3$,每个子壳层的最大电子数如下:

l	命名	最大数
0	s	2
1	p	6
2	d	10
3	f	14

壳层由给定 n 的所有状态组成,例如 $n=2$ 壳层有两个亚壳层 2s 和 2p,如下:

K 壳层　$n=1$　$l=0$

L 壳层　$n=2$　$l=0, 1$

M 壳层　$n=3$　$l=0, 1, 2$

当壳层或亚壳层包含其最大数量的电子时,称为闭合子壳层,闭合子壳层具有球对称的特性,即

$$\boldsymbol{L}=\sum_i \boldsymbol{l}_i=0,\quad \boldsymbol{S}=\sum_i \boldsymbol{s}_i=0,\quad \boldsymbol{J}=\sum_i \boldsymbol{j}_i=0 \tag{3.94}$$

例如,碳的基态具有 6 个电子,它的组态为 $1s^2 2s^2 2p^2$,通常一种组态将导致几个不同的谱项。一个谱项指定了原子中所有电子的特定分组或耦合。例如,碳的最低亚壳层($1s^2 2s^2 2p^2$)中的电子耦合在一起以给出 LS 耦合谱项 $^3P_{0,1,2}$、$^1D_2$ 和 $^1S_0$,每一个谱项有不同的能量。对于较重的原子,其他耦合方案更合适导致多个 JJ 项。

在多电子系统中,电子通常分为两组,即内层电子和外层电子(或价电子),价电子构成了核心电子,它们决定了原子的基态和激发态,这些价电子是造成原子化学行为的原因,价电子通常对能量为 1~10 eV(近红外到紫外波长)的低频光做出响应。

多电子的存在需要理解各种角动量(轨道和自旋)如何耦合以给出原子的总角动量。耦合方案取决于多个特征,通常多电子哈密顿量式(3.93)中的最后两项的相对大小确定了两种极端情况,这两项描述了电子之间的相互作用,即静电作用和自旋-轨道作用。当静电作用占主导地位时,电子的耦合遵从 LS 耦合方案;当自旋-轨道作用占主导地位时,电子的耦合遵从 JJ 耦合方案。原子的基态通常由 LS 耦合很好地表示,JJ 耦合可以很好地描述一个高激发态电子的原子体系。当两者都不占主导地位时,必须采用中间耦合方案,这可能出现于重原子体系的低激发态。

3.4.1 LS 耦合近似

电子之间的静电相互作用大于任一电子的自旋-轨道相互作用,则LS耦合是一个很好的近似。在这种耦合方式中,单个电子的轨道角动量耦合成总轨道角动量 $\boldsymbol{L}=\sum_i \boldsymbol{l}_i$,个体电子的自旋耦合成总自旋角动量 $\boldsymbol{S}=\sum_i \boldsymbol{s}_i$,总轨道角动量和总自旋角动量合成总角动量 $\boldsymbol{J}=\boldsymbol{L}+\boldsymbol{S}$,如图 3.8 所示,$J$ 的最大值和最小值分别为 $J_{\max}=|\boldsymbol{L}|+|\boldsymbol{S}|$ 和 $J_{\min}=|\boldsymbol{L}-\boldsymbol{S}|$。静电相互作用通常在氢原子的低能态中占主导地位,此种情况下外壳中的电

子与称为核心的内壳中的电子有强烈相互作用。这种耦合方式通常也适用于原子的基态。

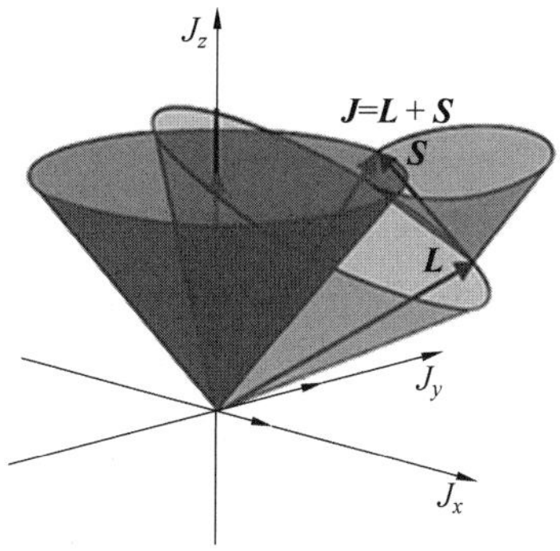

图 3.8 总轨道角动量 $\boldsymbol{L}$ 和总自旋角动量 $\boldsymbol{S}$ 合成总角动量量 $\boldsymbol{J}$

考虑封闭壳层体系氦(He)原子作为 LS 耦合的例子，He 原子的基态组态为 $1s^2$，L、S 和 J 的值全为零。根据泡利不相容原理，这两个电子中的一个电子 $m_s=+1/2$，同时另一个电子 $m_s=-1/2$，这意味着 $M_S=0$，因此 $S=0$。

为了理解一般情况，考虑两个量子数为 ζ_1 和 ζ_2 的电子，可以通过两个电子的波函数相乘来形成系统的联合状态：

$$\boldsymbol{\Psi}=\boldsymbol{\Psi}_1(\zeta_1)\boldsymbol{\Psi}_2(\zeta_2) \tag{3.95}$$

式中，1 和 2 表示电子 1 和电子 2。然而，由于两个电子是相同的粒子，如果交换这两个电子，则这两个电子是无法区分的。例如，如果两个电子都上升自旋(↑↑)或下降自旋(↓↓)，电子交换后波函数是对称的，然而，如果一个电子上升自旋，而另一个电子下降自旋，电子交换后的波函数是反对称的。因此，最终得到两种状态如下：

$$\boldsymbol{\Psi}_s=\psi_1(\zeta_1)\psi_2(\zeta_2)+\psi_1(\zeta_2)\psi_2(\zeta_1), \quad \text{三重态}$$

$$\boldsymbol{\Psi}_s=\psi_1(\zeta_1)\psi_2(\zeta_2)-\psi_1(\zeta_2)\psi_2(\zeta_1), \quad \text{单重态}$$

一般来说，这将是两个不同的状态。通常具有不同 L、S 和 J 的 LS 态具有不同的能量。将 LS 耦合方案中的状态标记为

$$nl^{r\,2S+1}L_J \quad 或 \quad nl^{r\,2S+1}L_J^0 \tag{3.96}$$

式中，nl^r 是最后要填充的子壳层；r 是子壳层中的电子数。

在标记方案中，$2S+1$ 称为状态的多重性，上标 0 表示奇宇称态，宇称由下式决定：

$$\psi(-\boldsymbol{r})=(-1)^{\sum_i |l_i|}\psi(\boldsymbol{r}) \tag{3.97}$$

式(3.97)中求和是对开放子壳层中的所有电子而言的。类似于子壳层的名称，总 L 的状态表示为

$$\begin{matrix} L=0 & 1 & 2 & 3 & 4 \\ \mathrm{S} & \mathrm{P} & \mathrm{D} & \mathrm{F} & \mathrm{G} \end{matrix}$$

在每个项中，将会有一个或多个特定 J 及其沿着 z 轴的投影 M_J，用一个状态向量来表示这些状态，即

$$\left|\chi;(l_i m_{l_i},\cdots)LM_L(s_i m_{s_i},\cdots)SM_S;JM_J\right\rangle \tag{3.98}$$

式中，χ表示定义状态所需的其他参数，这个状态向量可以有许多自由的写法，它可以更

简洁地写成

$$|\chi;(l_i,\cdots)L(s_i,\cdots)S;JM_J\rangle, \quad |\chi;LM_L,SM_S;JM_J\rangle \tag{3.99}$$

以开放壳层钠原子为例，它的基态原子组态为 $1s^2 2s^2 2p^6 3s$，前 10 个电子是闭合壳层，命名为$^1S_0$，最后一个电子在 3s 壳层，因此 $s=1/2$、$l=0$，所以 $L=0$、$S=1/2$、$J=1/2$，Na 的基态为

$$1s^2(^1S_0)\ 2s^2(^1S_0)\ 2p6(^1S_0)\ 3s^2S_{1/2} \tag{3.100}$$

或者简洁表示为 $3s^2S_{1/2}$，状态向量形式为$|00,\ 1/2\ \pm1/2;\ 1/2\ \pm1/2>$。如果处于 3s 态的电子跃迁到 3p 亚壳层，此时总角动量可以具有两个值，$J=L+S=3/2$ 和 $J=L-S=1/2$，因此存在两个具有不同 J 值的最终状态，即 3p $^2P_{3/2}$ 和 3p $^2P_{1/2}$，状态向量形式为$|1M_L,1/2\ \pm1/2;\ 3/2\ M\rangle$和$|1M_L,\ 1/2\ \pm1/2;\ 1/2\ \pm1/2\rangle$。

对于惰性气体（所有被占据的轨道都被填满）而言，基态电子组态为^1S 项。表 3.1 列出了由非等效电子的某些组态产生的光谱项。

表 3.1　由非等效电子的某些组态产生的光谱项

组态	光谱项
s^1s^1	$^1S,\ ^3S$
s^1p^1	$^1P,\ ^3P$
s^1d^1	$^1D,\ ^3D$
s^1f^1	$^1F,\ ^3F$
p^1p^1	$^1S,\ ^1P,^1D,^3S\ ,\ ^3P,\ ^3D$
p^1d^1	$^1P,\ ^1D,^1F,^3P,^3D,\ ^3F$
d^1d^1	$^1S,\ ^1P,^1D,^1F,\ ^1G,\ ^3S,\ ^3P,\ ^3D,\ ^3F,\ ^3G$
d^1f^1	$^1P,^1D,^1F,\ ^1G,\ ^1H,\ ^3P,\ ^3D,\ ^3F,\ ^3G,\ ^3H$
f^1f^1	$^1S,^1P,^1D,^1F,\ ^1G,\ ^1H,\ ^1I,\ ^3S,^3P,\ ^3D,\ ^3F,\ ^3G,\ ^3H,\ ^3I$

碳原子的基态电子组态为 $1s^2 2s^2 2p^2$，与前面的例子一样，$1s^2 2s^2$ 子壳是满壳层，因此只需要讨论两个 2p 电子，这两个 2p 电子是等效电子（即具有相同的 n 和 l），每个电子可以处于 6 种可能状态之一：

$$s=1/2, \quad m_s=-1/2 \quad 1/2$$

$$l=1, \quad m_l=-1 \quad 0 \quad 1$$

如果不加区分地将两个轨道角动量与 $l=1$ 耦合，就会发现 L 有 0、1 和 2 三个可能的值，S 的可能值是 0 和 1。因此，J 值从 0 到 3，将有 36 个可能的状态。根据泡利不相容原理，不是所有这些态都能够真实存在，允许的状态是那些 m_{l1} 和 m_{l2} 不同或 m_{s1} 和 m_{s2} 不同的状态，满足该准则的状态数为 $C_6^2=15$，只有 15 个态的量子数是不完全相同的。为了确定这 15 个态，使用表 3.2 所示 p^2 等效电子组态 LS 耦合中的 15 个量子数态来跟踪每个电子的量子数。

表 3.2　p^2 等效电子组态 LS 耦合中的 15 个量子数态

量子数	数值														
m_{l1}	1	1	1	1	1	1	1	1	1	0	0	0	0	0	−1
m_{l2}	1	0	0	0	0	−1	−1	−1	−1	0	−1	−1	−1	−1	−1
m_{s1}	1/2	1/2	1/2	−1/2	−1/2	1/2	1/2	−1/2	−1/2	1/2	1/2	1/2	−1/2	−1/2	1/2
m_{s2}	−1/2	1/2	−1/2	1/2	−1/2	1/2	−1/2	1/2	−1/2	−1/2	1/2	−1/2	1/2	−1/2	−1/2
M_L	2	1	1	1	1	0	0	0	0	0	−1	−1	−1	−1	−2
M_S	0	1	0	0	−1	1	0	0	−1	0	1	0	0	−1	0
M_L值和M_S值重新排列如下：															
M_L	2	1	0	−2	1	0	−1	1	0	−1	1	0	−10		
M_S	0	0	0	0	0	1	1	1	0	0	0	−1	−1	−10	
			^1D							^3P					^1S

在表 3.2 中，M_L的最大值为 2，表明存在一个 D 光谱项，因为表中 $M_L=2$ 只与 $M_S=0$ 关联，所以它一定是^1D 项，该项包含 5 种组合（表 3.2）；在其余的组合中，L 的最大值为 1，又因为它与 $M_S=1$、0 和 −1 相关联，所以有一个^3P 项，该项包含 9 种组合；剩下一个 $M_L=0$，它与 $M_S=0$ 相关联，这意味着一个^1S 项，因此存在的光谱项为$^1S_0$、$^3P_{0,1,2}$和$^1D_2$。

由三个等效 p 电子和各种等效 d 电子产生的项可以用同样的方法导出，结果见表 3.3。

表 3.3　由等效电子的某些组态产生的光谱项

组态	光谱项
p^2	^1S, ^3P, ^1D
p^3	^4S, ^2P, ^2D
d^2	^1S, ^3P, ^1D, ^3F, ^1G
d^3	^2P, ^4P, ^2D, ^2F, ^4F,^2G, ^2H
d^4	^1S, ^3P, ^1D, ^3D, ^5D, ^1F, ^3F, ^1G, ^3G, ^3H, ^1I
d^5	^2S, ^6S, ^2P, ^4P, ^2D, ^4D, ^2F, ^4F, ^2G, ^4G, ^2H, ^2I

3.4.2 JJ 耦合近似

式(3.93)中的第三项大于第二项时，即电子的自旋－轨道相互作用强于电子之间的静电相互作用，在这种情况下 JJ 耦合是一个很好的近似。换句话说，所讨论的两个电子彼此距离足够远，以至于它们之间的静电相互作用较弱，因此只有它们的总角动量 J 是运动的常数。当被激发的电子处于较大的 n 态时，电子大部分时间都处于远离原子核束缚的核心区域，因此，对于每一个电子有 $\boldsymbol{s}_i+\boldsymbol{l}_i=\boldsymbol{j}_i$ 和 $\boldsymbol{j}_1+\boldsymbol{j}_2=\boldsymbol{J}$，$J$ 的可能值在 $|\boldsymbol{j}_1|+|\boldsymbol{j}_2|$ 和 $|\boldsymbol{j}_1-\boldsymbol{j}_2|$ 之间，JJ 耦合项通常标记为

$$(j_1, j_2)_J \tag{3.101}$$

如果光谱项具有奇宇称,则在括号的右侧上方标记上标"0"。状态向量可以表示为

$$|\chi;(l_1m_1,s_1m_1)j_1m_1(l_2m_2,s_2m_2)j_2m_2;JM_J\rangle \tag{3.102}$$

把泡利不相容原理应用于JJ耦合,可知没有2个电子同时具有相同的量子数n、l、j、m_j。

再次以2个等价的p电子为例,JJ耦合的相关量子数见表3.4,从表中可以提取出JJ耦合项为$(1/2, 1/2)_0$、$(1/2, 3/2)_{1,2}$和$(3/2, 3/2)_{0,2}$。事实上,JJ耦合得到的j值和LS耦合得到的j值是一样的,这意味着不管如何耦合角动量,J是一个好的量子数。

表3.4 p^2等效电子组态JJ耦合中的15个量子数

j_1	m_{j1}	j_2	m_{j2}	M_J	J
+1/2	−1/2	+1/2	+1/2	0	0
+1/2	−1/2	+3/2	−3/2	−2	−2
			−1/2	−1	2,1
			+1/2	0	2,1
			+3/2	1	2,1
+1/2	+1/2	+3/2	−3/2	−1	2,1
			−1/2	0	2,1
			+1/2	1	2,1
			+3/2	2	2
+3/2	−3/2	+3/2	−1/2	−2	2
			+1/2	−1	2
			+3/2	0	2,0
+3/2	−1/2	+3/2	+1/2	0	0
			+3/2	1	2
+3/2	+1/2	+3/2	+3/2	2	2

3.4.3 中间耦合或成对耦合

当式(3.93)中的最后两项都不占明显优势时,此时耦合为中间耦合方案,这种耦合方式有两种极限情况:JK耦合(也称为JL耦合)和LK耦合(有时称为LS耦合)。在这两种情况下,被激发电子的自旋与所有其他角动量耦合得到一个称为K的中间角动量后再进行最后的耦合,即成对耦合源于当$s=1/2$耦合到K时总是产生一对总J相差为1的能级,如图3.9所示,图中显示了一个包含$^{2S+1}L_J$核心和一个nl电子的KL耦合,自旋耦合到K,K简并度分裂产生两个不同的J值。在JL耦合极限中,相互作用的强度顺序是:①内部或更紧密束缚电子的自旋-轨道相互作用;②两个电子之间的静电相互作用;③外部或弱束缚电子的自旋-轨道相互作用。在这种情况下,内部电子的j(称为j_1)耦合到

外(激发态)电子的轨道角动量,得到 K;最后,外部电子的 s 耦合到 K 产生总角动量 J。该极限的状态向量为

$$|\chi;[(l_1,s_1)j_1,l_2]Ks_2;JM_J\rangle \tag{3.103}$$

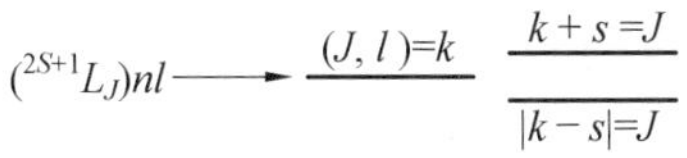

图 3.9 成对耦合

在另一个极限 LS 耦合中,两轨道角动量耦合产生 L,它与内部电子的 s 耦合得到 K,该极限的状态向量为

$$|\chi;[(l_1,l_2)L,s_1]Ks_2;JM_J\rangle \tag{3.104}$$

以 Xe 原子为例,在闭合的壳中有 54 个电子,它的基态电子组态是 $5p^6\,{}^1S_0$。Xe 的低激发能级遵从 JL 耦合,如果它的一个 5p 电子激发到 6s 亚壳层,将出现 4 个能级,$J=2$、0 各有一个能级,$J=1$ 有两个能级,Xe 原子电子组态 $5p^56s$ 的 JL 耦合见表 3.5。图 3.10 所示为两个轨道角动量分别为 $l_1=1$ 和 $l_2=0$ 的电子从 LS 耦合到 JJ 耦合的过渡。

表 3.5 Xe 原子电子组态 $5p^56s$ 的 JL 耦合

电子组态	内部电子的 l 和 s 耦合为 j	j 与外部电子的 l 耦合[j, l]	[j, l]与外部电子的 s 耦合为 J
$5p^56s$	$5p^5(^2P_{3/2})$	[3/2, 0] 3/2	[3/2, 1/2]2
$5p^56s$	$5p^5(^2P_{3/2})$	[3/2, 0]3/2	[3/2, 1/2]1
$5p^56s$	$5p^5(^2P_{1/2})$	[1/2, 0]1/2	[1/2, 1/2]1
$5p^56s$	$5p^5(^2P_{1/2})$	[1/2, 0]1/2	[1/2, 1/2]0

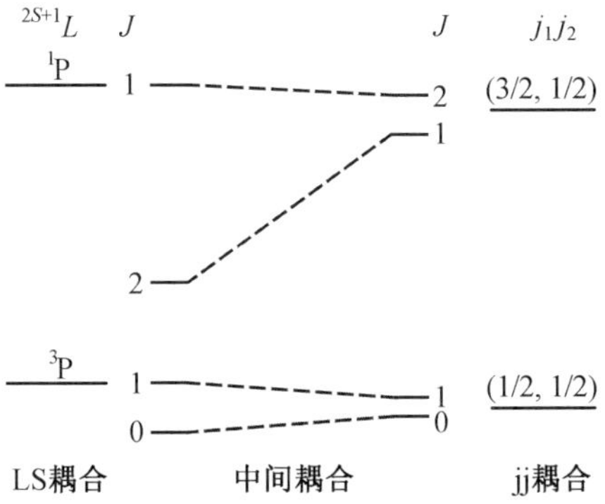

图 3.10 两个轨道角动量分别为 $l_1=1$ 和 $l_2=0$ 的电子从 LS 耦合到 JJ 耦合的过渡

3.5 碱金属原子光谱

碱金属原子在外轨道(ns)上都有一价电子,其中 Li、Na、K、Rb 和 Cs 的主量子数 n 分别为 2、3、4、5、6。如果只考虑涉及该价电子的轨道变化,其行为将类似于 H 原子。核心由电荷 $+Ze$ 的原子核和包含 $Z-1$ 个电子的填充轨道组成,其净电荷为 $+e$,因此对价

电子的影响与H原子核类似。图3.11所示为锂原子的能级跃迁图。

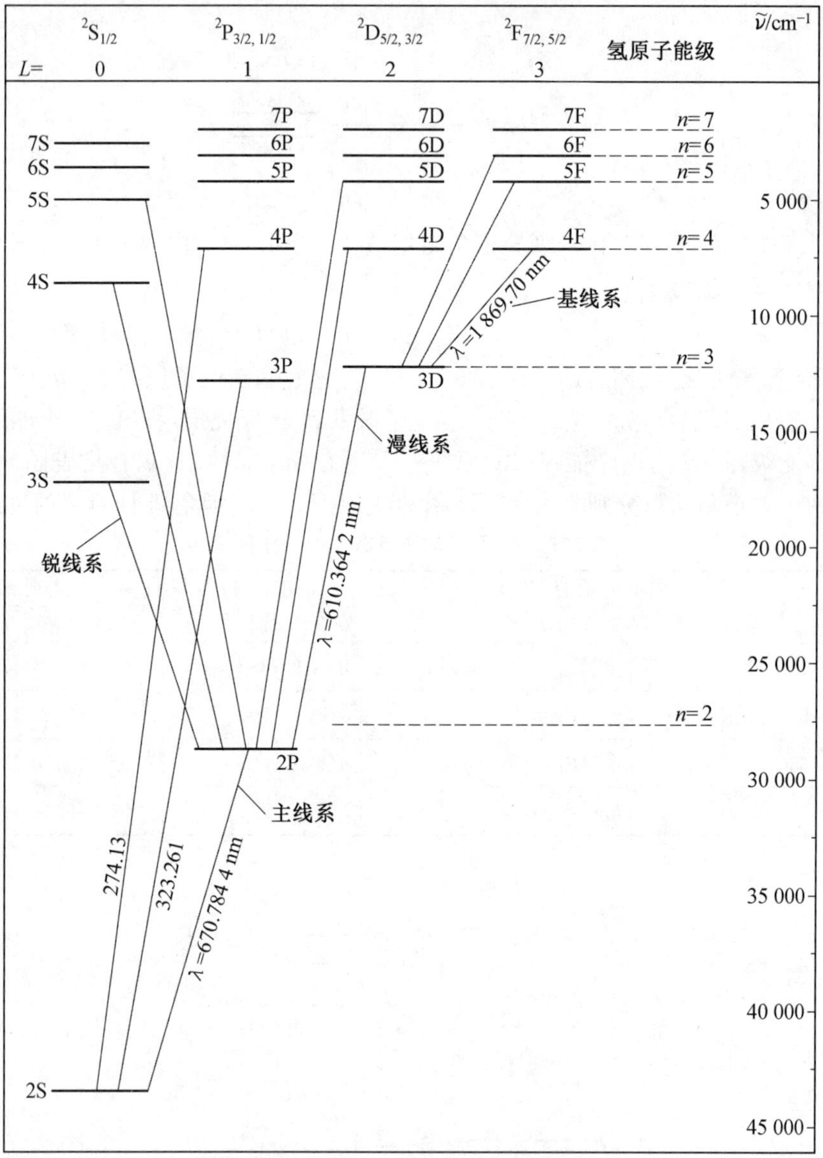

图3.11 锂原子的能级跃迁图

锂原子基态电子组态为$1s^22s^1$，此组态对应于最低能级，更高的能级根据价电子被激发到的轨道进行标记，如标记为4p的能级对应于$1s^24p^1$的组态。价电子位于轨道上的组态之间相对较大的能量间隔仅在l值上不同(如$1s^23s^1$、$1s^23p^1$、$1s^23d^1$)，这是除氢以外的所有碱金属原子的特征。电子在不同能级间跃迁时遵从选择规则如下：Δn不受限制，$-l=\pm1$，这些选择规则引起了图3.11所示的锐线系、主线系、漫线系和基线系，其中被激发的电子分别位于s、p、d和f轨道中。

表3.6所示为锂原子的电子组态和谱项。对于其他碱金属，可以很容易地得出类似

的组态和光谱项。

表 3.6 锂原子的电子组态和谱项

电子组态	谱项
$1s^2 2s^1$	$^2S_{1/2}$
$1s^2 ns^1 (n=3,4,\cdots)$	$^2S_{1/2}$
$1s^2 np^1 (n=2,3,\cdots)$	$^2P_{1/2}$，$^2P_{3/2}$
$1s^2 nd^1 (n=3,4,\cdots)$	$^2D_{3/2}$，$^2D_{5/2}$
$1s^2 nf^1 (n=4,5,\cdots)$	$^2F_{5/2}$，$^2F_{7/2}$

自旋一轨道耦合将^2P、^2D、^2F 等谱项的两个分量分裂开来，如图 3.12 所示，分裂的间隔随 L 和 n 的增大而减小，随原子序数的增大而增大。

在钠原子中，$^2P_{1/2}$、$^2P_{3/2}$态是 3s 价电子跃迁到 $n>2$ 的任何 np 轨道的结果，用这个 n 值来标记态是很方便的，例如 $n^2P_{1/2}$和 $n^2P_{3/2}$。对于给定的碱金属原子，$n^2P_{1/2}$、$n^2P_{3/2}$态的分裂间隔随 n 的增加而减小；对于给定的 n，随 L 的增加而减小，即对于 $3^2D_{3/2}$、$3^2D_{5/2}$态而言，它比 $3^2P_{1/2}$、$3^2P_{3/2}$小得多。这些^2P 和^2D 多重态是正常的多重态，即 J 最低的状态是能量最低的状态。选择规则是

$$\Delta J=0,\pm 1; J=0 \nleftrightarrow J=0 \tag{3.105}$$

主线系由成对的$^2P_{1/2}-{}^2S_{1/2}$、$^2P_{3/2}-{}^2S_{1/2}$跃迁组成(图 3.12)，这两对被称为简单的双线。钠原子中该系列的第一组谱线出现在光谱的黄色区域，其分量为 589.592 nm 和 588.995 nm，称为钠 D 线。钠 D 线中的 $3^2P_{1/2}$、$3^2P_{3/2}$激发态是原子的最低能量激发态，在足够高压力下的蒸汽放电中，大多数原子在辐射发射之前就处于这些状态。

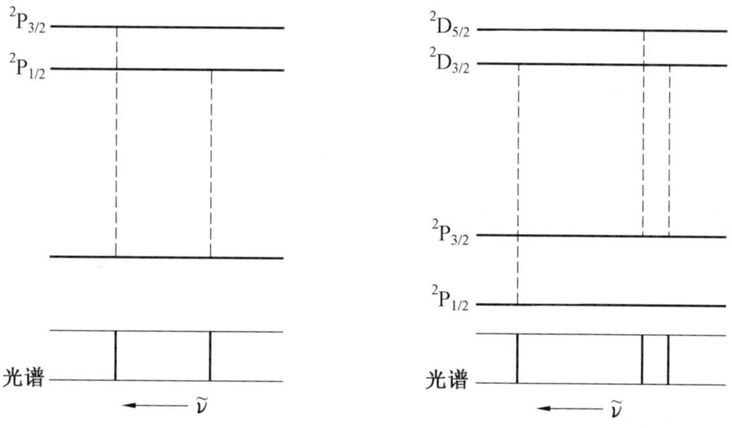

图 3.12 谱项的分裂示意图

碱金属$^3P-{}^3S$ 跃迁的精细结构如图 3.13(a)所示，ΔJ 选择规则产生一个简单的三重态结构。复合三重态如图 3.13(b)所示，$^3D-{}^3P$ 跃迁有 6 个分量，与双重态一样，多重态分裂间隔随着 L 的增大迅速减少，因此在中等分辨率下，光谱中产生的 6 条线显示为三态。因此，这种精细结构通常被称为复合三重态。

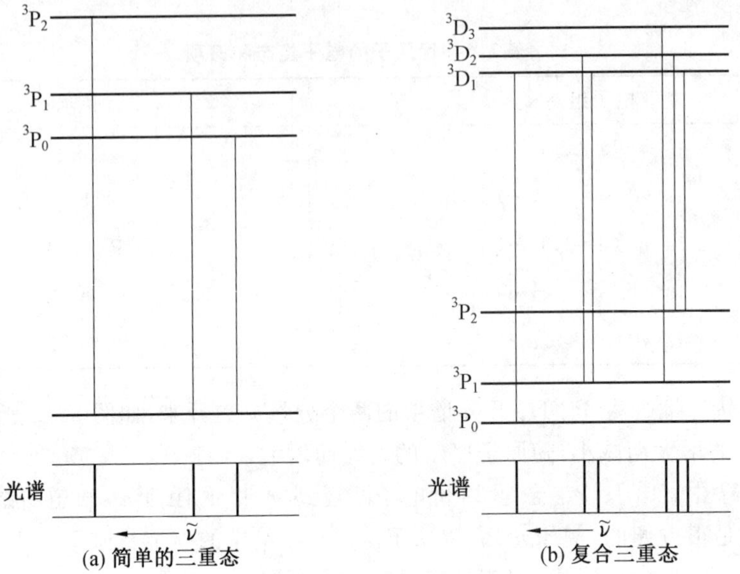

图 3.13 碱金属原子光谱

3.6 原子光谱的精细结构

在原子光谱中，线状谱的粗结构是由无自旋的、非相对论电子的量子力学所预言的谱线组成的，对于氢原子，光谱粗结构的能级仅取决于主量子数 n。然而，更精确的模型考虑了相对论和自旋效应，这两个效应打破了能级的简并，导致了谱线的分裂。精细结构分裂相对于粗结构能量的量级为$(Z\alpha)^2$，Z 为原子序数，α 为精细结构常数，$\alpha=e^2/(4\pi\varepsilon\hbar c)\approx 1/137$。

光谱的精细结构描述了电子自旋导致的原子谱线的分裂和对非相对论薛定谔方程的相对论修正。1887 年，迈克耳孙和莫雷首次精确测量了氢原子光谱的精细结构，并引入了精细结构常数。利用微扰理论计算可以得到精细结构的能量修正，要进行这个计算，哈密顿量中必须添加三个校正项，即动能的相对论修正、自旋—轨道耦合的修正及来自电子的量子涨落运动的达尔文项。下面以氢原子为例进行讨论，因为氢原子的分析解是完全可解的，并且它是更复杂原子的能级计算的基础模型。

3.6.1 动能的相对论修正

哈密顿量的经典动能项为

$$T=\frac{p^2}{2m} \tag{3.106}$$

式中，p 为动量；m 为电子的质量。

当利用狭义相对论对原子特性进行更精确的理论考虑时，必须使用相对论形式的动能，即

$$T=\sqrt{p^2c^2+m^2c^4}-mc^2 \tag{3.107}$$

式中，第一项为总相对论能量；第二项为电子的静止能量；c 为光速。

将式(3.107)展开为泰勒级数：

$$T=\frac{p^2}{2m}-\frac{p^4}{8m^3c^2}+O\left(\frac{p^6}{2m^5c^4}\right)+\cdots \tag{3.108}$$

因此，哈密顿量的一阶修正项为

$$H'=H_{\text{kinetic}}=-\frac{p^4}{8m^3c^2} \tag{3.109}$$

把一阶修正项看成微扰，相对论效应的一阶能量修正可以计算如下：

$$E_n^{(1)}=\langle\psi^{(0)}|H'|\psi^{(0)}\rangle=-\frac{1}{8m^3c^2}\langle\Psi^{(0)}|p^4|\Psi^{(0)}\rangle=-\frac{1}{8m^3c^2}\langle\Psi^{(0)}|p^2p^2|\Psi^{(0)}\rangle \tag{3.110}$$

式中，$\Psi^{(0)}$ 是无微扰时的波函数。

利用无微扰哈密顿量，有下列关系式：

$$H^{(0)}|\Psi^{(0)}\rangle=E_n|\Psi^{(0)}\rangle \tag{3.111a}$$

$$\left(\frac{p^2}{2m}+V\right)|\Psi^{(0)}\rangle=E_n|\Psi^{(0)}\rangle \tag{3.111b}$$

$$p^2|\Psi^{(0)}\rangle=2m(E_n-V)|\Psi^{(0)}\rangle \tag{3.111c}$$

可以用以上结果进一步计算相对论修正：

$$\begin{aligned}E_n^{(1)}&=\langle\Psi^{(0)}|H'|\Psi^{(0)}\rangle=-\frac{1}{8m^3c^2}\langle\Psi^{(0)}|p^2p^2|\Psi^{(0)}\rangle\\&=-\frac{1}{8m^3c^2}\langle\Psi^{(0)}|p^2p^2|\Psi^{(0)}\rangle\\&=-\frac{1}{8m^3c^2}\langle\Psi^{(0)}|(2m)^2\ (E_n-V)^2|\Psi^{(0)}\rangle\\&=-\frac{1}{2\ mc^2}(E_n^2-2E_n\langle V\rangle+\langle V^2\rangle)\end{aligned} \tag{3.112}$$

对于氢原子，有

$$V(r)=-\frac{\mathrm{e}^2}{4\pi\varepsilon_0 r},\quad \langle\frac{1}{r}\rangle=\frac{1}{n^2a_0},\quad \langle\frac{1}{r^2}\rangle=\frac{1}{(l+1/2)n^3a_0^2} \tag{3.113}$$

式中，a_0 是玻尔半径；n 是主量子数；l 是角量子数；ε_0 是真空介电常数。

因此，氢原子的一阶相对论修正为

$$\begin{aligned}E_n^{(1)}&=-\frac{1}{2\ mc^2}(E_n^2-2E_n\langle V\rangle+\langle V^2\rangle)\\&=-\frac{1}{2\ mc^2}\left(E_n^2+2E_n\ \frac{e^2}{4\pi\varepsilon_0}\frac{1}{n^2a_0}+\frac{1}{16\pi^2\varepsilon_0^2}\frac{e^4}{(l+1/2)n^3a_0^2}\right)\\&=-\frac{E_n^2}{2\ mc^2}\left(\frac{4n}{l+1/2}-3\right)\\&=E_n\frac{\alpha^2}{n^2}\left(\frac{n}{l+1/2}-\frac{3}{4}\right)\end{aligned} \tag{3.114}$$

式中

$$E_n = -\frac{e^2}{8\pi\varepsilon_0 a_0 n^2} \tag{3.115}$$

最后可以得到氢原子基态相对论修正的量级为-9.056×10^{-4} eV。

3.6.2 自旋—轨道耦合效应修正

原子电子能级受电子自旋磁矩和电子轨道角动量相互作用的影响，它可以视为电子的轨道运动产生的磁场与电子自旋磁矩之间的相互作用。这个有效磁场可以用电子轨道角动量来表示，相互作用能为处于磁场中的磁偶极子，图 3.14 所示为电子的轨道运动产生的磁场与电子自旋磁矩之间的相互作用。

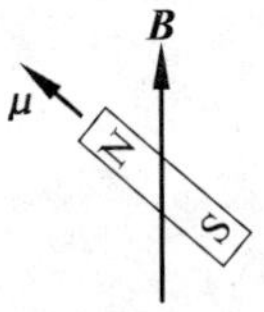

图 3.14 电子的轨道运动产生的磁场与电子自旋磁矩之间的相互作用

轨道运动产生的磁场与电子自旋磁矩之间的相互作用为

$$E = \boldsymbol{\mu}\cdot\boldsymbol{B} \tag{3.116}$$

在电子参考系中，由轨道运动引起的磁场为

$$B = \frac{\mu_0 Zev}{4\pi r^2} \tag{3.117}$$

假设电子的轨道运动为圆轨道，角动量是 mrv，所以这个场可以用轨道角动量 $\boldsymbol{L}$ 来表示，即

$$\boldsymbol{B} = \frac{\mu_0 Ze\boldsymbol{L}}{4\pi m_e r^3} \tag{3.118}$$

半径为玻尔半径 4 倍的 2p 态的氢电子对应于大约 0.3 T 的磁场，这与氢精细结构中观察到的能级分裂相当一致。

对于具有 Z 个质子的类氢原子，轨道动量为 $\boldsymbol{L}$，电子自旋为 $\boldsymbol{S}$，自旋－轨道项可以表示为

$$H_{SO} = \frac{1}{2}\frac{Ze^2}{4\pi\varepsilon_0}\frac{g_s}{2m_e^2c^2}\frac{\boldsymbol{L}\cdot\boldsymbol{S}}{r^3} \tag{3.119}$$

式中，m_e 是电子质量；g_s 是自旋 g 因子，其值约为 2.002 319 304 361 82；r 是电子离核的距离。

自旋－轨道修正可以通过从标准参照系（电子绕原子核转动）转移到电子静止而原子核绕电子转动来理解。在这种情况下，轨道核作为一个有效的电流回路，将产生磁场 $\boldsymbol{B}$。然而，电子本身由于其固有的角动量而具有磁矩 $\boldsymbol{\mu}_s$；这两个磁性矢量 $\boldsymbol{B}$ 和 $\boldsymbol{\mu}_s$ 耦合在一起，因此存在一个确定的取决于它们的相对取向的耦合能量，这就产生了下列形式的能量修正：

$$\Delta E_{SO} = \zeta(r)\boldsymbol{L}\cdot\boldsymbol{S} \tag{3.120}$$

因为

$$\langle \frac{1}{r^3} \rangle = \frac{Z^3}{n^3 a_0^3} \frac{1}{l(l+1/2)(l+1)} \tag{3.121}$$

$$\langle \boldsymbol{L} \cdot \boldsymbol{S} \rangle = \frac{\hbar^2}{2} [j(j+1) - l(l+1) - s(s+1)] \tag{3.122}$$

哈密顿量的期望值是

$$\langle H_{\mathrm{SO}} \rangle = \frac{E_n^2}{m_e c^2} n \frac{j(j+1) - l(l+1) - \frac{3}{4}}{l(l+1/2)(l+1)} \tag{3.123}$$

当施加弱的外部磁场时,自旋一轨道耦合有助于塞曼效应。

3.6.3 达尔文项修正

达尔文项修正被解释为电子运动的涨落(或电子的快速量子振荡)引起的电子与原子核之间的静电相互作用的变化,其改变了原子核处的有效电势,可以通过一个简短的计算来证明。在量子涨落中,根据不确定性原理估计的寿命为 $\Delta t \approx \hbar/\Delta E \approx \hbar/mc^2$,粒子在这段时间内可以移动的距离是 $\xi \approx c\Delta t \approx \hbar/mc = \lambda_c$,这对应于一个波动的电子位置 $\boldsymbol{r}+\boldsymbol{\xi}$。位置波动对电势的影响可使用泰勒级数对电势 V 进行展开来表示:

$$V(\boldsymbol{r}+\boldsymbol{\xi}) \approx V(\boldsymbol{r}) + \xi \cdot \nabla V(\boldsymbol{r}) + \frac{1}{2} \sum_{ij} \xi_i \xi_j \partial_i \partial_j U(\boldsymbol{r}) \tag{3.124}$$

位置波动的统计平均为

$$\bar{\xi} = 0, \quad \overline{\xi_i \xi_j} = \frac{1}{3} \overline{\boldsymbol{\xi}^2} \delta_{ij}\ (ij) \tag{3.125}$$

因此,平均电势为

$$\overline{V(\boldsymbol{r}+\boldsymbol{\xi})} = V(r) + \frac{1}{6} \overline{\boldsymbol{\xi}^2} \nabla^2 V(\boldsymbol{r}) \tag{3.126}$$

采用近似 $\overline{\boldsymbol{\xi}^2} = \lambda_c^2$,那么由位置涨落引起的电势涨落为

$$\delta V(\boldsymbol{r}) \approx \frac{1}{6} \lambda_c^2\ \nabla^2 V(\boldsymbol{r}) = \frac{\hbar^2}{6m^2 c^2} \nabla^2 V(\boldsymbol{r}) \tag{3.127}$$

与上述表达相比较,库仑势的扰动项为

$$\nabla^2 V(\boldsymbol{r}) = -\nabla^2 \frac{Ze^2}{4\pi\varepsilon_0 r} = 4\pi \frac{Ze^2}{4\pi\varepsilon_0} \delta(\boldsymbol{r}) \tag{3.128}$$

$$\delta V(\boldsymbol{r}) \approx \frac{\hbar^2}{6m^2 c^2} 4\pi \frac{Ze^2}{4\pi\varepsilon_0} \delta(\boldsymbol{r}) \tag{3.129}$$

达尔文项为

$$H_{\mathrm{Darwin}} = \frac{\hbar^2}{8m_e^2 c^2} 4\pi \frac{Ze^2}{4\pi\varepsilon_0} \delta^3(\boldsymbol{r}) \tag{3.130}$$

$$\langle H_{\mathrm{Darwin}} \rangle = \frac{\hbar^2}{8m_e^2 c^2} 4\pi \frac{Ze^2}{4\pi\varepsilon_0} |\psi(0)|^2 \tag{3.131}$$

当 $l>0$ 时,$\psi(0)=0$;当 $l=0$ 时,$\psi(0) = \frac{1}{\sqrt{4\pi}} 2\left(\frac{Z}{na_0}\right)^{3/2}$,$H_{\mathrm{Darwin}} = \frac{2n}{m_e c^2} E_n^2$。达尔文项只影响 s 轨道,这是由于 $l>0$ 电子的波函数在原点消失,因此 δ 函数不起作用。

对以上三个修正分量进行求和的总修正效应为

$$\Delta E=\frac{E_n(Z\alpha)^2}{n}\left(\frac{1}{j+1/2}-\frac{3}{4n}\right) \tag{3.132}$$

式中，j 对应于总角动量(如果 $l=0$，则 $j=1/2$；否则，$j=l\pm1/2$)。

3.7 氢原子光谱的精细结构

当以高分辨率仪器检查氢的光谱线时，发现它们是紧密间隔的双重谱线，即氢的光谱精细结构，它是电子自旋的第一个实验证据。氢谱线的小分裂归因于电子自旋角动量 $\boldsymbol{S}$ 和轨道角动量 $\boldsymbol{L}$ 之间的相互作用即自旋一轨道相互作用。图 3.15 所示为氢原子自旋一轨道相互作用导致 2p→1s 跃迁光谱线分裂示意图。

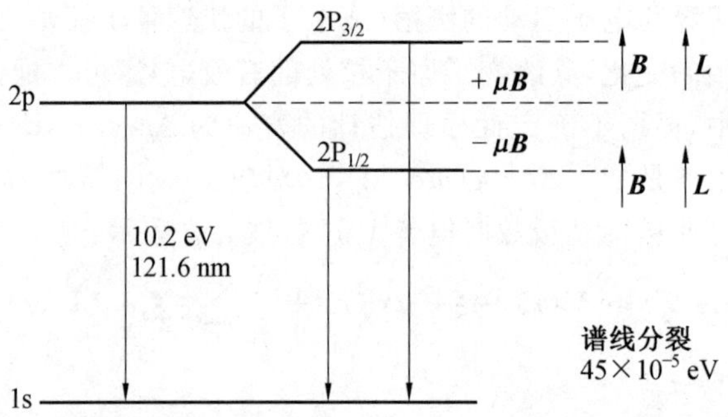

图 3.15 氢原子自旋一轨道相互作用导致 2p→1s 跃迁光谱线分裂示意图

根据玻尔理论，人们熟悉的氢的红 H－α 谱线是一条单线，将薛定谔方程直接应用于氢原子也得到了同样的结果。如果用玻尔理论中的能量表达式来计算这条线的波长，把原子核当作一个固定的中心，会得到氢原子的光谱波长为 656.3 nm，然而用高分辨率仪器实验测量得到的是紧挨着的双重谱线。图 3.16 所示为实验测量得到的氢 H－α 谱线分裂。

氢原子中的原子核在电子处所产生的电场为

$$\boldsymbol{E}=\frac{e\boldsymbol{r}}{4\pi\varepsilon_0 r^3} \tag{3.133}$$

根据电磁理论，速度为 v 的非相对论粒子在电场中运动时会对应于一个有效的磁场 $\boldsymbol{B}$，即

$$\boldsymbol{B}=-\frac{\boldsymbol{v}\times\boldsymbol{E}}{c^2} \tag{3.134}$$

由于电子具有自旋角动量 $\boldsymbol{S}$，因此电子的自旋磁矩为

$$\boldsymbol{\mu}=-\frac{e}{m_e}\boldsymbol{S} \tag{3.135}$$

经典磁矩 $\boldsymbol{\mu}$ 在磁场 $\boldsymbol{B}$ 中的能量为

$$\begin{aligned}H_1&=-\boldsymbol{\mu}\cdot\boldsymbol{B}=-\frac{e^2}{4\pi\varepsilon_0 m_e c^2 r^3}\boldsymbol{v}\times\boldsymbol{r}\cdot\boldsymbol{S}\\&=-\frac{e^2}{4\pi\varepsilon_0 m_e^2 c^2 r^3}m_e\boldsymbol{v}\times\boldsymbol{r}\cdot\boldsymbol{S}\end{aligned}$$

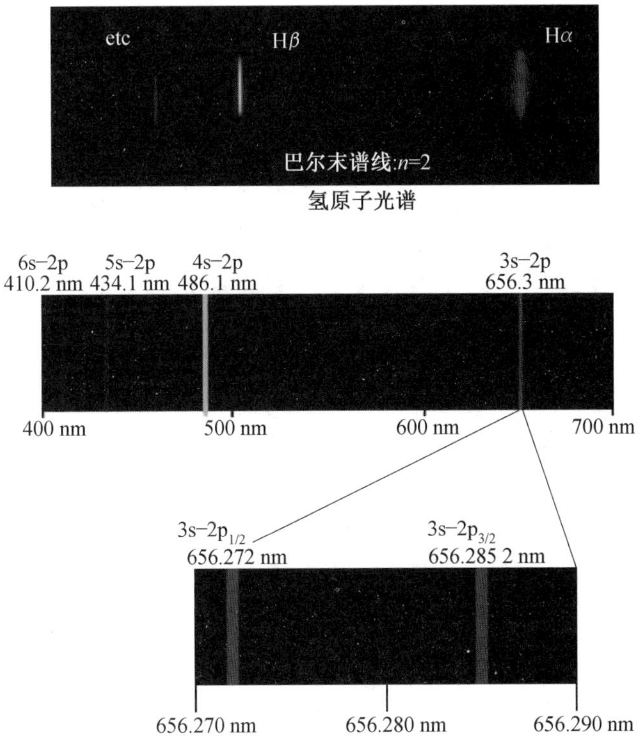

图 3.16 实验测量得到的氢 H－α 谱线分裂

$$=-\frac{e^2}{4\pi\varepsilon_0 m_e^2 c^2 r^3}\boldsymbol{L}\cdot\boldsymbol{S} \tag{3.136}$$

这体现了自旋一轨道耦合效应。实验证明,哈密顿量的自旋一轨道修正为

$$\boldsymbol{H}_1=-\frac{e^2}{8\pi\varepsilon_0 m_e^2 c^2 r^3}\boldsymbol{L}\cdot\boldsymbol{S} \tag{3.137}$$

氢原子体系的总角动量为

$$\boldsymbol{J}=\boldsymbol{L}+\boldsymbol{S} \tag{3.138}$$

因此

$$\boldsymbol{J}^2=\boldsymbol{L}^2+\boldsymbol{S}^2+2\boldsymbol{L}\cdot\boldsymbol{S} \tag{3.139}$$

$$\boldsymbol{L}\cdot\boldsymbol{S}=\frac{1}{2}(\boldsymbol{J}^2-\boldsymbol{L}^2-\boldsymbol{S}^2) \tag{3.140}$$

设 $\psi_{l,s;j,m_j}^{(2)}$ 同时为 $\boldsymbol{J}^2$、$\boldsymbol{L}^2$、$\boldsymbol{S}^2$ 和 J_z 的本征函数,相应的本征值为

$$L^2\psi_{l,s;j,m_j}^{(2)}=l(l+1)\hbar^2\psi_{l,s;j,m_j}^{(2)} \tag{3.141}$$

$$S^2\psi_{l,s;j,m_j}^{(2)}=s(s+1)\hbar^2\psi_{l,s;j,m_j}^{(2)} \tag{3.142}$$

$$J^2\psi_{l,s;j,m_j}^{(2)}=j(j+1)\hbar^2\psi_{l,s;j,m_j}^{(2)} \tag{3.143}$$

$$J_z\psi_{l,s;j,m_j}^{(2)}=m_j\hbar\psi_{l,s;j,m_j}^{(2)} \tag{3.144}$$

根据标准一阶微扰理论,由自旋一轨道耦合在这种状态下引起的能量偏移为

$$\Delta E_{l,1/2;j,m_j}=\langle l,1/2;j,m_j\,|\,H_1\,|\,l,1/2;j,m_j\rangle$$

$$=\frac{e^2}{16\pi\varepsilon_0 m_e^2 c^2}\left\langle l,1/2;j,m_j\left|\frac{\boldsymbol{J}^2-\boldsymbol{L}^2-\boldsymbol{S}^2}{r^3}\right|l,1/2;j,m_j\right\rangle$$

$$=\frac{e^2\hbar^2}{16\pi\varepsilon_0 m_e^2 c^2}\left[j(j+1)-l(l+1)-\frac{3}{4}\right]\langle\frac{1}{r^3}\rangle \tag{3.145}$$

将

$$\langle\frac{1}{r^3}\rangle=\frac{1}{l\left(l+\frac{1}{2}\right)(l+1)a_0^3 n^3} \tag{3.146}$$

代入式(3.145),可以得到

$$\Delta E_{l,1/2;j,m_j}=\frac{e^2\hbar^2}{16\pi\varepsilon_0 m_e^2 c^2 a_0^3}\frac{j(j+1)-l(l+1)-\frac{3}{4}}{n^3 l\left(l+\frac{1}{2}\right)(l+1)} \tag{3.147}$$

式中,n 是径向量子数。

应用

$$E_n=\frac{E_0}{n^2} \tag{3.148a}$$

$$E_0=-\frac{m_e e^4}{2(4\pi\varepsilon_0)^2\hbar^2}=-\frac{e^2}{8\pi\varepsilon_0 a_0}=-13.6\ \text{eV} \tag{3.148b}$$

$$a_0=\frac{4\pi\varepsilon_0\hbar^2}{m_e e^2}=5.3\times10^{-11}\,\text{m} \tag{3.148c}$$

$$\alpha=\frac{e^2}{4\pi\varepsilon_0\hbar c}\approx\frac{1}{137} \tag{3.148d}$$

可以将式(3.147)表示为

$$\Delta E_{l,1/2;j,m_j}=E_n\frac{\alpha^2}{n^2}\frac{n\left[l(l+1)+\frac{3}{4}-j(j+1)\right]}{2l\left(l+\frac{1}{2}\right)(l+1)} \tag{3.149}$$

这是氢原子的自旋－轨道耦合引起的能量偏移。而根据 3.6 节分析的哈密顿的最低阶动能修正为

$$\Delta E_{nlm}=E_n\frac{\alpha^2}{n^2}\left(\frac{n}{l+1/2}-\frac{3}{4}\right) \tag{3.150}$$

把这两个修正加在一起,得到净能量偏移为

$$\Delta E_{l,1/2;j,m_j}=E_n\frac{\alpha^2}{n^2}\left(\frac{n}{j+1/2}-\frac{3}{4}\right) \tag{3.151}$$

式(3.151)即为由相对论效应和自旋－轨道耦合对氢原子能级的综合修正。

下面讨论精细结构能量偏移式(3.149)对氢原子 $n=1$、2 和 3 本征态的影响。

当 $n=1$ 时,在考虑精细结构的情况下,有两个简并态 $1S_{1/2}$,根据式(3.151),精细结构引起的这两种状态的能量偏移是相同的,因此精细结构不会破坏氢的两个态 $1S_{1/2}$ 的简并性。

当 $n=2$ 时,在考虑精细结构的情况下,有两个 $2S_{1/2}$ 态、两个 $2P_{1/2}$ 态和四个 $2P_{3/2}$ 态,它们全是简并态。按照式(3.151),精细结构引起的 $2S_{1/2}$ 态和 $2P_{1/2}$ 态的能量偏移是彼此相同的,但不同于 $2P_{3/2}$ 态的能量偏移,因此精细结构不会打破氢的 $2S_{1/2}$ 态和 $2P_{1/2}$ 态的简

并性，但是却能够打破这两个态相对于 $2P_{3/2}$ 态的简并度。

当 n＝3 时，在考虑精细结构的情况下，有 $3S_{1/2}$ 态、两个 $3P_{1/2}$ 态、四个 $3P_{3/2}$ 态、四个 $3D_{3/2}$ 态和六个 $3D_{5/2}$ 态，所有这些态都是简并的。按照式(3.151)，精细结构将这些状态分为三组：$3S_{1/2}$ 和 $3P_{1/2}$ 态、$3P_{3/2}$ 和 $3D_{3/2}$ 态及 $3D_{5/2}$ 态。图 3.17 所示为精细结构能量偏移对氢原子 $n=1$、2 和 3 态的影响。

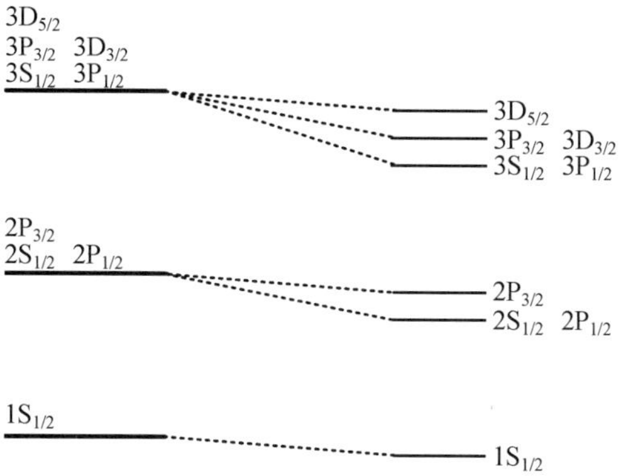

图 3.17 精细结构能量偏移对氢原子 $n=1$、2 和 3 态的影响

3.8 原子光谱的同位素效应

原子体系发射的光谱线的精确位置取决于原子核的质量，因此对于属于同一元素的同位素光谱线的波长是不同的，这种现象通常称为光谱线的同位素效应。自从 1920 年在简单分子的能带谱中首次发现同位素效应以来，它已经发挥了重要的科学作用，被应用于各种领域。现在同位素效应跨越了不同学科，不仅包括物理和化学，还有天文学、地质学、生物学和环境科学等。

1913 年，玻尔原子理论提出可能存在同位素效应，但经过几年的实验才得到证实。玻尔曾一度怀疑化学元素可能以不同原子量和核结构的形式存在，这可能是造成重元素令人困惑的放射性的原因。根据玻尔的说法，这些物质具有相同的电子体系，只是它们的原子量不同，这意味着它们的核不同。

按照量子力学的结论，氢原子非相对论波函数与能量为

$$\psi_{nlm}=R_{nl}(r)Y_l^m(\theta,\ \varphi) \tag{3.152}$$

$$E_n=-\frac{m_e e^4}{32\pi^2\varepsilon_0^2\hbar^2}\frac{1}{n^2}=-\frac{R_y}{n^2} \tag{3.153}$$

式中，m_e 是电子质量；e 是电子电荷；ε_0 是真空介电常数；n 是主量子数；R_y 是里德伯常量，其值为

$$1R_y=-\frac{m_e e^4}{32\pi^2\varepsilon_0^2\hbar^2}=13.605\ 693\ \text{eV} \tag{3.154}$$

里德伯常量的值是假设原子核相对于电子而言是无限重的。对于氢－1、氢－2(氘)和氢－3(氚)而言，必须使用体系的约化质量 μ 对里德伯常量进行稍微修改，而不能简单地采用电子的质量 m_e，此时的能量值为

$$E_n = -\frac{\mu e^4}{32\pi^2 \varepsilon_0^2 \hbar^2}\frac{1}{n^2} = -\frac{R_M}{n^2} \tag{3.155}$$

里德伯常量为

$$\begin{aligned} R_M &= \frac{1}{1+\frac{m_e}{M}}\frac{m_e e^4}{32\pi^2 \varepsilon_0^2 \hbar^2 hc} \\ &= \frac{1}{1+\frac{m_e}{M}}\frac{m_e e^4}{8\varepsilon_0^2 h^3 c} \\ &= \frac{1}{1+\frac{m_e}{M}} R_\infty \end{aligned} \tag{3.156}$$

$$R_\infty = \frac{m_e e^4}{8\varepsilon_0^2 h^3 c} = 10\ 973\ 731.568\ 509\ \text{m}^{-1} \tag{3.157}$$

M 为原子核的质量，对于氢－1，$m_e/M \approx 1/1\ 836$；对于氢－2，$m_e/M \approx 1/3\ 670$；对于氢－3，$m_e/M \approx 1/5\ 497$。因此，当原子核的质量增加 1 时，需要对里德伯常量进行较小的修正，这意味着需要对相应氢同位素中的所有能级进行较小的修正。如图 3.18 所示，氢－1 和氢－2 的 3s ⟶2p 跃迁，氢－1 的 α 线波长为 656.29 nm，氢－2 的 α 线波长为 656.47 nm，二者之差为 0.18 nm；它们各自的分裂约为 0.016 nm，是自旋－轨道耦合效应造成的。

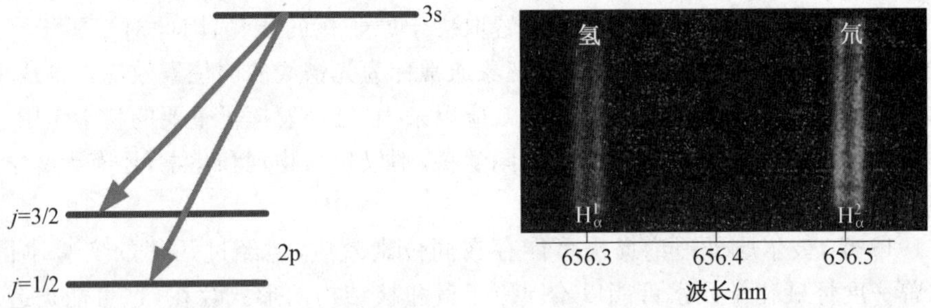

图 3.18 氢－1 和氢－2 的 α 线光谱图

包括精细结构的氢原子能级，由索末菲精细结构表达式给出：

$$\begin{aligned} E_{nj} &= -\mu c^2 \left\{ 1 - \left[1 + \left(\frac{\alpha}{n - j - \frac{1}{2} + \sqrt{(j+\frac{1}{2})^2 - \alpha^2}} \right)^2 \right] - \frac{1}{2} \right\} \\ &\approx -\frac{\mu c^2 \alpha^2}{2n^2} \left[1 + \frac{\alpha^2}{n^2} \left(\frac{n}{j+\frac{1}{2}} - \frac{3}{4} \right) \right] \end{aligned} \tag{3.158}$$

两能级间发生跃迁，吸收或发射光子的能量用波数表示为

$$\tilde{\nu} = \frac{E_{n_2} - E_{n_1}}{hc} = R_M \left(\frac{1}{n_1^2} - \frac{1}{n_2^2} \right) = T_1 - T_2 \tag{3.159}$$

式中，T 称为光谱项，$T = R_M/n^2$，单位为 m^{-1}。

对于类氢离子而言，非相对论能量为

$$E_n = -\frac{Z^2 \mu e^4}{32\pi^2 \varepsilon_0^2 \hbar^2} \frac{1}{n^2} = -\frac{Z^2 R_M}{n^2} \tag{3.160}$$

两能级间发生跃迁，吸收或发射光子的能量用波数表示为

$$\tilde{\nu} = \frac{E_{n_2} - E_{n_1}}{hc} = Z^2 R_M \left(\frac{1}{n_1^2} - \frac{1}{n_2^2} \right) = T_1 - T_2 \tag{3.161}$$

类氢离子的光谱项为 $T = Z^2 R_M / n^2$。在相同的跃迁能级 n_1、n_2 条件下，$\tilde{\nu} \propto Z^2$，因此相应的谱线随 Z 的增加向短波方向移动。在类氢离子中，核质量 M 随核电荷数 Z 的增加而增加，因此约化质量 μ 增加，R 也在增加。当 Z 相同而核质量 M 不同时，同位素的光谱将发生偏移，实验中可以观察到这种同位素效应引起的光谱移动，这一点从氢的同位素效应即可看出。

习　题

3.1　估算通过 40 kV 的电位差从静止加速的电子的波长。

3.2　为了使电子的波长达到 3.0 cm，电子必须加速到的速度是多少？

3.3　在氢原子的最低能量状态下，电子的波函数与 e^{-r/a_0} 成正比，其中 a_0 为常数，r 为与原子核的距离。计算体积为 1.0 pm^3 的区域内在位于原子核和距原子核的距离为 a_0 处找到电子的相对概率。

3.4　在氢原子的最低能量状态下，归一化的波函数为

$$\psi = \left(\frac{1}{\pi a_0^3} \right)^{1/2} e^{-r/a_0}$$

已知 $a_0 = 52.9$ pm，计算体积为 1.0 pm^3 的区域内在位于原子核和距原子核的距离为 a_0 处找到电子的概率分别是多少？

3.5　符号 $^1D_2$ 提供了关于原子的角动量的哪些信息？

3.6　给出 Na 和 F 的基态组态及 C 的激发组态 $1s^2 2s^2 2p^1 3p^1$ 产生的光谱项符号。

第4章 光谱仪器

选择合适的测量仪器或技术往往是实验研究成功的决定性因素，在光谱学测量中主要包括信号光谱或信号强度两方面的测量，相应的测量仪器分别为光谱探测器和光谱强度探测器。根据光谱测量仪器的一些基本特性及其与特定应用的相关性，为特定实验选择最佳类型的光谱测量仪器。紫外线（UV）、可见光（visible light）和红外线（IR）区域的仪器有许多共同点，它们通常称为光学仪器。在能量比紫外线更高和能量比红外线更低的区域进行光谱研究的仪器具有与光学仪器大不相同的特性。

4.1 光 谱 仪

光谱仪的结构原理如图4.1所示，光入射到位于焦平面的狭缝 S_1，在 L_1 后面平行光束通过棱镜，在棱镜中发生色散，色散角度的大小取决于波长 λ；L_2 形成入口狭缝 S_1 的图像 $S_2(\lambda)$，该图像在 L_2 焦平面上的位置 $x(\lambda)$ 是波长 λ 的函数，光谱仪的线性色散 $dx/d\lambda$ 取决于棱镜材料的光谱色散 $dn/d\lambda$ 和 L_2 的焦距。

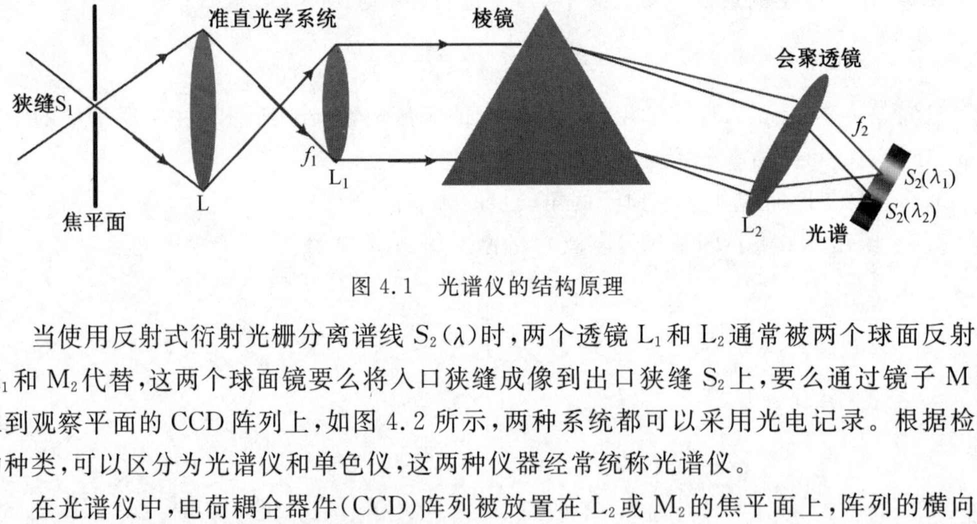

图4.1 光谱仪的结构原理

当使用反射式衍射光栅分离谱线 $S_2(\lambda)$ 时，两个透镜 L_1 和 L_2 通常被两个球面反射镜 M_1 和 M_2 代替，这两个球面镜要么将入口狭缝成像到出口狭缝 S_2 上，要么通过镜子M成像到观察平面的CCD阵列上，如图4.2所示，两种系统都可以采用光电记录。根据检测的种类，可以区分为光谱仪和单色仪，这两种仪器经常统称光谱仪。

在光谱仪中，电荷耦合器件（CCD）阵列被放置在 L_2 或 M_2 的焦平面上，阵列的横向延伸 $\Delta x = x_1 - x_2$ 可同时记录所覆盖的整个光谱范围 $\Delta\lambda = \lambda_1(x_1) - \lambda_2(x_2)$，光谱范围受到可用CCD材料光谱灵敏度的限制，覆盖范围为200～1 000 nm。

另外，单色仪使用光电记录选定的较小光谱间隔，在焦平面上宽度为 Δx_2 的狭缝 S_2 仅允许有限范围的 $\Delta\lambda$ 通过光电探测器。通过沿 x 方向移动 S_2 可以检测到不同的光谱范围，一种更方便的方法是驱动棱镜或光栅转动，从而允许在固定出口狭缝 S_2 上调谐不同的光谱区域。现代设备使用步进电机直接驱动光栅轴，并通过电子角度解码器测量旋转角度。与光谱仪不同，在单色仪中不同的光谱区域不是同时检测而是连续检测。探测器接收到的信号与高度为 h 的狭缝的面积 $h\Delta x_2$ 和光谱强度 $\int I(\lambda)\mathrm{d}\lambda$ 的乘积成正比，其中积分延伸到 S_2 的宽度 Δx_2 内的光谱范围。

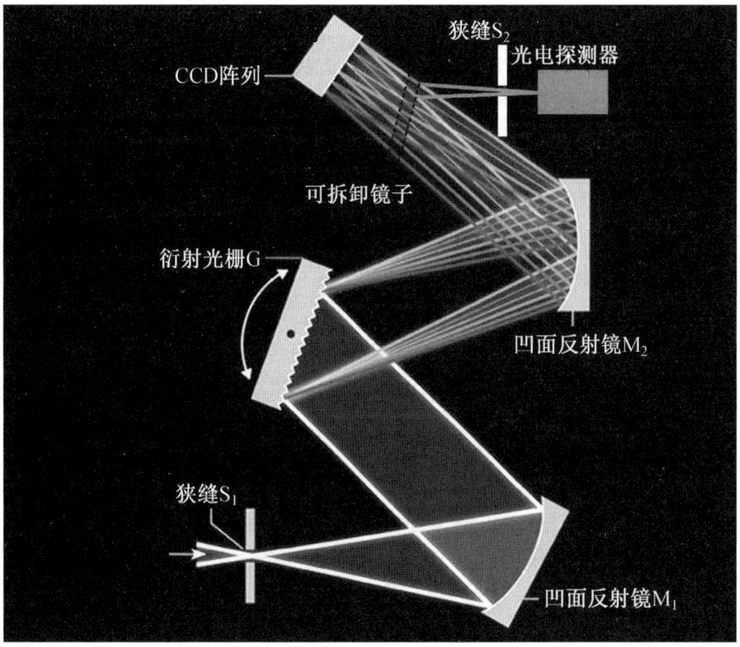

图 4.2　光栅光谱仪

单色仪在 20 世纪 50 年代首次商业化时，采用棱镜作为色散元件。然而，目前几乎所有的商用单色器都是基于反射式光栅的，因为它们制造成本较低，能为相同尺寸的色散元件提供更好的波长分离，并且沿焦平面线性地分散辐射，如图 4.3(a)所示，线性色散意味着经过光栅的光谱沿焦平面的位置随波长线性变化；相反，对于棱镜光谱仪，较短的波长显示出更大的色散，使仪器设计复杂化，两种棱镜单色仪的非线性色散如图 4.3(b)所示。

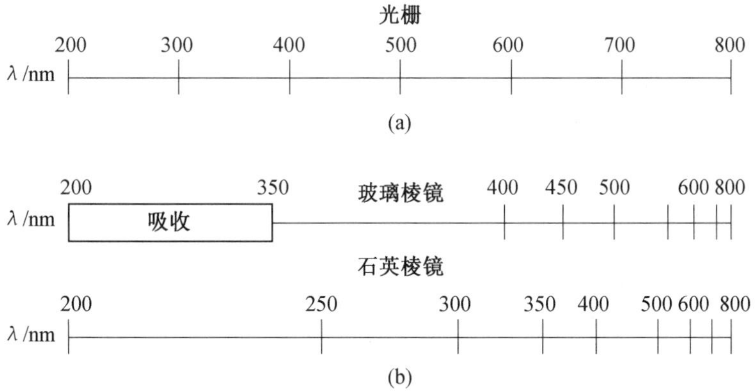

图 4.3　光栅光谱仪的线性色散和棱镜光谱仪的非线性色散示意图

4.1.1　光谱仪的透射特性

对于棱镜光谱仪，光谱传输取决于棱镜和透镜的材料，图 4.4 所示为不同光学材料的透射范围。使用熔融石英可获得的光谱范围为 180～3 000 nm，在 180 nm（真空紫外区）以下，棱镜和透镜必须使用氟化锂（LiF）或氟化钙（CaF_2），另外大多数真空紫外光谱仪都配有反射光栅和反射镜。

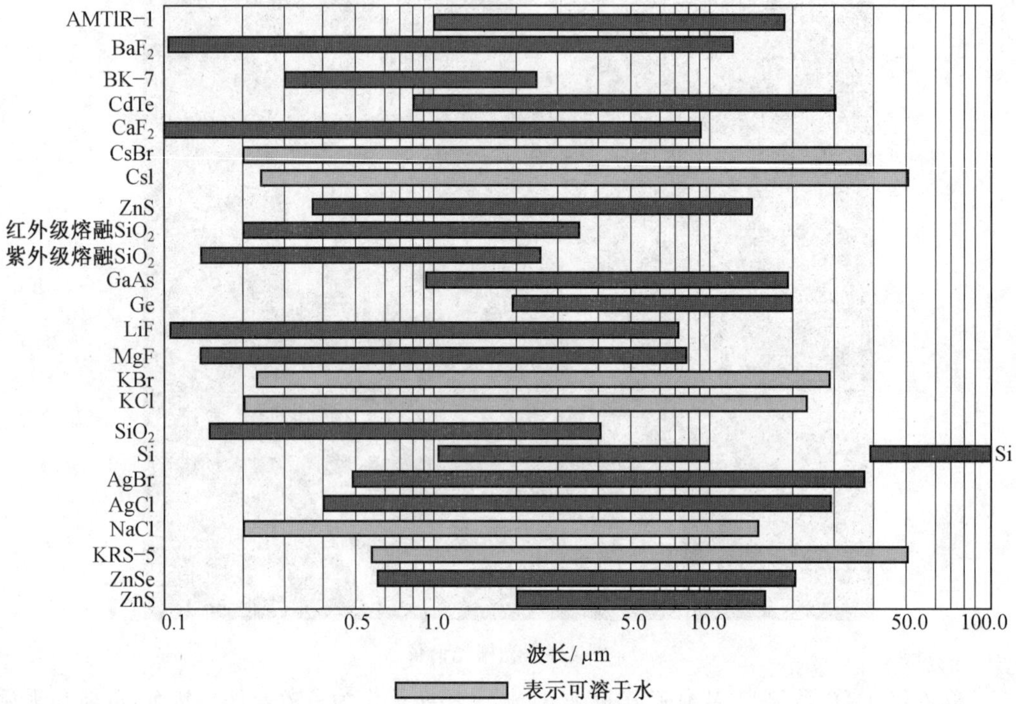

图 4.4 不同光学材料的透射范围

在红外区域，材料 CaF_2（氟化钙）、NaCl（氯化钠）和 KBr（溴化钾）晶体的透明度高达 30 μm，而 CsI（碘化铯）和金刚石的透明度高达 80 μm。然而，由于金属涂层反射镜和光栅在红外区域的高反射率，因此带反射镜的光栅光谱仪优于棱镜光谱仪。

由于高质量光栅的制作已经达到了很高的技术标准，现在使用的大多数光谱仪都配备了衍射光栅而不是棱镜，光栅光谱仪的光谱传输从真空紫外区到达远红外区。根据指定的波长范围，可以对光学元件的设计、镀膜及光学器件的几何结构进行优化。

4.1.2 光谱分辨能力

棱镜光谱仪、光栅光谱仪属于“色散型”分光仪器，它们分别利用不同波长的折射光束、衍射条纹出现于空间的不同方位这一性质，从而测定发光的光谱线型或分辨谱线。但是，衍射效应或干涉效应的存在，使得任何单色条纹都不能形成理想的一条谱线，它们总有一定的角宽度。因此，若光源发射两种分离的波长 λ 和 $\lambda+\Delta\lambda$，而在色散型仪器的光谱图上会出现两条有一定粗细的谱线，两条谱线可能发生重叠，甚至因过度重叠而并合为一条，则无法分辨两种波长的存在。可采用瑞利判据作为两条谱线能否分辨的界限，分光仪器的色分辨本领 R 定义为：若在光波长 λ 附近，可分辨的最小波长间隔为 $\Delta\lambda$，则

$$R=\left|\frac{\lambda}{\Delta\lambda}\right|=\left|\frac{\nu}{\Delta\nu}\right| \tag{4.1}$$

式(4.1)中 $\Delta\lambda$ 表示两条刚好能够分辨的紧挨着的两条谱线的中心波长 λ_1 和 λ_2 的最小间隔，$\Delta\lambda=\lambda_1-\lambda_2$。瑞利引入了衍射极限轮廓线的分辨率准则，其中如果轮廓 $I_1(\lambda-\lambda_1)$ 的中心衍射最大值与 $I_2(\lambda-\lambda_2)$ 的第一个最小值重合，则两条线被认为是刚刚能够分辨的。

当通过棱镜或光栅色散元件时，由两个波长为 λ 和 $\lambda+\Delta\lambda$ 的单色波组成的平行光束被色散分成两部分光束，其角度偏离其初始方向 θ 和 $\theta+\Delta\theta$，如图 4.5 所示，角度分离大小为

$$\Delta\theta=\frac{\mathrm{d}\theta}{\mathrm{d}\lambda}\Delta\lambda \tag{4.2}$$

式中，$\mathrm{d}\theta/\mathrm{d}\lambda$ 称为角色散，单位为 rad/nm。

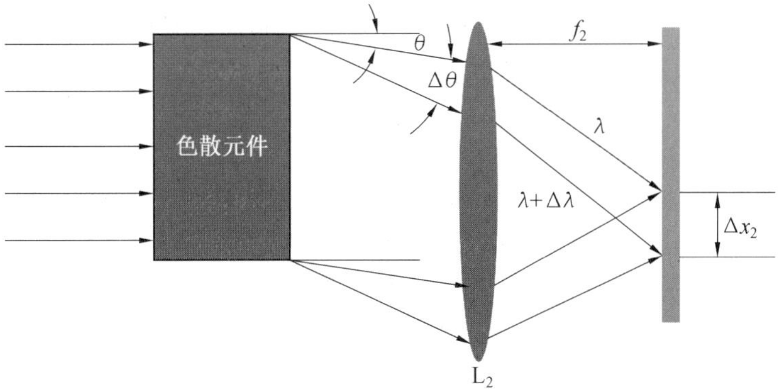

图 4.5 平行光束的角色散

由于焦距为 f_2 的镜头 L_2 将入口狭缝 S_1 成像到焦平面上，因此两个图像 $S_2(\lambda)$ 和 $S_2(\lambda+\Delta\lambda)$ 之间的距离 Δx_2 为

$$\Delta x_2=f_2\Delta\theta=f_2\frac{\mathrm{d}\theta}{\mathrm{d}\lambda}\Delta\lambda=\frac{\mathrm{d}x}{\mathrm{d}\lambda}\Delta\lambda \tag{4.3}$$

式中，$\mathrm{d}x/\mathrm{d}\lambda$ 为仪器的线性色散，一般以 mm/nm 为单位。

为了在 λ 和 $\lambda+\Delta\lambda$ 处分辨两条线，Δx_2 必须至少是两个狭缝图像宽度的 $\delta x_2(\lambda)+\delta x_2(\lambda+\Delta\lambda)$ 之和，根据几何光学，宽度 δx_2 与入口狭缝的宽度 δx_1 相关，即

$$\delta x_2=\frac{f_2}{f_1}\delta x_1 \tag{4.4}$$

减小 δx_1 可以提高分辨率 $\Delta\lambda$，然而衍射有一个理论上的极限。当平行光束通过直径为 a 的限制孔径时，在聚焦透镜 L_2 的焦平面上产生夫琅禾费衍射图案，如图 4.6 所示，强度分布 $I(\varphi)$ 是与系统光轴夹角 φ 的函数，可由已知的公式给出

$$I(\varphi)=I_0\left(\frac{\sin(a\pi\sin\varphi/\lambda)}{(a\pi\sin\varphi)/\lambda}\right)^2 \tag{4.5}$$

前两个衍射最小值在 $\varphi=\pm\lambda/a$ 处并与中心最大值(零级衍射)处对称。因此，即使是无限小的入口狭缝也会产生宽度为 $\delta x^{\mathrm{SDIFFR}}=f_2(\lambda/a)$ 的狭缝图像，其定义为中心衍射最大值和第一个最小值之间的距离，该距离约等于中心最大值的半高宽。

根据瑞利判据，如果中心衍射最大值 $S_2(\lambda)$ 与第一个最小值 $S_2(\lambda+\Delta\lambda)$ 重合，则两条波长为 λ 和 $\lambda+\Delta\lambda$ 的等强度谱线刚好能够被分辨，这意味着它们的最大值间隔为 $\delta x^{\mathrm{SDIFFR}}=$

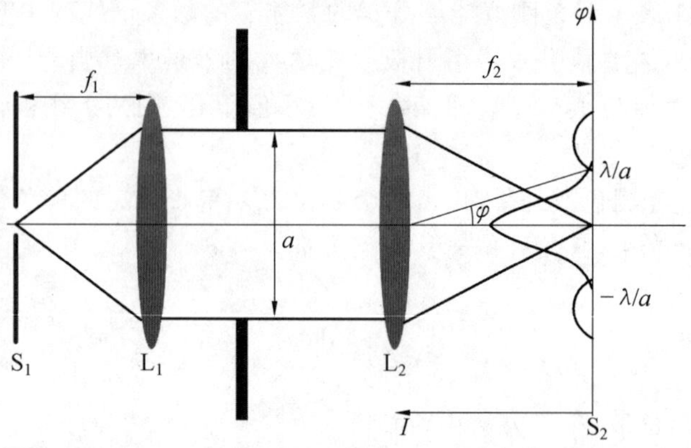

图 4.6 直径为 a 的极限孔径在光谱仪中的衍射

$f_2(\lambda/a)$。两个狭缝图像中心之间的距离为

$$\Delta x_2 = f_2 \frac{\lambda}{a} \tag{4.6}$$

通过色散 $\Delta x_2 = f_2(\mathrm{d}\theta/\mathrm{d}\lambda)\Delta\lambda$ 分离两条线必须大于此极限值，这就给出了分辨率的基本极限，即

$$\left|\frac{\lambda}{\Delta\lambda}\right| \leqslant a\frac{\mathrm{d}\theta}{\mathrm{d}\lambda} \tag{4.7}$$

对于宽度为 b 的有限入口狭缝，在 L_2 焦平面上测量的两条单色谱线的强度分布如图 4.7 所示，其入口狭缝宽度 $b \gg f_1\lambda/a$ 和光谱仪的放大因子 f_2/f_1。图中实线为无衍射，虚线为有衍射。线中心之间的最小可分辨距离为 $\Delta x_2 = f_2(b/f_1 + \lambda/a)$，两个图像 $I(\lambda-\lambda_1)$ 和 $I(\lambda-\lambda_2)$ 的中心峰值之间的间隔 Δx_2 必须大于 $\Delta x_2 = f_2(\lambda/a)$，为了满足瑞利判据可以得到

$$\Delta x_2 \geqslant f_2 \frac{\lambda}{a} + b\frac{f_2}{f_1} \tag{4.8}$$

当 $\Delta x_2 = f_2(\mathrm{d}\theta/\mathrm{d}\lambda)\Delta\lambda$ 时，最小可分辨波长间隔 $\Delta\lambda$ 为

$$\Delta\lambda \geqslant \left(\frac{\lambda}{a} + \frac{b}{f_1}\right)\left(\frac{\mathrm{d}\theta}{\mathrm{d}\lambda}\right)^{-1} \tag{4.9}$$

4.1.3 棱镜光谱仪

棱镜对光的折射如图 4.8 所示。当光线通过棱镜时，其偏折角 θ 取决于棱镜角度、入射角 α_1 和棱镜材料的折射率 n，在最小偏向角的条件下，有

$$\frac{\sin(\theta+\varepsilon)}{2} = n\sin\frac{\varepsilon}{2} \tag{4.10}$$

对式(4.10)两端进行微分，可以得到

$$\frac{\mathrm{d}\theta}{\mathrm{d}n} = \frac{2\sin(\varepsilon/2)}{\cos[(\theta+\varepsilon)/2]} = \frac{2\sin(\varepsilon/2)}{\sqrt{1-n^2\sin^2(\varepsilon/2)}} \tag{4.11}$$

因此，棱镜的角色散为

$$\frac{\mathrm{d}\theta}{\mathrm{d}\lambda} = \frac{2\sin(\varepsilon/2)}{\sqrt{1-n^2\sin^2(\varepsilon/2)}}\frac{\mathrm{d}n}{\mathrm{d}\lambda} \tag{4.12}$$

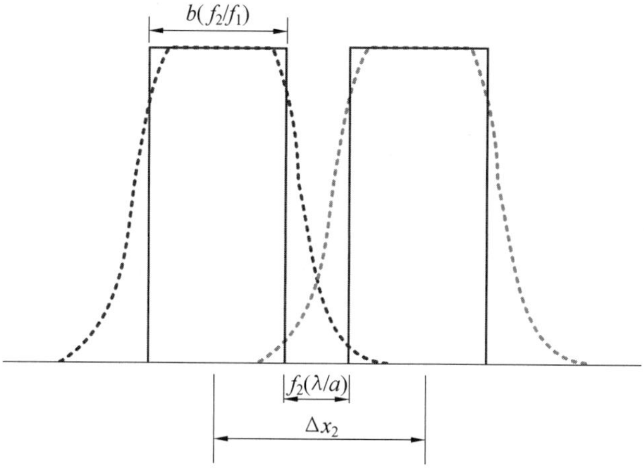

图 4.7 在 L_2 焦平面上测量的两条单色谱线的强度分布

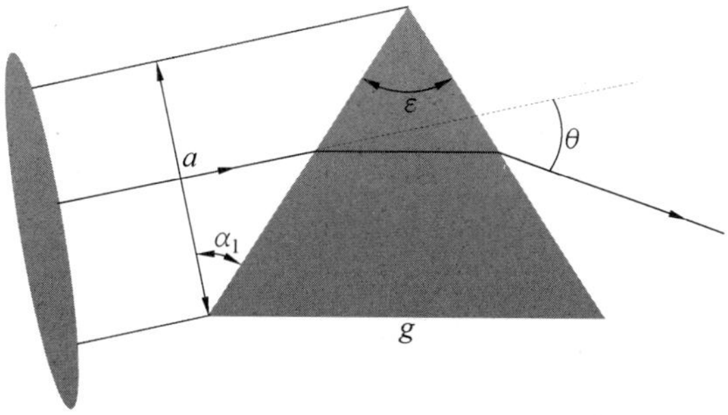

图 4.8 棱镜对光的折射

分辨率 $\lambda/\Delta\lambda$ 的衍射极限为

$$\frac{\lambda}{\Delta\lambda}=a\ \frac{\mathrm{d}\theta}{\mathrm{d}\lambda}=d\cos\ \alpha_1\ \frac{\mathrm{d}\theta}{\mathrm{d}\lambda}=\frac{g\cos\ \alpha_1}{2\sin(\varepsilon/2)}\frac{\mathrm{d}\theta}{\mathrm{d}\lambda}=\frac{g\cos\ \alpha_1}{\sqrt{1-n^2\sin^2(\varepsilon/2)}}\frac{\mathrm{d}n}{\mathrm{d}\lambda} \tag{4.13}$$

在最小偏向角时，有

$$\frac{\lambda}{\Delta\lambda}=g\ \frac{\mathrm{d}n}{\mathrm{d}\lambda} \tag{4.14}$$

4.1.4 光栅光谱仪

在光栅光谱仪中，平行光被 M_1 反射到反射光栅上，整个光栅表面涂有高反射层（金属或介质膜），从光栅反射的光线被球面镜 M_2 聚焦到出口上。与光栅方程对应的参量示意图如图 4.9 所示，图中描绘了平行光束入射到光栅上两个相邻的凹槽，相对于光栅法向的入射角为 α，在反射光 β 方向的干涉光程差为波长 λ 的整数倍，则得到相长干涉，这对应于光栅方程：

$$d(\sin\ \alpha\pm\sin\ \beta)=m\lambda \tag{4.15}$$

如果 β 和 α 在光栅法线的同一侧，则取正号；否则取负号。

光栅的反射率 $R(\beta,\theta)$ 与衍射角度 β 和光栅的闪耀角 θ 有关，闪耀角 θ 即刻槽法线和光栅法线的夹角，如图 4.10 所示。如果衍射角 β 与凹槽表面镜面的反射角度 r 一致，

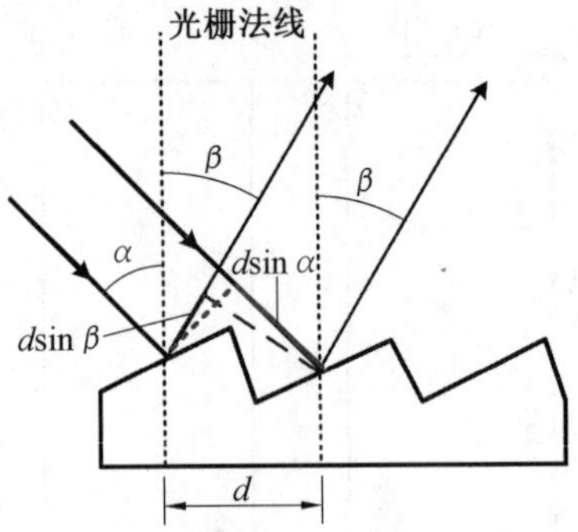

图 4.9 与光栅方程对应的参量示意图

$R(\beta,\theta)$达到最佳值 R_0。从图 4.10 可以推断出，α 和 β 在光栅法向的两侧时 $i=\alpha-\theta$ 和 $r=\theta+\beta$，对于镜面反射 $i=r$，最佳闪耀角 θ 的条件为 $\theta=(\alpha-\beta)/2$。必须根据所需的光谱范围和光谱仪的类型来确定闪耀角 θ。

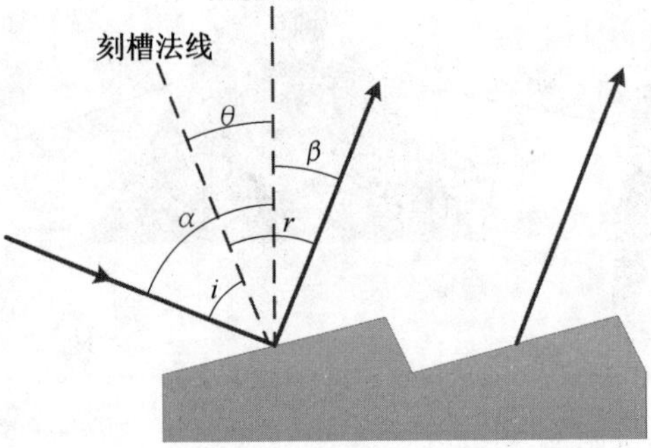

图 4.10 闪耀角 θ 示意图

当 $\alpha=\beta$ 时，反射光线沿入射方向原路返回，这种光栅称为利特罗(Littrow)光栅，其闪耀角的示意图如图 4.11 所示，此种情况下相长干涉的光栅方程简化为

$$2d\sin\alpha=m\lambda \tag{4.16}$$

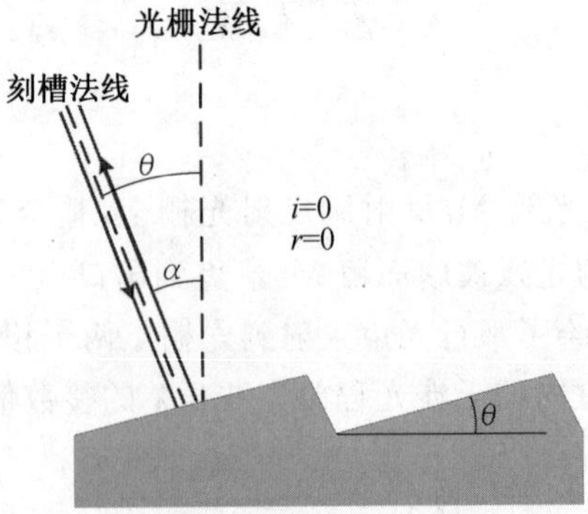

图 4.11 Littrow 光栅闪耀角的示意图

当 $i=r=0\longrightarrow\theta=\alpha$ 时，利特罗光栅的反射率达到最大，此时利特罗光栅可用作波长选择反射器，因为入射波长满足上述光栅方程时会发生反射。

将光栅方程进行与波长 λ 相关的微分计算，得到给定角度 α 下的角色散为

$$\frac{d\beta}{d\lambda}=\frac{m}{d\cos\beta} \tag{4.17}$$

把 $m/d=(\sin\alpha\pm\sin\beta)/\lambda$ 代入式(4.17)，得到

$$\frac{d\beta}{d\lambda}=\frac{\sin\alpha\pm\sin\beta}{\lambda\cos\beta} \tag{4.18}$$

对于利特罗光栅，令 $\alpha=\beta$ 并且取"+"号，得到

$$\frac{d\beta}{d\lambda}=\frac{2\tan\alpha}{\lambda} \tag{4.19}$$

主衍射最大值的基底半宽度为 $\Delta\beta=\lambda/(Nd\cos\beta)$。如果应用瑞利判据准则，当 $I(\lambda)$ 的最大值与 $I(\lambda+\Delta\lambda)$ 的相邻最小值重合时，两条线 λ 和 $\lambda+\Delta\lambda$ 刚好被分辨，这相当于

$$\frac{d\beta}{d\lambda}\Delta\lambda=\frac{\lambda}{Nd\cos\beta} \tag{4.20}$$

可以得到光栅的光谱分辨率为

$$R=\frac{\lambda}{\Delta\lambda}=\frac{Nd(\sin\alpha\pm\sin\beta)}{\lambda}=mN \tag{4.21}$$

例如，刻线面积为 $(10\times10)\,cm^2$ 和 10^3 槽/mm 的光栅允许二阶($m=2$)的理论光谱分辨率为 $R=2\times10^5$。这意味着在 $\lambda=500$ nm 处，可以分辨波长间隔为 $\Delta\lambda=2.5\times10^{-3}$ nm 的两条谱线。由于存在衍射效应，因此实际的分辨极限为 $\Delta\lambda\approx5\times10^{-3}$ nm。当 $\alpha=\beta=30°$ 和焦距长度为 $f=1$ m 时，色散 $dx/d\lambda=f d\beta/d\lambda=2$ mm/nm。当狭缝宽度为 $b_1=b_2=50\ \mu m$ 时，对光谱分辨率可达 $\Delta\lambda=0.025$ nm。为了将狭缝图像宽度减小到 5×10^{-3} mm，入口狭缝宽度 b 必须缩小到 10 μm。光谱中 $\lambda=1\ \mu m$ 周围的线会以一级出现在相同的角度 β 内，可以采用滤光片进行抑制。

4.1.5 光谱仪的积光本领

当立体角 $d\Omega=1$ sr 内的光谱强度 I_λ^* 入射到面积为 A 的入口狭缝上时，接收角为 Ω 的光谱仪在光谱间隔 $d\lambda$ 内传输辐射通量为

$$\varphi_\lambda d\lambda=I_\lambda^*(A/A_s)T(\lambda)\Omega d\lambda \tag{4.22}$$

式中，A_s 是光源在入口狭缝处的图像面积；A 是光谱仪入口的面积；$T(\lambda)$ 是光谱仪的透射率。光谱仪的积光本领如图 4.12 所示。

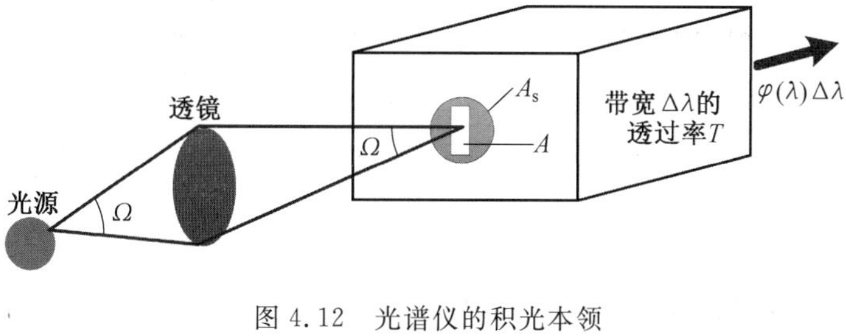

图 4.12 光谱仪的积光本领

通常称乘积 $U=A\Omega$ 为光束扩展量，棱镜光谱仪最大接收立体角 $\Omega=F/f_{12}$，受通过棱镜的平行光束的有效面积 $F=hD$ 的限制(h 为光束高度，D 为光束宽度)，对于光栅光谱

仪，光栅和反射镜的尺寸限制了接收立体角 Ω。

为了达到最佳测量条件，以充分利用接收角 Ω 的方式将光源成像到入口狭缝上是有利的，当入射光的立体角 Ω' 与光谱仪的接收角 $\Omega=(a/d)^2$ 匹配时，可以实现光源在光谱仪入口狭缝上的优化成像，如图 4.13 所示。虽然通过使用会聚透镜减小入口狭缝上的源图像，扩展光源的更多辐射功率可以通过入口狭缝，但会增加发散度，无法检测到接收角 Ω 以外的辐射。

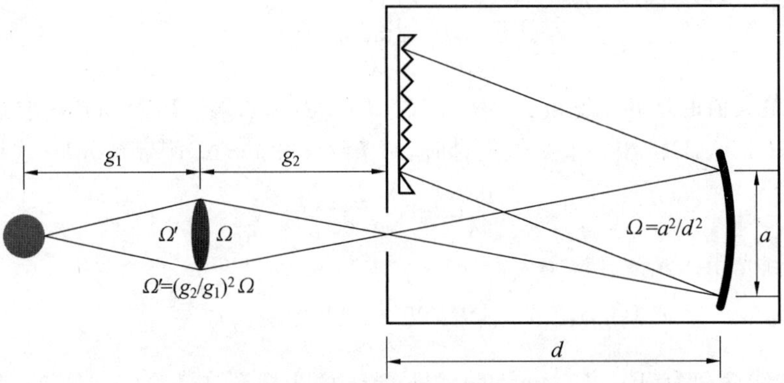

图 4.13 光源发射立体角 Ω' 与光谱仪接收角 Ω 匹配最佳成像示意图

4.2 干 涉 仪

图 4.14 所示为所有干涉仪的基本工作原理，强度为 I_0 的入射光被分为两个或更多振幅为 A_k 的部分光束，它们通过不同的光路长度 $s_k=nx_k$（其中 n 是折射率），然后在干涉仪的出口再叠加。因为所有的部分光束都来自同一光源，只要最大路径差不超过相干性长度，透射波总振幅是所有部分波的叠加，且取决于部分波的振幅 A_k 和相位 $\varphi_k=\varphi_0+2\pi s_k/\lambda$，因此，它敏感地依赖于波长 λ。

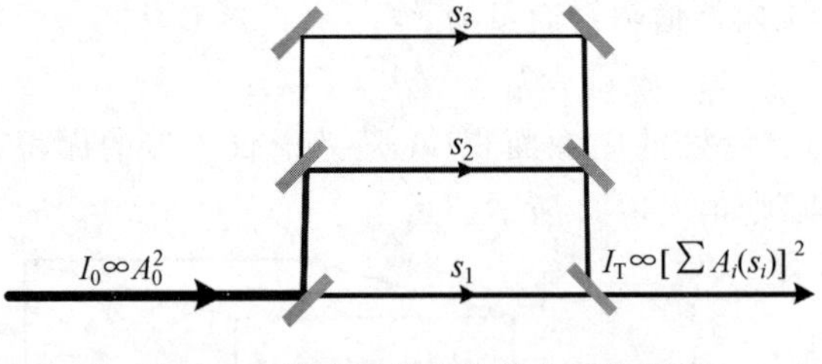

图 4.14 所有干涉仪的基本工作原理

当所有各支路光波干涉时，相长干涉获得最大透射强度，这给出了光程差的条件 $\Delta s_{ik}=s_i-s_k$，即

$$\Delta s_{ik}=m\lambda,\quad m=1,2,3,\cdots \tag{4.23}$$

式(4.23)给出的干涉仪最大透射条件适用于所有波长 λ_m，$\lambda_m=\Delta s/m(m=1,2,3,\cdots)$。

波长间隔为

$$\delta\lambda=\lambda_m-\lambda_{m+1}=\frac{\Delta s}{m}-\frac{\Delta s}{m+1}=\frac{\Delta s}{m^2+m}=\frac{2\lambda}{2m+1} \tag{4.24}$$

式(4.24)为干涉仪的自由光谱范围。在上面的推导中,采用了平均波长 $\bar{\lambda}$ 表达式为

$$\bar{\lambda}=\frac{1}{2}(\lambda_m+\lambda_{m+1})=\frac{1}{2}\Delta s\left(\frac{1}{m}+\frac{1}{m+1}\right) \tag{4.25}$$

用频率表示时 $\nu=c/\lambda$,$\Delta S=mc/\nu_m$,自由谱频率范围为

$$\delta\nu=\nu_{m+1}-\nu_m=c/\Delta s \tag{4.26}$$

只有两个部分光束干涉的典型装置是迈克耳孙干涉仪。多光束干涉的装置光栅光谱仪、法布里一珀罗干涉仪和高反射率的多层电介质镀膜镜。

4.2.1 迈克耳孙干涉仪

迈克耳孙干涉仪的基本原理如图 4.15 所示,为了补偿光束通过分光镜 S 的玻璃板而受到的色散,通常在干涉仪的一侧臂上放置适当的补偿片 P。入射平面波为

$$E=A_0\mathrm{e}^{\mathrm{i}(\omega t-kx)} \tag{4.27}$$

分光镜 S(反射率 R 和透射率 T,$R+T=1$)把入射光束一分为二,两个光场分别为

$$\begin{cases}E_1=A_1\mathrm{e}^{\mathrm{i}(\omega t-kx+\varphi_1)}=\sqrt{T}A_0\mathrm{e}^{\mathrm{i}(\omega t-kx+\varphi_1)}\\E_2=A_2\mathrm{e}^{\mathrm{i}(\omega t-ky+\varphi_2)}=\sqrt{R}A_0\mathrm{e}^{\mathrm{i}(\omega t-ky+\varphi_2)}\end{cases} \tag{4.28}$$

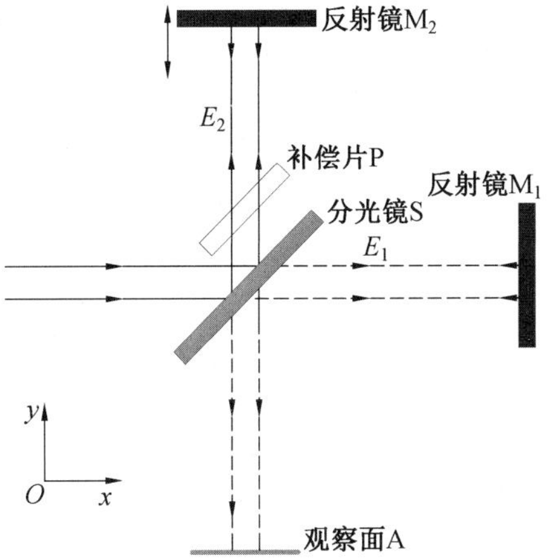

图 4.15 迈克耳孙干涉仪的基本原理

光束经过平面镜 M_1 和 M_2 反射后,在观察面 A 上叠加,观察面上两个波的振幅为 $(RT)^{1/2}A_0$,两个波之间的相位差 φ 为

$$\varphi=\frac{2\pi}{\lambda}\times2(\mathrm{SM_1}-\mathrm{SM_2})+\Delta\varphi \tag{4.29}$$

式中,$\Delta\varphi$ 是反射引起的附加相移。

因此,观察面 A 上的总光场复振幅为

$$E=\sqrt{RT}A_0\mathrm{e}^{\mathrm{i}(\omega t+\varphi_0)}(1+\mathrm{e}^{\mathrm{i}\varphi}) \tag{4.30}$$

由于位于观察面处的探测器的响应时间达不到光场的快速振荡频率,因此探测器测量的时间平均强度为

$$\bar{I}=\frac{1}{2}c\varepsilon_0RTA_0^2(1+\mathrm{e}^{\mathrm{i}\varphi})(1+\mathrm{e}^{-\mathrm{i}\varphi})=c\varepsilon_0RTA_0^2(1+\cos\varphi) \tag{4.31}$$

如果安装在移动平台上的反射镜 M_2 沿 y 方向移动的距离为 Δy，则光程差改变了 $\Delta s=2n\Delta y$（n 是分光镜 S 和 M_2 之间的折射率），对应的相位差改变量为 $\varphi=2\pi\Delta s/\lambda$。对于单色入射平面波，观察面 A 处的强度是 φ 的函数，$\varphi=2m\pi(m=0,\ 1,\ 2,\ \cdots)$ 时强度为极大，$\varphi=(2m+1)\pi$ 时强度为极小，这说明迈克耳孙干涉仪可以被视为透射光的波长滤波器，或者被视为波长选择反射器。当镜子 M_2 沿已知距离 Δy 移动时，计算观察面 A 处条纹数目变化的最大值 N，迈克耳孙干涉仪可用于绝对波长测量，则

$$\lambda=2n\Delta y/N \tag{4.32}$$

这一方法已应用于非常精确的激光波长测定。

在观察面 A 上产生干涉条纹的最大路径差 Δs 受到入射光相干长度的限制。对于普通的光谱灯，相干长度通常为几厘米；对于稳定的单模激光器，相干长度可以达到几公里，在这种情况下，迈克耳孙干涉仪的最大路径差通常不受光源的限制，而是受实验室设施的技术限制。在两个干涉光束间有光学延迟线的迈克耳孙干涉仪如图 4.16 所示，在干涉仪的一个臂中放置凹面反射镜 M_3、M_4 作为光学延迟线，它对光束来回反射许多次，可增大光程差 Δs。在引力波探测中，利用高反射球面镜和超稳固体激光器，建立了其中一臂长约 1 km 的迈克耳孙干涉仪，其光程差可增大到 $\Delta s>100$ km。

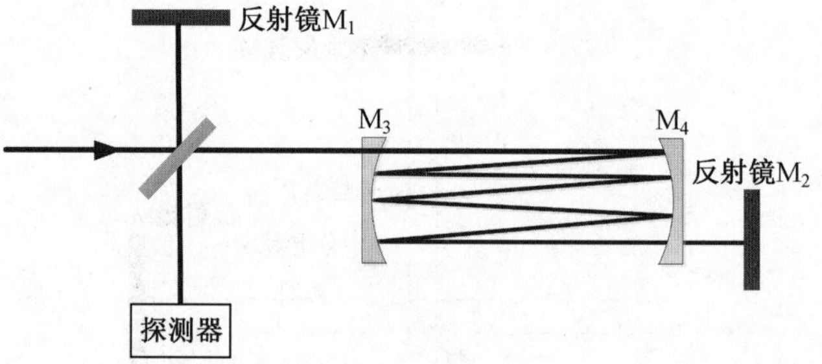

图 4.16　在两个干涉光束间有光学延迟线的迈克耳孙干涉仪

如果 Δy 是图 4.15 中移动镜所经过的路径差，对于波长为 λ_1 的入射波，探测器计算的干涉次数最大值为 $N_1=2\Delta y/\lambda_1$；对于波长为 $\lambda_2(\lambda_2<\lambda_1)$ 的入射波，$N_2=2\Delta y/\lambda_2$。当 $N_2\geqslant N_1+1$ 时，可以清楚地分辨两个波长，对应于 $\lambda_1=\lambda_2+\Delta\lambda$ 和 λ_2 的光谱分辨率为

$$\frac{\lambda}{\Delta\lambda}=\frac{2\Delta y}{\lambda}=N=\frac{\Delta s}{\lambda} \tag{4.33}$$

式中，$\lambda=(\lambda_1+\lambda_2)/2$，$N=(N_1+N_2)/2$。

或表示为

$$\frac{\Delta\lambda}{\lambda}=\frac{1}{N}=\frac{\lambda}{\Delta s} \tag{4.34}$$

可以分辨的频率差为

$$\frac{\Delta\nu}{\nu}=\frac{1}{N}=\frac{\lambda}{\Delta s} \tag{4.35}$$

4.2.2　多光束干涉

1. 反射和透射强度

平面波 E_i 以 θ' 角入射在具有两个平行的反射面的平面透明板上，图 4.17 所示为平

行反射面上的多光束干涉。

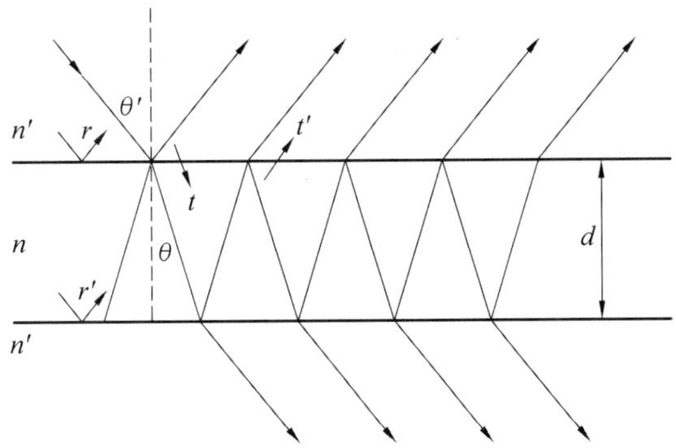

图 4.17 平行反射面上的多光束干涉

反射光场的叠加为

$$E_R = E_i\left[r + tt'r'e^{i\delta} + \cdots + tt'r'^{(2p-3)}e^{i(p-1)\delta}\right] \tag{4.36}$$

透射光场的叠加为

$$E_T = E_i tt'\left[1 + r'^2 e^{i\delta} + r'^4 e^{i2\delta} + \cdots + r'^{2(p-1)}e^{i(p-1)\delta}\right] \tag{4.37}$$

光程差引起的相位为

$$\delta = \frac{2\pi}{\lambda_0}\times 2nd\cos\theta \tag{4.38}$$

根据斯托克斯关系方程：

$$\begin{cases} tt' + r^2 = 1 \\ tr' + rt = 0 \\ R = r^2 = r'^2 \\ T = tt' \\ R + T = 1 \end{cases} \tag{4.39}$$

把 $r=-r'$ 和 $p\to\infty$ 代入到叠加的反射光场中，有

$$\begin{aligned} E_R &= E_i\left[r + tt'r'e^{i\delta} + \cdots + tt'r'^{(2p-3)}e^{i(p-1)\delta}\right] \\ &= E_i\left(r + tt'r'e^{i\delta}\sum_{n=0}^{p-2} r'^{2n}e^{in\delta}\right) \\ &= E_i\left(r + tt'r'e^{i\delta}\frac{1-r'^{2(p-1)}e^{i(p-1)\delta}}{1-r'^2 e^{i\delta}}\right) \\ &= E_i r\frac{1-(r^2+tt')e^{i\delta}}{1-r^2 e^{i\delta}} \\ &= E_i\frac{\sqrt{R}\,(1-e^{i\delta})}{1-Re^{i\delta}} \end{aligned} \tag{4.40}$$

反射光的强度为

$$I_R = E_r E_r^* = I_i\frac{R(2-2\cos\delta)}{1+R^2-2R\cos\delta}$$

$$\frac{I_R}{I_i} = \frac{4R\sin^2(\delta/2)}{(1-R)^2 + 4R\sin^2(\delta/2)} \tag{4.41}$$

同理，透射光的强度为

$$\frac{I_T}{I_i}=\frac{T^2}{(1-R)^2+4R\sin^2(\delta/2)} \tag{4.42}$$

定义

$$F=\frac{4R}{(1-R)^2} \tag{4.43}$$

则反射光的强度和透射光的强度可以表示为

$$\begin{cases}\dfrac{I_R}{I_i}=\dfrac{F\sin^2(\delta/2)}{1+F\sin^2(\delta/2)}\\ \dfrac{I_T}{I_i}=\dfrac{1}{1+F\sin^2(\delta/2)}\end{cases} \tag{4.44}$$

式(4.44)表明反射光和透射光是互补的。图 4.18 所示为反射率 R 值不同的情况下，无吸收多光束干涉仪的透过、反射与相位差 δ 之间的函数关系，对于 $\delta=2m\pi$，最大透射率为 $I_T/I_i=1$，在这些最大值处 $I_T=I_i$，因此反射光的强度 I_R 为零。

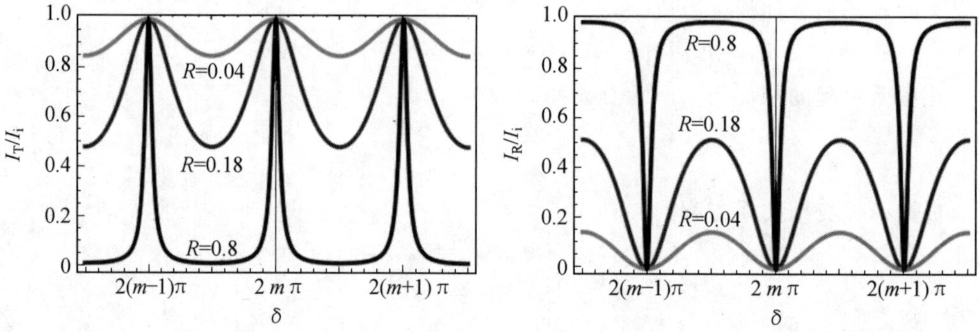

图 4.18 无吸收多光束干涉仪在不同反射率 R 下的透射、反射与相位差 δ 之间的函数关系

2. 自由光谱范围

两个最大值之间的频率范围 $\delta\nu$ 是干涉仪的自由光谱范围，根据 $\Delta s=2nd\cos\theta$ 和 $\lambda=c/\nu$，可以得到

$$\delta\nu=\frac{c}{\Delta s}=\frac{c}{2nd\cos\theta}=\frac{c}{2d\sqrt{n^2-\sin^2\theta}} \tag{4.45}$$

对于垂直入射($\theta'=0$)，自由光谱范围变为

$$\delta\nu=\frac{c}{\Delta s}=\frac{c}{2nd} \tag{4.46}$$

用相位差 $\varepsilon=|\delta_1-\delta_2|$ 表示图 4.18 中的透射最大值 $I(\delta_1)=I(\delta_2)=I_i/2$ 的全宽度，根据透射光的光强公式，可以得到

$$\varepsilon=4\arcsin\frac{1-R}{2\sqrt{R}} \tag{4.47}$$

当 $R\approx1$ 时，$(1-R)\ll R$，式(4.47)可简化为

$$\varepsilon=\frac{2(1-R)}{\sqrt{R}}=\frac{4}{\sqrt{F}} \tag{4.48}$$

在频率单位制中，自由光谱范围 $\delta\nu$ 对应于相位差 δ 变化为 2π，因此半宽 $\Delta\nu$ 变为

$$\Delta\nu=\frac{\varepsilon}{2\pi}\delta\nu\cong\frac{2\delta\nu}{\pi\sqrt{F}} \tag{4.49}$$

垂直入射时，有

$$\Delta\nu=\frac{c}{2nd}\frac{1-R}{\pi\sqrt{R}} \tag{4.50}$$

自由光谱范围 $\delta\nu$ 与透射最大值半宽 $\Delta\nu$ 的比值 $\delta\nu/\Delta\nu$ 称为干涉仪的精细度 F^*，对于上面讨论的垂直入射的情况而言，反射精细度为

$$F_R^*=\frac{\delta\nu}{\Delta\nu}=\frac{\pi\sqrt{R}}{1-R}=\frac{\pi}{2}\sqrt{F} \tag{4.51}$$

3. 光谱分辨率

两个入射波的频率分别为 ν_1 和 $\nu_2=\nu_1+\Delta\nu$，如果它们的频率间隔 $\Delta\nu$ 大于 $\delta\nu/F^*$，这意味着它们的峰间距应该大于它们的半高处的全宽度。对于峰间距 $\nu_2-\nu_1=\delta\nu/F^*=2\delta\nu/(\pi\sqrt{F})$，总透射强度为

$$\frac{I_T}{I_i}=\frac{1}{1+F\sin^2(\pi\nu/\delta\nu)}+\frac{1}{1+F\sin^2[\pi(\nu+\delta\nu/F^*)/\delta\nu]} \tag{4.52}$$

以 $\nu=(\nu_1+\nu_2)/2$ 为中心频率的函数 $I(\nu)$，即在光谱分辨率极限下，两条紧密相邻的谱线的透射强度 $I_T(\nu)$ 如图 4.19 所示，其中谱线间隔等于谱线的半宽，根据两条谱线分辨率的瑞利准则，干涉仪的光谱分辨率为

$$\frac{\nu}{\Delta\nu}=\frac{\nu}{\delta\nu}F^*\longrightarrow\Delta\nu=\frac{\delta\nu}{F^*} \tag{4.53}$$

这也可以用两个相邻分波之间的光程差 Δs 来表示：

$$\frac{\nu}{\Delta\nu}=\frac{\lambda}{\Delta\lambda}=F^*\frac{\Delta s}{\lambda} \tag{4.54}$$

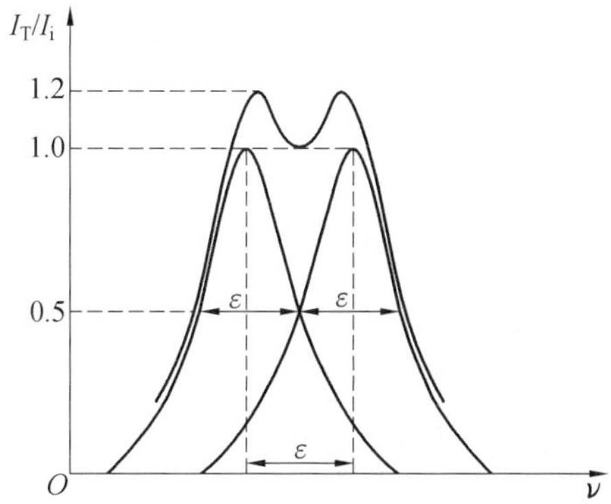

图 4.19 在光谱分辨率极限下，两条紧密相邻的谱线的透射强度 $I_T(\nu)$

4. 法布里—珀罗干涉仪

法布里—珀罗干涉仪的两种实现如图 4.20 所示。多光束干涉的实际实现可以使用具有两个涂层反射面的实心平面平行玻璃或熔融石英板，如图 4.20(a)所示。或者使用两个单独的板，其中每个板的一个表面涂有反膜，两个反射面是相对的，并尽可能地平行对齐，如图 4.20(b)所示。外表面涂消反射膜，可以避免来自这些表面的反射可能与干涉

图案重叠，此外，它们与内表面（楔块）有一个微小的角度。不同反射率 R 对应的透射条纹和反射条纹如图 4.21 所示，图中给出了无吸收多光束干涉仪在不同反射率 R 下的透射、反射与相位差 δ 之间的函数关系。

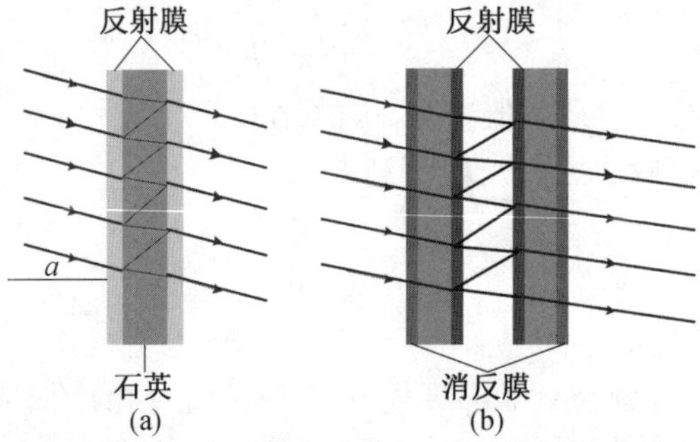

图 4.20　法布里-珀罗干涉仪的两种实现

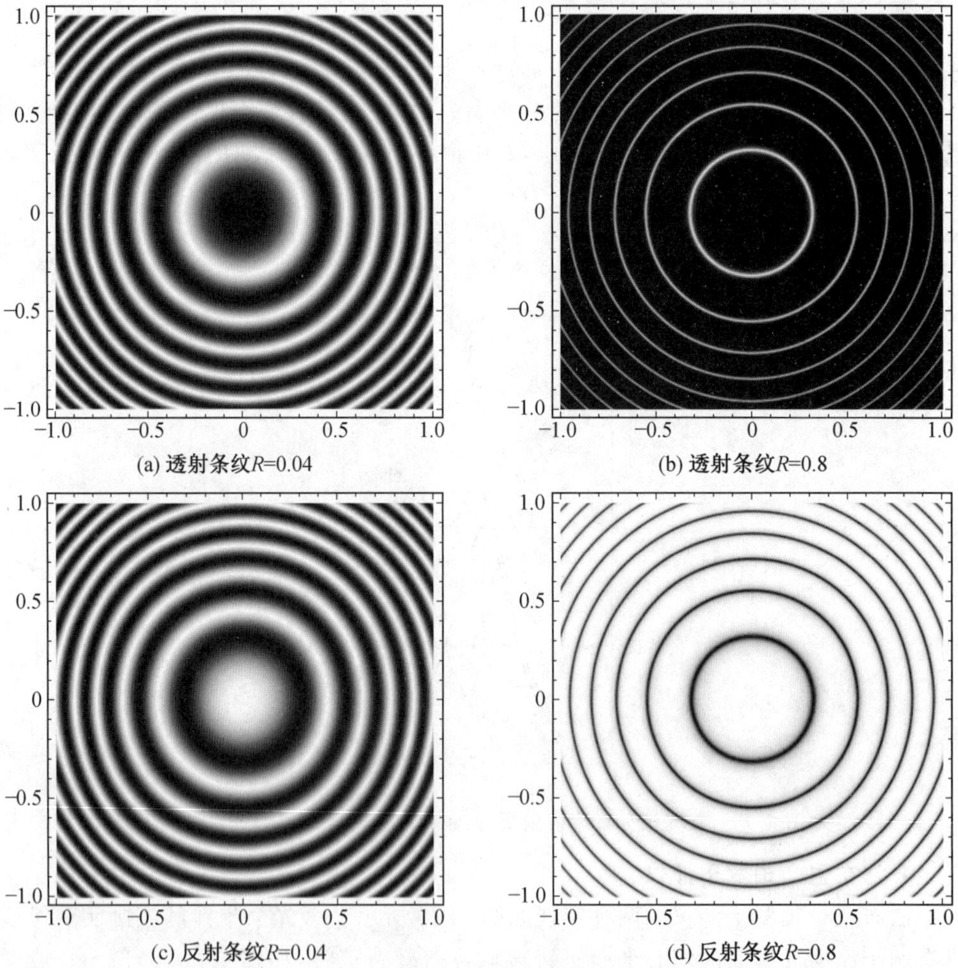

图 4.21　不同反射率 R 对应的透射条纹和反射条纹

当只有几个离散的波长存在时，如通常情况下的激光，可以采用扫描法布里－珀罗干涉仪，扫描可以通过把一个法布里－珀罗反射镜安装在压电陶瓷上来实现，对于一个给定的干涉条纹，有

$$2nd = m\lambda,\quad 2n\Delta d = m\Delta\lambda = \frac{2d}{\lambda}\Delta\lambda \tag{4.55}$$

因此

$$\frac{\Delta d}{d} = \frac{\Delta\lambda}{\lambda} \tag{4.56}$$

由于 d 是变化的，不同的波长将通过法布里－珀罗干涉仪传输，因此法布里－珀罗干涉仪可以作为干涉滤波器。

共焦法布里－珀罗干涉仪是由两个曲率半径为 r 的球面镜 M_1、M_2 间隔为 $d=r$ 组成，图 4.22 所示为共焦法布里－珀罗干涉仪成像中光线的轨迹。这种干涉仪作为高分辨率光谱分析仪在激光物理学中占有重要地位，用于检测激光器的模式结构和线宽，以几乎共焦的形式作为激光谐振器。

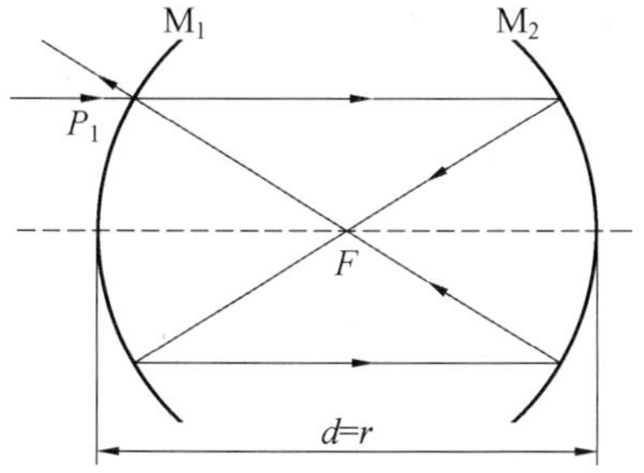

(a) 平行于焦平面成像轴的入射光束

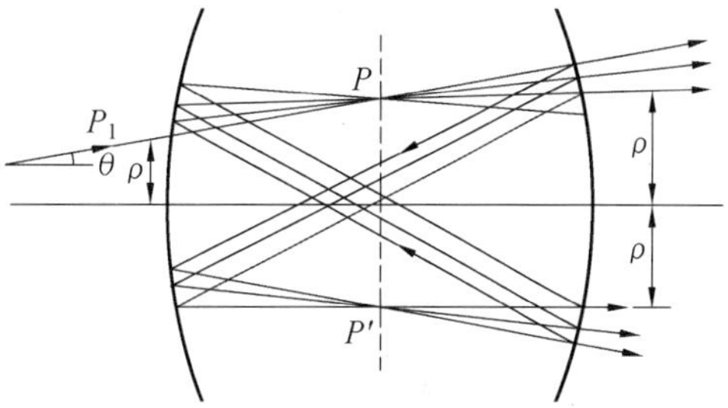

(b) 倾斜入射光束

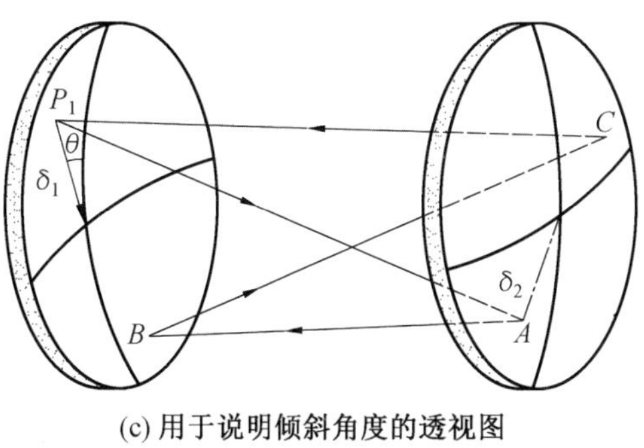

(c) 用于说明倾斜角度的透视图

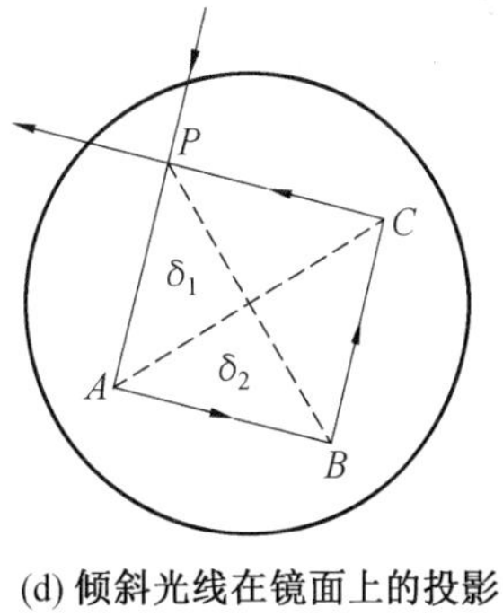

(d) 倾斜光线在镜面上的投影

图 4.22 共焦法布里－珀罗干涉仪成像中光线的轨迹

忽略球面像差，所有平行于干涉仪轴线进入干涉仪的光线都将通过焦点 F，并在通过共焦法布里－珀罗干涉仪成像 4 次后再次到达入射点 P_1，如图 4.22(a)所示。图4.22(b)所示为一般情况下以小倾角 θ 进入共焦法布里－珀罗干涉仪并在投影中通过图4.22(c)所示的连续点 P_1、A、B、C、P_1 的射线。

由于球差的存在，离轴不同距离 ρ_1 的光线不一定都穿过 F，而是在不同的位置 F' 相交，这取决于 ρ_1 和 θ。此外，每一条射线在通过共焦法布里－珀罗干涉仪成像 4 个通道后

都不会完全到达入口点 P_1，因为它在连续的通道中稍微偏移。然而，对于足够小的角 θ，所有射线在距离共焦法布里－珀罗干涉仪中心平面上的两点 P 和 P' 附近的轴的距离 $\rho(\rho_1, \theta)$ 处相交，如图 4.22(b)所示。

根据几何光学，可以计算出两条相邻射线通过 P 的光程差 Δs。对于 $\rho_1 \ll r$ 和 $\theta \ll 1$，可以得到近共焦情形 $d \approx r$，则有

$$\Delta s = 4d + \rho_1^2 \rho_2^2 \cos 2\theta / r^3 + \text{高阶项} \tag{4.57}$$

因此，直径 $D = 2\rho_1$ 的入射光束在共焦法布里－珀罗干涉仪的中心平面上产生同环的干涉图样。类似于前面多光束干涉，强度 $I(\rho, \lambda)$ 是通过将所有振幅及其正确相位 $\delta = \delta_0 + (2\pi/\lambda)\Delta s$ 相加得到

$$\frac{I(\rho, \lambda)}{I_i} = \frac{T^2}{(1-R)^2 + 4R\sin^2[(\pi/\lambda)\Delta s]} \tag{4.58}$$

式中，T 是两个镜子中每个镜子的透射率，$T = 1 - R$。$\delta = 2m\pi$ 的强度最大。

当忽略式(4.57)中的高阶项时，并且设定 $\theta = 0$ 和 $\rho^2 = \rho_1 \rho_2$，相当于

$$4d + \rho^4 / r^3 = m\lambda \tag{4.59}$$

对于 $\rho \ll d$ 的近共焦法布里－珀罗干涉仪，自由光谱范围为 $\delta\nu$，即相邻干涉最大值之间的频率间隔为

$$\delta\nu = \frac{c}{4d + \rho^4 / r^3} \tag{4.60}$$

这不同于平面法布里－珀罗干涉仪的表达式 $\delta\nu = c/2d$。

第 m 阶干涉环的半径 ρ_m 可由式(4.60)得到

$$\rho_m = [(m\lambda - 4d) r^3]^{1/4} \tag{4.61}$$

这表明，ρ_m 在很大程度上取决于球面镜的间距 d。

将 d 从 $d = r$ 变为 $d = r + \varepsilon$，光程差将变为

$$\Delta s = 4(r + \varepsilon) + \rho^4 / (r + \varepsilon)^3 \approx 4(r + \varepsilon) + \rho^4 / r^3 \tag{4.62}$$

对于给定波长 λ，ε 的值可以选择为 $4(r + \varepsilon) = m_0 \lambda$。在这种情况下，中心环的半径变为零，可以用整数 p 给外环编号，并用 $m = m_0 + p$ 得到第 p 个环半径的表达式为

$$\rho_p = (p\lambda r^3)^{1/4} \tag{4.63}$$

由式(4.61)得到径向色散为

$$\frac{d\rho}{d\lambda} = \frac{mr^3/4}{[(m\lambda - 4d) r^3]^{3/4}} \tag{4.64}$$

当 $m\lambda = 4d$ 时，径向色散变为无穷大，根据式(4.61)可知对应于 $\rho = 0$ 的中心。

通常共焦法布里－珀罗干涉仪的总精细度通常高于平面法布里－珀罗干涉仪，原因如下。

①球面镜的对准关键性低于平面镜，为使球面镜的倾斜不会改变(到一级近似值)通过共焦法布里－珀罗干涉仪的光路长度 $4r$，对于所有入射光线而言，该长度保持大致相同。然而，对于平面法布里－珀罗干涉仪，其轴以下的光线的路径长度增加，而轴以上的光线的路径长度减少。

②球面镜可以抛光到比平面镜更高的精度，这意味着球面镜与理想球面的偏差小于平面镜与理想平面的偏差。此外，这种偏差不会消除干涉条纹，而只会导致干涉环畸变。

5. 多层介质膜

两个具有不同折射率的平行平面的界面反射光时，能够产生相长干涉，这一原理可以用来产生无吸收的高反射率反射镜，这种介质镜的技术极大地支持了可见光和紫外激光系统的发展。

复折射率为 $n_1=n_1-\mathrm{i}\kappa_1$ 和 $n_2=n_2-\mathrm{i}\kappa_2$ 的两个区域之间的平面交界面的反射率 R 可以由菲涅耳公式计算，它取决于入射角 α 和偏振方向。电场矢量 $\boldsymbol{E}$ 平行于入射平面(由入射光和反射光定义)的偏振分量，反射率为

$$R_{\mathrm{p}}=\left(\frac{n_2\cos\alpha-n_1\cos\beta}{n_2\cos\alpha+n_1\cos\beta}\right)^2=\left(\frac{\tan(\alpha-\beta)}{\tan(\alpha+\beta)}\right)^2 \tag{4.65}$$

式中，β 是折射角，$\sin\beta=(n_1\sin\alpha)/n_2$。

对于垂直分量($\boldsymbol{E}$ 垂直于入射平面)，可以得到

$$R_{\mathrm{s}}=\left(\frac{n_1\cos\alpha-n_2\cos\beta}{n_1\cos\alpha+n_2\cos\beta}\right)^2=\left(\frac{\sin(\alpha-\beta)}{\sin(\alpha+\beta)}\right)^2 \tag{4.66}$$

对于垂直入射($\alpha=0$，$\beta=0$)，可以从菲涅耳公式中得到两种偏振的反射率 R，即

$$R=\left(\frac{n_1-n_2}{n_1+n_2}\right)^2 \tag{4.67}$$

为了获得最大反射率，分子 $(n_1-n_2)^2$ 应最大化，分母应最小化。由于 n_1 总是大于 1，这意味着 n_2 应该尽可能大，然而色散关系意味着较大的 n 值也会导致较强的吸收。例如，高度抛光的金属表面在可见光谱范围内的最大反射率为 $R=0.95$。剩余 5% 的入射强度被吸收而损失掉。

通过选择低吸收的反射材料(也必然具有低反射率)可以改善这种情况，但采用高低折射率 n 交替的多层膜，选择合适的光学厚度 nd，可以实现不同反射振幅之间的结构性干涉，反射率可以高达 $R=0.9999$。

两层介质膜对波长为 λ 的光的最大反射如图 4.23 所示，该图说明了这种结构性干涉，具有折射率 n_1、n_2 和厚度 d_1、d_2 的层通过镀膜工艺沉积到具有折射率 n_3 的光学平滑基底上。为了得到相长干涉，所有反射分量之间的相位差必须为 $\delta_m=2m\pi(m=1, 2, 3\cdots)$。考虑到折射率大于上一层折射率的界面反射时的相移 $\delta=\pi$，可以给出

$$n_1d_1=\lambda/4,\quad n_2d_2=\lambda/2\quad (n_1>n_2>n_3) \tag{4.68a}$$

$$n_1d_1=n_2d_2=\lambda/4\quad (n_1>n_2<n_3) \tag{4.68b}$$

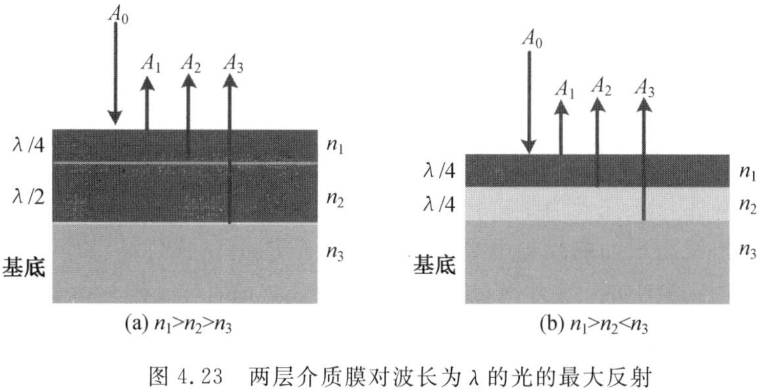

图 4.23　两层介质膜对波长为 λ 的光的最大反射

反射振幅可由菲涅耳公式计算，总反射强度是通过考虑所有反射振幅的总和获得的。选择折射率使 $\sum A_i$ 成为最大值。对于两层涂层的例子，计算仍然是可行的，并且可以得到三个反射振幅，分别为

$$\begin{cases} A_1=\sqrt{R_1}\,A_0 \\ A_2=\sqrt{R_2}\,(1-\sqrt{R_1}\,)A_0 \\ A_3=\sqrt{R_3}\,(1-\sqrt{R_2}\,)(1-\sqrt{R_1}\,)A_0 \end{cases} \tag{4.69}$$

要获得高反射率则需要沉积多层才能达到。图 4.24(a)所示为多层反射镜的组成，该反射镜为由高折射率材料和低折射率材料的四分之一光学厚度层组成的多层膜；图 4.24(b)所示为 15 层 Ta_2O_5/SiO_2 和 TiO_2/SiO_2 组成多层膜的反射率。

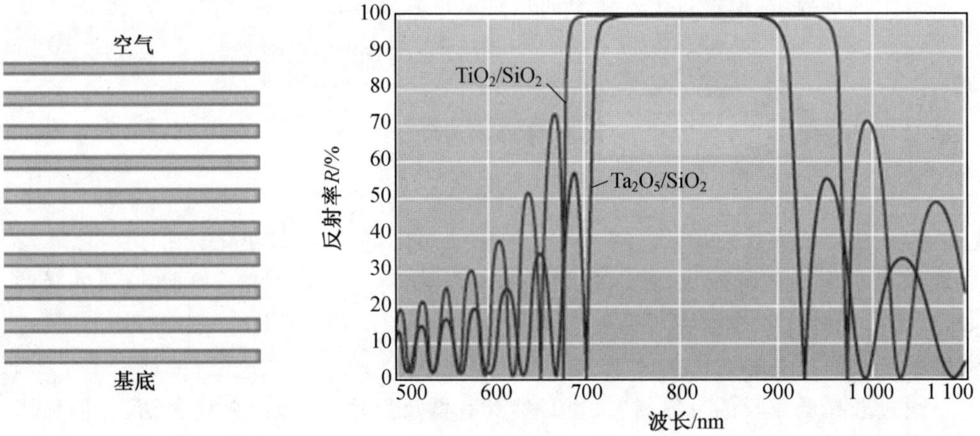

(a) 多层反射镜的组成　　(b) 15层 Ta_2O_5/SiO_2 和 TiO_2/SiO_2 组成多层膜的反射率

图 4.24　多层膜的组成及其反射率(见附录彩图)

假设理想涂层的吸收和散射损耗为零，理论反射率将随着涂层对数的增加而接近 $R=100\%$。也可以使用少量层数制造具有反射率值在 $R=0\%$ 和 $R=100\%$ 之间的部分反射器，图 4.25 所示为不同层数的反射率。

通过选择适当光程厚度略有不同的层，可以在扩展的光谱范围内获得高反射率，在极低吸收的材料中，反射率可以达到 $R>0.999\ 99$。图 4.26(a)所示为由 8 对 TiO_2 和 SiO_2 镀层组成的布拉格反射镜的反射率(黑色曲线)和群延迟色散(蓝色曲线)随波长的变化。在一定的光学带宽上，反射率很高，这取决于所用材料的折射率对比度和层的数量。图 4.26(b)所示为用色标显示了光场在镜子内部的穿透深度，在反射带内镜子内部几乎没有光场穿透。

当然，也可以通过最小化介质多层膜的反射率来实现干涉相消，而不是通过最大化其反射率来实现干涉相长。在光谱学中，这种涂层对于最小化激光谐振腔中光学元件的反射损耗和避免输出镜后表面的反射非常重要。使用单层消反膜(图 4.27(a))，反射率仅在选定波长 λ 下达到最小值(图 4.27(b))，图中 $\lambda_A=353$ nm，$\lambda_B=683$ nm，$\lambda_c=1\ 064$ nm，$\lambda_D=1\ 550$ nm。当界面(n_1,n_2)和(n_2,n_3)反射的两个振幅 A_1 和 A_2 相等时，得到 $\delta=(2m+1)\pi$ 的 $I_R=0$。对于垂直入射，有

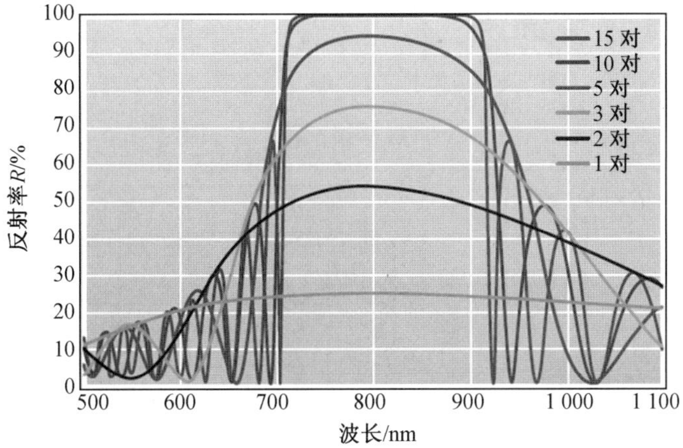

图 4.25 不同层数的反射率(见附录彩图)

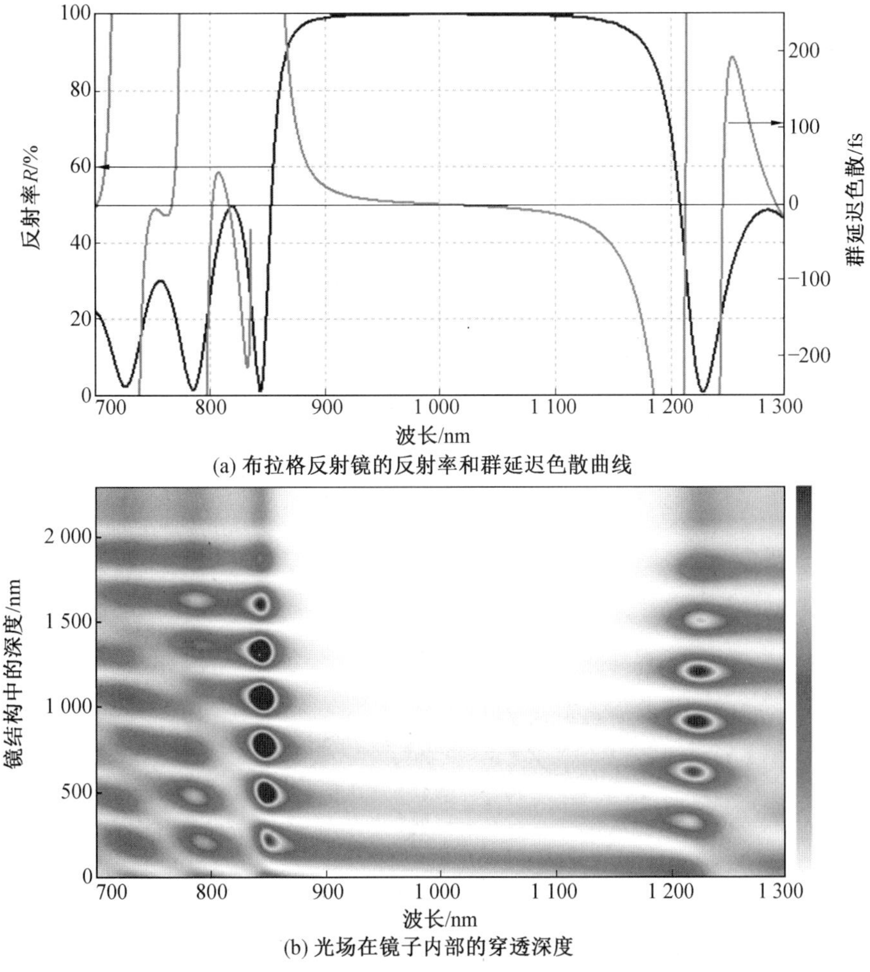

(a) 布拉格反射镜的反射率和群延迟色散曲线

(b) 光场在镜子内部的穿透深度

图 4.26 光程厚度不同的层对光的影响(见附录彩图)

$$R_1=\left(\frac{n_1-n_2}{n_1+n_2}\right)^2=R_2=\left(\frac{n_2-n_3}{n_2+n_3}\right)^2 \tag{4.70}$$

可以简化为

$$n_2=\sqrt{n_1 n_3} \tag{4.71}$$

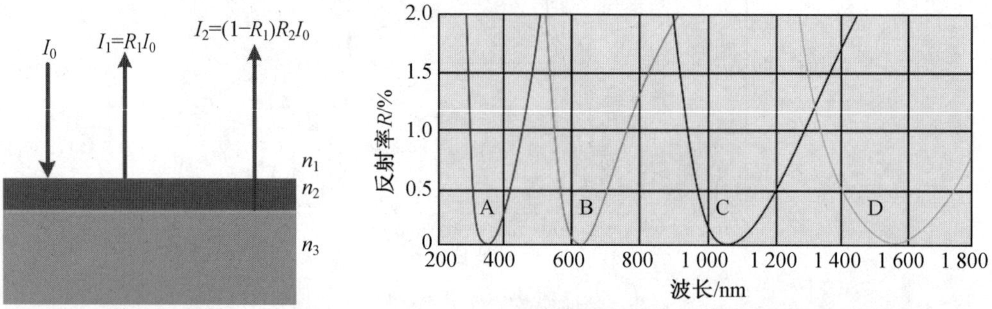

(a) 单层消反膜　　(b) 四种不同折射率下单层消反膜的反射率曲线

图 4.27 单层消反膜极其反射率曲线

单层消反膜的一大缺点是通常不存在实现低反射率所需的特定折射率的实用材料，多层消反膜相比于单层消反膜而言，可以在很宽的带宽范围内减小反射系数，同时支持使用更多种类的材料。图 4.28 所示为不同波段多层消反膜的反射率平均值为 0.5%，其中图 4.28(c)为 600～1 100 nm 范围内对波长 632 nm 和 1 064 nm 完全消反。

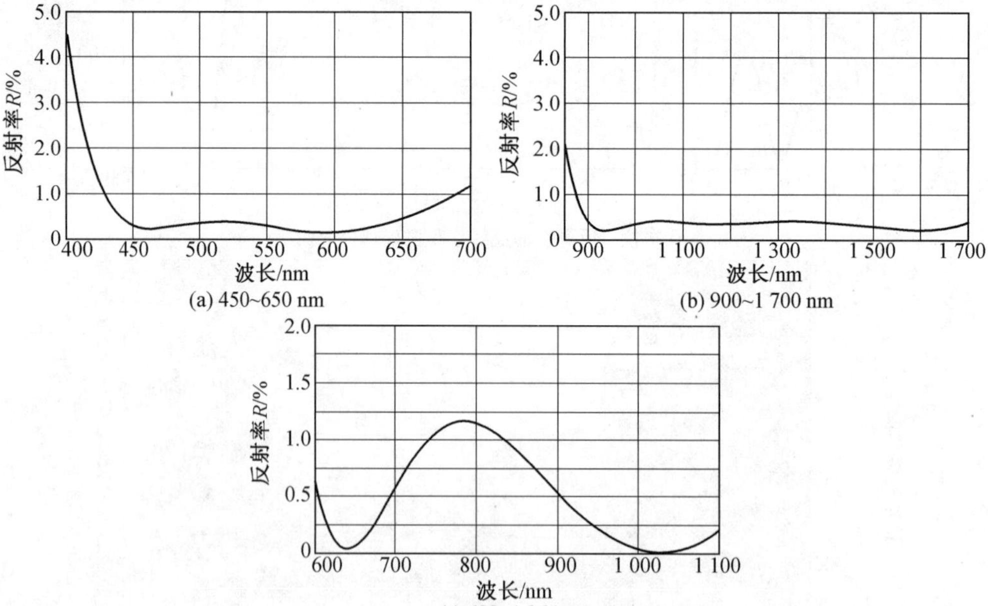

(a) 450~650 nm　　(b) 900~1 700 nm

(c) 632~1 064 nm

图 4.28　不同波段多层消反膜的反射率平均值为 0.5%

法布里-珀罗干涉仪和多层消反膜在光谱学研究中可以作为干涉滤光片，干涉滤光片可能具有非常窄的带宽，峰值波长是入射角的函数。特别值得注意的是，与吸收滤光片不同，干涉滤光片针对每个入射角透射不同的波长，从而改变入射角，在干涉滤光片中波长也发生变化。

4.3 光谱辐射强度探测器

光谱学中常用的不同类型强度探测器可分为两类，即热探测器和光电探测器。在热探测器中，吸收的辐射能量会升高探测器的温度，并导致探测器与温度相关的特性发生变化，可以对其进行监测，热探测器的灵敏度具有波长无关性。直接光电探测器是基于光电阴极的光电子发射，或由入射辐射的变化导致半导体的导电性发生变化，或由光伏器件内部光效应产生的电压变化。光电探测器的光谱响应取决于发光表面的功函数或半导体中的带隙。在光谱学的许多应用中，探测的灵敏度和精度对于实验的成功进行至关重要。选择合适的探测器以获得最佳的灵敏度和探测辐射精度时，必须考虑以下特性，这些特性可能因不同的探测器类型而异。

①探测器的光谱响应 $R(\lambda)$决定了探测器可以使用的波长范围。对 $R(\lambda)$的了解对于比较不同波长下的真实的相对强度 $I(\lambda_1)$和 $I(\lambda_2)$是必不可少的。

②绝对灵敏度 $S(\lambda)=V_s/P$，定义为输出信号 V_s 与入射辐射功率 P 的比值。如果输出是电压，如在光伏器件或热电偶中，灵敏度以 V/W 为单位表示。对于光电倍增管等光电流器件，$S(\lambda)$以 A/W 为单位。对于探测器面积 A，灵敏度 S 可以用辐照度 I 表示：

$$S(\lambda)=\frac{V_s}{AI} \tag{4.72}$$

③可达到的信噪比 V_s/V_n，原则上受入射辐射噪声的限制。实际上，检测器的固有噪声进一步降低信噪比。

④探测器线性响应的最大强度范围，这意味着输出信号 V_s 与入射辐射功率 P 成正比。

⑤探测器的响应时间或频率，以时间常数 τ 表征。

4.3.1 热探测器

热探测器是基于由于光的吸收而引起的温度升高。热探测器最显著的优点是，它们可以在非常宽的光谱区域内显示出几乎恒定的响应率。热探测器常用于光子探测器难以接近的光谱区域，特别是长波红外光。热探测器可以在室温或接近室温的条件下工作，然而，对于特别敏感的热检测，通常需要在低温下运行，在某些情况下液氦冷却甚至可在 4 K下运行。

通常，热探测器主要包含以下部分。

(1)光吸收体。一般需要与环境隔热，这样当入射光被吸收时，它的温度就会升高。为了获得探测器最高灵敏度的最大温升，光的吸收应该很强。通常使用相对薄的表面吸收剂，这样可以最小化热电容，从而优化响应速度。

(2)温度传感器。可以测量吸收器的绝对温度或吸收器和散热器之间的温差，在前一种情况下，需要保持散热器温度恒定或单独测量。

此外，还有一些用于安装传感器的部件，以及冷却系统和用于信号放大和数字化的集成电子设备。

热探测器类型包括:测热辐射计、热电偶和热电堆探测器、热释电探测器等。

1. 测热辐射计

测热辐射计是基于测量与温度有关的电阻,它包括一个吸收层和一个电阻温度计层。为了获得高灵敏度的测量结果,采用电阻温度系数高的材料。一些常用的测热辐射计传感器类型如下。

半导体测热辐射计是最常见的,半导体材料有氧化钒、掺镓、掺铟锗和非晶硅等薄膜。此外,还有金属氧化物烧结粉末,用作半导体电阻器。

基于超导材料的测热辐射计,其工作温度接近其转变温度,因此有非常高的灵敏度,但也需要非常精确的温度稳定。超导测热辐射计具有很高的灵敏度。

2. 热电偶

热电偶由两个不同的导体组成,在不同的温度下形成电连接。由于热电效应产生一个与温度有关的电压,这个电压可以解释为测量温度。热电偶是一种应用广泛的温度传感器,本质上是通过将两侧由不同材料组成的金属丝连接而获得。如果两个导线连接之间出现温差,则会产生与温差近似成比例的热电电压。热电偶的热电电压相当小,通常在低毫伏区。因此,人们经常使用由多个串联的热电偶组成的热电堆。

3. 热释电探测器

热释电探测器是基于铁电晶体中的热释电效应而设计的,包含一块两侧有电极的铁电晶体材料,本质上是一个电容器。其中一个电极有黑色涂层(或经过加工的吸收金属表面),暴露在入射辐射下。入射光被涂层吸收,因此也会引起晶体的一些加热,热经过电极传导到晶体中,结果使晶体产生一些热释电电压,当电压保持恒定时,可以用电子方式检测该电压或电流。对于恒定的光功率,热释电信号最终会消失,因此该装置不适合测量连续波辐射的强度。目前,该装置主要用于测量脉冲能量,故被广泛用于激光脉冲探测中(而不是连续波光),其通常在红外光谱区域,并且具有很宽的光谱响应潜力。

4. 高莱探测器

高莱探测器使用封闭容器中的气体吸收检测辐射,其工作原理如图 4.29 所示,辐射通过入射窗口进入高莱池被吸收气体吸收后,气体分子温度升高 ΔT,封闭气体的压强增大 $\Delta p = N(R/V)\Delta T$($N$ 为摩尔数,R 为气体常数),导致柔性变形反射镜发生形变,通过观察发光二极管光束的偏转来监控反射镜的变化。在现代仪器中,柔性膜是电容器的一部分,另一块板是固定的。压力升高导致电容发生相应变化,电容可转换为交流电压,这种灵敏的探测器本质上是一个电容传声器,现在广泛应用于光声光谱,通过与吸收系数成比例的压力的升高来检测分子气体的吸收光谱。

4.3.2 光电探测器

1. 光电二极管

光电二极管是将光信号变成电信号的半导体器件,光电二极管和普通二极管一样,也是由一个 PN 结组成的半导体器件,也具有单方向导电特性。但在电路中它不是用作整流元件,而是用作把光信号转换成电信号的光电传感器件。

光电二极管是掺杂半导体,可用作光伏或光电导器件。当二极管的 PN 结受到辐照

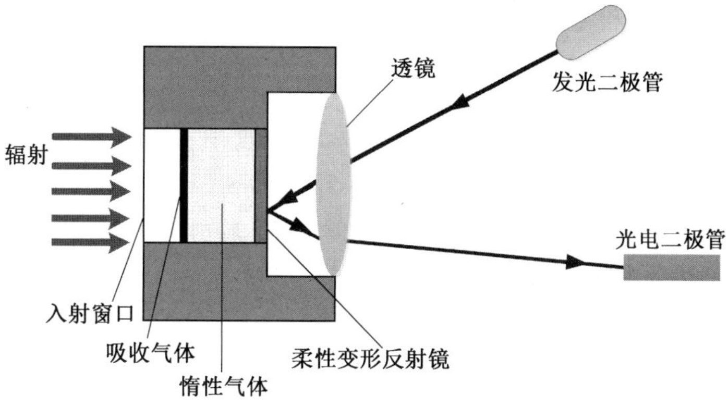

图 4.29 高莱探测器工作原理

时，在二极管的开路输出处产生光电压，在有限范围内，它与吸收的辐射功率成正比。用作光电导器件的二极管在辐照时改变其内阻，因此可与外部电压源结合用作光敏电阻。作为辐射探测器，其吸收效率的光谱依赖性是至关重要的。在非掺杂半导体中，单光子的吸收会引起电子从价带激发到导带；在掺杂半导体中，光子诱导的电子跃迁可以发生在施主能级和导带之间，或价带和受主能级之间。

光电二极管是在反向电压作用下工作的，没有光照时，反向电流极其微弱，称为暗电流；有光照时，携带能量的光子进入 PN 结后，把能量传给共价键上的束缚电子，使部分电子挣脱共价键，从而产生电子一空穴对，称为光生载流子，它们在反向电压作用下参加漂移运动，光电二极管工作原理示意图如图 4.30 所示。使反向电流明显变大，光的强度越大，反向电流也越大，这种特性称为光电导。光电二极管在一般照度的光线照射下，所产生的电流称为光电流。如果在外电路上接上负载，负载上就获得了电信号，而且这个电信号随着光的变化而相应变化。

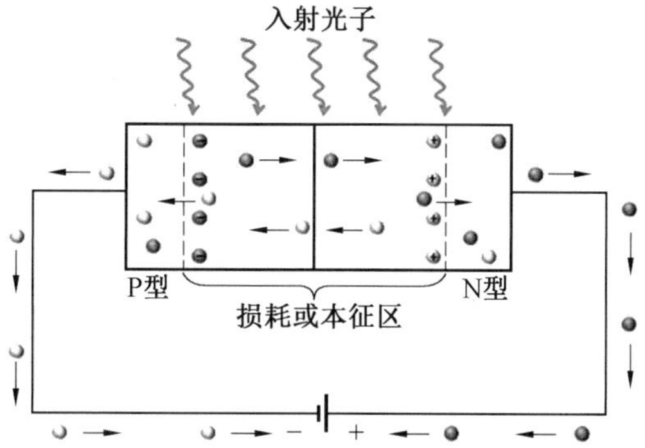

图 4.30 光电二极管工作原理示意图

光电二极管的工作模式主要有光伏模式和光电导模式，这两种模式的主要区别在于光伏器件不使用施加在二极管上的任何偏置电压，但在光电导模式中光电二极管具有从某些外部源施加的反向偏置电压。光电导探测器使用的是因光子被吸收(产生电流)时产生的自由载流子数量增加而导致的电导率增加，而光伏电流是通过 PN 结吸收压差光子(产生电压)而产生的。

对于在光电导模式下工作的二极管，通常使用反向偏压，通过施加直流电压使阴极为正，如图 4.31 所示，P 层和 N 层与耗尽层之间有效地形成电容器。如图 4.31(a)所示，当光电二极管的表面被光照射时，光子在二极管内被吸收，并且主要是耗尽层中原子的价电子被激发，以跃迁到原子导带中的更高能级，这样在价带上留下带正电的空穴，因此在耗尽层中产生电子/空穴对，耗尽层中的电子移向阴极上的正电势，空穴移向阳极上的负电势，从而产生光电流，如图 4.31(c)所示。虽然图 4.31 显示了光能转换为电流的不同阶段，但是只要光电二极管的接收表面被照亮，这些步骤都是同时发生的，并且是一个连续的过程。

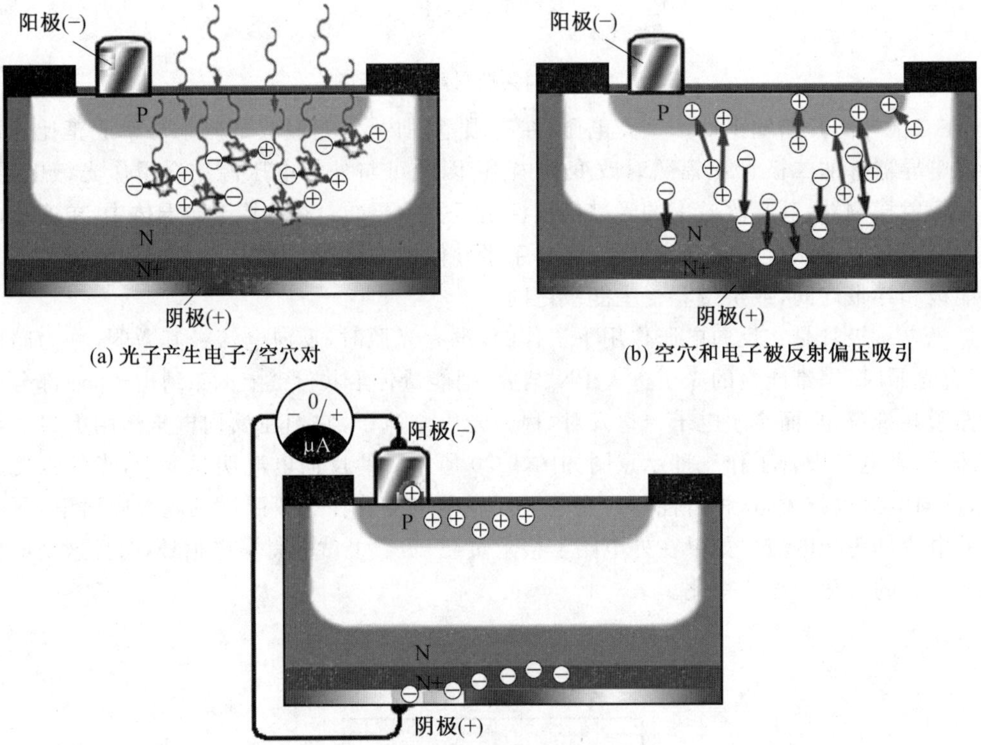

图 4.31 光电导模式下工作的二极管

光电二极管是在照明时自身产生光电压的有源元件，它们通常与外部偏置电压一起使用，其因产生电压的特性而被称为光电二极管，产生的电压与入射的电磁辐射强度成正比，图 4.32 所示为光伏模式的光电二极管。电子从 N 区扩散到 P 区产生空间电荷，PN 结两侧有相反的符号，从而产生扩散电压和穿过 PN 结的相应电场。

光电二极管在其结构中使用各种半导体材料，主要是为了制造一系列对可见光谱的不同部分及紫外线和红外线波长做出响应的光电二极管。典型的光电二极管材料有：

(1)硅(Si)：低暗电流、高速，在 400～1 000 nm 具有良好的灵敏度；

(2)锗(Ge)：暗电流大、寄生容量大、速度慢，灵敏度为 900～1 600 nm；

(3)磷化铟镓砷化铟(InGaAsP)：暗电流低、速度快，灵敏度为 1 000～1 350 nm；

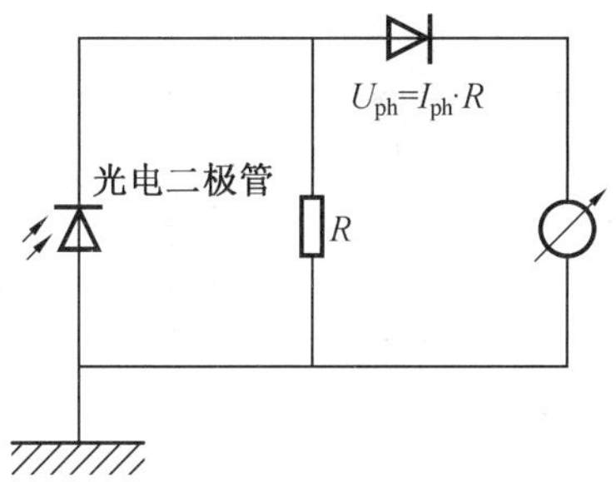

图 4.32 光伏模式的光电二极管

(4)砷化铟镓(InGaAs):暗电流低、速度快,灵敏度为 900～1 700 nm。

2. 电荷耦合器件(CCD)

CCD 是一种高灵敏度的光子探测器。CCD 被分成大量的光敏小区域(称为像素),这些区域可以用来建立场景的图像。落在其中一个像素定义的区域内的光子将被转换为一个(或多个)电子,并且收集的电子数量将与每个像素处的场景强度成正比。

CCD 工作过程分为 4 步:①产生电荷,CCD 可以将入射光信号转换为电荷输出,依据的是半导体的内光电效应(也就是光生伏特效应);②信号电荷的收集,就是将入射光子激励出的电荷收集起来成为信号电荷包的过程;③信号电荷包的转移,就是将所收集起来的电荷包从一个像元转移到下一个像元,直到全部电荷包输出完成的过程;④电荷的检测,就是将转移到输出级的电荷转换为电流或者电压的过程。

3. 光发射探测器

光发射探测器是基于外部光电效应的光电探测器,这种装置包含某种光电阴极,入射光被部分吸收并产生光电子。使用电极的阳极,它被保持在一个更大的正电势上,可以使光电阴极发射的光电子加速形成光电流,这是光电管的工作原理。

尽管光发射探测器在各种细节上有所不同,但它们通常有一些共同的特点:①由于利用了电子的作用,通常需要在高真空中工作,因此当探测到的光通过空气时,必须首先通过光学窗口,这有时会限制光谱响应;②除了光学窗口的影响外,其光谱响应还取决于光电阴极的光电特性,而光电阴极主要适用于紫外、可见光和近红外光谱区域;③量子效率通常大大低于光电二极管所能达到的水平,与光电二极管相比,在探测非常微弱的光时,这是一个很大的缺点;④光发射探测器的探测带宽通常非常高,如在兆赫兹(MHz)甚至千兆赫兹(kMHz)区域;⑤所需的工作电压通常大大高于基于内部光电效应的光电探测器,光电管的工作电压可以达到 100 V,光电倍增管通常需要更高的电压,如 1 kV。

光电阴极是一种由光电发射材料制成的电极,从中电子可以通过外部光电效应释放到自由空间。利用阳极可以将光电子从光电阴极中拉出来,获得一个与宽动态范围内的入射光功率成比例的光电流,图 4.33 所示为半透明光电阴极结构示意图。

光电阴极通常必须在高真空下工作,如在真空玻璃管内,光谱灵敏度可以被所用光学窗口材料的透明度限制,如紫外探测器可以配备氟化镁光学窗口,该窗口对于波长大于 115 nm 的光是透明的,另一些则使用波长截止值为 185 nm 的紫外玻璃,或者使用 0.3 μm 的硼硅酸盐玻璃。通常只有当光子能量超过材料的功函数(即释放电子到自由空间所需

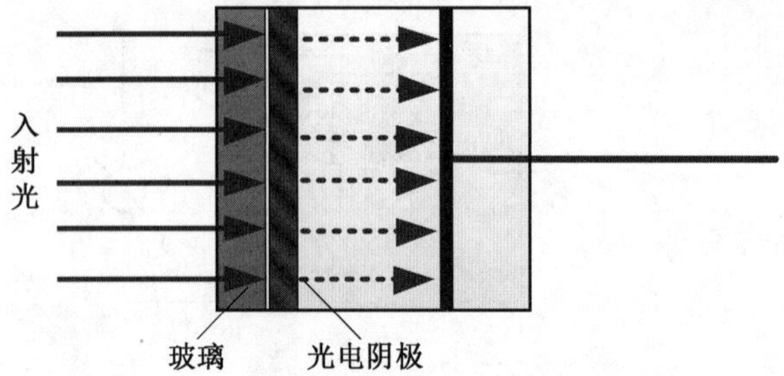

图 4.33 半透明光电阴极结构示意图

的能量)时,电子发射才有可能。因此,材料的功函数决定了可能发生外部光电效应的最大光学波长。并非每一个入射光子都能产生光电子,因为有些光子可能会被反射或(对于薄阴极)发射或散射而不是被吸收,甚至不是每个被吸收的光子都可以提供光电子。每个入射光子产生一个光电子的概率,称为光电阴极的量子效率。通常,当光波长接近由功函数定义的最大可能波长时,它会急剧下降。一些光电阴极材料在某些光谱区域达到 30% 以上的量子效率,而其他材料的量子效率仅限于 10%甚至更低,光电阴极的量子效率还取决于外加电场。

不同的光电阴极材料的选择主要取决于所需的性能参数,以及光谱响应(主要由功函数决定)和量子效率。一些重要的光电阴极材料有:①铯－锑(Sb－Cs)广泛应用于可见光和紫外区域,主要用于反射式光电阴极,它可以相对简单地通过在玻璃板上蒸发锑薄膜,然后在其上蒸发铯来制造;②双碱性材料如 Sb－Rb－Cs 和 Sb－K－Cs 等与 Sb－Cs 在类似的宽光谱范围内具有很好的灵敏度,以及较低的暗电流,即较低的噪声等效功率,从而提高灵敏度;③Ag－O－Cs 是一种宽频带材料,其灵敏度为 300 nm～1.2 μm,由于其功函数相对较小,因此能比其他一些材料延伸到更远的红外区域,但会表现出更高的暗电流,量子效率较低,在强光照条件下会进一步下降;④GaAs 和 InGaAs 等半导体可以用铯活化,从而获得从近红外到紫外的宽光谱响应,更高的铟(In)含量将响应进一步扩展到红外区域。对于特别延伸的红外响应,如高达 1.6 μm 的有场辅助光电阴极,其包含一个 PN 结,如 InP(在表面)和 InGaAsP 或 InGaAs 之间,通过对 PN 结施加偏压,光电发射得到了显著增强,这种光电阴极通常需要在低温下工作,以限制暗电流;⑤Cs－I 和Cs－Te 分别对 200 nm(Cs－I)和 300 nm(Cs－Te)以下的波长敏感。

4. 光电倍增管

光电倍增管是将微弱光信号转换成电信号的真空电子器件,被广泛应用在光学测量仪器和光谱分析仪器中。光电倍增管是一种光电发射探测器,由于雪崩倍增过程而具有很高的灵敏度,并且具有很高的探测带宽。光电倍增管由入射窗、光电阴极、电子光学输入系统、倍增系统、阳极等部分组成。其工作原理建立在光电效应、二次电子发射和电子光学的理论基础上。其工作过程是光子入射到光阴极上产生光电子,光电子通过电子光学系统(聚焦系统)进入倍增系统,电子得到倍增,通过阳极把电子收集起来形成阳极电流或电压输出。光电倍增管典型结构如图 4.34 所示,该管包含倍增电极(图中的 D1～D9)的附加电极,倍增电极 D1 比阴极正电压高出 90 V,阴极发射的电子被吸引到第一个倍增电极并在场中加速,每个电子撞击倍增电极 D1 会产生 2～4 个二次电子,它们被倍增电极 D2 吸引，当这个过程重复 9 次时，每个入射光子已形成 $10^6 \sim 10^7$ 个电子，这种电子级联最终在阳极处收集，然后将产生的电流转换为电压并进行测量。准确的放大系数取决于倍增电极的数量和每个倍增电极之间的电压差。这种自动内部放大是光电倍增管的主要优点之一。可以检测和计数单个光电流脉冲的到达，而不是作为平均电流测量。这种被称为光子计数的技术在非常低的光照水平下是有利的。光电倍增管在探测紫外、可见和近红外区的辐射能量的光电探测器中，具有极高的灵敏度和极低的噪声。

(a) 典型商用光电倍增管的照片

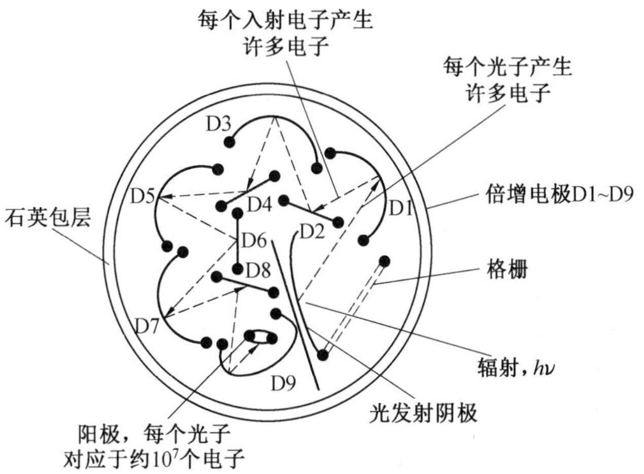

(b) 横截面图

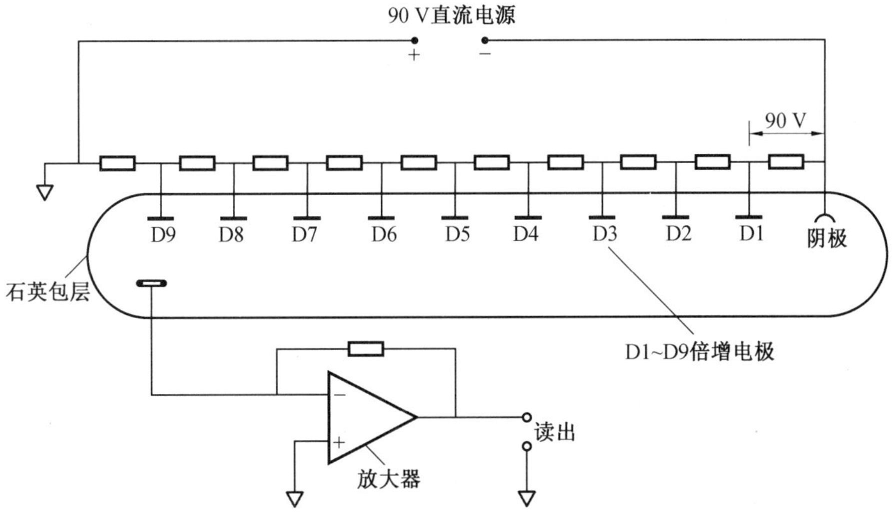

(c) 说明倍增管倍增和光电流测量的电路示意图

图 4.34　光电倍增管典型结构

5. 微通道板

微通道板是一种大面阵的高空间分辨的电子倍增探测器，并具备非常高的时间分辨率。如图 4.35 所示，微通道板以玻璃薄片为基底，正面和背面通常是圆形或矩形，区域的直径可以是 20 mm、50 mm 甚至超过 100 mm；在基底片上数微米到十几微米的空间以六角形周期排布，一块微通道板上约有上百万个微通道，每个微通道的直径可以是 10 μm 或 20 μm；二次电子可与微通道壁碰撞倍增放大，工作原理与光电倍增管相似。它不仅对输入电子，而且对其他带电粒子（如离子或基本粒子）和足够短波长（高光子能量）的电磁辐射（即从紫外线到软 X 射线）都是直接敏感的。探测效率（量子效率）通常取决于粒子或光子的类型和能量。为了获得对可见光或红外光的灵敏度，可以在微通道板前面使用光电阴极。

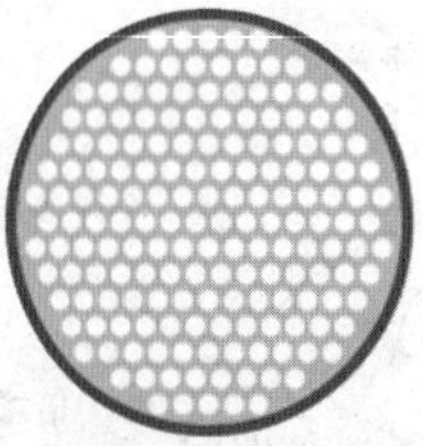
(a)微通道板的正视图

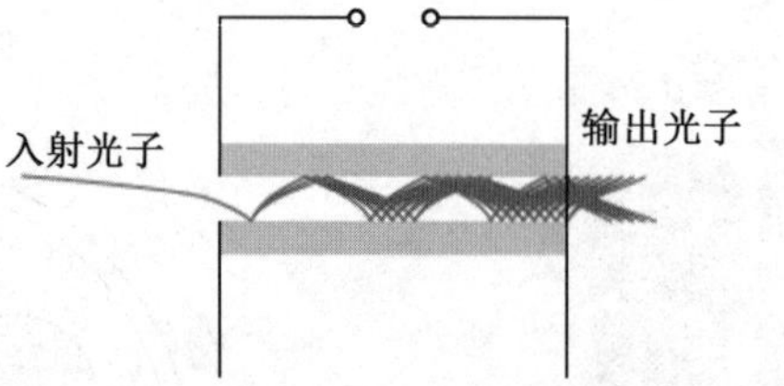

(b)单光子入射时一个微通道内雪崩光电子的产生

图 4.35 微通道板

6. 像增强器

像增强器是一种能在非常低的光输入下产生可见光图像的装置，像增强器不一定提供与光输入波长相似的光输出，如可以基于紫外线或红外光输入生成可见光图像。像增强器除放大之外，还可以在不同波长区域转换。像增强器由一个光电阴极、一个光电成像器件和一个荧光屏组成，在荧光屏上，光电阴极处的辐照图形的增强图像由加速的光电子产生。磁场或电场都可以用来将阴极图案成像到荧光屏上，可以在摄像管中使用电子图像来生成图像信号代替荧光屏增强的图像，图像信号可以在屏幕上再现，并且可以以摄影方式记录或者存储在记录介质上。

大多数像增强器的共同特点是：输入辐射成像到光电阴极上；部分辐射被吸收并产生光电子，电子被加速到高能量（通常经过一些电子倍增过程）并被送到荧光屏上，在那里可以恢复可见光图像；整个装置在高真空下运行。微通道板是一种紧凑型的多通道电子倍增器，非常适合于像增强器，图 4.36 所示为基于微通道板的像增强器结构示意图，在微通道板之后，施加更高的电压，将输出的电子发送到金属涂层的荧光屏上。屏幕上的图像可以用眼睛直接观察，也可以发送到图像传感器，如 CCD 类型的图像传感器。

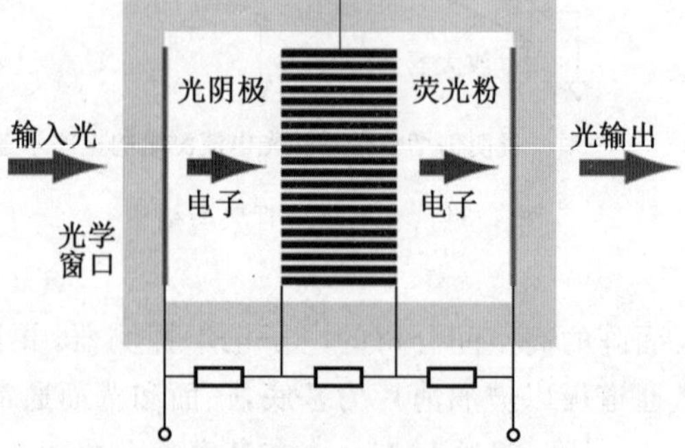

图 4.36 基于微通道板的像增强器结构示意图

像增强器的光谱响应由光电阴极和光学窗口共同决定。通常，长波长极限由光电阴极决定，而光窗口中的吸收设置了发射波长极限。对于某些应用来说，不仅要有高的响应度，而且要有高的量子效率。尤其是在需要光子计数的情况下，量子效率决定了光子损失的数量。光窗口和微通道板也可能降低量子效率，后者可能不会对光电阴极发出的每一个光子都产生反应。为了降低噪声，人们需要一个高量子效率的光电阴极和一个低噪声电子放大的微通道板。

4.4 傅里叶变换光谱仪测量原理

4.4.1 傅里叶变换光谱的优势

傅里叶变换光谱仪主要优点是：①只有很少的光学元件，没有狭缝来衰减辐射，到达探测器的辐射功率远大于色散仪器，并且观察到更大的信噪比；②在复杂的光谱中，谱线的绝对数量和光谱重叠使确定单个光谱特征变得困难，傅里叶变换光谱仪有极高的分辨率和波长再现性，使得分析复杂的光谱成为可能；③使所有光谱同时到达探测器，这种特性使得在更短的时间内获得整个频谱的数据成为可能。

光谱的质量，即光谱细节的数量随着分辨率元素数量的增加或测量之间的频率间隔变小而增加。因此，为了提高光谱质量，增加分辨率元素的数量还必须增加用扫描仪器获得光谱所需的时间。例如，考虑测量 500～5 000 cm^{-1}的红外光谱，如果选择 3 cm^{-1}的分辨率元素，则有 1 500 个等距频率或波长间隔的单独透射测量，如果记录每个分辨率元素的透射需要 0.5 s，则需要 750 s 或 12.5 min 来获得光谱。将分辨率元素的宽度减小到 1.5 cm^{-1}将有望提供更大的光谱细节，它还将使分辨率元素的数量及测量它们所需的时间增加一倍。

对于大多数光学仪器，特别是那些为红外波段设计的仪器，减小分辨率元素的宽度会产生降低信噪比的不利影响。这是因为必须使用较窄的狭缝，这会导致到达传感器的源信号较弱。然而，对于红外探测器，信号强度的降低并不会伴随着探测器噪声的相应降低，n 个测量值的平均信噪比 S/N 为

$$\left(\frac{S}{N}\right)_n=\sqrt{n}\left(\frac{S}{N}\right)_i \tag{4.73}$$

式中，$(S/N)_i$是一次测量的 S/N。

然而，将信号平均应用于传统的光谱学是很耗时的，需要 750 s 才能获得 1 500 个分辨率元素的光谱。要将信噪比提高 2 倍，需要平均 4 个频谱，然后需要 4×750 s。

傅里叶变换光谱学与传统光谱学的不同之处在于，光谱的所有分辨率元素都是同时测量的，即在任何测量时间内都能获得辐射源的所有频率的全部信息，即多路传输，从而大大减少在任何选定的信噪比下获得光谱所需的时间，1 500 个分辨率元素的整个光谱可以在常规光谱学只观察一个元素所需的时间内被记录下来，在前面的例子中是 0.5 s，这种观测时间的大幅度减少常被用来显著提高傅里叶变换测量的信噪比，如在通过扫描确定光谱所需的 750 s 内，可以记录并平均 1 500 个傅里叶变换光谱。根据信噪比方程

式，信噪比的改善将为(1 500)$^{1/2}$，在信噪比方面的主要改进通常通过傅里叶变换技术获得。

几乎所有的红外光谱仪都是傅里叶变换型的，傅里叶变换光谱仪在紫外、可见光区域不太常见，因为这些类型辐射光谱测量的信噪比很少是探测器噪声的结果，而是由与辐射源相关的散粒噪声和闪烁噪声造成的。与探测器噪声相比，随着信号辐射功率的增大，散粒噪声和闪烁噪声的幅度都增大。此外，傅里叶变换测量中所有分辨率元素的总噪声趋于平均，并在整个变换频谱上均匀分布。因此，在存在弱峰的情况下，强峰的信噪比通过平均得到改善，而弱峰的信噪比则降低。对于闪变噪声，如来自多个光谱源的背景辐射中遇到的闪烁噪声，观察到所有峰值的信噪比降低，这在很大程度上是傅里叶变换没有广泛应用于紫外可见光谱的原因。

4.4.2 时域光谱

传统的光谱学可以称为频域光谱学，因为辐射功率数据记录为频率或波长的函数。相比之下，可以通过傅里叶变换来实现的时域光谱则关注辐射功率随时间的变化。图4.37显示了二者的不同，图4.37(a)所示为相同振幅的两个频率 ν_1 和 ν_2 稍有不同的时域图；图4.37(b)所示为 ν_1 和 ν_2 两个波形之和的时域图，瞬时功率 $P(t)$ 是时间的函数；图4.37(c)所示为信号的频域图，辐射功率 $P(\nu)$ 都是频率 ν 的函数。

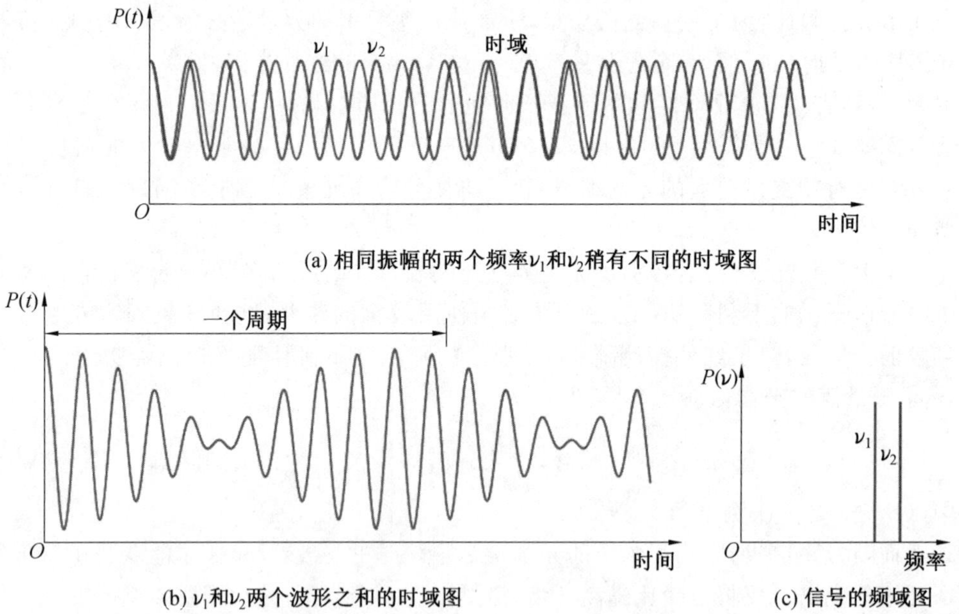

图 4.37 频域光谱和时域光谱

图4.38所示为含有许多波长成分信号的时域分布，它比图4.37所示要复杂得多，由于涉及大量波长，因此在所示的时间段内无法完成整个周期。当某些波长同相时，出现一种拍频模式。通常，信号功率随着时间的推移而降低，因为密集的波长变得越来越不同相。

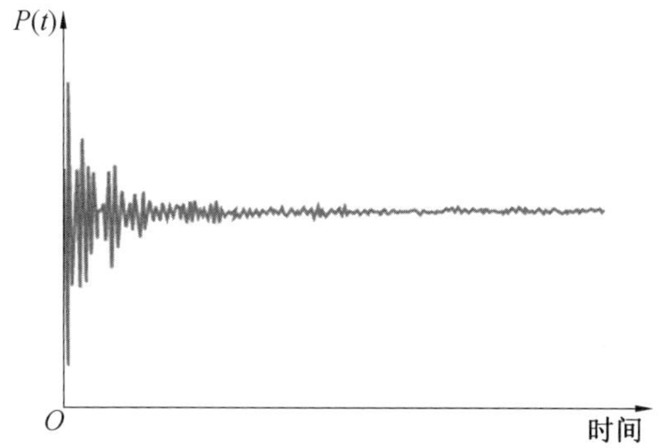

图 4.38 含有许多波长成分信号的时域分布

时域信号包含的信息与频域信号包含的信息相同，事实上，可以通过数值计算将一个信号转换为另一个信号。图 4.37(b)是根据图 4.37(c)的数据使用下式计算得出的

$$P(t)=k\cos 2\pi\nu_1 t+k\cos 2\pi\nu_2 t \tag{4.74}$$

式中，k 是常数；t 是时间，两条线之间的频率差约为 ν_2 的 10%。

当涉及多个波长或频率时，时域和频域信号的相互转换是复杂的，在数学上也是烦琐的，这种操作只有在计算机上才能实现，快速傅里叶变换算法允许在几秒钟内从时域谱计算出频域谱。

4.4.3 用迈克耳孙干涉仪获取时域光谱

如图 4.37 和图 4.38 所示的与光谱学相关的频率范围($10^{12}\sim10^{15}$ Hz)的时域信号，无法通过实验直接测得，因为没有探测器能够在这种频率下做出响应，因此探测器产生的信号对应于高频信号的平均功率，所以要获得时域信号，需要将高频时域信号转换(或调制)为可测量的频率信号，而不改变信号中携带的时间关系，即调制信号中的频率必须与原始信号中的频率成正比。对于光谱的不同波长区域，使用不同的信号调制过程。迈克耳孙干涉仪广泛应用于光学区域的辐射调制。

迈克耳孙干涉仪是用于调制光辐射的一种装置，它将一束辐射分成两束功率几乎相等的光束，然后重新共线传播，这样共线光束的强度变化可以作为两束光路径长度差异的函数来测量。图 4.39 所示为单色光源照明的迈克耳孙干涉仪示意图。来自光源的辐射光束被准直后入射到分光镜上，分束器透射大约一半的辐射并反射另一半，产生的双光束随后从镜子反射，一个镜子固定不动，另一个可移动；然后，光束在分束器处再次会合，通过样品到达探测器用于分析。

可移动反射镜的水平运动使到达探测器的辐射功率以可再现的方式波动，当两个反射镜与分光镜等距(图 4.39 中的位置 $\delta=0$)时，重新会合的两部分光束精确同相，信号功率最大。对于单色光源，可移动反射镜在任一方向上的移动距离正好等于四分之一波长(图中位置 B 或 C)，将相应反射光束的路径长度改变波长的一半(每个方向四分之一波长)，在这个反射镜位置，重新会合的两光束相消干涉使得辐射功率降低到零。当反射镜移到 A 或 D 时，两光束回到同一相位，从而再次发生相长干涉。

图 4.39 中两光束的路径长度差的 2 倍称为延迟距离 δ，探测器输出功率与 δ 的关系

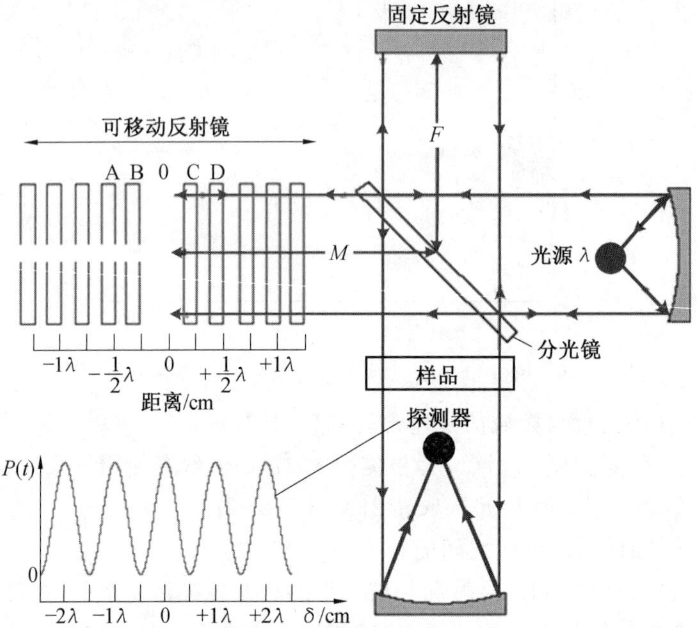

图 4.39 单色光源照明的迈克耳孙干涉仪示意图

图称为干涉图。对于单色辐射，干涉图为余弦曲线的形式，如图 4.39 左下角所示(是余弦而不是正弦，因为当 δ 为零且两条路径相同时，功率始终处于最大值)。

在迈克耳孙干涉仪中，辐射到达探测器所产生的时变信号的频率远低于光源频率。通过参考图 4.39 中的 $P(t)$ 与 δ 的关系图，得出两个频率之间的关系。当反射镜移动相当于半个波长 $\lambda/2$ 的距离时，信号的变化为一个周期。如果镜子以 v_{M} 的恒定速度移动，将 τ 定义为镜子移动 $\lambda/2$ 所需的时间，有下列关系：

$$v_{\mathrm{M}}\tau=\frac{\lambda}{2} \tag{4.75}$$

探测器处信号的频率 f 只是 τ 的倒数，即

$$f=\frac{1}{\tau}=\frac{v_{\mathrm{M}}}{\lambda/2}=\frac{2v_{\mathrm{M}}}{\lambda} \tag{4.76}$$

也可以把这个频率和辐射的波数 $\tilde{\nu}$ 联系起来。因此，有

$$f=2v_{\mathrm{M}}\tilde{\nu} \tag{4.77}$$

根据 $\lambda=c/\nu$，可以得到辐射光频率与干涉图频率的关系为

$$f=\frac{2v_{\mathrm{M}}}{c}\nu \tag{4.78}$$

式中，ν 是辐射频率；c 是光速，$c=3\times10^{10}\,\mathrm{cm/s}$。

当 v_{M} 为常数时，干涉图频率 f 与光学频率 ν 成正比，而且比例常数很小。例如，如果以 1.5 cm/s 的速率驱动镜子，有

$$\frac{2v_{\mathrm{M}}}{c}=\frac{2\times1.5\ \mathrm{cm/s}}{3\times10^{10}\,\mathrm{cm/s}}=10^{-10}$$

则有

$$f=10^{-10}\nu$$

例如，镜速为 0.20 cm/s 的迈克耳孙干涉仪对于 700 nm 的可见光辐射和 16 μm 的红外辐射($4.3\times10^{14}\sim1.9\times10^{13}$ Hz)调制信号的频率范围分别为

$$f_1=\frac{2\times0.20\ \text{cm/s}}{700\ \text{nm}\times10^{-7}\ \text{cm/nm}}=5\ 700\ \text{Hz}$$

$$f_2=\frac{2\times0.20\ \text{cm/s}}{16\ \mu\text{m}\times10^{-4}\ \text{cm}/\mu\text{m}}=250\ \text{Hz}$$

从上面这个例子可以看出，可见光和红外辐射的频率很容易被迈克耳孙干涉仪调制到音频范围内。因此，可以在音频范围内记录调制的时域信号，该音频范围是来自可见光或红外源的非常高频时域信号的精确平移。图 4.40 所示为时域干涉图示例，图 4.40(a)、(d)、(g)所示为迈克耳孙干涉仪输出端的干涉图样，图 4.40(b)、(e)、(h)所示为由图 4.40(a)、(d)、(g)所示图形产生的干涉信号，图 4.40(c)、(f)、(i)所示为相应的频谱。

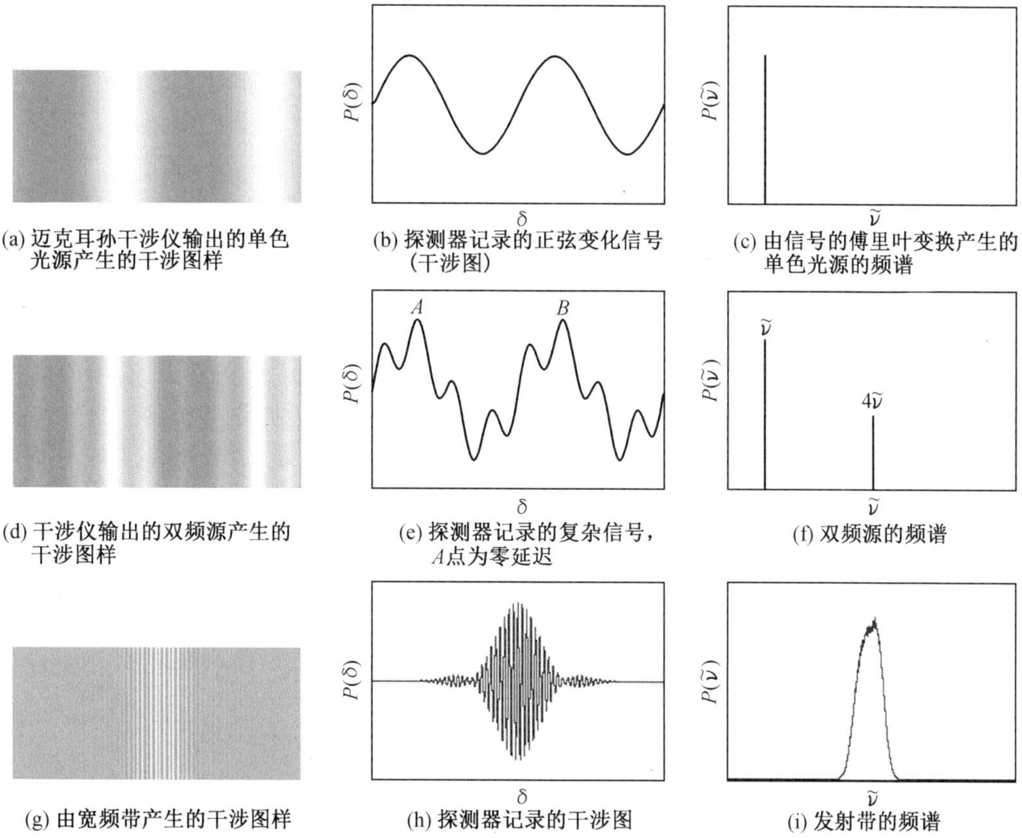

图 4.40 时域干涉图示例

图 4.40(a)所示干涉图的余弦波可以描述为

$$P(\delta)=\frac{1}{2}P(\tilde{\nu})\cos 2\pi f t \tag{4.79}$$

式中，$P(\tilde{\nu})$是入射到干涉仪上的光束的辐射功率；$P(\delta)$是干涉图信号的振幅或功率。

考虑到干涉仪并不是精确地把光源的功率一分为二，并且探测器响应和放大行为与

频率有关，因此引入一个新的变量 $B(\tilde{\nu})$，则式(4.79)可以改写成

$$P(\delta)=B(\tilde{\nu})\cos 2\pi f t=B(\tilde{\nu})\cos 4\pi v_{\mathrm{M}}\tilde{\nu}t \tag{4.80}$$

反射镜的速度可以用延迟来表示，即

$$v_{\mathrm{M}}=\frac{\delta}{2t} \tag{4.81}$$

因此有

$$P(\delta)=B(\tilde{\nu})\cos 2\pi\delta\tilde{\nu} \tag{4.82}$$

这样干涉图信号的大小表示为延迟因子和源的波数的函数。图4.40(b)、(e)和(h)所示的干涉图可以用波数表示为

$$P(\delta)=B_1(\tilde{\nu}_1)\cos 2\pi\delta\tilde{\nu}_1+B_2(\tilde{\nu}_2)\cos 2\pi\delta\tilde{\nu}_2 \tag{4.83}$$

对于如图4.40(i)所示的连续辐射源，干涉图可以表示为无穷多个余弦项的和，即

$$P(\delta)=\int_{-\infty}^{\infty}B(\tilde{\nu})\cos 2\pi\delta\tilde{\nu}\,\mathrm{d}\tilde{\nu} \tag{4.84}$$

式(4.84)的傅里叶变换是

$$B(\tilde{\nu})=\int_{-\infty}^{\infty}P(\delta)\cos 2\pi\delta\tilde{\nu}\,\mathrm{d}\delta \tag{4.85}$$

将傅里叶变换光谱学记录作为 δ 函数的 $P(\delta)$，然后将 $P(\delta)$ 转换为 $B(\tilde{\nu})$（频谱）。

傅里叶变换光谱仪的分辨率可以用仪器刚刚能够分辨的两条谱线之间的波数差来描述即

$$\Delta\tilde{\nu}=\tilde{\nu}_1-\tilde{\nu}_2 \tag{4.86}$$

要分辨两条谱线，必须对时域信号进行足够长的扫描，以便两条谱线完成一个完整的周期干涉，只有这样频谱中包含的所有信息才会被记录下来。例如，图4.40(f)中的两条线的分辨率要求记录从零延迟的最大 A 到两波再次同相的最大 B 的干涉图。当方程式 $P(\delta)=B_1(\tilde{\nu}_1)\cos 2\pi\delta\tilde{\nu}_1+B_2(\tilde{\nu}_2)\cos 2\pi\delta\tilde{\nu}_2$ 中的 $\delta\tilde{\nu}_1$ 比 $\delta\tilde{\nu}_2$ 大1时，B 处出现最大值，即

$$\delta\tilde{\nu}_1-\delta\tilde{\nu}_2=1 \tag{4.87}$$

因此分辨率为

$$\Delta\nu=\tilde{\nu}_1-\tilde{\nu}_2=\frac{1}{\delta} \tag{4.88}$$

式(4.88)表明，波数的分辨率将与反射镜所走距离的倒数成正比例地提高。

4.5 等离子体源光谱仪

等离子体是一种含有大量阳离子和电子的导电气体混合物（两者的浓度使得净电荷为零），离子体源在分析光谱学中已变得极其重要。在经常用于发射分析的氩等离子体中，氩离子和电子是主要的导电因素，尽管样品中也存在少量阳离子。氩离子一旦在等离子体中形成，就可以从外部电源吸收足够的能量，将温度维持在进一步电离可以无限期维持等离子体的水平，这类等离子体的温度可高达10 000 K。在原子发射光谱法中可以使用几种不同的等离子体，最重要的是电感耦合等离子体，微波诱导等离子体也被用于发射光谱的某些形式。近年来，基于直流、射频和微波辐射的微等离子体也引起了人们的关

注，激光击穿或激光烧蚀产生的激光诱导等离子体也用于原子发射光谱。

理想等离子体发射光谱仪应具有如下重要特性：高分辨率(0.01 nm)；快速信号采集与恢复；低杂散光；宽动态范围(大于 10^6)；准确的波长识别与选择；精确的强度读数；环境变化的高稳定性；简单的背景校正；用计算机读出、存储和数据处理等。

目前等离子体发射光谱仪已市场商业化，这些仪器的设计、性能特点和波长范围有很大的不同，大多数包含了整个紫外可见光谱(170～800 nm)。一些仪器配备了真空操作，将紫外线扩展到 150～160 nm。这个短波长区域很重要，因为磷、硫和碳等元素在这个范围内都有发射线。

等离子体发射光谱仪有三种基本类型：顺序型、多通道型和傅里叶变换型。顺序型光谱仪通常被设定为从一个元素的谱线移动到另一个元素的谱线，在每个元素上暂停足够长的时间，以测量具有令人满意的信噪比的谱线强度；相反，多通道型光谱仪设计用来同时或几乎同时测量许多元素(有时多达 50 或 60)的发射谱线强度，当确定了几个元素时，顺序型光谱仪引入样品所需的时间比其他两种类型所需的时间要长得多。因此，这些仪器虽然简单，但在样品消耗量和时间方面代价高昂。

1. 顺序型光谱仪

顺序型电感耦合等离子体发射光谱仪的框架图如图 4.41 所示，该仪器所有运动部件均由计算机控制，其运动模式由三维箭头表示，其运动部件包括光栅、用于传感器选择的反射镜、用于优化信号输出的折射板和用于优化等离子体观察位置的观察镜。分光计包含一个水银灯，用于自动波长校准。通常包括光栅单色仪，采用全息光栅，每毫米有 2 400 或 3 600 个槽。这种类型仪器的扫描是通过用数字控制的步进电机旋转光栅来完成的，这样不同的波长就可以连续而精确地聚焦在出口狭缝上，然而，在一些设计中，光栅是固定的，狭缝和光电倍增管沿着焦平面或曲线移动。图 4.41 所示的仪器有两套狭缝和光电倍增管，一套用于紫外区，另一套用于可见光区。在这种仪器中，在适当的波长下，通过移动位于两个传感器之间的平面镜，将出射光束从一个光电倍增管切换到另一个光电倍增管。

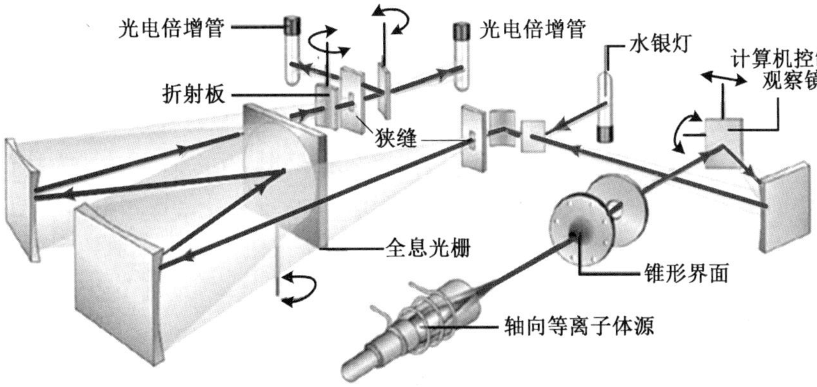

图 4.41　顺序型电感耦合等离子体发射光谱仪的框架图

2. 旋转扫描光谱仪

由于复杂的光谱由数百谱线组成，扫描一个重要的波长区域需要太长时间，因此不切实际。为了部分解决这个问题，有学者研制了旋转扫描光谱仪，其中光栅或传感器和狭缝由双速（或多速）电机驱动，类似于图 4.41。在这种仪器中，单色仪扫描速度非常快，可快速旋转到所测波长附近，然后，扫描速率迅速降低，以便仪器以一系列小的（0.01～0.001 nm）步幅扫描整个测线。使用旋转扫描，可令在无用数据的波长区域花费的时间达到最小化，但需在分析物线上花费足够的时间以获得满意的信噪比。在光谱仪中，光栅的运动由计算机控制，回转可以非常有效地完成。

3. 扫描阶梯光谱仪

扫描阶梯光谱仪系统示意图如图 4.42 所示，其可作为扫描光谱仪或同时作为多通道光谱仪操作的阶梯光谱仪的框架图。扫描是通过在 x 和 y 方向移动光电倍增管来扫描位于单色仪焦平面上的孔径板来完成的，该板包含多达 300 个光刻狭缝，从一个狭缝移动到另一个狭缝所需的时间通常为 1 s，仪器可以在旋转扫描模式下操作。这种仪器也可以通过在孔板的适当缝隙后面安装几个小的光电倍增管来转换成多通道多色仪。

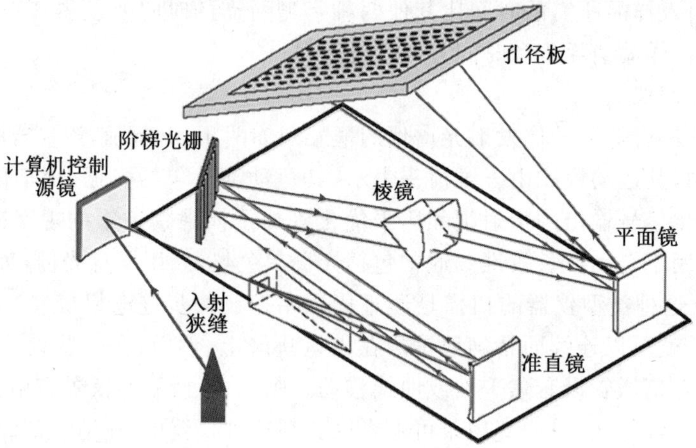

图 4.42 扫描阶梯光谱仪系统示意图

4. 多通道光谱仪

多通道光谱仪包括多色仪或光谱仪，多色仪包含一系列光电倍增管用于检测，但光谱仪使用二维电荷注入装置（CID）或电荷耦合器件（CCD）作为传感器。

在多通道发射光谱仪中，光电倍增管位于沿着光栅多色仪焦点曲线的固定狭缝后面，图 4.43 所示为直读式电感耦合等离子体发射光谱仪框架图，其以凹面光栅为特征，在罗兰圆周围产生光谱。单独的出口狭缝隔离每条谱线，单独的光电倍增管将每个通道的光学信息转换为电信号。在仪器中，入口狭缝、出口狭缝和光栅表面位于罗兰圆的圆周上，其曲率对应于凹面光栅的焦距曲线，选定元素的光谱透过狭缝，通过每个固定狭缝的辐射都会到达光电倍增管。

在多色仪中，光谱的形状可以相对方便地改变以对应于新的元素或删除其他元素。光电倍增管的信号被积分，形成的输出电压被数字化。基于光电倍增管为传感器的多色光谱仪已用于等离子体，如电弧和火花。对于快速的常规分析，这样的仪器是非常有用的。光电多通道光谱仪除了快速外，还具有良好的分析精度。

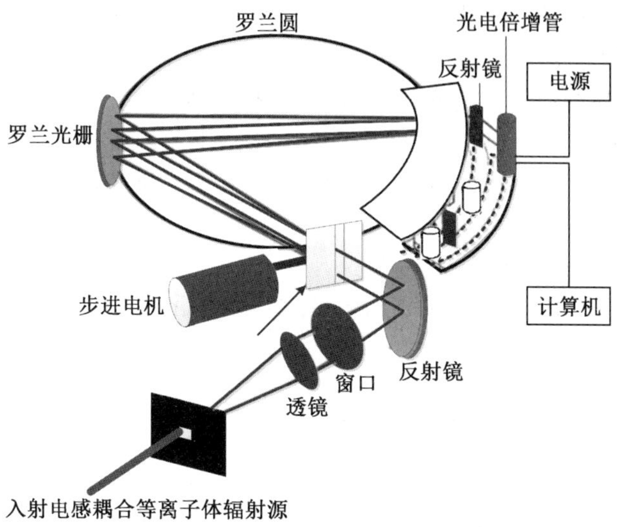

图 4.43　直读式电感耦合等离子体发射光谱仪框架图

习　题

4.1　在图 4.1 所示的棱镜光谱仪中，棱镜高为 $h=6$ cm、宽为 $D=6$ cm，$f_1=30$ cm，狭缝尺寸为$(5\times0.1)\,\mathrm{mm}^2$，计算其收集光的本领。

4.2　光栅刻画条纹区域面积为$(10\times10)\,\mathrm{cm}^2$、刻槽密度为 10^3 mm，其允许的二阶$(m=2)$理论光谱分辨率为 $R=2\times10^5$。对于 $\lambda=500$ nm 处：

①可分辨的两条光谱线的间隔为多少？

②由于衍射，实际极限为 $\Delta\lambda\approx5\times10^{-3}$ nm。当 $\alpha=\beta=30°$、焦距 $f=1$ m 时，色散为 $\mathrm{d}x/\mathrm{d}\lambda=f\mathrm{d}\beta/\mathrm{d}\lambda=2$ mm/nm。当狭缝宽度 $b_1=b_2=50$ μm 时，可以实现的光谱分辨率为多少？

③为了将狭缝图像宽度减小到 5×10^{-3} mm，入口狭缝宽度 b 必须缩小到多少？

4.3　在迈克耳孙干涉仪中，假设图 4.15 中反射镜 M_2 以恒定速度 $v=\Delta y/\Delta t$ 移动，频率为 ω 且波矢量为 k 的波垂直入射到运动反射镜上时会发生多普勒频移。探测器测量的是角频率为 ω 的单色光强度的时间平均值。当 $v=3$ cm/s，$\omega=3\times10^{15}$ Hz 时，多普勒频移是多少？

4.4　用迈克耳孙干涉仪进行光谱测量，如果光谱信号中含有两种波长 $\lambda_1=10$ μm、$\lambda_2=9.8$ μm，要分辨这两条谱线，迈克耳孙干涉仪中两支路的最小光程差为多少？

4.5　法布里-珀罗干涉仪的间隔为 $d=1$ cm，反射率为 $R=0.98$，腔内介质折射率为 $n=1.5$。测量分析光谱的中心波长为 $\lambda=500$ nm，能够分辨的最小光谱间隔 $\Delta\lambda$ 为多少？

4.6　利用晶体的双折射干涉现象也可以进行光谱分析，探测器记录的双折射干涉条纹的平均强度为

$$\bar{I}=I_0\left(1-\sin^2\frac{1}{2}\Delta\varphi\sin^2 2\alpha\right)$$

设 $\alpha=45°$。已知 KDP 晶体在 $\lambda=600$ nm 的折射率为 $n_e=1.51$、$n_o=1.47$，厚度为 $L=2$ cm的 KDP 的分辨率 $\delta\nu$ 为多少？

4.7 比较下列参数的光栅光谱仪、迈克耳孙干涉仪和法布里－珀罗干涉仪在 $\lambda=500$ nm的分辨本领。

①光栅光谱仪 $m=2$，$N=10^5$（由于衍射效应，光栅光谱仪的实际分辨本领比理论值低 2～3 个数量级）。

②迈克耳孙干涉仪 $\Delta s=1$ m。

③共焦法布里－珀罗干涉仪 $F^*=1\,000$，$r=d=4$ cm。

第 5 章　分子对称性

本章主要讨论如何根据对称性对分子进行分类，以及如何使用这种分类来讨论分子性质。在描述了分子本身的对称性质之后，考虑对称变换对轨道的影响。对称性的系统讨论被称为群论，群论的大部分内容是对物体对称性常识的总结，在大多数情况下，该理论提供了一种简单、直接的方法，可以用最少的计算量得出有用的结论。一旦对分子的对称性进行了分类，群论就提供了一套强大的工具，能够深入了解分子的许多化学和物理性质。群论的一些应用包括：①预测给定的分子是手性的还是极性的；②检查化学键并将分子轨道可视化；③预测一个分子是否可以吸收给定的偏振光，如果可以，哪些光谱跃迁可能会被激发；④研究分子的振动。

球体比立方体更具有对称性，因为它围绕任何直径旋转任何角度后看起来都一样。而立方体只有围绕特定轴旋转一定角度时，如围绕穿过其任何相对面中心的轴旋转 90°、180°或 270°，或围绕穿过其任何相对角的轴旋转 120°或 240°时，立方体看起来才是一样的，采用常规符号二重、三重和四重轴标记的立方体对称元素如图 5.1 所示。类似地，NH_3 分子比 H_2O 分子"更对称"，因为 NH_3 在绕图 5.2 所示的轴旋转 120°或 240°后看起来相同，而 H_2O 仅在旋转 180°后看起来相同。

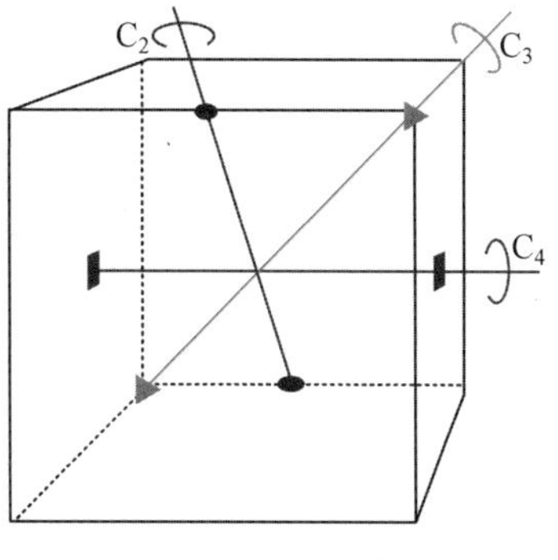

图 5.1　采用常规符号二重、三重和四重轴标记的立方体对称元素

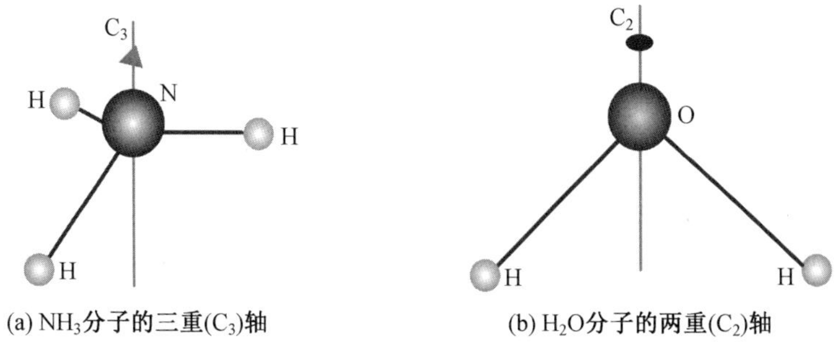

图 5.2　NH_3 分子的三重(C_3)轴和 H_2O 分子的两重(C_2)轴

对称操作是一种使对象在执行操作后看起来相同的操作。每个对称操作都有一个相应的对称元素，即相对于其执行对称操作的轴、平面、线或点。对称元素由执行对称操作时位于同一位置的所有点组成。在旋转中，保持在同一位置的点线构成对称轴；在反映中，保持不变的点构成对称平面。典型的对称操作包括旋转、反映和反转。每个对称操作都有相应的对称元素，如围绕轴（对应的对称元素）执行旋转的对称操作。可以通过识别分子的所有对称元素，并将具有相同对称元素集的分子分组，来对分子进行分类。

5.1 对称操作和对称元素

对于一个水分子而言，将其绕穿过中心 O 原子（两个 H 原子之间）的轴旋转 180°，它看起来将与以前一样。如果通过如图 5.3 所示的两个镜像平面中的任何一个反映它，它看起来也是一样的。

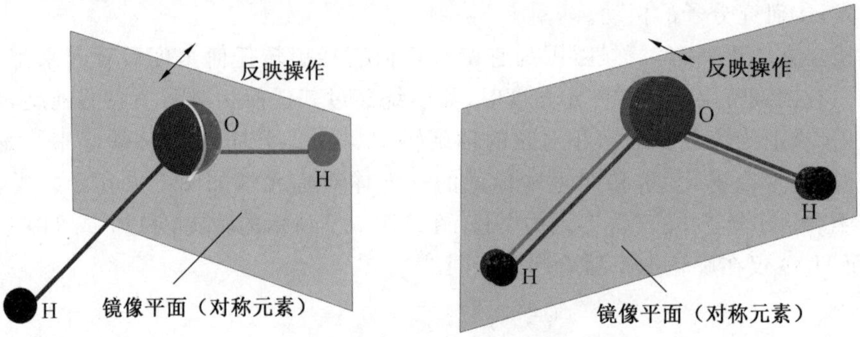

图 5.3 水分子的两个镜像平面反映对称

与至少一个公共点保持不变的操作相对应的对称元素进行分类称为点群，这种对称操作有五种（和五种对称元素）。分子可能具有的对称元素如下：

(1)恒等操作 E 是指什么都不做，相应的对称元素是整个对象。如果不对任何一个分子进行任何操作，那么分子都无法与其自身进行区分。

(2)围绕 n 重对称轴 C_n（对应元素）的 n 次旋转（操作）是转动 $360°/n$，操作 C_1 是旋转 360°，等同于恒等操作 E。H_2O 分子有一个二重对称轴 C_2，NH_3 分子有一个三重对称轴 C_3，与之相关的是两个对称操作，一个是顺时针旋转 120°，另一个是逆时针旋转 120°。五边形有一个 C_5 轴，与之对应的有顺时针和逆时针转动 72°；它还有一个表示为 C_{52} 的轴，对应于两个连续的 C_5 旋转，有两种这样的操作，一种是顺时针方向至 144°，另一种是逆时针方向至 144°。立方体有三个 C_4 轴、四个 C_3 轴和六个 C_2 轴，球体拥有无限多个对称轴（沿任何直径）。如果一个分子拥有多个旋转轴，那么 n 值最大的一个（或多个）称为主轴。苯分子的主轴是垂直于六角环形的六重轴。

(3)镜像平面 σ（元素）中的反映（操作）可能包含分子的主轴或与之垂直。如果该平面平行于主轴，则称为“垂直”，并表示为 σ_v，H_2O 分子有两个垂直对称平面，如图 5.4 所示。NH_3 分子有三个垂直对称平面，将两个 C_2 轴之间的角度平分的垂直镜像平面称为二面体平面，并表示为 σ_d，如图 5.5 所示。当对称面垂直于主轴时，称为“水平”并表示为

σ_h。C_6H_6 分子有一个 C_6 主轴和一个水平镜像面(以及其他几个对称元素),如图 5.6 所示。

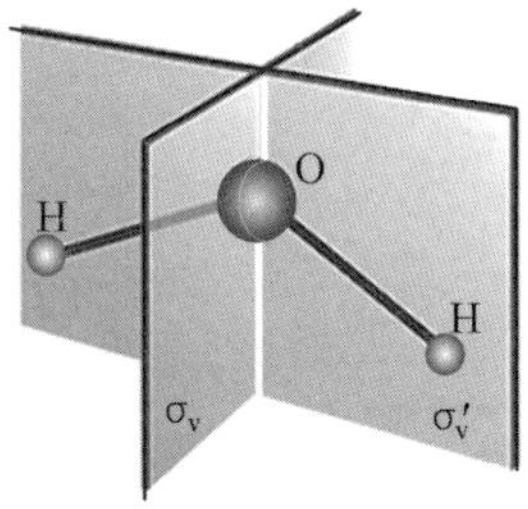

图 5.4　H_2O 分子的两个垂直对称平面 σ_v 和 σ_v'

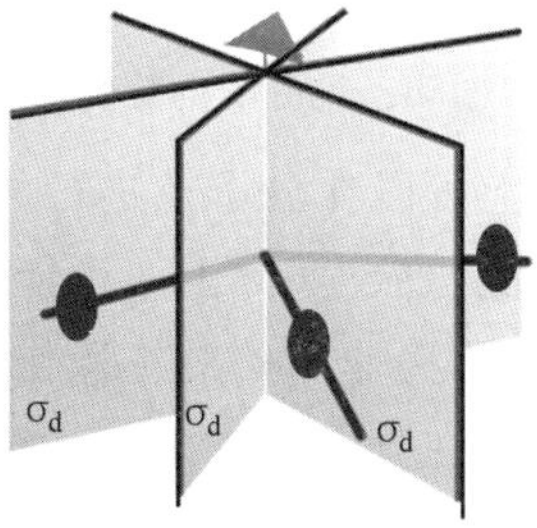

图 5.5　二面体平面(σ_d)将垂直于主轴的 C_2 轴平分

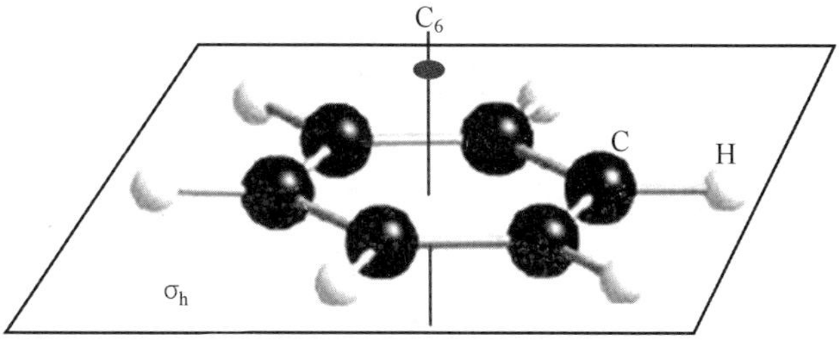

图 5.6　C_6H_6 分子的 C_6 主轴和水平镜像面

(4)分子中存在对称中心 i,分子中任一原子到中心的连线并将此线延长,在对称中心等距离的另一侧必找到另一个同样的原子。与对称中心相应的操作称为反演操作。在通过对称中心 i(元素)的反演(操作)中,可以想象取分子中的每个点,将其移动到分子的中心,然后再将其移动到另一侧的相同距离,即点(x, y, z)被代入点($-x$,$-y$,$-z$)中。H_2O 分子和 NH_3 分子都没有反转中心,球体和立方体都有反转中心。C_6H_6 分子有一个反转中心。

(5)有关围绕 n 重非真转动轴 S_n(对称元素)的 n 重非真转动(操作)是由两个连续变换操作组成的,第一个操作是 $360°/n$ 的旋转,第二个操作是通过垂直于该旋转轴的平面的反映,因此 S_n 也称为旋转反映轴。分子中真转动最常见的是 C_2(二重旋转轴)和 C_3(三重旋转轴)旋转;相反,非真转动在物理上是不可行的,物理上目前没有方法使人身体左右互换,所以这个对称操作是“想象”中的。S_1 相当于一个镜面反映(定为 σ),而 S_2 相当于一个中心对称反转(定为 i),C_1 操作使一个物体完全不动。CH_4 分子有三个 S_4 轴,如图5.7(a)所示。乙烷(C_2H_6)的交错形式有一个 S_6 轴,由 60°旋转和反映组成,如图 5.7(b)所示。

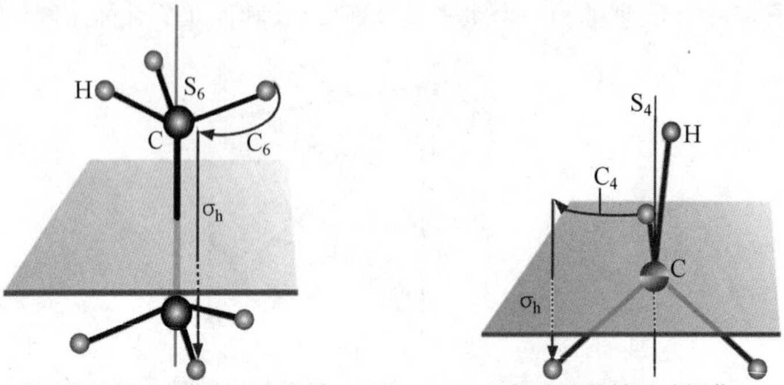

(a) CH_4分子旋转反映操作S_4，在旋转90°后，分子在水平面上发生反映　(b) 乙烷分子旋转反映操作S_6，由60°旋转和反映组成

图 5.7　CH_4 和乙烷分子的旋转和反映操作

恒等操作 E 和旋转 C_n是实际上可以在分子上进行的对称操作，因此它们被称为真对称操作。反映、反转和非真转动只能想象(实际上不可能将分子变成其镜像或在没有化学键重排的情况下将其反转)，因此被称为非真的对称操作。

关于轴定义的注意事项：通常当在分子上施加一组笛卡儿坐标系时，z 轴位于分子的主轴上，x 轴位于分子的平面上(如果分子是非平面的，则位于包含最多原子的平面上)，y 轴构成右手轴系统。

5.2　分子的对称性分类

可以将具有相同对称元素的分子分组，并根据其对称性对分子进行分类。

这些对称元素组称为点群(因为无论应用哪个对称操作，空间中至少有一个点保持不变)，如 CH_4分子和 CCl_4分子都具有与正四面体相同的对称元素，它们属于同一组群，而 H_2O 分子则属于另外的群。分子所属群的名称由其所具有的对称元素决定。

1. C_1、C_i 和 C_s 点群

如果一个分子除了恒等元素 E 之外没有其他对称元素，C_1是 360°旋转与恒等元素 E 相同，那么它属于 C_1点群，如图 5.8(a)所示。如果分子只有恒等和反转对称，则它属于 C_i 点群，如图 5.8(b)所示；如果分子只有恒等和镜像对称平面，则它属于 C_s 点群，如图 5.8(c)所示。

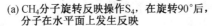

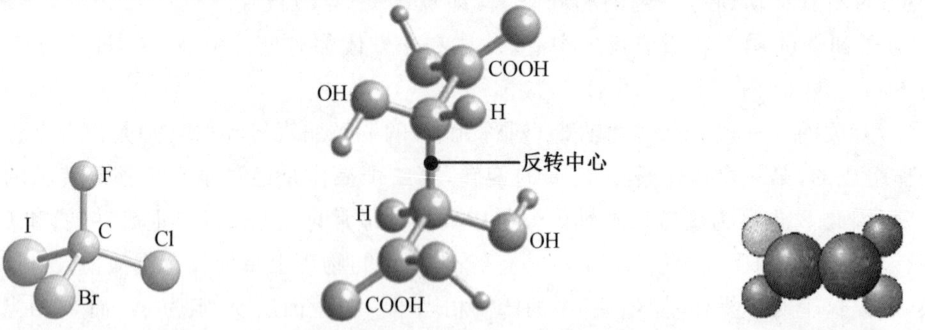

(a) CBrClFI分子（C_1点群）　(b) HOOCCH(OH)CH(OH)COOH分子（C_i点群）　(c) 只有恒等和镜像反映对称平面（C_s点群）

图 5.8　C_1、C_i 和 C_s 点群

2. C_n、C_{nv}和 C_{nh}点群

C_n点群包含恒等和n 重旋转轴，在点群中符号 C_n 扮演着三重角色，作为对称元素、对称操作和群的标识，如 H_2O_2分子(图 5.9(a))具有恒等元素 E 和 C_2，因此它属于C_2点群。

C_{nv}点群包含恒等元素 E、n 重旋转轴和 n 个垂直镜像平面 σ_v，那么它属于 C_{nv}点群。H_2O 分子具有恒等对称元素 E、C_2旋转轴和 2 个垂直镜像平面 σ_v，因此它属于 C_{2v}点群。NH_3分子含有恒等元素 E、C_3旋转轴和 3 个垂直镜像平面 σ_v，因此它属于 C_{3v}点群。异核双原子分子如 HCl 属于 $C_{\infty v}$点群，因为所有绕轴旋转和绕轴反映都是对称操作；$C_{\infty v}$点群其他成员包括线性 OCS 分子(图 5.9(b))和圆锥体。

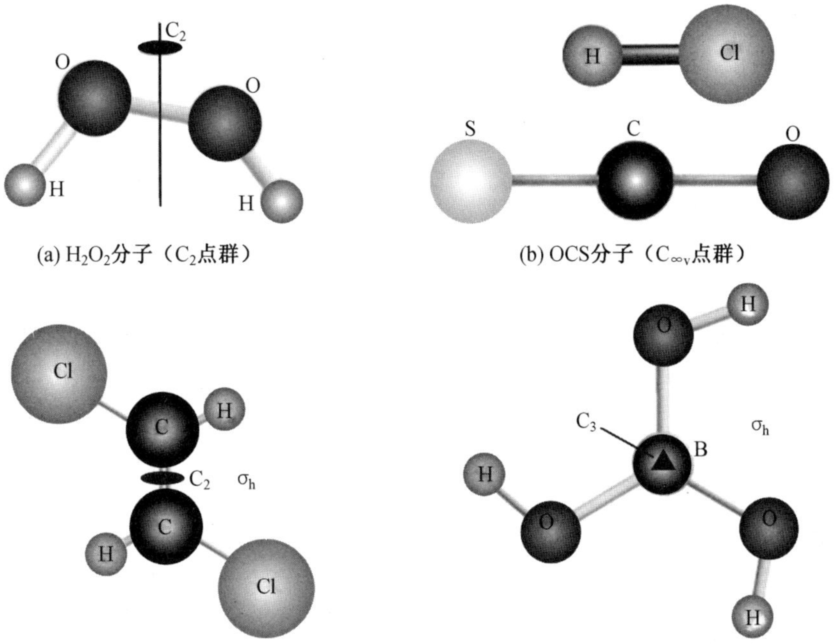

(a) H_2O_2分子（C_2点群）　(b) OCS分子（$C_{\infty v}$点群）

(c) CHCl=CHCl分子（C_{2h}点群）　(d) $B(OH)_3$分子（C_{3h}点群）

图 5.9　C_n、C_{nv}和 C_{nh}点群

C_{nh}包含恒等元素 E、n 重旋转主轴和水平镜像平面 σ_h，C_{2h}对称元素的组合自动意味着反转中心。如 CHCl=CHCl，其具有元素 E、C_2和 σ_h，因此属于 C_{2h}点群，如图 5.9(c)所示；图 5.9(d)中所示的分子 $B(OH)_3$属于 C_{3h}点群。某些对称元素的存在可能意味着其他对称元素的存在，因此在 C_{2h}点群中，C_2和 σ_h联合操作意味着存在反转中心，二重转动轴和水平镜像平面的共同存在意味着分子中存在反转中心，如图 5.10 所示。

3. D_n、D_{nh}和 D_{nd}点群

D_n 点群包含恒等元素、一个 n 重旋转主轴 C_n 以及垂直于 C_n 的 n 个二重旋转轴。

D_{nh}点群除了包含与 D_n 点群相同的对称元素外，分子还有一个水平镜像反映平面。BF_3分子呈现平面三角结构，具有元素 E、C_3、$3C_2$和 σ_h(沿每个 B—F 键有一个 C_2轴)，因此属于 D_{3h}点群，如图 5.11(a)所示。C_6H_6分子包含元素 E、C_6、$3C_2$、$3C'_2$和 σ_h，因此它属于 D_{6h}点群。所有同核双原子分子(如 N_2)，都属于 $D_{\infty h}$点群，因为围绕轴的所有旋转都是对称操作，端到端旋转和端到端反映也是对称操作；线性 OCO 分子和 HCCH 分子以及

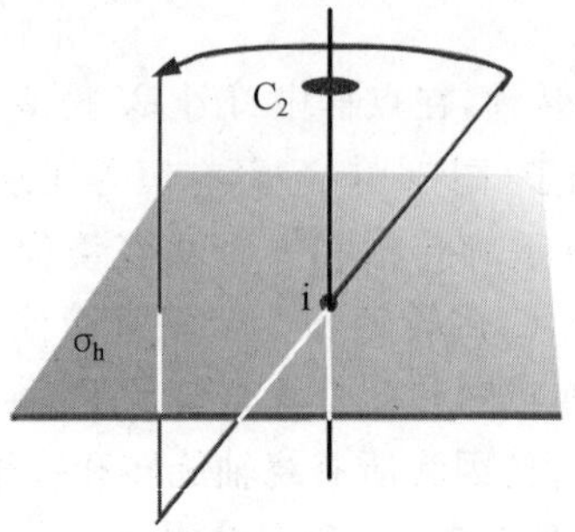

图 5.10 二重转动轴和水平镜像平面的共同存在意味着分子中存在反转中心

均匀圆柱体也属于 $D_{\infty h}$ 点群，图 5.11(b)～(d)中还给出了其他分子的示例。

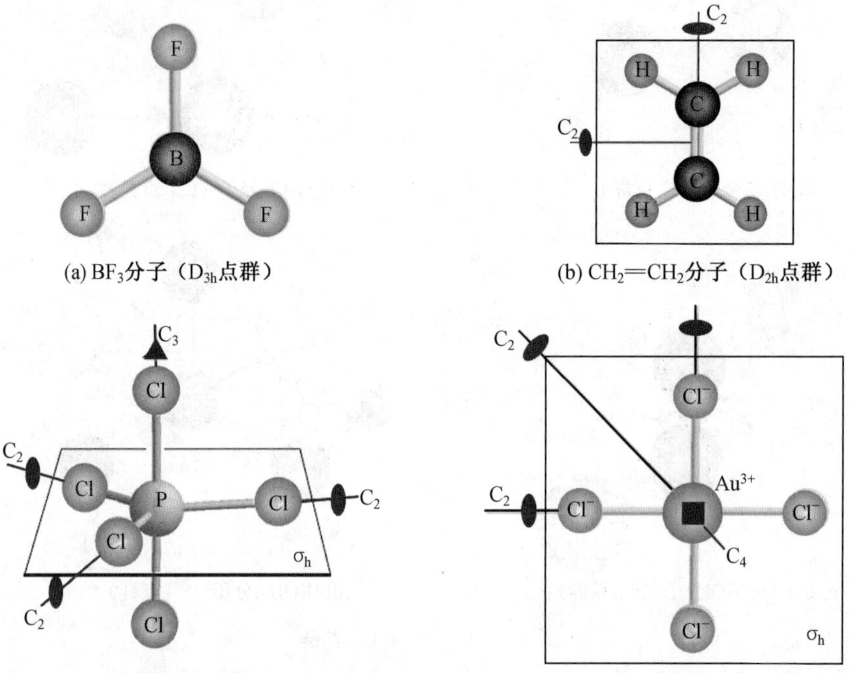

(a) BF_3分子（D_{3h}点群）　(b) $CH_2{=}CH_2$分子（D_{2h}点群）

(c) PCl_5分子（D_{3h}点群）　(d) $[AuCl]^{-1}$离子（D_{4h}点群）

图 5.11 D_n、D_{nh}和 D_{nd}点群

如果一个分子除了包含与 D_n 相同的对称元素外，还具有 n 个二面体镜像平面 σ_d，则它属于 D_{nd}点群。如图 5.12 所示，呈现 90°扭曲结构的丙二烯分子(C_3H_4)属于 D_{2d}点群；交错结构的乙烷分子(C_2H_6)属于 D_{3d}点群。

4. S_n 点群

S_n 点群包含恒等元素和一个非真转动 S_n 轴，如果分子尚未按照前面的任一个点群进行分类，但具有一个 S_n 轴，则其属于 S_n 点群，如四苯基甲烷属于 S_4点群，如图 5.13 所示。S_n 点群中，$n>4$ 的分子很少见，此外，S_2点群与 C_i 点群相同，因此此类分子被归类为 C_i。

5. 立方点群

许多非常重要的分子如 CH_4 和 SF_6 具有多个主轴，这种分子大多数属于立方体点群，

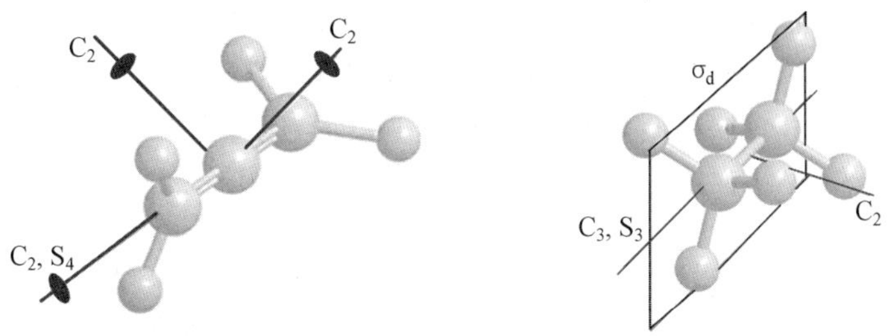

(a) C_3H_4**分子**（D_{2d}**点群**） (b) C_2H_6**分子**（D_{3d}**点群**）

图 5.12 D_{nd}点群

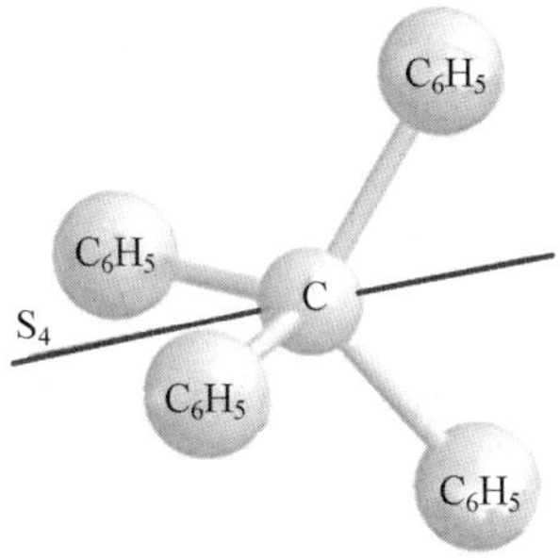

图 5.13 四苯基甲烷 $C(C_6H_5)_4$ 分子(S_4点群)

尤其是四面体分子属于 T、T_d 和 T_h点群(图 5.14(a))或八面体分子属于 O 和 O_h点群(图 5.14(b)),还有一些二十面体分子属于 I_h 点群(图 5.14(c)),它们包括一些硼烷和富勒烯 C_{60}(图 5.14(d))。

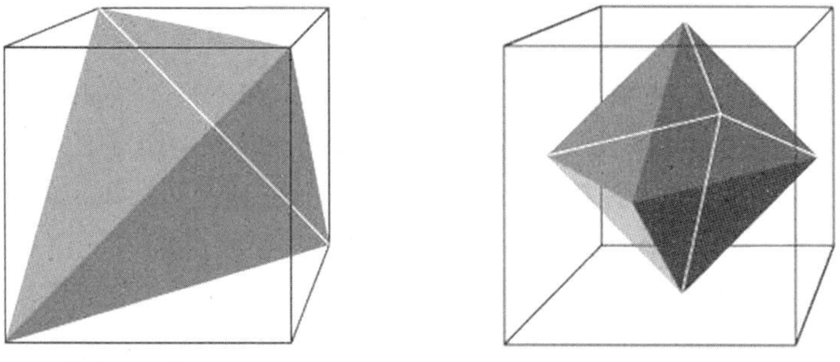

(a) **四面体分子（立方体**T_d**点群）** (b) **八面体分子（立方体**O_h**点群）**

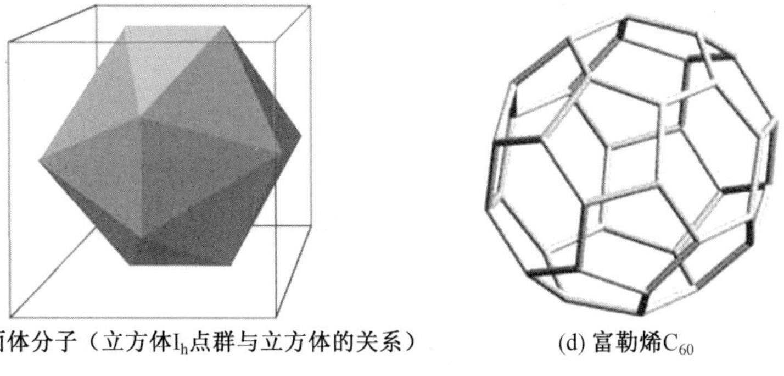

(c) **二十面体分子（立方体**I_h**点群与立方体的关系）** (d) **富勒烯**C_{60}

图 5.14 立方体点群

T_d 点群是正四面体，如 CH_4（图 5.15(a)）；O_h 点群是正八面体，例如 SF_6（图 5.15(b)）；如果分子具有四面体或八面体的旋转对称性，但没有反映面，则属于较简单的 T 点群或 O 点群(图 5.14(c)(d))，T_h 点群基于 T 点群，但包含反转中心。

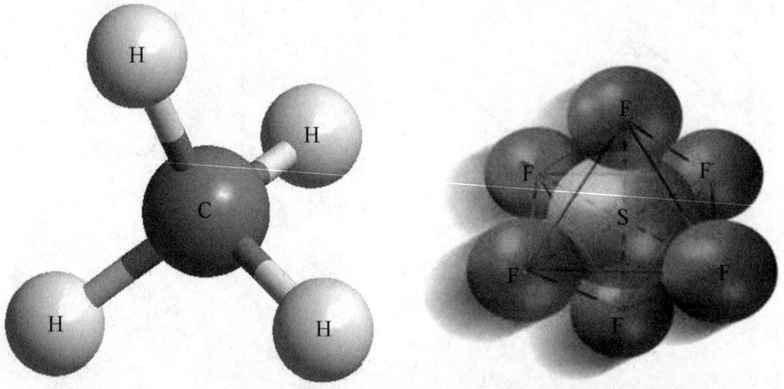

(a) CH_4（正四面体 T_d 点群）　(b) SF_6（正八面体 O_h 点群）

图 5.15　正四面体点群和正八面体点群

6. 全旋转群

全旋转群 R_3(3 指三维旋转)由无限多个旋转轴组成，球体和原子属于 R_3，但没有分子属于 R_3。

5.3　与对称性相关的物理性质

1. 极性

极性分子是具有永久电偶极矩的分子(如 HCl、O_3 和 NH_3)。如果分子属于 $n>1$ 的 C_n 点群，则其不能具有偶极矩垂直于对称轴的电荷分布，因为分子的对称性意味着在垂直于轴的一个方向上的任何偶极子都会被相反方向的偶极子抵消，如图 5.16(a)所示。例如与 H_2O 分子中一个 O—H 键相关的偶极子的垂直分量被第二个 O—H 键偶极子的大小相等但方向相反的分量抵消，因此分子的偶极子必平行于二重对称轴。然而，由于该点群未提及与分子两端相关的操作，因此可能存在导致偶极子沿对称轴方向的电荷分布，如图 5.16(b)，所以 H_2O 分子的偶极矩平行于它的二重对称轴。上述原理通常适用于 C_{nv} 点群，因此属于 C_{nv} 点群的分子都可能是极性的。

在所有其他点群中，如 C_{3h}、D 点群等，都有对称操作可以使分子的一端到达另一端。因此，除了没有垂直于轴向的偶极子外，这些分子也没有沿轴向的偶极子，否则这些额外的操作将不是对称操作。只有属于 C_n、C_{nv} 和 C_s 点群的分子才可能具有永久电偶极矩。对于 C_n 和 C_{nv} 点群，偶极矩必沿对称轴方向。因此，属于 C_{2v} 点群的臭氧 O_3 是极性的，但二氧化碳 CO_2 是线性的且属于 $D_{\infty h}$ 点群，不是极性的。

2. 手性

手性分子是一种不能与其镜像完全叠合的分子，而非手性分子是一种可以与其镜像叠合的分子。手性分子在旋转偏振光平面上具有光学活性。手性分子及其镜像构成对应

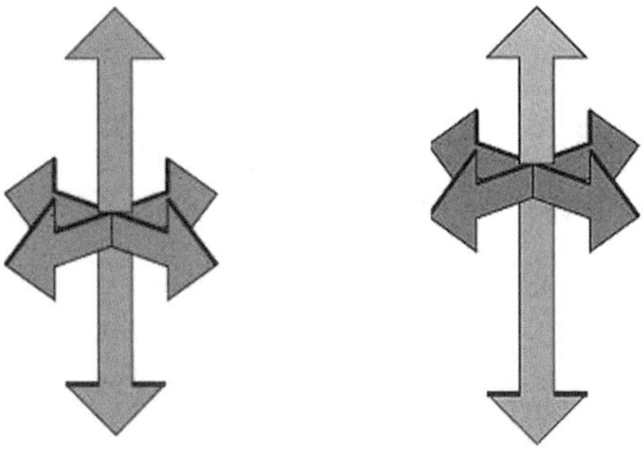

图 5.16 具有 C_n 轴的分子的偶极子(见附录彩图)

异构体。对于一个刚性分子(或任何物体),具有手性的一个必要充分条件是不存在 S_n 轴,即任何 S_n 轴的存在使一个分子为非手性。当对一个手性分子进行任一非真转动时,其会被转换为对映异构体,因为最简单的非真转动是 S_1(σ 平面)。需要注意的是:非真转动轴 S_n 可能以不同的名称出现,并隐含在其他对称元素中,如属于 C_{nh}点群的分子隐含地拥有 S_n 轴,因为它们同时拥有 C_n 和 σ_h,这是非真旋转操作的两个组成部分;任何包含反转中心 i 的分子也具有 S_2轴,因为 i 与 σ_h相当于 C_2,元素组合为 S_2;所有具有反转中心的分子都是非手性的,因此不具有光学活性;同样,由于 $S_1=\sigma$,因此任何具有镜像平面的分子都是非手性的。

5.4 组合对称操作:“群乘法”

本节研究当按顺序应用两个对称操作时会发生什么样的结果。如考虑 NH_3分子,它属于 C_{3v}点群,先对其进行 C_3旋转,然后进行 σ_v映射,结果如图 5.17 所示,联合操作 $\sigma_v C_3$ 相当于 σ''_v操作,这也是 C_{3v}点群的对称操作。这两个组合操作写为 $\sigma_v C_3$(在书写时,对称操作直接在其右侧操作,就像量子力学中的操作符一样,因此必须从符号的右到左的后向操作,以获得操作符应用的正确顺序),操作的应用顺序很重要。

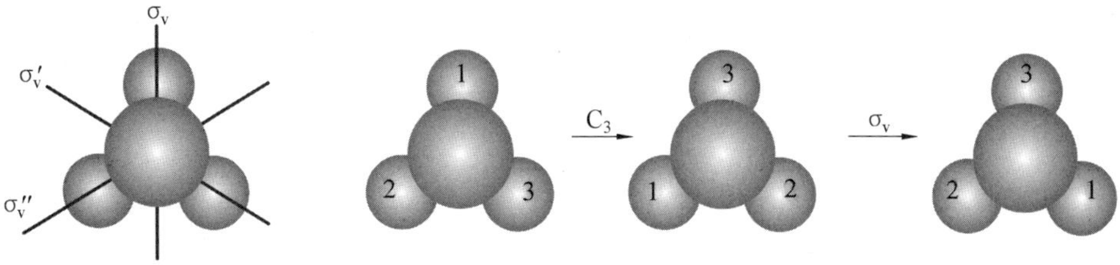

图 5.17 NH_3分子的联合操作 $\sigma_v C_3$,相当于 σ''_v操作

如果以相反的顺序应用操作符即 $C_3\sigma_v$(先 σ_v再 C_3)产生的结果如图 5.18 所示,因此组合操作 $C_3\sigma_v$相当于点群的另一个操作 σ'_v。

上述 NH_3的例子说明了两个重点:

①在进行两个操作的过程中,操作的顺序很重要,对于两个对称操作 A 和 B,AB 不一定与 BA 相同,即对称操作通常不会相互交换。在某些点群中,对称元素确实相互交

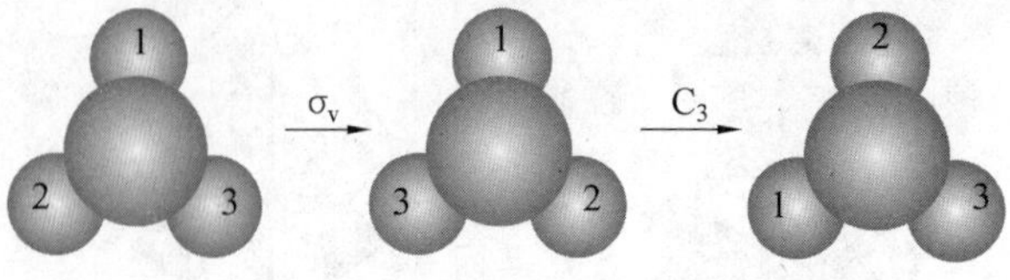

图 5.18 NH_3分子的联合操作 $C_3\sigma_v$，相当于 σ'_v操作

换，这些点群称为可交换群。

②如果对同一点群按顺序应用两个操作，则结果将等效于来自同一点群的另一个操作。由点群的其他对称操作相互关联的对称操作属于同一类。在 NH_3分子中，三个镜像平面 σ_v、σ'_v和 σ''_v属于同一类（通过 C_3旋转相互关联），旋转 C_3^+ 和 C_3^-（围绕主转轴逆时针和顺时针旋转，通过垂直镜面相互关联）也是如此。

点群乘法表总结了在给定点群内按顺序应用两个对称操作的效果，点群的全部重要性质都包含在它的乘法表中。表 5.1 列出了对称操作 C_{3v}的完整点群乘法表，首先执行在表的第一行中写入的操作，然后执行在表的第一列中写入的操作（注意：如果选择以不同的顺序命名 σ_v、σ'_v和 σ''_v，则乘法表将发生变化）。

表 5.1 对称操作 C_{3v}的完整点群乘法表

C_{3v}	E	C_3^+	C_3^-	σ_v	σ'_v	σ''_v
E	E	C_3^+	C_3^-	σ_v	σ'_v	σ''_v
C_3^+	C_3^+	C_3^-	E	σ'_v	σ''_v	σ_v
C_3^-	C_3^-	E	C_3^+	σ''_v	σ_v	σ'_v
σ_v	σ_v	σ''_v	σ'_v	E	C_3^-	C_3^+
σ'_v	σ'_v	σ_v	σ''_v	C_3^+	E	C_3^-
σ''_v	σ''_v	σ'_v	σ_v	C_3^-	C_3^+	E

5.5 从简单群构建高阶群

包含大量对称元素的群通常可以由更简单的群构造而成。考虑 C_2和 C_s点群，C_2点群包含元素 E 和 C_2，其阶数为 2，而 C_s点群包含元素 E 和 σ，且其阶数为 2，可以通过顺序使用 C_2和 C_s点群的对称操作来构造 C_{2v}点群，见表 5.2。

表 5.2 用 C_2和 C_s点群的对称操作来构造 C_{2v}点群

C_s 操作	C_2 操作	
	E	C_2
E	E	C_2
$\sigma(xz)$	$\sigma_v(xz)$	$\sigma'_v(yz)$

从表 5.2 的结果可以看出，C_{2v}点群的阶数为 4，这是两个较低阶点群（C_2和 C_s）阶数的乘积，C_{2v}点群可直接描述为 C_2和 C_s 点群的乘积群。

5.6 群的数学定义

群论是数学中的一个重要领域，伴随着群的定义有一套数学要求及性质，它使人们能够对分子系统中的对称性进行严格的处理，并了解其结果。

数学群定义为一组元素(g_1, g_2, g_3,…)以及形成组合 g_ig_j 的规则，元素的个数称为群的阶数。就分子光谱而言，元素是分子的对称操作，它们的组合规则是 5.5 节研究的对称操作的顺序应用。群的元素及其组合规则必须满足以下标准：

①群必包含恒等元素 E，对于恒等元素 E 和群的所有元素 g_i，有 $Eg_i=g_iE=g_i$。

②元素必满足群属性，即任何一对元素的组合也是群的一个元素。

③每个元素 g_i 必有一个可逆元素 g_i^{-1}，并且它也是群中的一个元素，这样 $g_ig_i^{-1}=g_i^{-1}g_i=E$(如在 C_{3v} 中元素 C_3^+ 的逆元是 C_3^-；而 σ_v 的逆元是 σ_v'；逆 g_i^{-1} 是“撤销”对称操作 g_i 的效果)。

④群的组合规则必须满足结合律，即 $g_i(g_jg_k)=(g_ig_j)g_k$。

上述定义不要求元素乘积可交换(即 $g_ig_k=g_kg_i$)。在许多群中，连续应用两个对称操作的结果取决于应用操作的顺序，元素不可交换的群称为非交换群，元素可交换的群称为交换群。

许多涉及算符或操作的问题(如量子力学或群论中的问题)可以用矩阵进行重新表述。对称操作，如旋转和反映可以用矩阵来表示。事实证明，表示群中对称操作的矩阵集符合上述群的数学定义中列出的所有条件，并且使用对称操作的矩阵表示简化了群论中的计算。

5.7 变换矩阵

矩阵可用于将一组坐标或函数映射到另一组坐标或函数，用于此目的的矩阵称为变换矩阵。在群论中，可以使用变换矩阵来执行各种对称操作。作为一个简单的例子，下面讨论用于对向量(x, y)执行某些对称操作的矩阵。

1. 恒等操作

恒等操作是使向量保持不变的操作，因此恒等矩阵为

$$(x,y)\begin{pmatrix}1 & 0\\0 & 1\end{pmatrix}=(x,y) \tag{5.1}$$

2. 平面反映

反映矩阵的最简单表示对应向量(x, y)在 x 轴或 y 轴上的反映，x 轴上的反映是将 y 映射到 $-y$，因此 x 轴上的反映将向量(x, y)变换为(x, $-y$)，如图 5.19 所示。相应的矩阵为

$$(x,y)\begin{pmatrix}1 & 0\\0 & -1\end{pmatrix}=(x,-y) \tag{5.2}$$

而 y 轴上的反映将向量(x, y)变换为($-x$, y)，如图 5.20 所示。相应的矩阵为

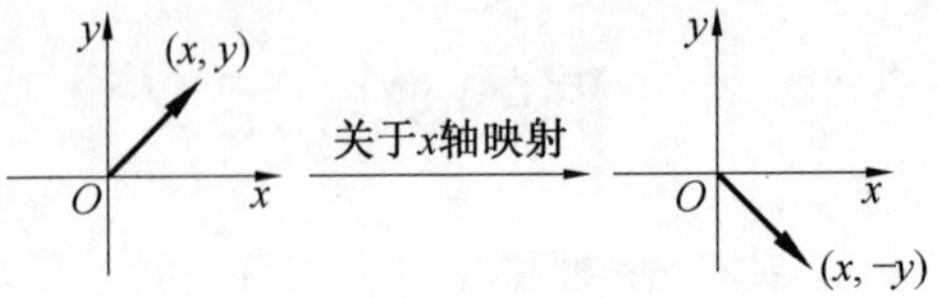

图 5.19 关于 x 轴的映射示意图

$$(x,y)\begin{pmatrix}-1 & 0\\ 0 & 1\end{pmatrix}=(-x,y) \tag{5.3}$$

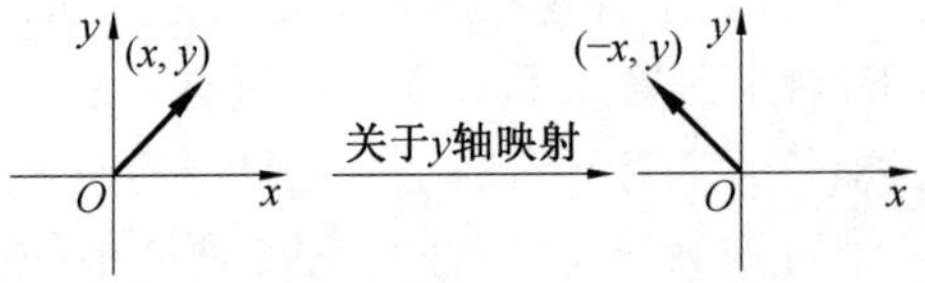

图 5.20 关于 y 轴的映射示意图

3. 绕轴旋转

在二维坐标系中,表示围绕原点旋转角度 θ 的矩阵为

$$\boldsymbol{R}(\theta)=\begin{pmatrix}\cos\theta & -\sin\theta\\ \sin\theta & \cos\theta\end{pmatrix} \tag{5.4}$$

在三维坐标中,向量$(x,\ y,\ z)$围绕 x、y 和 z 轴的旋转由以下矩阵表示:

$$\begin{cases}\boldsymbol{R}_x(\theta)=\begin{pmatrix}1 & 0 & 0\\ 0 & \cos\theta & -\sin\theta\\ 0 & \sin\theta & \cos\theta\end{pmatrix}\\ \boldsymbol{R}_y(\theta)=\begin{pmatrix}\cos\theta & 0 & -\sin\theta\\ 0 & 1 & 0\\ \sin\theta & 0 & \cos\theta\end{pmatrix}\\ \boldsymbol{R}_z(\theta)=\begin{pmatrix}\cos\theta & -\sin\theta & 0\\ \sin\theta & \cos\theta & 0\\ 0 & 0 & 1\end{pmatrix}\end{cases} \tag{5.5}$$

5.8 群的矩阵表示

群中的对称操作可以用一组变换矩阵 $\boldsymbol{\Gamma}(g)$表示,每个对称元素 g 对应一个变换矩阵。每个单独的矩阵被称为相应对称操作的表示,矩阵的完整集合被称为群的矩阵表示。矩阵表示作用于某些选定的函数基集,构成给定表示的实际矩阵将取决于所选的函数基。在 5.7 节的例子中,可以看到一些简单变换矩阵对任意向量$(x,\ y)$的影响,因此在这种情况下,矩阵的基是一对指向 x 和 y 方向的单位向量。在分子光谱研究中,大多数情况下可以使用原子轨道集合作为矩阵表示的基函数。群的矩阵表示必须符合群的正式数学定义中规定的所有规则:

①第一条规则是群必须包含恒等操作 E,表示恒等操作的矩阵就是恒等矩阵,因此每个矩阵表示都包含相应的恒等矩阵。

②第二条规则是任何一对元素的组合也必须是群的一个元素(群属性)。如果将任意两个矩阵表示相乘,得到一个新的矩阵,它代表群的另一个对称操作。例如,在 C_{3v} 点群中,人们证明了组合对称操作 $C_3\sigma_v$ 等价于 σ_v''。在群的矩阵表示中,如果 C_3 和 σ_v 的矩阵表示相乘,乘积结果是 σ_v'' 的矩阵表示。

③第三条规则是每个操作都必须有一个逆操作,它也是群的一个元素。执行操作及其逆操作的组合效果与恒等操作相同。

④群中对称元素的组合必须是关联的,这由矩阵乘法规则自动满足。

1. C_{3v} 点群(氨分子 NH_3)的矩阵表示

在构造矩阵表示之前,需要做的第一件事是选择一个基,对于 NH_3 分子,如图 5.21 所示,选择一个基为(s_N, s_1, s_2, s_3),该基由氮原子和三个氢原子上的价 s 轨道组成。需要考虑的是当 C_{3v} 点群中的每个对称操作作用于该基时,该基会发生什么变化,并确定产生相同效果所需的矩阵。下面总结了 C_{3v} 点群中的基集和对称操作。

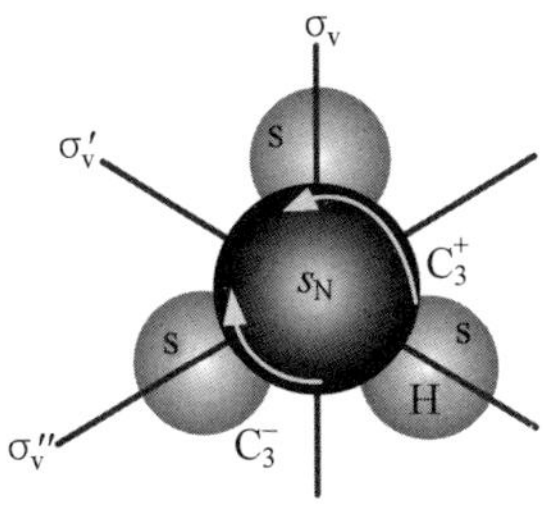

图 5.21 C_{3v} 点群分子 NH_3

对称操作对所选基的作用效果如下:

$$E \quad (s_N, s_1, s_2, s_3) \longrightarrow (s_N, s_1, s_2, s_3)$$
$$C_3^+ \quad (s_N, s_1, s_2, s_3) \longrightarrow (s_N, s_2, s_3, s_1)$$
$$C_3^- \quad (s_N, s_1, s_2, s_3) \longrightarrow (s_N, s_3, s_1, s_2)$$
$$\sigma_v \quad (s_N, s_1, s_2, s_3) \longrightarrow (s_N, s_1, s_3, s_2)$$
$$\sigma_v' \quad (s_N, s_1, s_2, s_3) \longrightarrow (s_N, s_2, s_1, s_3)$$
$$\sigma_v'' \quad (s_N, s_1, s_2, s_3) \longrightarrow (s_N, s_3, s_2, s_1)$$

执行相同转换的矩阵表示为

$$\boldsymbol{\Gamma}(E) \qquad (s_N, s_1, s_2, s_3)\begin{pmatrix}1 & 0 & 0 & 0\\0 & 1 & 0 & 0\\0 & 0 & 1 & 0\\0 & 0 & 0 & 1\end{pmatrix} = (s_N, s_1, s_2, s_3) \tag{5.6}$$

$$\boldsymbol{\Gamma}(C_3^+) \qquad (s_N, s_1, s_2, s_3)\begin{pmatrix}1 & 0 & 0 & 0\\0 & 0 & 0 & 1\\0 & 1 & 0 & 0\\0 & 0 & 1 & 0\end{pmatrix} = (s_N, s_2, s_3, s_1) \tag{5.7}$$

$$\boldsymbol{\Gamma}(C_3^-) \qquad (s_N, s_1, s_2, s_3)\begin{pmatrix}1&0&0&0\\0&0&1&0\\0&0&0&1\\0&1&0&0\end{pmatrix}=(s_N, s_3, s_1, s_2) \tag{5.8}$$

$$\boldsymbol{\Gamma}(\sigma_v) \qquad (s_N, s_1, s_2, s_3)\begin{pmatrix}1&0&0&0\\0&1&0&0\\0&0&0&1\\0&0&1&0\end{pmatrix}=(s_N, s_1, s_3, s_2) \tag{5.9}$$

$$\boldsymbol{\Gamma}(\sigma_v') \qquad (s_N, s_1, s_2, s_3)\begin{pmatrix}1&0&0&0\\0&0&1&0\\0&1&0&0\\0&0&0&1\end{pmatrix}=(s_N, s_2, s_1, s_3) \tag{5.10}$$

$$\boldsymbol{\Gamma}(\sigma_v'') \qquad (s_N, s_1, s_2, s_3)\begin{pmatrix}1&0&0&0\\0&0&0&1\\0&0&1&0\\0&1&0&0\end{pmatrix}=(s_N, s_3, s_2, s_1) \tag{5.11}$$

因此，这6个矩阵构成了 C_{3v}点群在(s_N, s_1, s_2, s_3)基中的表示，它们根据群乘法表相乘并且满足数学群的所有要求。

注意，把表示基的向量写成行向量，如果把表示基的向量写成列向量，那么相应的变换矩阵将是上述矩阵的转置。

2. C_{2v}点群的矩阵表示

考虑 C_{2v}点群分子 SO_2和每个原子上的价轨道 p_x来说明这一点，将这些轨道表示为 p_S、p_A 和 p_B，如图 5.22 所示。

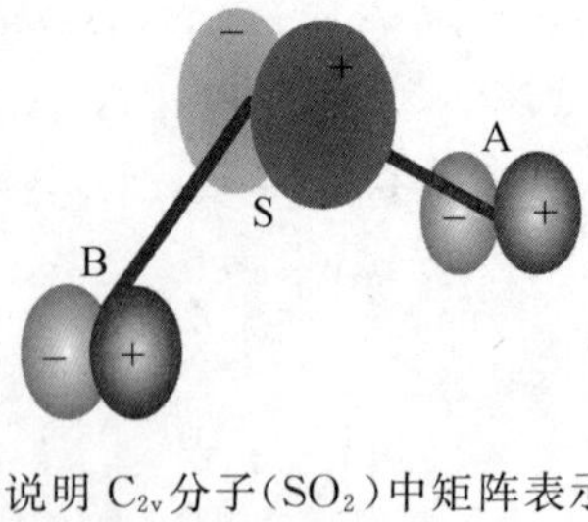

图 5.22 用于说明 C_{2v}分子(SO_2)中矩阵表示的三个 p_x 轨道

恒等操作 E 对 SO_2分子没有任何影响(p_S, p_A, p_B)⟶(p_S, p_A, p_B)，因此其代表3×3单位矩阵：

$$\boldsymbol{\Gamma}(E) \qquad (p_S, p_A, p_B)\begin{pmatrix}1&0&0\\0&1&0\\0&0&1\end{pmatrix}=(p_S, p_A, p_B) \tag{5.12}$$

对称操作 C_2的效果为(p_S, p_A, p_B)⟶($-p_S$, $-p_B$, $-p_A$)，其矩阵表示为

$$\boldsymbol{\Gamma}(C_2) \qquad (p_S, p_A, p_B)\begin{pmatrix}-1 & 0 & 0\\0 & 0 & -1\\0 & -1 & 0\end{pmatrix}=(-p_S, -p_B, -p_A) \tag{5.13}$$

在 σ_v 操作下，发生的变化为$(p_S,\ p_A,\ p_B)\longrightarrow(p_S,\ p_B,\ p_A)$，可以使用矩阵乘法来表示此变换，即

$$\boldsymbol{\Gamma}(\sigma_v) \qquad (p_S, p_A, p_B)\begin{pmatrix}1 & 0 & 0\\0 & 0 & 1\\0 & 1 & 0\end{pmatrix}=(p_S, p_A, p_B) \tag{5.14}$$

σ_v'操作的效果为$(p_S,\ p_A,\ p_B)\longrightarrow(-p_S,\ -p_A,\ -p_B)$，其矩阵表示为

$$\boldsymbol{\Gamma}(\sigma_v') \qquad (p_S, p_A, p_B)\begin{pmatrix}-1 & 0 & 0\\0 & -1 & 0\\0 & 0 & -1\end{pmatrix}=(-p_S, -p_A, -p_B) \tag{5.15}$$

5.9 矩阵表示的特征标

1. 相似性变换

假设有一个基集$(x_1,\ x_2,\ x_3,\cdots,x_n)$，并且给定点群中基的矩阵表示已经确定。选择的基集可以使用原始函数的任何线性组合集。两个基集的矩阵表示有所不同，但它们通过相似性变换联系在一起。当使用群论来选择生成分子轨道的最佳基集时，相似性变换将变得很重要。

考虑一个基集$(x_1',\ x_2',\ x_3',\cdots,x_n')$，其中每个基函数 x_i'是原始基$(x_1,\ x_2,\ x_3,\ \cdots,\ x_n)$的线性组合，即

$$x_j'=\sum\nolimits_i x_{ij}c_{ji}=x_1c_{j1}+\ x_2c_{j2}+x_3c_{j3}+\cdots$$

式中，c_{ji}是系数。

可以用矩阵方程 $\boldsymbol{x}'=\boldsymbol{xC}$ 来表示 $\boldsymbol{x}'$和 $\boldsymbol{x}$ 之间的变换：

$$(x_1', x_2', x_3', \cdots, x_n')=(x_1, x_2, x_3, \cdots, x_n)\begin{pmatrix}c_{11} & c_{12} & c_{13} & \cdots & c_{1n}\\c_{21} & c_{22} & c_{23} & \cdots & c_{2n}\\\vdots & \vdots & \vdots & & \vdots\\c_{n1} & c_{n2} & c_{n3} & \cdots & c_{nn}\end{pmatrix} \tag{5.16}$$

如果 $\boldsymbol{\Gamma}(g)$和 $\boldsymbol{\Gamma}'(g)$分别是 $\boldsymbol{x}$ 和 $\boldsymbol{x}'$基中对称操作的矩阵表示，那么有 $g\boldsymbol{x}'=\boldsymbol{x}'\boldsymbol{\Gamma}'(g)$，又因为 $\boldsymbol{x}'=\boldsymbol{xC}$，所以 $g\boldsymbol{xC}=\boldsymbol{xC\Gamma}'(g)$，两边同时右乘 $\boldsymbol{C}^{-1}$并应用 $\boldsymbol{CC}^{-1}=\boldsymbol{I}$，可以得到 $g\boldsymbol{x}=\boldsymbol{xC\Gamma}'(g)\boldsymbol{C}^{-1}=\boldsymbol{x\Gamma}(g)$。因此，这样可以确定将原始基中的矩阵表示 $\boldsymbol{\Gamma}(g)$与变换基中的矩阵表示 $\boldsymbol{\Gamma}'(g)$联系起来的相似性变换。变换仅取决于用于变换基函数的系数矩阵

$$\boldsymbol{\Gamma}(g)=\boldsymbol{C\Gamma}'(g)\boldsymbol{C}^{-1}$$

或

$$\boldsymbol{\Gamma}'(g)=\boldsymbol{C}^{-1}\boldsymbol{\Gamma}(g)\boldsymbol{C} \tag{5.17}$$

2. 表示的特征标

双原子分子和线性多原子分子的分子轨道被标记为 σ、π 等，这些标记是指轨道相对

于分子主对称轴旋转的对称性，σ 轨道在旋转任何角度时都不会改变符号，π 轨道在旋转 180°时会改变符号，如图 5.23 所示。对称性分类 σ 和 π 也可以分配给线性分子中的单个原子轨道，如键沿着 z 轴，可以说单个 p_z 轨道具有 σ 对称性，因为 p_z 关于 z 轴是圆柱对称的。这种根据轨道在旋转下的行为对轨道进行标记的方法可以推广到非线性多原子分子，其中可能需要考虑反映和反转以及旋转。通过引用表示群的符号，将符号标签分配给轨道，这些符号标签表明了分子相关点群对称操作下轨道的行为。

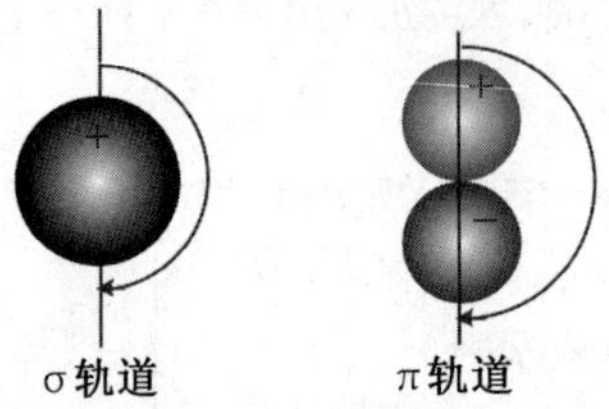

图 5.23 围绕垂直于页面的核间轴旋转 180°，σ 轨道的符号保持不变，π 轨道的符号改变

矩阵表示 $\boldsymbol{\Gamma}(g)$ 的迹通常称为对称操作 g 的矩阵表示的特征标。矩阵表示的特征标通常比矩阵表示本身更有用，特征标有下列重要的属性。

①对称操作的特征标在相似变换下是不变的。

证明 矩阵迹的一个性质是，它们在矩阵的循环置换下是不变的，即 $\mathrm{tr}[\boldsymbol{ABC}]=\mathrm{tr}[\boldsymbol{BCA}]=\mathrm{tr}[\boldsymbol{CAB}]$。因此，对于对称操作 g 的矩阵表示的特征标，有

$$\begin{aligned}\chi(g)&=\mathrm{tr}[\boldsymbol{\Gamma}(g)]=\mathrm{tr}[\boldsymbol{C}\boldsymbol{\Gamma}'(g)\boldsymbol{C}^{-1}]\\&=\mathrm{tr}[\boldsymbol{\Gamma}'(g)\boldsymbol{C}^{-1}\boldsymbol{C}]=\mathrm{tr}[\boldsymbol{\Gamma}'(g)]=\chi'(g)\end{aligned}\tag{5.18}$$

因此，相似性转换矩阵表示的迹与原矩阵表示的迹相同。

②属于同一类的对称操作在给定的表示中具有相同的特征标。给定类的特征标在不同的表示中可能不同，并且多个类可能具有相同的特征标。

证明 两个对称操作 g 和 g' 在同一类中的形式要求是，群中必须有一些对称操作 f，使得 $g'=f^{-1}gf$，称元素 g 和 g' 互为共轭，如果考虑 g 和 g' 的特征标，有

$$\begin{aligned}\chi(g')&=\mathrm{tr}[\boldsymbol{\Gamma}(g')]=\mathrm{tr}[\boldsymbol{\Gamma}^{-1}(f)\boldsymbol{\Gamma}(g)\boldsymbol{\Gamma}(f)]\\&=\mathrm{tr}[\boldsymbol{\Gamma}(g)\boldsymbol{\Gamma}(f)\boldsymbol{\Gamma}^{-1}(f)]=\mathrm{tr}[\boldsymbol{\Gamma}(g)]=\chi(g)\end{aligned}\tag{5.19}$$

5.10 矩阵表示的约化(一)

从 C_{3v} 的矩阵表示可以看出，它们都具有相同的块对角形式——块对角矩阵（除了一组沿对角线的子矩阵外，所有元素都为零，则称方块矩阵为块对角矩阵）。

$$\begin{array}{ccc}\boldsymbol{\Gamma}(\mathrm{E}) & \boldsymbol{\Gamma}(\mathrm{C}_3^+) & \boldsymbol{\Gamma}(\mathrm{C}_3^-)\\ \begin{pmatrix}1&0&0&0\\0&1&0&0\\0&0&1&0\\0&0&0&1\end{pmatrix} & \begin{pmatrix}1&0&0&0\\0&0&1&0\\0&0&0&1\\0&1&0&0\end{pmatrix} & \begin{pmatrix}1&0&0&0\\0&0&0&1\\0&1&0&0\\0&0&1&0\end{pmatrix}\\ \chi(\mathrm{E})=4 & \chi(\mathrm{C}_3^+)=1 & \chi(\mathrm{C}_3^+)=1\end{array}\tag{5.20}$$

$$\boldsymbol{\Gamma}(\sigma_v) \quad \boldsymbol{\Gamma}(\sigma_v') \quad \boldsymbol{\Gamma}(\sigma_v'')$$

$$\begin{pmatrix}1&0&0&0\\0&1&0&0\\0&0&0&1\\0&0&1&0\end{pmatrix} \quad \begin{pmatrix}1&0&0&0\\0&0&1&0\\0&1&0&0\\0&0&0&1\end{pmatrix} \quad \begin{pmatrix}1&0&0&0\\0&0&1&0\\0&0&1&0\\0&1&0&0\end{pmatrix}$$

$$\chi(\sigma_v)=2 \quad \chi(\sigma_v')=2 \quad \chi(\sigma_v'')=2$$

块对角矩阵可以写成沿对角线的矩阵的直和,在 C_{3v} 矩阵表示的情况下,其中的每个矩阵表示都可以写成 1×1 矩阵和 3×3 矩阵的直和。

$$\boldsymbol{\Gamma}^{(4)}(g)=\boldsymbol{\Gamma}^{(1)}(g)\oplus\boldsymbol{\Gamma}^{(3)}(g) \tag{5.21}$$

式(5.21)中矩阵符号右上角的数字表示矩阵的维数,直和与普通矩阵加法完全不同,因为它生成的矩阵维数更高。两个 n 阶和 m 阶矩阵的直和是通过将求和的矩阵沿 $n+m$ 阶矩阵的对角线放置,并用零填充其余元素来实现的。这个结果在群论中有广泛应用的原因是,两组矩阵 $\boldsymbol{\Gamma}^{(1)}(g)$ 和 $\boldsymbol{\Gamma}^{(3)}(g)$ 也满足矩阵表示的所有要求,每个矩阵都包含恒等操作和逆操作,根据群乘法表进行关联乘法。

式(5.20)原始四维矩阵表示的基是氨的 s 轨道(s_N, s_1, s_2, s_3),第一组简化矩阵 $\boldsymbol{\Gamma}^{(1)}(g)$ 以(s_N)为基形成一维表示,第二组简化矩阵 $\boldsymbol{\Gamma}^{(3)}(g)$ 以基(s_1, s_2, s_3)形成三维表示。将原始矩阵表示分离为低维矩阵表示称为矩阵表示的约化,约化的矩阵表示如下:

$$\begin{array}{cccc}
 & \mathrm{E} & \mathrm{C}_3^+ & \mathrm{C}_3^- \\
g & (1) & (1) & (1) \\
\boldsymbol{\Gamma}^{(1)}(g) & \begin{pmatrix}1&0&0\\0&1&0\\0&0&1\end{pmatrix} & \begin{pmatrix}0&1&0\\0&0&1\\1&0&0\end{pmatrix} & \begin{pmatrix}0&0&1\\1&0&0\\0&1&0\end{pmatrix} \\
\boldsymbol{\Gamma}^{(3)}(g) & & & \\
 & \sigma_v & \sigma_v' & \sigma_v'' \\
g & (1) & (1) & (1) \\
\boldsymbol{\Gamma}^{(1)}(g) & \begin{pmatrix}1&0&0\\0&0&1\\0&1&0\end{pmatrix} & \begin{pmatrix}0&1&0\\1&0&0\\0&0&1\end{pmatrix} & \begin{pmatrix}0&0&1\\0&1&0\\1&0&0\end{pmatrix} \\
\boldsymbol{\Gamma}^{(3)}(g) & & &
\end{array} \tag{5.22}$$

上面的一维矩阵表示 $\boldsymbol{\Gamma}^{(1)}(g)$ 涵盖了(s_N),三维矩阵表示 $\boldsymbol{\Gamma}^{(3)}(g)$ 涵盖了(s_1, s_2, s_3)。下一步研究三维矩阵表示 $\boldsymbol{\Gamma}^{(3)}(g)$ 是否可以进一步约化。构成此表示的矩阵不是块对角形式(尽管表示 E 和 σ_v 的约化矩阵是块对角的,但为了使表示可约,所有矩阵表示必须采用相同的块对角形式),因此 $\boldsymbol{\Gamma}^{(3)}(g)$ 是不可约的;然而,可以对一组新的基函数(由(s_1, s_2, s_3)的线性组合而成)所涵盖的新表示进行相似性转换,这是可约化的。在这种情况下,用作新基函数的归一化线性组合为

$$s_1'=\frac{1}{\sqrt{3}}(s_1+s_2+s_3), \quad s_2'=\frac{1}{\sqrt{6}}(2s_1-s_2-s_3), \quad s_3'=\frac{1}{\sqrt{2}}(s_2-s_3) \tag{5.23}$$

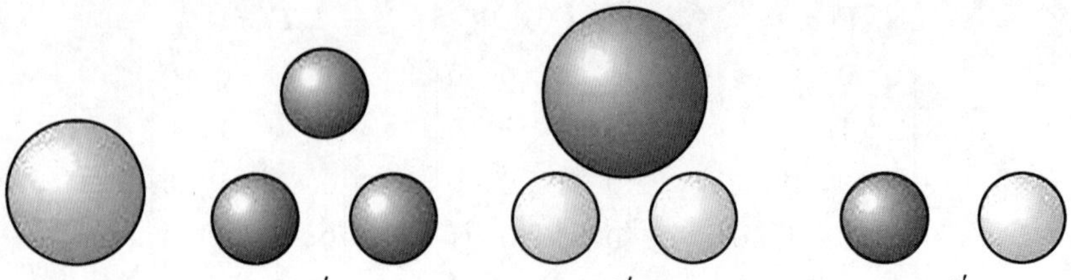

或以矩阵形式表示为

$$\boldsymbol{x}' = \boldsymbol{x}\boldsymbol{C}$$

$$(s_1', s_2', s_3') = (s_1, s_2, s_3)\begin{pmatrix} 1/\sqrt{3} & 2/\sqrt{6} & 0 \\ 1/\sqrt{3} & -1/\sqrt{6} & 1/\sqrt{2} \\ 1/\sqrt{3} & -1/\sqrt{6} & -1/\sqrt{2} \end{pmatrix} \tag{5.24}$$

新表示法中的矩阵可从 $\boldsymbol{\Gamma}'(g)=\boldsymbol{C}^{-1}\boldsymbol{\Gamma}(g)\boldsymbol{C}$ 中得到，如下所示：

$$\begin{array}{cccc} & \mathrm{E} & \mathrm{C}_3^+ & \mathrm{C}_3^- \\ \boldsymbol{\Gamma}^{(3)'}(g) & \begin{pmatrix} 1 & 0 & 0 \\ 0 & 1 & 0 \\ 0 & 0 & 1 \end{pmatrix} & \begin{pmatrix} 1 & 0 & 0 \\ 0 & -1/2 & \sqrt{3}/2 \\ 0 & -\sqrt{3}/2 & -1/2 \end{pmatrix} & \begin{pmatrix} 1 & 0 & 0 \\ 0 & -1/2 & -\sqrt{3}/2 \\ 0 & \sqrt{3}/2 & -1/2 \end{pmatrix} \end{array}$$

$$\begin{array}{ccc} \sigma_\mathrm{v} & \sigma_\mathrm{v}' & \sigma_\mathrm{v}'' \\ \begin{pmatrix} 1 & 0 & 0 \\ 0 & 1 & 0 \\ 0 & 0 & -1 \end{pmatrix} & \begin{pmatrix} 1 & 0 & 0 \\ 0 & -1/2 & \sqrt{3}/2 \\ 0 & \sqrt{3}/2 & 1/2 \end{pmatrix} & \begin{pmatrix} 1 & 0 & 0 \\ 0 & -1/2 & -\sqrt{3}/2 \\ 0 & -\sqrt{3}/2 & 1/2 \end{pmatrix} \end{array} \tag{5.25}$$

现在每个矩阵都是块对角形式，可以简化为 1×1 矩阵表示(s_1')和 2×2 矩阵表示(s_2'，s_3')的直和。从原始四维矩阵表示中获得的完整简化表示集为

$$\begin{array}{lcccc} & \mathrm{E} & \mathrm{C}_3^+ & \mathrm{C}_3^- & \sigma_\mathrm{v} \\ (s_N)\text{的 1 维表示}\Rightarrow & (1) & (1) & (1) & (1) \\ (s_1')\text{的 1 维表示}\Rightarrow & (1) & (1) & (1) & (1) \\ (s_2', s_3')\text{的二维表示}\Rightarrow & \begin{pmatrix} 1 & 0 \\ 0 & 1 \end{pmatrix} & \begin{pmatrix} -1/2 & \sqrt{3}/2 \\ -\sqrt{3}/2 & -1/2 \end{pmatrix} & \begin{pmatrix} -1/2 & -\sqrt{3}/2 \\ \sqrt{3}/2 & -1/2 \end{pmatrix} & \begin{pmatrix} 1 & 0 \\ 0 & -1 \end{pmatrix} \end{array}$$

$$\begin{array}{cc} \sigma_\mathrm{v}' & \sigma_\mathrm{v}'' \\ (1) & (1) \\ (1) & (1) \\ \begin{pmatrix} -1/2 & \sqrt{3}/2 \\ \sqrt{3}/2 & 1/2 \end{pmatrix} & \begin{pmatrix} -1/2 & -\sqrt{3}/2 \\ -\sqrt{3}/2 & 1/2 \end{pmatrix} \end{array} \tag{5.26}$$

以上三种表示都不能进一步简化，因此它们被称为点群的不可约表示。从形式上讲，如果不存在可以同时将所有矩阵表示转换为块对角形式的相似性转换，则矩阵表示是不可约的。将矩阵表示转换为块对角形式的基函数的线性组合，可以约化矩阵表示，称为对称自适应线性组合。

5.11 不可约表示与对称分类

包含 s_N 和 s'_1 的两个一维不可约矩阵被视为是相同的，这意味着 s_N 和 s'_1 具有“相同的对称性”，在点群的所有对称操作下以相同的方式变换，并形成相同矩阵表示的基，因此它们属于相同的对称种类。任意函数在群的对称运算下变换的方式有限，从而产生有限数量的对称种类。构成群的矩阵表示基的任何函数都必须转换为群的对称种类之一。点群的不可约化项根据其对称种类进行标记：

①一维矩阵表示标记为 A 或 B，它们在绕主轴旋转时，是对称（符号＋1）用 A 表示，是反对称（符号－1）用 B 表示；

②二维矩阵表示标记为 E，三维矩阵表示标记为 T。

③在包含反转中心的群中，g 和 u 标签表示反转下的对称和反对称特征（＋1 表示对称为 g，－1 表示反对称为 u）；

④在具有水平镜像平面但没有反转中心的群中，＋1 表示它们在平面反映下是对称，－1 表示它们在平面反映下是反对称；

⑤如果需要对不可约进行进一步区分，下标 1 和下标 2 用于表示与垂直于主轴 C_2 的旋转有关的或者关于垂直反映的符号。

有时对函数 f 和它的不可约表示之间关系的理解存在混淆，因此对这种联系的理解是非常重要的，这种关系的陈述有几种不同的方式，例如：

f 具有 A_2 对称性、f 变换为 A_2、f 与 A_2 具有相同的对称性、f 构成不可约 A_2 的基函数，陈述的含义相同。

5.12 特征标表

特征标表总结了一个群的所有可能的不可约项在该种类的每个对称操作下的行为。C_{3v} 的特征标表见表 5.3。

表 5.3 C_{3v} 的特征标表

C_{3v}	E	$2C_3$	$3\sigma_v$	$h=6$（函数（基））
A_1	1	1	1	$z,\ z^2,\ x^2+y^2$
A_2	1	1	−1	R_z
E	2	−1	0	$(x,\ y)$,$(xy,\ x^2+y^2)$,$(xz,\ yz)$,$(R_x,\ R_y)$

表 5.3 中各部分含义如下：

①表中的第一个元素给出了点群的名称 C_{3v}。

②第一行是群操作 E、$2C_3$ 和 $3\sigma_v$，然后是群的阶数 h；由于同一类中的操作具有相同的特征标，因此对称操作在符号表中分组到类中，而不是单独列出；

③第一列为点群的不可约标记，在 C_{3v} 中，不可约为 A_1、A_2 和 E；

④表的最后一列列出了转换为群各种不可约的函数，分别是笛卡儿坐标轴（x，y，

z)、笛卡儿积(z^2, x^2+y^2, xy, xz, yz)和旋转(R_x, R_y, R_z);

⑤表的剩余部分给出了每个对称操作下的不可约项的特征标。

在群论的光谱学应用中,表格最后一栏中列出的函数很重要,例如通过观察 x、y 和 z 的变换特性(有时在特征标表中给出 T_x、T_y、T_z),可以发现沿 x、y 和 z 轴平移的对称性。类似地,R_x、R_y 和 R_z 表示围绕三个笛卡儿轴的旋转。x、y 和 z 的变换特性可用于确定分子是否能够吸收 x、y 或 z 偏振光的光子并产生光谱跃迁。笛卡儿积在确定涉及两个光子拉曼跃迁的选择定则方面起着类似的作用。

在群论的许多应用中,只需要知道矩阵表示的特征标,而不需要知道矩阵本身。当每个基函数转换为一维不可约矩阵时,有一个简单快捷的方式来确定特征标,而不必构建整个矩阵表示,即观察每个对称操作下单个基函数的变换方式。对于给定的操作,按如下步骤逐步执行基函数:

①如果基函数通过对称操作保持不变(即基函数映射到自身),则在符号中添加 1;

②如果基函数在对称操作下改变特征标,则在特征标中添加 −1(即基函数映射到负的自身);

③如果应用对称操作时基函数移动,则向特征标添加 0(即基函数映射到与自身不同的对象上)。

当两个基函数作为一个二维不可约矩阵一起变换时,也可以很容易地推算出特征标。例如,在 C_{3v} 点群中,x 轴和 y 轴一起变换为 E。如果围绕 z 旋转一个角度 θ,x 轴和 y 轴将变换为新的 x' 轴和 y' 轴,新的轴可以写成原始 x 轴和 y 轴的线性组合,即

$$\begin{cases} x' = \cos\theta x + \sin\theta y \\ y' = -\sin\theta x + \cos\theta y \end{cases} \tag{5.27}$$

对于一维不可约项,人们讨论基函数/轴是否映射到自身、负自身或其他不同的对象。对于二维不可约项,需要讨论"新"轴中包含了多少"旧"轴。从式(5.27)可以看出,x' 轴包含来自 x 轴的贡献为 $\cos\theta$,y' 轴包含来自 y 轴的贡献为 $\cos\theta$。因此 x 轴和 y 轴旋转 θ 的特征标为 $\cos\theta$,这样 E 不可约的总体符号为 $\cos\theta+\cos\theta=2\cos\theta$。对于 C_3 旋转 120°,因此 E 不可约的特征标为 $2\cos 120°=-1$。通常,当轴通过对称操作旋转角度 θ 时,其对该操作特征标的贡献为 $\cos\theta$。

在许多情况下,旋转 C_n 和非真旋转 S_n 的特征标是复数,通常用 $\varepsilon=\exp(i2\pi/n)$ 表示。当基包含一个具有复数的不可约项时,它也会含有第二个不可重复项并且其符号是第一个不可约项的复共轭项,即复数不可约项成对出现。根据严格的数学群论,一对中的每一个不可约项都应被视为一个单独的表示。然而,当在物理问题中应用这些不可约项时,将两个不可约项的特征标相加,得到一个特征标为实数的不可约项。例如,C_3 点群的正确特征标表见表 5.4。

表 5.4 C_3 点群的正确特征标表

C_3	E	C_3	C_{32}
A	1	1	1
E	$\begin{cases}1\\1\end{cases}$	ε ε^*	ε ε^*

表 5.4 中，$\varepsilon=\exp(i2\pi/3)$。然而，通常会将 E 不可约的两部分结合起来，见表 5.5。

表 5.5 将 E 不可约的两部分结合起来

C_3	E	C_3	C_{32}
A	1	1	1
E	2	−1	−1

5.13 矩阵表示的约化(二)

通过最大限度地利用分子对称性，通常可以大大简化涉及分子性质的问题，如化学键的形成强烈依赖于具有恰当对称性的原子轨道。为了在应用中充分利用群论，需要寻找更多的体系，具体来说，给定一个基集(如原子轨道)，需要找出：

①如何确定基函数包含的不可约项；

②如何构造原始基函数的线性组合，将其转换为给定的不可约/对称种类。

事实证明，这两个问题都可以用大正交性定理来解决。大正交性定理总结了对称点群的矩阵表示中隐含的许多正交关系，通过依次考虑这些关系，可以以某种定性的方式导出这些关系。

1. 正交性的一般概念

如果两个向量的点积(即一个向量到另一个向量的投影)为零，则这两个向量是正交的。一对正交向量的例子是 $\boldsymbol{x}$ 和 $\boldsymbol{y}$ 笛卡儿单位向量。$\boldsymbol{x}$ 和 $\boldsymbol{y}$ 的正交性的一个结果是，xy 平面中的任何一般向量都可以写成这两个基向量的线性组合，即 $\boldsymbol{r}=a\boldsymbol{x}+b\boldsymbol{y}$。

数学函数也可以是正交的，如果两个函数 $f_1(x)$ 和 $f_2(x)$ 乘积的积分等于零，则这两个函数被定义为正交函数，即 $\int f_1(x)f_2(x)\mathrm{d}x=\delta_{12}$，这仅仅意味着正交函数之间必须“没有重叠”，这与上述向量的正交性要求相同。任何一般函数都可以写成一组适当选择的正交基函数的线性组合，如以勒让德多项式 $\mathrm{P}_n(x)$ 为变量 x 的函数形成正交基集，即

$$f(x)=\sum_n c_n\mathrm{P}_n(x)$$

2. 群论中的正交关系

点群的不可约项满足许多正交关系：

① 如果将一个不约矩阵表示中的所有相应矩阵元素平方并相加，则结果等于不可约矩阵的阶数除以不可约表示的维度，即

$$\sum_g \Gamma_k(g)_{ij}\Gamma_k(g)_{ij}=\frac{h}{d_k} \tag{5.28}$$

式中，k 标记不可约项；i、j 标记不可约项中行和列的位置；h 是点群的阶数；d_k 是不可约表示的维度。

C_{3v} 点群的阶数为 6，如果将上述操作应用于 2×2(E) 不可约表示中的第一个元素，则结果应等于 $h/d_k=6/2=3$。执行此操作可得

$$1^2+\left(-\frac{1}{2}\right)^2+\left(-\frac{1}{2}\right)^2+1^2+\left(-\frac{1}{2}\right)^2+\left(-\frac{1}{2}\right)^2=3$$

② 如果不是求一个不可约矩阵中矩阵元素的平方和，而是求每个矩阵中两个不同元素的乘积之和，则结果等于零，即

$$\sum_{g} \Gamma_k(g)_{ij} \Gamma_k(g)_{i'j'} = 0 \tag{5.29}$$

式中，$i \neq i'$ 或 $j \neq j'$。

如对 ① 中的二维不可约表示的第一行中两个元素执行此操作，得到

$$(1)(0) + \left(-\frac{1}{2}\right)\left(\frac{\sqrt{3}}{2}\right) + \left(-\frac{1}{2}\right)\left(-\frac{\sqrt{3}}{2}\right) + (1)(0) + \left(-\frac{1}{2}\right)\left(\frac{\sqrt{3}}{2}\right) + \left(-\frac{1}{2}\right)\left(-\frac{\sqrt{3}}{2}\right) = 0$$

③ 如果对两个不同的不可约 k 和 m 矩阵的两个元素的乘积求和，结果等于零，即

$$\sum_{g} \Gamma_k(g)_{ij} \Gamma_m(g)_{i'j'} = 0 \tag{5.30}$$

式中，下标 i、j、i'、j' 的值没有限制。

如对 C_{3v} 的 A_1 和 E 不可约的第一个元素执行此操作可得到

$$(1)(1) + (1)\left(-\frac{1}{2}\right) + (1)\left(-\frac{1}{2}\right) + (1)(1) + (1)\left(-\frac{1}{2}\right) + (1)\left(-\frac{1}{2}\right) = 0$$

可以将这三个结果组合成一个一般方程，即大正交性定理：

$$\sum_{g} \Gamma_k(g)_{ij} \Gamma_m(g)_{i'j'} = \frac{h}{\sqrt{d_k d_m}} \delta_{km} \delta_{ii'} \delta_{jj'} \tag{5.31}$$

对于大多数应用，实际上可能并不需要完全的正交性定理。可将式(5.31) 转换为小正交性定理，该定理用不可约的特征标代替不可约本身来表示，即

$$\sum_{g} \chi_k(g) \chi_m(g) = h\delta_{km} \tag{5.32}$$

由于同一种类中两个对称操作的特征标相同，因此也可以将对称操作的和重写为种类的和操作，即

$$\sum_{C} n_C \chi_k(C) \chi_m(C) = h\delta_{km} \tag{5.33}$$

式中，n_C 是 C 类中对称运算的数目。

目前，所有例子中特征标都是实数，然而这并不一定适用于所有的点群。因此，为了使上述内容完全通用，需要包括复数特征标的可能性。在这种情况下，有

$$\sum_{C} n_C \chi_k^*(C) \chi_m(C) = h\delta_{km} \tag{5.34}$$

式中，$\chi_k^*(C)$ 是$\chi_k(C)$ 的复共轭。

当所有特征标均为实数时，式(5.33) 与式(5.34) 相同。

3. 用大正交性定理确定含有基函数的不可约项

对一般矩阵表示通常可以进行相似性变换，以便所有矩阵表示最终都以相同的块对角矩阵形式表示，这样每组子矩阵也会形成点群的有效矩阵表示。如果没有一个子矩阵可以通过执行相似性变换来进一步化简，则它们被称为构成点群的不可约表示。矩阵表示的一个重要特性是它们的特征标在相似变换下是不变的，这意味着原始表示的特征标必须等于简化不可约表示特征标的总和。例如，如果考虑 NH_3 例子 C_3 对称操作的表示，有

$$\begin{pmatrix}1&0&0&0\\0&0&0&1\\0&1&0&0\\0&0&1&0\end{pmatrix}\xrightarrow[\text{变换}]{\text{相似性}}\begin{pmatrix}1&0&0&0\\0&1&0&0\\0&0&-1/2&-\sqrt{3}/2\\0&0&\sqrt{3}/2&-1/2\end{pmatrix}=(1)\oplus(1)\oplus\begin{pmatrix}-1/2&-\sqrt{3}/2\\\sqrt{3}/2&-1/2\end{pmatrix}$$

$$\chi=1 \qquad \chi=1 \qquad \chi=1+1+(-1)=1$$

因此,可以将一般表示 $\Gamma(g)$ 的特征标表达为化简后的不可约 $\Gamma_k(g)$ 的特征标,即

$$\chi(g)=\sum_k a_k\chi^k(g) \tag{5.35}$$

系数 a_k 表示每个不可约项出现的次数,这意味着,为了确定给定基所包含的不可约项,需要确定上述方程中的系数 a_k。依据式(5.32)表达的小正交性定理并将等号两边同乘 a_k,可得到

$$\sum_g a_k\chi^k(g)\chi^m(g)=ha_k\delta_{km} \tag{5.36a}$$

将上述方程的两边对 k 求和,得到

$$\sum_g\sum_k a_k\chi^k(g)\chi^m(g)=h\sum_k a_k\delta_{km} \tag{5.36b}$$

可以使用式(5.35)来简化式(5.36b)的左侧。此外,式(5.36b)右侧的总和简化为 a_m,因为只有当 $k=m$ 时 δ_{km} 为非零且等于1,即

$$\sum_g\chi(g)\chi^m(g)=ha_m \tag{5.36c}$$

将表(5.36c)两边除以 h(群的阶数),可以给出与原始表示特征标 $\chi(g)$ 和不可约项的特征标 $\chi^m(g)$ 有关的系数 a_m,即

$$a_m=\frac{1}{h}\sum_g\chi(g)\chi^m(g) \tag{5.37}$$

当然也可以把上式表达为非对称运算的和,即

$$a_m=\frac{1}{h}\sum_C n_C\chi(g)\chi^m(g) \tag{5.38}$$

C_{3v}点群的矩阵表示简化为两个 A_1 对称的不可约项和一个 E 对称的不可约项,即 $G\Gamma=2A_1+E$,使用式(5.38)可以获得相同的结果。表 5.6 给出了 C_{3v}点群的原始表示和不可约表示的特征标。

表 5.6 C_{3v}点群的原始表示和不可约表示的特征标

C_{3v}	E	$2C_3$	$3\sigma_v$
χ	4	1	2
χ_{A_1}	1	1	1
χ_{A_2}	1	1	−1
χ_E	2	−1	0

因此依据式(5.38),对于所选择的基(s_N, s_1, s_2, s_3)每个不可约项发生的次数为

$$a_{A_1}=\frac{1}{6}(1\times4\times1+2\times1\times1+3\times2\times1)=2$$

$$a_{A_2}=\frac{1}{6}[1\times4\times1+2\times1\times1+3\times2\times(-1)]=0$$

$$a_E=\frac{1}{6}[1\times4\times2+2\times1\times(-1)+3\times2\times0]=1$$

因此，基是 $2A_1+E$，和前面的一样。

5.14 对称自适应线性组合

一旦知道了任意基集包含的不可约项，就可以计算出基函数的适当线性组合，将原始的矩阵表示转换为块对角形式(即对称自适应线性组合)。每一个自适应线性组合变换都是约化表示的一个不可约项。在前面 NH_3 的例子中，A_1 对称的两个线性组合为 s_N 和 $s_1+s_2+s_3$，它们在点群的所有对称操作下都是对称的；还可以选择另一对函数 $2s_1-s_2-s_3$ 和 s_2-s_3，它们一起变换为对称种类 E。

为了找到适当的自适应线性组合以化简矩阵表示，选择使用投影算符，在这里使用的算符不是量子力学算符，但基本原理是一样的。生成不可约项 k 的自适应线性组合的投影操作算符是 $\sum_g \chi(g)g$，求和中的每一项都表示应用对称运算(操作) g，然后乘不可约项 k 中 g 的特征标。将此算符依次应用于每个原始基函数将生成一组完整的自适应线性组合，将基函数 f_i 变换为自适应线性组合 f'_i，则

$$f'_i=\sum_g \chi_k(g)gf_i \tag{5.39}$$

将式(5.39)分解为生成自适应线性组合的方法：

①制作一个表格(表 5.7)，列为基函数标记，行为分子点群的对称运算标记。在列中，给出对称操作对基函数的效应，这是式(5.39)中的 gf_i 部分；

表 5.7 对称自适应线性组合

基函数	s_N	s_1	s_2	s_3
E	s_N	s_1	s_2	s_3
C_3^+	s_N	s_2	s_3	s_1
C_3^-	s_N	s_3	s_1	s_2
σ_v	s_N	s_1	s_3	s_2
σ'_v	s_N	s_2	s_1	s_3
σ''_v	s_N	s_3	s_2	s_1

②依次对每个不可约项，将表的每个元素乘相应对称操作的特征标，这样对每一个操作或运算有 $\chi_k(g)gf_i$，对列(对称操作)求和生成所有转换为不可约的自适应线性组合；

③对自适应线性组合归一化。

在前面，计算了 C_{3v} 点群以(s_N，s_1，s_2，s_3)为基函数的所有对称操作：

$$E\quad (s_N,s_1,s_2,s_3)\longrightarrow(s_N,s_1,s_2,s_3)$$
$$C_3^+\quad (s_N,s_1,s_2,s_3)\longrightarrow(s_N,s_2,s_3,s_1)$$

$$
\begin{array}{ll}
C_3^- & (s_N, s_1, s_2, s_3) \longrightarrow (s_N, s_3, s_1, s_2) \\
\sigma_v & (s_N, s_1, s_2, s_3) \longrightarrow (s_N, s_1, s_3, s_2) \\
\sigma_v' & (s_N, s_1, s_2, s_3) \longrightarrow (s_N, s_2, s_1, s_3) \\
\sigma_v'' & (s_N, s_1, s_2, s_3) \longrightarrow (s_N, s_3, s_2, s_1)
\end{array}
$$

这就是构建上面①中描述的表所需的全部内容。

为了确定 A_1 对称的自适应线性组合，将表格乘 A_1 不可约的特征标(所有特征标的值均为 1)。对列求和得到

$$
\begin{cases}
s_N + s_N + s_N + s_N + s_N + s_N = 6s_N \\
s_1 + s_2 + s_3 + s_1 + s_2 + s_3 = 2(s_1 + s_2 + s_3) \\
s_2 + s_3 + s_1 + s_3 + s_1 + s_2 = 2(s_1 + s_2 + s_3) \\
s_3 + s_1 + s_2 + s_2 + s_3 + s_1 = 2(s_1 + s_2 + s_3)
\end{cases}
$$

除了一个常数因子(它不影响函数形式，因此也不影响对称特性)外，这些与之前确定的组合相同。归一化提供了两个关于 A_1 对称的自适应线性组合，即

$$
\begin{cases}
\varphi_1 = s_N \\
\varphi_2 = \dfrac{1}{\sqrt{3}}(s_1 + s_2 + s_3)
\end{cases}
$$

下面来确定 E 对称的自适应线性组合，可将表 5.7 乘 E 不可约的适当特征标。

表 5.8 E 对称的自适应线性组合

基函数	s_N	s_1	s_2	s_3
E	$2s_N$	$2s_1$	$2s_2$	$2s_3$
C_3^+	$-s_N$	$-s_2$	$-s_3$	$-s_1$
C_3^-	$-s_N$	$-s_3$	$-s_1$	$-s_2$
σ_v	0	0	0	0
σ_v'	0	0	0	0
σ_v''	0	0	0	0

对表 5.8 中列求和得到

$$
\begin{cases}
2s_N - s_N - s_N = 0 \\
2s_1 - s_2 - s_3 \\
2s_2 - s_3 - s_1 \\
2s_3 - s_1 - s_2
\end{cases}
$$

因此，从该程序中获得了三个自适应线性组合，但是这里存在一个问题，因为自适应线性组合的数量必须与不可约项的维度相匹配，在这里的维度数为 2，换句话说，应该得到四个自适应线性组合，以匹配原始的基函数数量。但在本例中有两个 A_1 对称的自适应线性组合加上三个 E 对称的自适应线性组合共五个，问题在于上述三个 E 对称的自适应线性组合并非完全线性独立，其中任何一个都可以写成其他两个的线性组合，如 $(2s_1 - s_2 - s_3) = -(2s_2 - s_3 - s_1) - (2s_3 - s_1 - s_2)$。为了解决这个问题，可以舍掉其中一个自适

应线性组合，或者将三个线性组合表达为两个相互正交的线性组合，如将 $2s_1-s_2-s_3$ 作为自适应线性组合之一，并找到其他两个的正交组合（此处结果是它们的差），归一化后有

$$\begin{cases}\varphi_3=\dfrac{1}{\sqrt{6}}(2s_1-s_2-s_3)\\[2ex]\varphi_4=\dfrac{1}{\sqrt{2}}(s_2-s_3)\end{cases}$$

这与式(5.23)中使用的线性组合相同。现在拥有了将群论应用于一系列分子光谱问题所需的所有机制，下面学习如何使用分子对称性和群论来帮助理解化学键。

5.15 键 合

很多时候，需要知道一个特定的积分是否一定是零，或者它是否有可能是非零，可以用群论来区分这两种情况。使用函数的对称特性来确定一维积分是否为零，如 $\sin x$ 是一个奇函数（相对于通过原点的反映是反对称的），由此得出 $\int_{-\infty}^{\infty}\sin x\mathrm{d}x=0$。通常，任何其他奇函数的极限之间的积分也将为零。确定一般积分是否一定为零的关键在于，因为积分只是一个数字，所以它必须对任何对称操作保持不变，如双原子中的键合取决于相邻原子的原子轨道之间是否存在非零重叠，这可以通过重叠积分来量化。如果将分子旋转一定角度 θ，期望分子中的键不会发生变化，则积分必须相对旋转不变，甚至对任何其他对称操作具有不变性。在群论中对于非零的积分，被积函数必须在适当的点群中变换为完全对称的不可约项。在实际中，被积函数可能不会变换为一个单一的不可约函数，但它必须包含完全对称的不可约项。

1. 双原子键合

人们已经熟悉了从原子轨道的线性组合中构造分子轨道的想法，通过考虑两个原子上 s 和 p 轨道的对称性，可以形成标记为具有 σ 或 π 对称性的键和反键结合，这取决于沿键轴方向观察时它们是否类似于 s 或 p 轨道，如图 5.24 所示。在图中所示的所有情况下，只有沿键轴 z 观察时具有相同对称性的原子轨道才能形成化学键，如两个 s 轨道、两个 p_z 轨道或一个 s 和一个 p_z 可以形成键，但 p_z 和 p_x 或 s 和 p_x 或 p_y 不能形成键。事实证明，决定两个原子轨道是否可以键合的规则是它们必须属于分子点群内相同的对称种类。

可以从数学上计算两个原子轨道 φ_i 和 φ_j 之间的重叠积分，即

$$S_{ij}=\langle\varphi_i|\varphi_j\rangle=\int\varphi_i{}^*\varphi_j\mathrm{d}\tau \tag{5.40}$$

为了使键合成为可能，这个积分必须是非零的。两个函数 φ_1 和 φ_2 的乘积转换为其对称种类的直积，即 $\Gamma_{12}=\Gamma_1\otimes\Gamma_2$。如上所述，对于非零的重叠积分，$\Gamma_{12}$ 必须包含完全对称的不可约表示（同核双原子的 A_{1g}，属于点群 $D_{\infty h}$），即 φ_1 和 φ_2 属于同一个不可约表示。表 5.9 给出了双原子分子的成键情况。

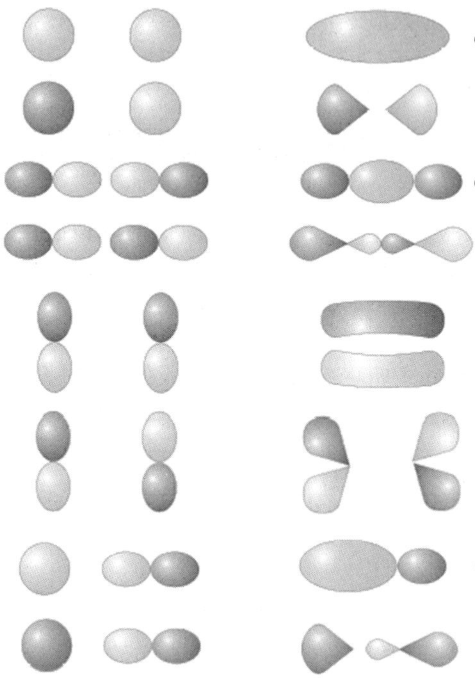

图 5.24　s 和 p 轨道的对称性，形成 σ 或 π 对称性的键和反键结合

表 5.9　双原子分子的成键情况

原子 1 的轨道	原子 2 的轨道	$\Gamma_1 \otimes \Gamma_2$	重叠积分	是否成键
s　(A_{1g})	s　(A_{1g})	A_{1g}	非零	是
s　(A_{1g})	p_x　(E_{1u})	E_{1u}	零	否
s　(A_{1g})	p_z　(A_{1u})	A_{1u}	零	否
p_x　(E_{1u})	p_x　(E_{1u})	$A_{1g}+A_{2g}+E_{2g}$	非零	是
p_y　(E_{1u})	p_z　(A_{1u})	E_{1g}	零	否
p_z　(A_{1u})	p_z　(A_{1u})	A_{1g}	非零	是

2. 多原子中的成键(从自适应线性组合构建分子轨道)

在上面讨论了如何使用对称性来确定两个原子轨道是否可以形成化学键，下面对多原子轨道结合形成键进行分析。任何具有相同对称性的自适应线性组合都可能形成键，因此构造一个分子轨道需要做的就是将具有相同对称性种类的所有自适应线性组合进行线性组合。一般步骤如下：

①使用由系统中每个原子上的价电子轨道组成作为基集。

②确定基集包含哪些不可约项，并构造能转换为每个不可约的自适应线性组合；

③取相同对称种类的不可约项的线性组合，形成分子轨道。以 NH_3 为例，可以从两个转换为 A_1 的自适应线性组合中形成一个 A_1 对称的分子轨道，即

$$\Psi_{A_1}=c_1\varphi_1+c_2\varphi_2=c_1 s_N+c_2\frac{1}{\sqrt{3}}(s_1+s_2+s_3)$$

群论能给出分子轨道的函数形式，但不能确定系数 c_1 和 c_2。为了进一步获得展开系数 c_1 和 c_2 以及轨道能量 E，必须借助量子力学。

5.16 计算轨道能量和展开系数

轨道能量和展开系数的计算基于变分原理，即任何近似波函数的能量都高于真实波函数。一般来说，任何系统都会趋向于能量最小化。真实波函数的所有近似都具有比真实波函数更高的能量，这是唯一有物理意义的场景。

分子能级或轨道能量是分子哈密顿量 $\hat{H}$ 的本征值，使用量子力学的标准结果，可以得出分子轨道 Ψ 的能量 E 为

$$E=\frac{\langle\Psi|\hat{H}|\Psi\rangle}{\langle\Psi|\Psi\rangle}\quad(\text{非归一化 }\Psi)\tag{5.41a}$$

或

$$E=\langle\Psi|\hat{H}|\Psi\rangle\quad(\text{归一化 }\Psi)\tag{5.41b}$$

如果真实波函数的能量最低，那么为了找到与真实波函数最接近的近似值，所要做的就是找到自适应线性组合展开式中的系数，使式(5.41)中的能量最小化。使用5.15节中 A_1 对称的 NH_3 波函数，代入式(5.41a)得到

$$\begin{aligned}E&=\frac{\langle\Psi|\hat{H}|\Psi\rangle}{\langle\Psi|\Psi\rangle}=\frac{\langle c_1\varphi_1+c_2\varphi_2|\hat{H}|c_1\varphi_1+c_2\varphi_2\rangle}{\langle c_1\varphi_1+c_2\varphi_2|c_1\varphi_1+c_2\varphi_2\rangle}\\&=\frac{\langle c_1\varphi_1|\hat{H}|c_1\varphi_1\rangle+\langle c_1\varphi_1|\hat{H}|c_2\varphi_2\rangle+\langle c_2\varphi_2|\hat{H}|c_1\varphi_1\rangle+\langle c_2\varphi_2|\hat{H}|c_2\varphi_2\rangle}{\langle c_1\varphi_1|c_1\varphi_1\rangle+\langle c_1\varphi_1|c_2\varphi_2\rangle+\langle c_2\varphi_2|c_1\varphi_1\rangle\langle c_2\varphi_2|c_2\varphi_2\rangle}\\&=\frac{c_1^2\langle\varphi_1|\hat{H}|\varphi_1\rangle+c_1c_2\langle\varphi_1|\hat{H}|\varphi_2\rangle+c_2c_1\langle\varphi_2|\hat{H}|\varphi_1\rangle+c_2^2\langle\varphi_2|\hat{H}|\varphi_2\rangle}{c_1^2\langle\varphi_1|\varphi_1\rangle+c_1c_2\langle\varphi_1|\varphi_2\rangle+c_2c_1\langle\varphi_2|\varphi_1\rangle+c_2^2\langle\varphi_2|\varphi_2\rangle}\end{aligned}\tag{5.42}$$

定义一个哈密顿矩阵元素 $H_{ij}=\langle\varphi_i|\hat{H}|\varphi_j\rangle$ 和重叠积分 $S_{ij}=\langle\varphi_i|\varphi_j\rangle$，并且 $H_{ij}=H_{ji}$ 和 $S_{ij}=S_{ji}$，式(5.42)可简化为

$$E=\frac{c_1^2H_{11}+2c_1c_2H_{12}+c_2^2H_{22}}{c_1^2S_{11}+2c_1c_2S_{12}+c_2^2S_{22}}\tag{5.43}$$

式(5.42)等号两边乘分母，得到

$$E(c_1^2S_{11}+2c_1c_2S_{12}+c_2^2S_{22})=c_1^2H_{11}+2c_1c_2H_{12}+c_2^2H_{22}$$

需要最小化与 c_1 和 c_2 有关的能量，则要求 $\partial E/\partial c_1=0$ 和 $\partial E/\partial c_2=0$。这样将得到两个未知量 c_1 和 c_2 的方程，可以通过求解这两个方程来确定系数和能量。通过对 c_1 和 c_2 进行微分，得到

$$\frac{\partial E}{\partial c_1}(c_1^2S_{11}+2c_1c_2S_{12}+c_2^2S_{22})+E(2c_1S_{11}+2c_2S_{12})=2c_1H_{11}+2c_2H_{12}$$

$$\frac{\partial E}{\partial c_2}(c_1^2S_{11}+2c_1c_2S_{12}+c_2^2S_{22})+E(2c_1S_{12}+2c_2S_{22})=2c_1H_{12}+2c_2H_{22}$$

因为$\partial E/\partial c_1=0$和$\partial E/\partial c_2=0$，所以两个方程左边的第一项都是零，剩下的是

$$\begin{cases}E(2c_1S_{11}+2c_2S_{12})=2c_1H_{11}+2c_2H_{12}\\E(2c_1S_{12}+2c_2S_{22})=2c_1H_{12}+2c_2H_{22}\end{cases}$$

整理重写为

$$\begin{cases}c_1(H_{11}-ES_{11})+c_2(H_{12}-ES_{12})=0 & (5.44a)\\c_1(H_{12}-ES_{12})+c_2(H_{22}-ES_{22})=0 & (5.44b)\end{cases}$$

求解式(5.44a)和(5.44b)，以确定c_1、c_2和E。一般情况下，波函数是N个自适应线性组合的线性组合即

$$\Psi=\sum_{i=1}^{N}c_i\varphi_i \tag{5.45}$$

得到N个未知量的N个方程，其中第k个方程为

$$\sum_{i=1}^{N}c_i(H_{ki}-ES_{ki})=0 \tag{5.46}$$

需要注意的是，可以使用任何基函数和线性变分方法来构造近似的分子轨道并确定它们的能量，但是当基函数的数量很大时，选择使用自适应线性组合可以使这一过程简化。

NH_3分子A_1轨道的久期方程为

$$\begin{cases}c_1(H_{11}-ES_{11})+c_2(H_{12}-ES_{12})=0\\c_1(H_{12}-ES_{12})+c_2(H_{22}-ES_{22})=0\end{cases}$$

将这组齐次线性方程组写成矩阵形式，即

$$\begin{pmatrix}H_{11}-ES_{11} & H_{12}-ES_{12}\\H_{12}-ES_{12} & H_{22}-ES_{22}\end{pmatrix}\begin{pmatrix}c_1\\c_2\end{pmatrix}=0 \tag{5.47}$$

为了使方程有解，矩阵的行列式必须等于零。行列式将给出E的多项式方程，可以通过求解该方程来获得与哈密顿矩阵元素H_{ij}和重叠积分S_{ij}有关的轨道能量。通过这种方式求解久期行列式获得的能量个数等于矩阵的阶数，此例中为2。

式(5.47)的久期行列式为(因为自适应线性组合已归一化，$S_{11}=S_{22}=1$)

$$(H_{11}-E)(H_{22}-E)-(H_{12}-ES_{12})^2=0$$

展开上式有

$$E^2(1-S_{12}^2)+E(2H_{12}S_{12}-H_{11}-H_{22})+(H_{11}H_{22}-H_{12}^2)=0$$

得到两个分子轨道的能量为

$$E_{\pm}=\frac{-(2H_{12}S_{12}-H_{11}-H_{22})\pm\sqrt{(2H_{12}S_{12}-H_{11}-H_{22})^2-4(1-S_{12}^2)(H_{11}H_{22}-H_{12}^2)}}{2(1-S_{12}^2)}$$

为了获得能量的数值，需要计算积分H_{11}、H_{22}、H_{12}、S_{12}，这对分析计算来说有一定的难度，但是现在有许多计算机程序可以用来计算这些积分，其中一个程序给出以下值：

$$\begin{cases}H_{11}=-26.0000\ \text{eV}\\H_{22}=-22.2216\ \text{eV}\\H_{12}=-29.7670\ \text{eV}\\S_{12}=0.8167\end{cases}$$

将这些量代入能级方程，得到

$$\begin{cases} E_+ = 29.8336\ \text{eV} \\ E_- = -31.0063\ \text{eV} \end{cases}$$

现在有了轨道能量，下一步是找到轨道系数。通过将能量代入久期方程并求解系数 c_i，可以找到能量为 E 的轨道的系数。由于两个久期方程不是线性独立的（即它们实际上只是一个方程），求解它们以找到系数时，最终得到的是系数的相对值。由于能量 E_+ 和 E_- 轨道的久期方程不是线性独立的，可以选择求解其中任何一个来求轨道系数，选择第一个，即

$$c_1(H_{11} - E_\pm) + c_2(H_{12} - E_\pm S_{12}) = 0$$

对于能量为 $E_- = -31.0063$ eV 的轨道，将数值代入该方程得到 $c_2 = 1.1265c_1$。因此，分子轨道为

$$\Psi_1 = c_1(\varphi_1 + 1.1265\varphi_2)$$

通过归一化（即 $\langle \Psi_1 | \Psi_1 \rangle = 1$）可以得到常数 $c_1 = 0.4933$。因此

$$\Psi_1 = 0.4933\varphi_1 + 0.5557\varphi_2 = 0.4933s_N + 0.3208(s_1 + s_2 + s_3)$$

将第二个轨道能量 $E_+ = 29.8336$ eV 代入久期方程得

$$-55.8336c_1 - 54.1321c_2 = 0$$

$$c_2 = -1.0314c_1$$

因此，分子轨道为

$$\begin{aligned} \Psi_2 &= c_1(\varphi_1 - 1.0314\varphi_2) \\ &= 1.6242\varphi_1 - 1.6752\varphi_2 \\ &= 1.6242s_N - 0.9672(s_1 + s_2 + s_3) \end{aligned}$$

这两个 A_1 对称分子轨道 Ψ_1 和 Ψ_2 其中一个是成键轨道，另一个是反键轨道，如图5.25所示。

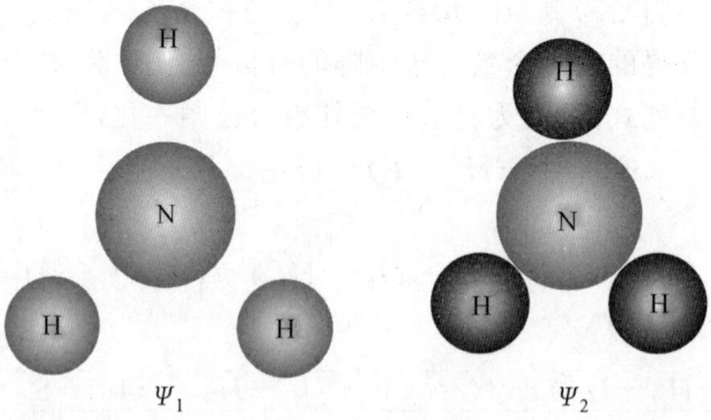

图 5.25 NH_3 分子 A_1 对称轨道 Ψ_1 和 Ψ_2

NH_3 分子的其余两个由 s 轨道 $\varphi_3 = (2s_1 - s_2 - s_3)/\sqrt{6}$ 和 $\varphi_4 = (s_2 - s_3)/\sqrt{2}$）产生的自适应线性组合，形成一对 E 对称的正交分子轨道，可以通过求解久期行列式找到轨道能量，这种情况下的久期方程的解为

$$E_\pm = \frac{-(2H_{34}S_{34} - H_{33} - H_{44}) \pm \sqrt{(2H_{34}S_{34} - H_{33} - H_{44})^2 - 4(1 - S_{34}^2)(H_{33}H_{44} - H_{34}^2)}}{2(1 - S_{34}^2)}$$

所需积分为

$$\begin{cases} H_{33}=-9.289\ 2\ \text{eV} \\ H_{44}=-9.289\ 2\ \text{eV} \\ H_{34}=0 \\ S_{34}=0 \end{cases}$$

利用上述积分，两个能量分别为 $E_{+}=H_{33}=-9.289\ 2$ eV 和 $E_{-}=H_{44}=-9.289\ 2$ eV。因此，每个自适应线性组合形成一个分子轨道，并且两个轨道具有相同的能量。这两个自适应线性组合形成一对正交的简并轨道，这两个 E 对称的分子轨道如图 5.26 所示。

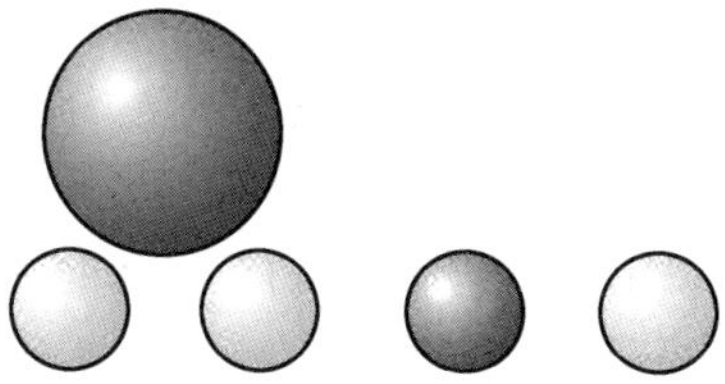

图 5.26　NH_3 分子两个 E 对称的分子轨道

5.17　分子振动

双原子分子只有一个能振动的单键，即它有一个单一的振动模式。多原子分子的振动运动要比双原子分子复杂得多，首先，有更多的键可以振动；其次，除了拉伸振动外，这是双原子中唯一可能的振动类型，还可以有弯曲和扭转振动模式。由于在多原子中改变一个键的长度通常会影响临近键的长度，因此不能孤立地考虑每个键的振动运动，而是考虑涉及键群协同运动的正常模式，如线性三原子分子的简正振动模式如图 5.27 所示。

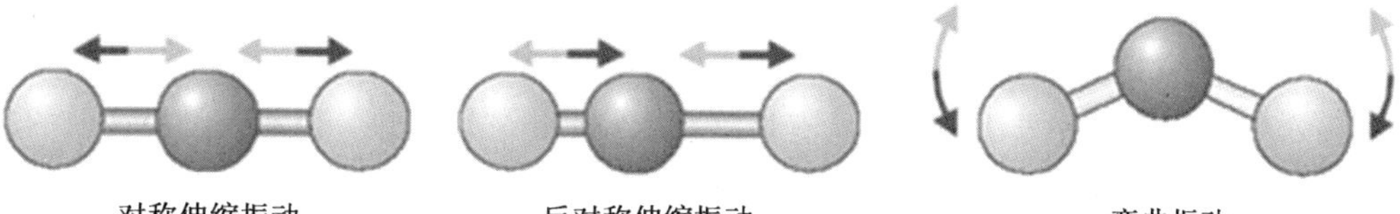

图 5.27　线性三原子分子的简正振动模式

一旦知道了一个分子在其平衡结构上的对称性，就能够利用群论来预测它将经历的振动。每一个振动模式都会转换为分子点群的一个不可约项。

1. 分子自由度(确定正常振动模式的数量)

原子只能经历平移运动，因此具有三个自由度，对应沿 x、y 和 z 笛卡儿轴的运动，任意方向的平移运动总是可以用沿这三个轴的分量来表示。当原子结合形成分子时，每个原子仍有三个自由度，因此整个分子有 $3N$ 个自由度，其中 N 是分子中的原子个数。然而，分子中的每个原子都与一个或多个相邻原子结合，这一事实严重阻碍了其平移运动，也将其运动与其所连接的原子的运动联系起来。由于这些原因，虽然完全可以用单个原子的平移运动来描述分子运动，但人们通常更感兴趣的是分子作为一个整体的运动，这些运动可分为三种类型：平动、转动和振动。就像单个原子一样，分子作为一个整体有三个平移自由度,在转动和振动中有 $3N-3$ 个自由度。转动自由度的数目取决于分子的结构,通常有三个可能的转动自由度,对应围绕 x、y 和 z 轴的转动。一个非线性多原子分子有三个转动自由度,在振动中有 $3N-6$ 个自由度(即 $3N-6$ 个振动模式)。在线性分子中,情况略有不同,运动必须改变一个或多个原子的位置,如果把 z 轴定义为分子轴,分子绕着 z 轴旋转不会使任何原子偏离其原始位置,因此这种运动不是真正的转动。因此,线性分子只有两个转动自由度,对应绕 x 轴和 y 轴的旋转,这种分子有 $3N-5$ 个振动自由度,或 $3N-5$ 个振动模式。总之,线性分子有 $3N-5$ 个振动模式,非线性分子有 $3N-6$ 个振动模式。

2. 确定分子运动的对称性

确定多原子分子的正常振动模式的程序与之前构建分子轨道的步骤非常相似。实际上,群论在这两种应用之间的唯一区别就是基集的选择。

分子的运动可以用每个原子沿 x、y 和 z 轴的运动来描述。因此,描述分子运动的一个非常有用的函数基是以每个原子为中心的一组(x, y, z)轴,这个基通常被称为 $3N$ 笛卡儿基(因为有 $3N$ 个笛卡儿轴,分子中 N 个原子各有 3 个轴),每个分子都有不同的 $3N$ 笛卡儿基,就像每个分子都有不同的原子轨道基一样。

研究特定分子运动的任务之一是确定分子点群中每个对称操作下 $3N$ 笛卡儿基的矩阵表示的特征标。以具有 C_{2v} 对称性的 H_2O 分子为例来进行说明。H_2O 有三个原子,因此 $3N$ 笛卡儿基将有 9 个元素,基矢如图 5.28 所示。

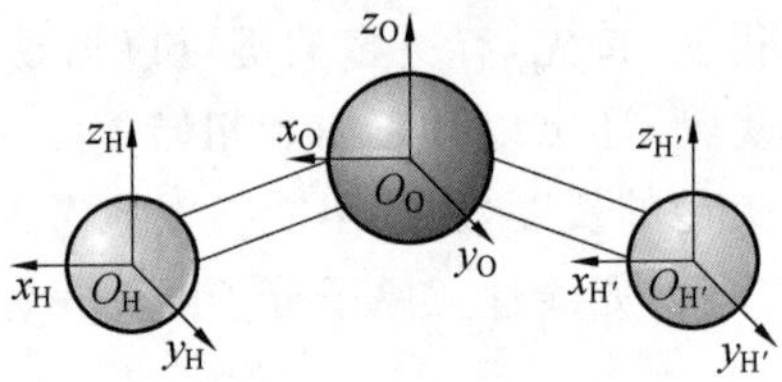

图 5.28 H_2O 分子基矢示意图

确定特征标的一种方法是构造所有矩阵表示并给出它们的迹。但有一种更简单的方法,可以逐步通过基函数并应用以下规则来确定特定对称操作下矩阵表示的特征标:

①如果基函数通过对称操作保持不变,则向特征标添加 1;

②如果基函数在对称操作下改变符号,则在特征标添加 -1;

③如果应用对称操作时基函数移动,则向特征标添加 0。

对于 H_2O 分子,$3N$ 笛卡儿基的特征标如下:

操作:	E	C_2	$\sigma_v(xz)$	$\sigma'_v(yz)$
χ_{3N}:	9	-1	3	1

如果有了特征标的相关表格,则可以更快地计算出 $3N$ 笛卡儿基的特征标。笛卡儿基的特征标只是特征标表中列出的 x、y 和 z(或 T_x、T_y 和 T_z)函数的特征标之和,要获得 $3N$ 笛卡儿基的特征标,只需将其乘分子中未被对称操作移动的原子数。表 5.10 为 C_{2v} 特征标表。

表 5.10 C_{2v}特征标表

C_{2v}	E	C_2	σ_v	σ_v'	$h=4$(基)
A_1	1	1	1	1	z, x^2, y^2, z^2
A_2	1	1	−1	−1	xy, R_z
B_1	1	−1	1	−1	x, xz, R_y
B_2	1	−1	−1	1	y, yz, R_x

x 变换为 B_1，y 变换为 B_2，z 变换为 A_1，因此笛卡儿基的特征标为

操作：	E	C_2	$\sigma_v(xz)$	$\sigma_v'(xz)$
$\chi_{笛卡儿基}$：	3	1	1	1

将这些乘未移位原子的数量(恒等操作为 3，C_2操作为 1，σ_v 操作为 3，σ_v'操作为 1)，获取 $3N$ 笛卡儿基的特征标为

$$\chi_{3N}:\quad 9\quad -1\quad 3\quad 1$$

这与之前得到的特征标相同。

现在有了每个对称操作下分子运动的特征标(由 $3N$ 笛卡儿基描述)，人们希望将这些特征标从平动、转动和振动中分离出来，可以直接从特征标表中读取平动和转动模式的特征标，然后从确定的 $3N$ 个笛卡儿特征标中减去这些特征标，就可以获得振动的特征标。平动的特征标与$\chi_{笛卡儿基}$的特征标相同，通过将特征标表中 R_x、R_y和 R_z的特征标相加找到旋转的字符(如果分子是线性的，则只需 R_x和 R_y)。对于 H_2O 分子，有

操作：	E	C_2	$\sigma_v(xz)$	$\sigma_v'(yz)$
χ_{3N}：	9	−1	3	1
$\chi_{平动}$：	3	−1	1	1
$\chi_{转动}$：	3	−1	−1	−1
$\chi_{振动}=\chi_{3N}-\chi_{平动}-\chi_{转动}$：	3	1	3	1

最后一行中的特征标是所有分子振动的特征标之和。人们可以通过使用式(5.38)来确定每个不可约项的贡献，从而找出各个振动的对称性。在许多情况下，甚至可能不需要使用公式，只需查看特征标表，就可以确定哪些不可约项起作用。在目前的例子中，唯一能给出$\chi_{振动}$所需值的不可约项组合是 $2A_1+B_1$。使用约化方程当然也能够获得此结果。

对于一个只有三个原子的 H_2O 分子，很容易识别出可能的振动模式，并将振动模式分配给适当的不可约项，H_2O 分子的三种振动模式如图 5.29 所示。

对于更大的分子，问题可能变得更复杂，在这种情况下，可以生成 $3N$ 笛卡儿基的自适应线性组合，它能够给出与每个振动模式相关的原子位移。下面以 H_2O 分子为例进行这一方面的讨论。

3. 基于 $3N$ 笛卡儿基的原子位移

与之前一样，通过依次对每个基函数(在当前的 H_2O 分子例子中为基向量)f_i应用适当的投影算符来生成每个对称的自适应线性组合。

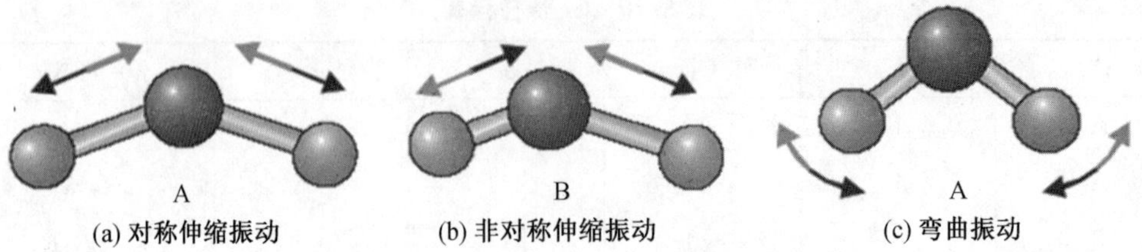

图 5.29 H_2O 分子的三种振动模式

$$\varphi_i = \sum_g \chi_k(g) g f_i$$

在目前例子中，有 9 个基向量，将其标记为 x_H、y_H、z_H、x_O、y_O、z_O、$x_{H'}$、$y_{H'}$、$z_{H'}$，描述两个 H 原子和一个 O 原子沿笛卡儿坐标轴的位移。对于 A_1 对称的自适应线性组合，将投影操作符依次应用于每个基向量可以得到

$$\begin{cases}\varphi_1(x_H)=x_H-x_{H'}+x_H-x_{H'}=2x_H-2x_{H'}\\ \varphi_2(y_H)=y_H-y_{H'}-y_H+y_{H'}=0\\ \varphi_3(z_H)=z_H+z_{H'}+z_H+z_{H'}=2z_H+2z_{H'}\\ \varphi_4(x_O)=x_O-x_O+x_O-x_O=0\\ \varphi_5(y_O)=y_O-y_O-y_O+y_O=0\\ \varphi_6(z_O)=z_O+z_O+z_O+z_O=4z_O\\ \varphi_7(x_{H'})=x_{H'}-x_H+x_{H'}-x_H=2x_{H'}-2x_H\\ \varphi_8(y_{H'})=y_{H'}-y_H-y_{H'}+y_H=0\\ \varphi_9(z_{H'})=z_{H'}+z_H+z_{H'}+z_H=2z_{H'}+2z_H\end{cases}$$

可以看出，A_1 振动(对称拉伸振动和弯曲振动)的运动特征如下：

① $2(x_H-x_{H'})$ 指两个氢原子沿 x 轴移动方向相反；

② $2(z_H+z_{H'})$ 指两个氢原子沿 z 轴的运动方向相同；

③ $4z_O$ 指氧原子沿 z 轴移动；

④ 在 y 方向上没有任何原子的运动。

不对称拉伸具有 B_1 对称性，在这种情况下应用投影算符可以得到

$$\begin{cases}\varphi_1(x_H)=x_H+x_{H'}+x_H+x_{H'}=2x_H+2x_{H'}\\ \varphi_2(y_H)=y_H+y_{H'}-y_H+y_{H'}=0\\ \varphi_3(z_H)=z_H-z_{H'}+z_H-z_{H'}=2z_H-2z_{H'}\\ \varphi_4(x_O)=x_O+x_O+x_O+x_O=4x_O\\ \varphi_5(y_O)=y_O+y_O-y_O-y_O=0\\ \varphi_6(z_O)=z_O-z_O+z_O-z_O=0\\ \varphi_7(x_{H'})=x_{H'}+x_H+x_{H'}+x_H=2x_{H'}+2x_H\\ \varphi_8(y_{H'})=y_{H'}+y_H-y_{H'}-y_H=0\\ \varphi_9(z_{H'})=z_{H'}-z_H+z_{H'}-z_H=2z_{H'}-2z_H\end{cases}$$

在这种振动模式下，两个氢原子沿 x 轴以相同方向移动，沿 z 轴以相反方向移动。

通过上面的例子可以看出如何将群论与 $3N$ 笛卡儿基函数结合起来确定分子运动的

平动、转动和振动模式的对称性，以及确定与每个振动模式相关的原子位移。

4. 内坐标下的分子振动

虽然使用 $3N$ 笛卡儿基函数研究 H_2O 分子每个振动模式的原子位移非常简单，但对于较大的分子，这一过程变得更加复杂。此外，通常更感兴趣的是键长和键角在振动中如何变化，而不是单个原子的笛卡儿位移。如果只对分子振动感兴趣，可以使用与上述不同的程序，以内部坐标基函数进行分析。内部坐标只是一组键长和键角，可以将其作为生成表示的基函数，最终生成自适应线性组合。由于键长和键角在平移或转动期间不会改变，因此无法获得有关这些类型运动的信息。

H_2O 分子的内坐标如图 5.30 所示，对于 H_2O 分子，三个内坐标是两个 OH 键长，标记为 r_1 和 r_2，以及 HOH 键角，标记为 θ。可以将基分为两个不同的基函数，一个只由键长组成，用于描述拉伸振动，另一个只由键角组成，用于描述弯曲振动。可以将所有基函数一起处理，这样相对而言过程比较简单。

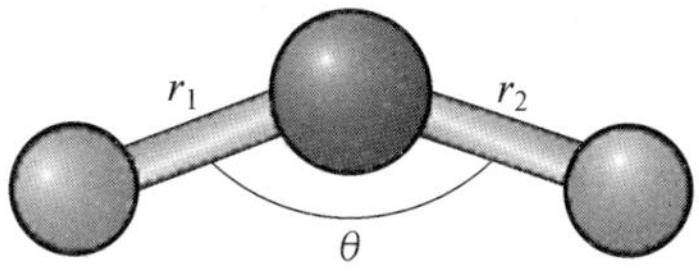

图 5.30 H_2O 分子的内坐标

通常，第一步是计算出每个对称操作下该基矩阵表示的特征标，选择基的各种转换的效果以及相应表示的特征标如下：

$$\begin{cases} E(r_1,r_2,\theta)=(r_1,r_2,\theta), & \chi(E)=3 \\ C_2(r_1,r_2,\theta)=(r_2,r_1,\theta), & \chi(C_2)=1 \\ \sigma_v(xz)(r_1,r_2,\theta)=(r_1,r_2,\theta), & \chi(\sigma_v)=3 \\ \sigma_v'(yz)(r_1,r_2,\theta)=(r_2,r_1,\theta), & \chi(\sigma_v')=1 \end{cases}$$

这些特征标与之前使用 $3N$ 笛卡儿基的特征标相同，可以看到矩阵表示简化为不可约项的和 $2A_1+B_1$，这样可以计算出新基的对称自适应线性组合，以观察 H_2O 分子在三种振动模式中每种振动的键长和角度是如何变化的。依次对每个基函数使用投影算子 $\varphi_i=\sum_g \chi_k(g)gf_i$。对于 A_1 振动，有

$$\begin{cases} \varphi_1(r_1)=r_1+r_2+r_1+r_2=2r_1+2r_2 \\ \varphi_2(r_2)=r_2+r_1+r_2+r_1=2r_1+2r_2 \\ \varphi_3(\theta)=\theta+\theta+\theta+\theta=4\theta \end{cases}$$

从这些自适应线性组合中，可以确定 φ_1（与 φ_2 相同）对应于对称伸缩，并且在对称伸缩中两个键的长度变化同步；φ_3 对应于弯曲。

对于 B_1 振动，有

$$\begin{cases} \varphi_4(r_1)=r_1-r_2+r_1-r_2=2r_1-2r_2 \\ \varphi_5(r_2)=r_2-r_1+r_{21}-r=2r_2-2r_1 \\ \varphi_6(\theta)=\theta-\theta+\theta-\theta=0 \end{cases}$$

φ_4 和 φ_5 不是线性独立的，可以选择其中一个来描述不对称伸缩，即一个键变长，另一个键变短。

使用内部坐标时非常重要的一点是，基函数中的所有坐标都是线性独立的，在这种情况下，基函数中的内部坐标数将与振动模式数相同（$3N-5$ 或 $3N-6$，取决于分子是线性的还是非线性的），上述 H_2O 例子满足了该要求。甲烷分子 CH_4，似乎可以选择一个由四个 C—H 键长组成的基和六个 H—C—H 键角组成的基；然而，这将导致给出 10 个基函数，而 CH_4 只有 9 个振动模式，这是因为键角不都是相互独立的。

5.18 群论与分子电子态

首先，理解分子轨道和电子态之间的不同很重要。分子轨道的严格定义是“单电子波函数”，即分子薛定谔方程的解。完整的单电子波函数（轨道）是描述轨道角动量和轨道“形状”的空间函数和描述自旋角动量的自旋函数的乘积，即

$$\Psi=\Psi_{\text{空间}}\Psi_{\text{自旋}}$$

“轨道”一词通常仅指“真实”轨道的空间部分，如在原子中，通常谈论 s 轨道或 p 轨道，而不是 s 空间波函数和 p 空间波函数。在这种情况下，两个自旋相反的电子可能占据一个空间轨道。更严格的说法是，一个给定的空间波函数可以与两个不同的自旋波函数配对（一个电子对应自旋向上，另一个电子对应自旋向下）。

电子态由系统的电子组态和每个电子的量子数来定义。每个电子态对应于分子的一个能级，这些能级显然取决于所占据的分子轨道及其能量，但它们也取决于各种分子轨道中的电子相互作用的方式。电子之间的相互作用本质上是由与轨道和自旋角动量相关的磁矩的相对方向决定的。如果电子在被占轨道内以不同的方式（不同的量子数）排列，那么给定的电子组态通常会产生许多不同的电子态。

在原子光谱中，使用 $^{2S+1}L_J$ 形式的符号来标记给定电子组态产生的状态，符号定义了状态的自旋、轨道和总角动量，而这些又决定了状态的能量。包含许多分子轨道贡献的分子态更为复杂，如一个给定的分子轨道通常包含来自几个不同原子轨道的贡献，因此分子中电子不能轻易地赋予一个轨道量子数，分子状态通常根据其对称性来标记。

可以通过取一个电子态中所有电子的不可约的直积来确定一个电子态的对称性（每个电子的不可约性就是它所占据的分子轨道的不可约性），通常只需要考虑未配对电子，闭合壳层中所有电子都是成对的，总是属于分子点群中的完全对称不可约。图 5.31 所示为丁二烯（C_4H_6）的分子轨道示意图，丁二烯属于 C_{2h} 点群。由于所有电子都是成对的，所以分子态的整体对称性是 A_g，如果考虑自旋多重性，状态的标记是 ^1A_g。可以通过取每个电子的不可约的直积得到相同的结果，在 A_u 对称的轨道中有两个电子，在 B_g 对称的轨道中有两个电子，所以总体上有

$$A_u\otimes A_u\otimes B_g\otimes B_g=A_g$$

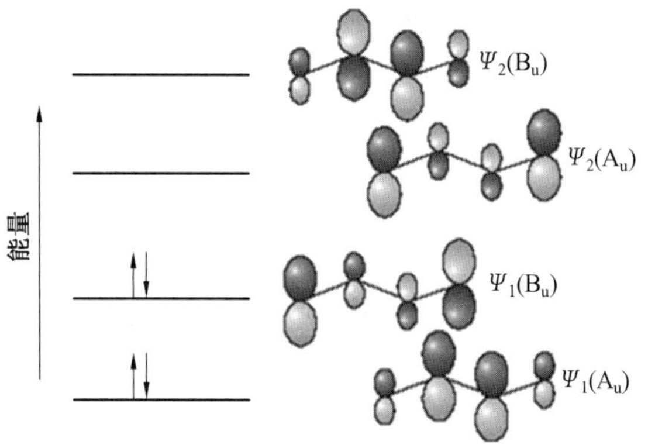

图 5.31 丁二烯的分子轨道示意图

5.19 原子和分子与光的相互作用

前面用群论了解分子中的分子轨道，本节研究对称性因素对光与物质相互作用的影响，预测电子通过吸收光子可以达到哪些态，也可以用群论来研究光如何被用来激发多原子分子的各种振动模式。

一般来说，不同类型的光谱跃迁遵循不同的选择规则。电磁光谱中紫外线或可见光部分的吸收导致电子状态的改变，吸收光谱中红外(IR)区域的光子会导致分子中的振动跃迁，而微波(MW)区域的光子会产生转动跃迁。这些跃迁称为电偶极子跃迁，每种类型的跃迁都遵循自己的选择规则，但在所有情况下，确定选择规则的一般程序都是相同的，即确定跃迁概率不等于零的条件，因此理解选择规则起源的第一步是了解如何计算跃迁概率。通常用符号 $\hat{\mu}$ 来表示电偶极子。

如果从某个初始状态 ψ_i 开始，用 $\hat{\mu}$ 在该状态下进行操作会得到一个新状态 $\psi=\hat{\mu}\psi_i$，如果想知道到达某个特定的终态 ψ_f 的概率，概率振幅可以简单地由 ψ 和 ψ_f 之间的重叠积分给出，这种概率振幅即为跃迁偶极矩 μ_{fi}，表达式为

$$\mu_{fi}=\langle\psi_f|\psi\rangle=\langle\psi_f|\hat{\mu}|\psi_i\rangle \tag{5.48}$$

跃迁概率由概率振幅的平方给出，即

$$P_{fi}=|\mu_{fi}|^2=|\langle\psi_f|\hat{\mu}|\psi_i\rangle|^2 \tag{5.49}$$

因此为了确定态 ψ_i 和 ψ_f 之间电偶极子跃迁的选择规则，需要找到 μ_{fi} 为非零的条件，方法是写出两个状态的波函数和电偶极矩算符的方程，然后进行积分，确定对初态和末态的量子数施加何种限制，以便产生跃迁。然而，如果基于对称性考虑，许多选择规则可能可以很方便地推导出来。

1. 分子中的电子跃迁

确定一般积分是否为零的关键在于，因为积分只是一个数字，所以它对任何对称操作保持不变。例如，双原子中的键合取决于相邻原子上原子轨道之间是否存在非零重叠，这可以通过重叠积分来量化。在群论中，对于非零积分，被积函数必须在适当的点群中变换

为完全对称的不可约函数。需要计算的积分是

$$\mu_{fi}=\langle\psi_f|\hat{\mu}|\psi_i\rangle=\int\psi_f^*\hat{\mu}\psi_i\mathrm{d}\tau \tag{5.50}$$

所以需要确定函数 $\psi_f^*\hat{\mu}\psi_i$ 的对称性。两个函数的乘积转换为其对称态的直积,所以需要做的就是求出 ψ_f^*、$\hat{\mu}$ 和 ψ_i 的对称态,取它们的直积,确定它是否包含对应点群的完全对称的不可约项。等效地可以取 $\hat{\mu}$ 和 ψ_i 的不可约直积,看其是否包含 ψ_f 的不可约项。

例如,属于 C_{3v} 点群的 NH_3 分子的电子基态具有 A_1 对称性,为了弄清电子态通过吸收光子可以到达哪些态,需要确定电偶极子算符 $\hat{\mu}$ 的不可约项。沿 x、y 和 z 轴线性偏振光的变换方式与特征标表中的函数 x、y 和 z 相同,从 C_{3v} 特征标表中,可以看到 x 和 y 偏振光转换为 E,而 z 偏振光转换为 A_1。因此:

①对于 x 或 y 偏振光,$\Gamma_\mu\otimes\Gamma_{\psi 1}$ 变换为 $E\otimes A_1=E$,这意味着基态 NH_3 分子吸收了 x 或 y 偏振光(图 5.32)将被激发到具有 E 对称性的态。

②对于 z 线性偏振光,$\Gamma_\mu\otimes\Gamma_{\psi 1}$ 变换为 $A_1\otimes A_1=A_1$,这意味着基态 NH_3 分子吸收了 z 偏振光将被激发到具有 A_1 对称性的态。

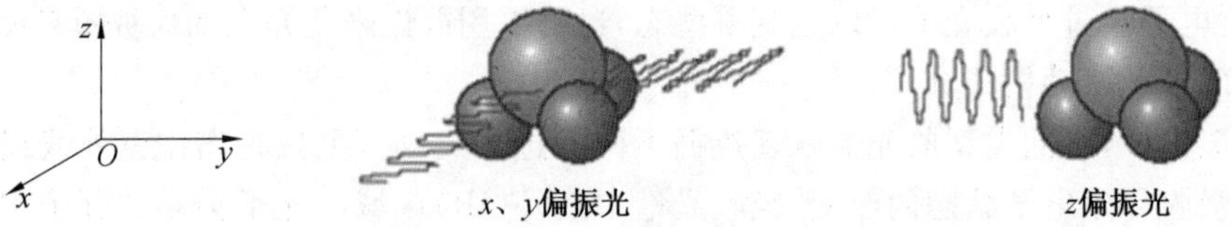

图 5.32 NH_3 分子对 x、y 和 z 线性偏振光的吸收

可以对属于 C_{2v} 点群的 H_2O 分子进行同样的分析,H_2O 有三个 A_1 对称的分子轨道,两个 B_1 对称轨道,一个 B_2 对称轨道,基态具有 A_1 对称。在 C_{2v} 点群中,x 偏振光具有 B_1 对称性,因此可以用来激发这种对称性的电子态;y 偏振光具有 B_2 对称性,可以用来获得 B_2 激发态;z 偏振光具有 A_1 对称性,可以用来激发到更高的 A_1 态。H_2O 分子轨道如图5.33所示,电子基态在 B_2 轨道上有两个电子,给出了 A_1 对称态($B_2\otimes B_2=A_1$);第一激发电子态具有构型$(1B_2)^1(3A_1)^1$,其对称性为 $B_2\otimes A_1=B_2$,它可以通过吸收 y 偏振光从基态跃迁实现。第二激发态将电子从基态激发到 $2B_1$ 轨道,其电子构型为$(1B_2)^1(2B_1)^1$,其对称性为 $B_2\otimes B_1=A_2$,由于 x、y 或 z 偏振光都不会转换为 A_2 对称态,因此该跃迁不会通过吸收单个光子而从基态激发实现。

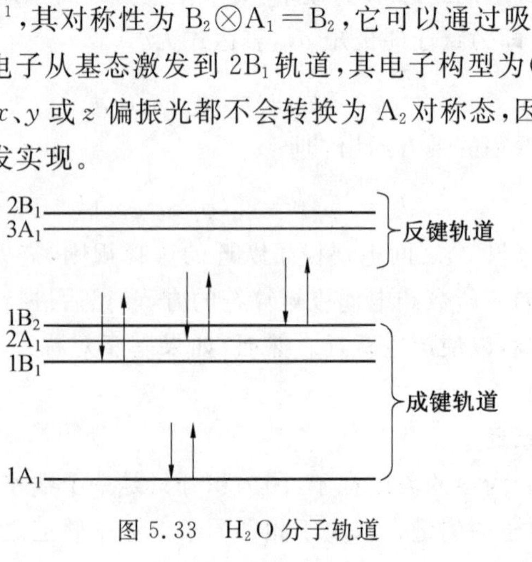

图 5.33 H_2O 分子轨道

2. 分子中的振动跃迁

上面讨论的方法同样适用于振动跃迁，沿分子的 x、y 和 z 轴偏振的光可用于激发与特征标表中列出的 x、y 和 z 具有相同对称性的振动。例如，在 C_{2v}点群中，x 偏振光可用于激发 B_1对称振动，y 偏振光可用于激发 B_2对称振动，z 偏振光可用于激发 A_1对称振动。在 H_2O 中，使用 z 偏振光激发对称伸缩振动和弯曲振动模式，使用 x 偏振光激发不对称伸缩振动。H_2O 分子在 y 偏振光激发下不会产生任何振动跃迁。

3. 拉曼散射

如果分子的固有偶极矩为零，分子中存在单光子激发无法实现的振动模式跃迁，则仍有可能使用拉曼散射的双光子过程来激发它们。拉曼散射的能级跃迁如图 5.34 所示。

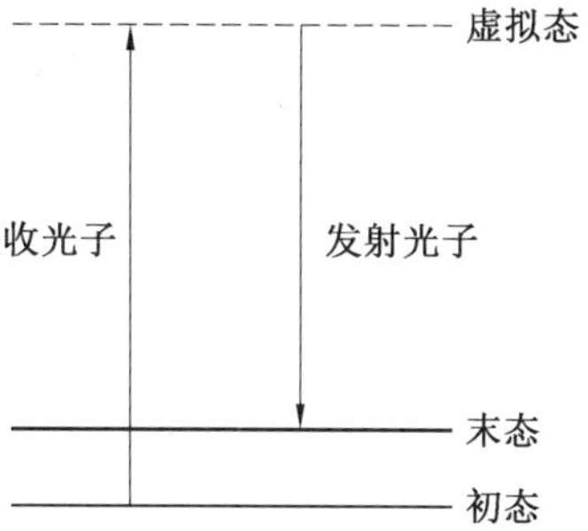

图 5.34 拉曼散射的能级跃迁

第一个光子将分子激发到某种高位中间态称为虚态，虚态不是分子的真正定态(即它们不是分子哈密顿量的本征函数)，但它们可以被认为是“光子+分子”系统的定态，这类态的寿命极短，会迅速发射光子，使系统恢复到稳定的可能与原始状态不同的分子状态，由于拉曼散射涉及两个光子(一个吸收，一个发射)，它们可能具有不同的偏振态，因此拉曼跃迁的偶极子将变换为特征标表中列出的笛卡儿乘积 x^2、y^2、z^2、xy、xz、yz 之一。转换为笛卡儿乘积之一的振动模式可由拉曼跃迁激发，与转换为 x、y 或 z 的模式可由单光子激发振动跃迁的方式大致相同。

在 H_2O 分子中，所有的振动模式跃迁都可以通过普通的单光子吸收实现，然而，它们也可以通过拉曼跃迁来实现。笛卡儿积在 C_{2v}点群中变换如下：

A_1	x^2, y^2, z^2	B_1	xz
A_2	xy	B_2	yz

因此，水的对称伸缩和弯曲振动(均为 A_1对称)可能由两个具有相同偏振(x、y 或 z 偏振)光子的拉曼散射过程激发。具有 B_1对称性的非对称伸缩可以在拉曼过程中激发，其中一个光子是 x 偏振的，另一个光子是 z 偏振的。

5.20 部分点群特征标表和乘法表

1. C_1点群

C_1点群的特征标表和乘法表见表 5.11 和表 5.12。

表 5.11 C_1点群的特征标表

C_1	E
A	1

表 5.12 C_1点群的乘法表

C_1	A
A	A

2. C_s点群

C_s 点群的特征标表和乘法表见表 5.13 和表 5.14。

表 5.13 C_s 点群的特征标表

C_s	E	σ_h	线性，转动	二次
A	1	1	x，y，R_z	x^2，y^2，z^2，xy
A′	1	−1	z，R_x，R_y	yz，xz

表 5.14 C_s 点群的乘法表

C_s	A	A′
A	A	A′
A′	A′	A

3. C_n点群

(1)C_2点群。

C_2 点群的特征标表和乘法表见表 5.15 和表 5.16。

表 5.15 C_2点群的特征标表

C_2	E	C_2	线性，转动	二次
A	1	1	z，R_z	x^2，y^2，z^2，xy
B	1	−1	x，y，R_x，R_y	yz，xz

表 5.16 C_2点群的乘法表

C_2	A	B
A	A	B
B	B	A

(2)C_3点群。

C_3 点群的特征标表和乘法表见表 5.17 和表 5.18。

表 5.17 C_3点群的特征标表

C_3	E	C_3	$(C_3)^2$	线性，转动	二次
A	1	1	1	z，R_z	x^2+y^2，z^2
E	1	e	e^*	$x+iy$，R_x+iR_y	$(x^2-y^2,xy)(yz,xz)$
	1	e^*	e	$x-iy$，R_x-iR_y	

$$e=\exp(2\pi i/3)$$

表 5.18 C_3点群的乘法表

C_3	A	E
A	A	E
E	E	2A+ E

(3)C_4点群。

C_4 点群的特征标表和乘法表见表 5.19 和表 5.20，C_4 点群的子群是 C_2 点群。

表 5.19 C_4点群的特征标表

C_4	E	C_4	C_2	$(C_4)^2$	线性，转动	二次
A	1	1	1	1	z，R_z	x^2+y^2，z^2
B	1	−1	1	−1		x^2-y^2，xy
E	1	i	−1	−i	$x+iy$，R_x+iR_y	(yz,xz)
	1	−i	−1	i	$x-iy$，R_x-iR_y	

表 5.20 C_4 点群的乘法表

C_4	A	B	E
A	A	B	E
B	B	A	E
E	E	E	2A+2B

4. C_{nv}点群

(1)C_{2v}点群。

C_{2v}点群的特征标表和乘法表见表 5.21 和表 5.22，C_{2v}点群的子群是 C_s 点群、C_2 点群。

表 5.21 C_{2v}点群的特征标表

C_{2v}	E	C_2	$\sigma_v(xz)$	$\sigma_v(yz)$	线性，转动	二次
A_1	1	1	1	1	z	x^2，y^2，z^2
A_2	1	1	−1	−1	R_z	xy
B_1	1	−1	1	−1	x，R_y	xz
B_2	1	−1	−1	1	y，R_x	yz

表 5.22 C_{2v}点群的乘法表

C_{2v}	A_1	A_2	B_1	B_2
A_1	A_1	A_2	B_1	B_2
A_2	A_2	A_1	B_2	B_1
B_1	B_1	B_2	A_1	A_2
B_2	B_2	B_1	A_2	A_1

(2)C_{3v}点群。

C_{3v}点群的特征标表和乘法表见表 5.23 和表 5.24，C_{3v}点群的子群是 C_s 点群、C_3 点群。

表 5.23 C_{3v}点群的特征标表

C_{3v}	E	$2C_3(z)$	$3\sigma_v$	线性，转动	二次
A_1	1	1	1	z	x^2+y^2, z^2
A_2	1	1	−1	R_z	
E	2	−1	0	$(x, y)(R_x, R_y)$	$(x^2-y^2, xy)(xz, yz)$

表 5.24 C_{3v}点群的乘法表

C_{3v}	A_1	A_2	E
A_1	A_1	A_2	E
A_2	A_2	A_1	E
E	E	E	A_1+A_2+E

其他点群的特征标表和乘法表参见 https://www.webqc.org/symmetry.php。

习 题

5.1 列出点群的对称操作和相应的对称元素。

5.2 解释允许分子具有光学活性的对称性标准。

5.3 给出下列点群所具有的全部对称元素：

(1)C_{2h} (2)C_{3v} (3)S_4 (4)D_2 (5)C_{3i}

5.4 HCl 的偶极矩是 3.57×10^{-30} C·m，键长是 1.30Å。如果把这个分子看作是由相距为 1.30 Å 的电荷 $+q$ 与 $-q$ 组成的，求 q，并计算 q/e。($e=1.602\times10^{-19}$C)

第 6 章　分子光谱基础

光和分子相互作用的形式，包括吸收、发射或散射，因此从分子与光相互作用的形式来看，可以有吸收光谱、发射光谱和散射光谱。

分子运动包括分子整体平动和分子内部运动，分子整体平动运动是连续的非量子化的，因此对光谱没有贡献；分子内部运动，包括分子整体绕过其重心轴的转动、分子内各个键的振动和分子中各个电子的运动。依据分子不同运动形式能级之间的跃迁，可将分子光谱分为纯转动光谱、振动—转动光谱带和电子光谱带。分子从一种能态跃迁到另一种能态时产生吸收或发射光谱（包括从紫外到远红外直至微波），分子光谱中的每一条谱线反映了分子在两个能级之间跃迁的情况。分子光谱的特征是带状光谱，它的波长分布范围可出现在远红外区、近红外区、可见光区和紫外区。远红外光谱是分子转动能级的变化引起的，近红外光谱是分子振动能级变化引起的，可见光和紫外光谱是分子中电子能级变化引起的。电子跃迁能量变化的量级为 1 eV，振动跃迁能量变化量级为 10^{-2} eV，转动跃迁能量变化的量级为 10^{-3} eV。分子中电子态能量大约是振动态能量的 50～100 倍，而振动态能量又是转动态能量的 50～100 倍。因此在分子的电子态之间的跃迁中，总是伴随着振动和转动跃迁的，因而许多光谱线就密集在一起而形成带状分子光谱。根据选择定则，双原子分子对辐射的吸收或发射涉及电子、振动和转动状态的跃迁，如果电子能级发生了变化，则必然伴随着振动和转动能级的变化，图 6.1 所示为双原子分子一个可能跃迁的能级分布示意图。

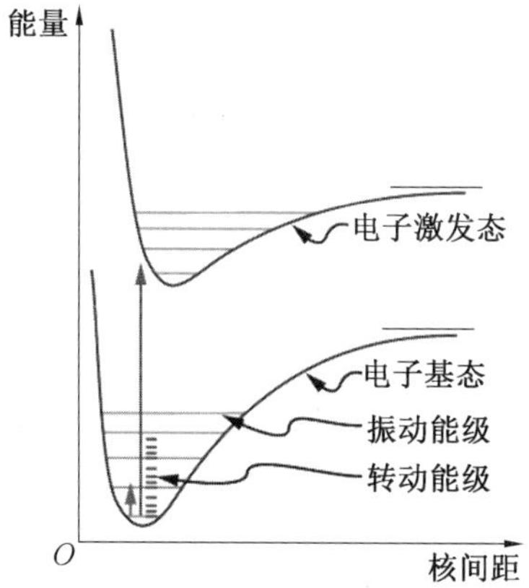

图 6.1　双原子分子一个可能跃迁的能级分布示意图

分子光谱一般具有如下规律：(1)由光谱线组成光谱带；(2)几个光谱带组成一个光谱带组；(3)几个光谱带组形成分子光谱。非极性分子由于不存在电偶极矩，因此没有转动光谱和振动—转动光谱带，只有极性分子才有这类光谱。

分子光谱是了解分子内部信息的主要途径，根据分子光谱可以确定分子的转动惯量、分子的键长和键强度以及分子离解能等许多性质，从而可推测分子的结构。分子光谱学曾对物质结构的了解和量子力学的发展起了关键性作用；而现在，分子光谱学的成果对天体物理学、等离子体和激光物理学有着极重要的意义。红外光谱是一种最常见和应用最广泛的光谱技术之一，由于存在不同的官能团，化合物具有不同的化学性质，因此它在确定化合物结构和鉴别化合物方面非常有用。红外区的吸收基团在一定波长范围内吸收相应的能量，与紫外和可见光吸收峰相比，该区域的吸收峰通常更尖锐。这样，由于不同的官能团吸收不同的特定红外辐射频率，红外光谱对样品中官能团的测定非常敏感。光谱学在应用领域中迅速发展，对医学、环保、化工和能源研究等都有显著的影响，特别是电子和激光光谱学技术大大拓展了光谱学的分析潜力。

6.1 从原子轨道到分子轨道

通过求解分子薛定谔方程 $H\psi=E\psi$ 得到的单电子波函数称为分子轨道(MO)。分子轨道 ψ 通过 $|\psi|^2$ 的值给出电子在分子中的分布，分子轨道类似于原子轨道。在分子轨道理论中，电子不属于特定的键，而是扩散在整个分子中。

以最简单的氢分子离子为例，它是由一个电子和两个核组成，每个核中分别包含一个质子，对这个三体问题进行处理是困难的。先引入一个近似，认为原子状态独立于电子状态，这种简化称为玻恩－奥本海默近似，因为原子核的质量与电子质量相比非常重，在电子状态发生变化时原子核几乎不会对电子状态的变化做出反应，可以将其视为静止。这种近似是合理的，计算表明，电子运动经过 1 000 pm，而 H_2 中的原子核只经过约 1 pm，因此假设原子核是静止的，误差很小。利用该近似，可以将问题归结为间距为 R 的原子核 a 和 b 的势场中的单电子薛定谔方程，因此电子感受的势能为

$$V=-\frac{e^2}{4\pi\varepsilon_0}\left(\frac{1}{r_a}+\frac{1}{r_b}\right) \tag{6.1}$$

在哈密顿量中出现电子质量 m_e，与核质量相比，它被认为是无穷小的，即

$$H=-\frac{\hbar^2}{2m_e}\nabla^2-\frac{e^2}{4\pi\varepsilon_0}\left(\frac{1}{r_a}+\frac{1}{r_b}\right) \tag{6.2}$$

但是需要注意的是，核的斥力势能为

$$V_{\text{nuclear-repulsion}}=\frac{e^2}{4\pi\varepsilon_0 R} \tag{6.3}$$

其与薛定谔方程的本征值组成了体系的总能量 E。

假设电子在原子核 a(或 b)附近，在这种情况下，可以忽略式(6.2)中的项 $1/r_b$(或 $1/r_a$)，因为 $r_a \ll r_b$(或 $r_b \gg r_a$)，分子离子中靠近原子核的电子的波函数可以近似通过两个原子轨道的重叠来描述：

$$\psi=N[\psi_{1s}(a)+\psi_{1s}(b)] \tag{6.4a}$$

$$\psi^2=N^2\{[\psi_{1s}(a)]^2+[\psi_{1s}(b)]^2+2\psi_{1s}(a)\psi_{1s}(b)\} \tag{6.4b}$$

$$S=\int\psi_{1s}(a)\psi_{1s}(b)\,dt=\frac{1}{2N^2}-1 \tag{6.4c}$$

归一化因子 N 保证了与分子轨道有关的归一化条件，S 指重叠积分是原子轨道的线

性组合(Linear Combination of Atomic Orbitals,LCAO)。虽然 s 轨道具有球对称性,式(6.4b)中定义的分子轨道只具有关于两个核连接轴的旋转对称性,这种旋转对称的电子密度一般称为 σ 轨道,式(6.4b)中的状态是 $1s\sigma$ 轨道,式(6.4a)表示的成键轨道,是单个电子导致分子总能量 E 减少的状态。如果考虑这种能量对双原子分子核之间距离 r 的依赖性,能量从 $r=\infty$时的 $E=0$ 下降到 $r=r_e$ 和 $E=-D_e$ 的最小值(图 6.2)。这种减少是因为原子轨道重叠的增加而导致核间区的电子密度增加。在最小值时,两个核的斥力对这种效应具有补偿作用。对 H_2^+ 用原子轨道的线性组合近似,计算得到的平衡键长度为$r_e=130$ pm,光谱解离能为 $D_e=1.77$ eV,确定的实验值是 $r_e=106$ pm 和 $D_e=2.6$ eV。这表明用于分子轨道计算的 LCAO 方法即使对于最简单的分子也无法给出精确的值,然而这并不影响它们对分子轨道进行定性描述的有用性。

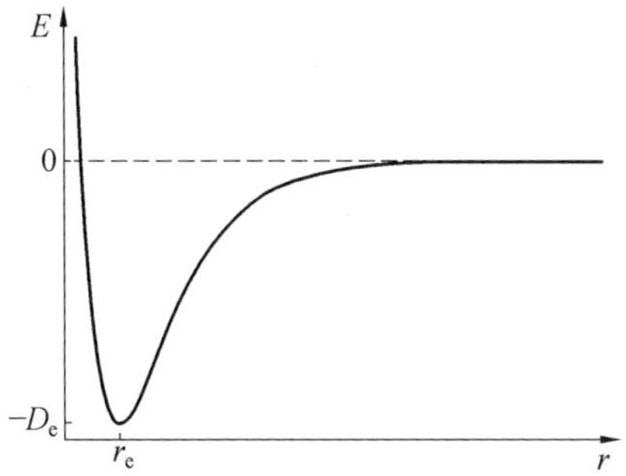

图 6.2 双原子分子的势能曲线

对于电离分子而言,最小核间距离是指 r_e 和对应的最小能量值 D_e。当 1s 原子轨道相减而不是相加时,产生了一个反键轨道,即

$$\psi'=N[\psi_{1s}(a)-\psi_{1s}(b)] \tag{6.5a}$$

$$\psi'^2=N^2\{[\psi_{1s}(a)]^2+[\psi_{1s}(b)]^2-2\psi_{1s}(a)\psi_{1s}(b)\} \tag{6.5b}$$

式(6.5b)中的第三项降低了原子核之间的电子密度,与分离的原子相比增加了总能量,该轨道被称为 $1s\sigma^*$ 轨道,σ 仍然指的是旋转对称性,所有的反键轨道都用星号 * 表示。

原子轨道在组成分子轨道时,必须满足下面三条原则才能有效地组成分子轨道。

①只有对称性匹配的原子轨道才能组合成分子轨道,这称为对称性匹配原则。原子轨道有 s、p、d 等各种类型,从它们的角度分布函数的几何图形可以看出,它们对于某些点、线、面等有着不同的空间对称性。对称性是否匹配,可根据两个原子轨道的角度分布图中波瓣的正、负号对于键轴或对于含键轴的某一平面的对称性决定。

②在对称性匹配的原子轨道中,只有能量相近的原子轨道才能组合成有效的分子轨道,而且能量越相近越好,这称为能量近似原则。

③对称性匹配的两个原子轨道进行线性组合时,其重叠程度越大,则组合成的分子轨道的能量越低,所形成的化学键越牢固,这称为轨道最大重叠原则。在上述三条原则中,对称性匹配原则是首要的,它决定原子轨道有无组合成分子轨道的可能性。能量近似原则和轨道最大重叠原则是在符合对称性匹配原则的前提下,决定分子轨道组合效率的问题。

当形成了分子时,原来处于分子的各个原子轨道上的电子将按照泡利不相容原理、能量最低原理、Hund 规则进入分子轨道，这点与电子填充原子轨道规则完全相同。

原子在形成分子时，所有电子都有贡献，分子中的电子不再从属于某个原子，而是在整个分子空间范围内运动。在分子中电子的空间运动状态可用相应的分子轨道波函数 ψ（称为分子轨道）来描述。分子轨道和原子轨道的主要区别在于：①在原子中，电子的运动只受一个原子核的作用，原子轨道是单核系统，而在分子中，电子则在所有原子核形成的势场中运动，分子轨道是多核系统；②原子轨道的名称用 s，p，d，…符号表示，而分子轨道的名称则相应地用 σ,π,δ，…符号表示。

分子轨道可以通过分子中原子轨道波函数的线性组合得到，有几个原子轨道就可以可组合成几个分子轨道，其中有一部分分子轨道分别由对称性匹配的两个原子轨道叠加而成。两核间电子的概率密度增大，其能量较原来的原子轨道能量低，有利于成键，即成键分子轨道，如 σ、π 轨道（轴对称轨道）；同时这些对称性匹配的两个原子轨道也会相减形成另一种分子轨道，结果是两核间电子的概率密度很小，其能量较原来的原子轨道能量高，不利于成键，即反键分子轨道，如 σ^*、π^* 轨道（镜面对称轨道）。还有一种特殊的情况是由于组成分子轨道的原子轨道的空间对称性不匹配，原子轨道没有有效重叠，组合得到的分子轨道的能量与组合前的原子轨道能量没有明显差别，所得的分子轨道称为非键分子轨道。

考虑 H_2 分子，这个分子中的一个分子轨道是通过将两个 1s 原子轨道的数学函数相加而得到的，这个轨道被称为成键分子轨道，分子中的电子大部分时间都在两个原子核之间的区域，沿着 H—H 键看，它看起来像 s 轨道，被称为 σ 分子轨道，如图 6.3 所示。另一个轨道是通过将其中一个函数从另一个函数中减去而得到，这个轨道是反键分子轨道，被称为 σ^* 轨道，分子中的电子大部分时间都远离两个原子核之间的区域。成键分子轨道将电子集中在两个原子核之间的区域，当电子处于这个轨道上时可以形成稳定的 H_2 分子，而由于反键分子轨道中的电子大部分时间处于远离原子核之间的区域，电子处于这一轨道上会降低分子的稳定性。

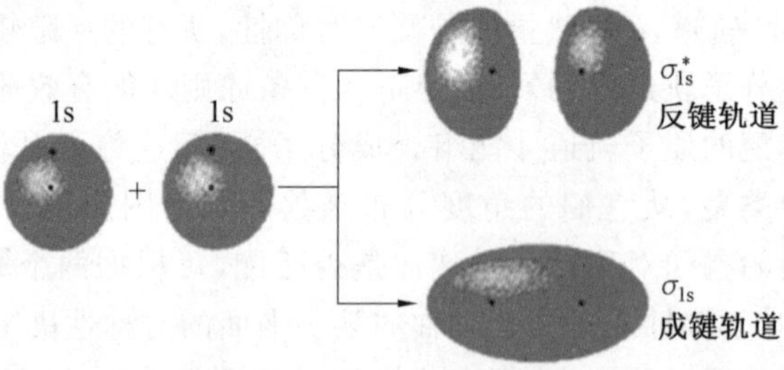

图 6.3 H_2 中两个 1s 原子轨道的组合得到分子轨道

电子从能量最低的分子轨道开始，一次一个添加到分子轨道上。与一对氢原子有关的两个电子被置于最低能量或成键分子轨道上，如图 6.4 所示，图中表明，H_2 分子的能量低于一对孤立氢原子的能量。因此，H_2 分子比一对孤立的氢原子更稳定。

考虑由元素周期表中第二周期的两个相同原子组成的分子来进一步描述分子轨道，关于 H_2^+ 的讨论对于 $2s\sigma$ 和 $2s\sigma^*$ 同样有效；对于 2p 轨道标记为 $2p_x$、$2p_y$ 和 $2p_z$，在双原子分子中，z 沿键合方向。由于双原子分子的旋转对称性，$2p_x$ 轨道的组合应与 $2p_y$ 轨道的组

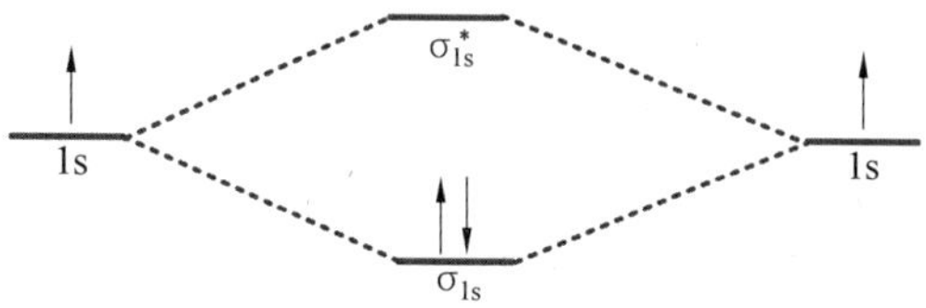

图 6.4 H_2分子的成键轨道和反键轨道能量分布示意图

合相同，但应该不同于 $2p_z$ 轨道；$2p_{x,y}+2p_{x,y}\longrightarrow 2p_{x,y}\pi$、$2p_{x,y}-2p_{x,y}\longrightarrow 2p_{x,y}\pi^*$、$2p_z+2p_z\longrightarrow 2p\sigma^*$ 和 $2p_z-2p_z\longrightarrow 2p\sigma$，π 轨道具有一个在 z 方向上通过分子连接轴的节点平面。

在讨论分子轨道时，唯一重要的轨道是价壳层轨道结合时形成的轨道。因此，O_2 分子的分子轨道图将忽略氧原子的两个 1s 电子，而集中于 2s 和 2p 价轨道之间的相互作用。一个原子上的 2s 轨道与另一个原子上的 2s 轨道结合，形成 σ_{2s} 键和 σ_{2s}^* 反键分子轨道，就像由两个 1s 原子轨道形成的 σ_{1s} 和 σ_{1s}^* 轨道一样。如果定义 O_2 分子坐标系的 z 轴沿化学键轴，相邻原子上的 $2p_z$ 轨道将迎面相遇，形成 σ_{2p} 成键轨道和 σ_{2p}^* 反键轨道，如图 6.5 所示。

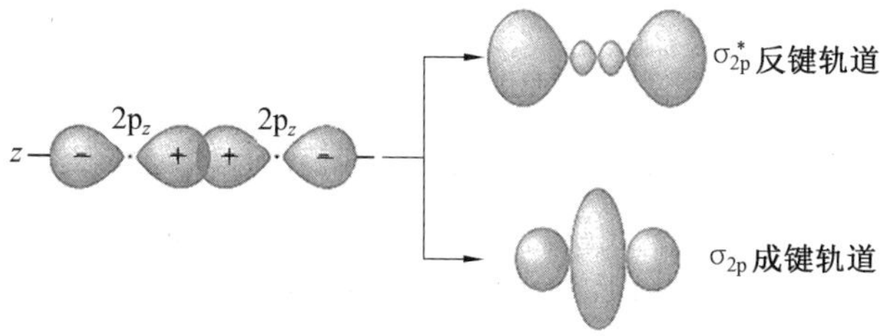

图 6.5 两个 $2p_z$ 原子轨道形成 σ_{2p} 和 σ_{2p}^* 分子轨道示意图

一个原子上的 $2p_x$ 轨道与另一个原子上的 $2p_x$ 轨道相互作用，形成具有不同形状的分子轨道，如图 6.6 所示。当沿着键轴方向观察时，它们看起来和 p 轨道相似，因此这些分子轨道被称为 π 轨道；σ 和 σ^* 轨道将电子集中在原子核所在的轴上，而 π 和 π^* 轨道将电子集中在原子核所在轴的上方或下方。

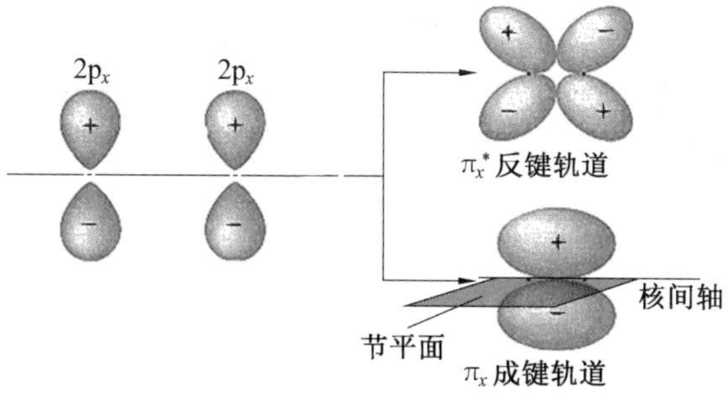

图 6.6 两个 $2p_x$ 轨道形成 π 和 π^* 分子轨道示意图

$2p_x$ 原子轨道结合形成 π_x 成键轨道和 π_x^* 反键轨道；当 $2p_y$ 轨道相互作用时与 $2p_x$ 轨道类似，只是在这种情况下，得到一个 π_y 和一个 π_y^* 反键轨道；因为 $2p_x$ 和 $2p_y$ 原子轨道的能量没有差别，所以 π_x 和 π_y 或者 π_x^* 和 π_y^* 分子轨道的能量没有差别。

一个原子上的四个价原子轨道(2s、$2p_x$、$2p_y$和$2p_z$)与另一个原子上的四个原子轨道的相互作用导致总共八个分子轨道的形成:σ_{2s}、σ_{2s}^*、σ_{2p}、σ_{2p}^*、π_x、π_y、π_x^*和π_y^*。

一个原子的2s和2p轨道的能量有很大的差别,σ_{2s}和σ_{2s}^*轨道的能量都低于σ_{2p}、σ_{2p}^*、π_x、π_y、π_x^*和π_y^*轨道。为了解决一对原子上的2p原子轨道合并时形成的六个分子轨道的相对能量问题,需要理解一对轨道之间相互作用的强度与它们形成的分子轨道的相对能量之间的关系。如图6.5和图6.6所示,$2p_z$轨道是"迎面相遇",而$2p_x$或$2p_y$轨道在边缘相遇,因此$2p_z$轨道之间的相互作用比$2p_x$或$2p_y$轨道之间的相互作用强。因此,σ_{2p}轨道的能量低于π_x和π_y轨道,而σ_{2p}^*轨道的能量高于π_x^*和π_y^*轨道,如图6.7所示。

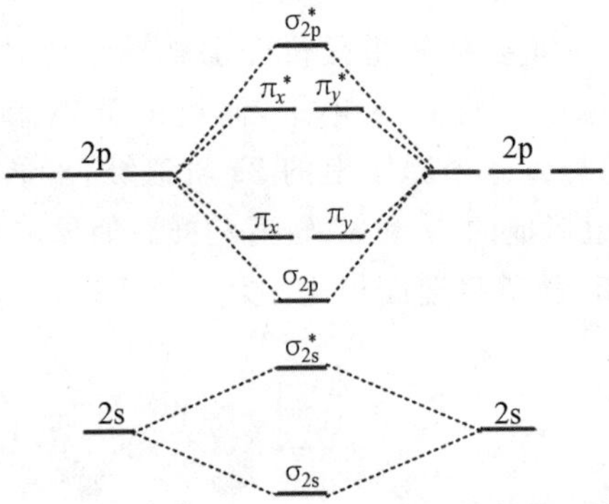

图6.7 原子轨道之间相互作用与它们形成的分子轨道的相对能量之间的关系示意图

上面讨论的方法可以应用于其他同核双原子分子,如氮N_2。每个氮原子的价电子构型为$2s^2 2p_{x1} 2p_{y1} 2p_{z1}$,通常将$z$轴视为核间轴,因此可以想象每个原子都有一个$2p_z$轨道,并指向另一个原子的$2p_z$轨道,$2p_x$和$2p_y$轨道垂直于轴。两个$2p_z$轨道中的电子之间通过自旋配对形成$\sigma$键。剩下的$2p_x$和$2p_y$轨道不能合并形成$\sigma$键,因为它们在核间轴周围没有圆柱对称性;相反,它们合并形成两个π键。π键由并排靠近的两个p轨道中的电子的自旋配对产生,当两个原子的轨道(p轨道)从垂直于核间轴的方向接近时,发生电子云重叠而成键,这样形成的共价键称为π键。形成π键时,原子轨道垂直于键轴以肩并肩方式重叠,重叠部分对称地分布在包含键轴所在的平面上、下两侧,形状相同、符号相反,呈镜面反对称。N_2分子中有两个π键,一个是在两个相邻的$2p_x$轨道上通过自旋配对形成的,另一个是在两个相邻的$2p_y$轨道上通过自旋配对形成的。因此,N_2中的整体成键模式是σ键加上两个π键,如图6.8所示。

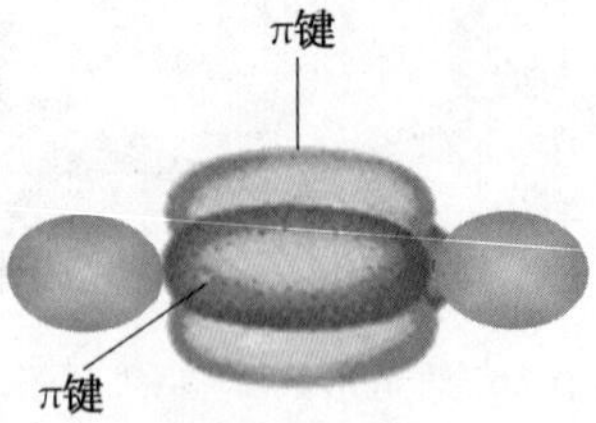

图6.8 氮分子中的键结构:一个σ键和两个π键

不过这一模型缺少对原子轨道之间交互作用的描述,如一个原子上的2s轨道可能与另一个原子上的$2p_z$轨道相互作用,这种相互作用在分子轨道理论中引入了s-p轨道混合或轨道杂化，结果是分子轨道的相对能量略有变化。实验表明，图 6.8 中的模型可以很好地描述 O_2 和 F_2，但 B_2、C_2 和 N_2 最好用包含轨道杂化模型来描述。

6.2 H_2^+ 分子的求解

在玻恩一奥本海默近似下，H_2^+ 分子的哈密顿量为

$$H=\frac{\hat{p}^2}{2m_e}+V(Q_a,Q_b,q)$$
$$=-\frac{\hbar^2}{2m_e}\nabla^2-\frac{e^2}{4\pi\varepsilon_0 r_a}-\frac{e^2}{4\pi\varepsilon_0 r_b}+\frac{e^2}{4\pi\varepsilon_0 R} \tag{6.6}$$

式(6.6)中 Q_a、Q_b 是核的坐标，第一项是电子的动能，第二项和第三项是电子分别与两个核之间的库仑势能，第四项是两个原子核之间的相互作用势能。首先考虑当电子距离其中一个原子核 a 较近时(即 $r_a \ll r_b$ 和 $r_a \ll R$)，在式(6.6)中，$1/R$ 是一个常数参数，$1/r_b$ 与 $1/r_a$ 相比可以忽略，它的波函数将类似于相应原子的原子轨道，哈密顿量为

$$H_a=-\frac{\hbar^2}{2m_e}\nabla^2-\frac{e^2}{4\pi\varepsilon_0}\frac{1}{r_a} \tag{6.7}$$

这与氢的原子轨道具有相同的解，设此种情形下的解为 φ_a，同样对于电子距离原子核 b 较近时的解为 φ_b。尝试将真正分子轨道近似写成原子轨道的线性组合：

$$\psi=c_a\varphi_a+c_b\varphi_b \tag{6.8}$$

式中，c_a、c_b 为归一化系数。

这两个原子核是等价的、具有对称性，因此能够同等地处理它们。式(6.8)是原子轨道的线性组合，分子轨道在核间轴周围具有圆柱对称性，即 σ 轨道，图6.9所示为式(6.8)分子轨道的振幅空间分布和振幅轮廓。

根据定态薛定谔方程：

$$H\psi=E\psi \tag{6.9}$$

即

$$(H-E)\psi=c_a(H-E)\varphi_a+c_b(H-E)\varphi_b=0 \tag{6.10}$$

根据态函数的正交归一完备特性，有

$$c_a\int\varphi_a^*(H-E)\varphi_a\mathrm{d}\tau+c_b\int\varphi_a^*(H-E)\varphi_b\mathrm{d}\tau=0 \tag{6.11a}$$
$$c_a\int\varphi_b^*(H-E)\varphi_a\mathrm{d}\tau+c_b\int\varphi_b^*(H-E)\varphi_b\mathrm{d}\tau=0 \tag{6.11b}$$

设

$$\begin{cases}H_{aa}=\int\varphi_a^* H\varphi_a\mathrm{d}\tau, \quad H_{bb}=\int\varphi_b^* H\varphi_b\mathrm{d}\tau\\ H_{ab}=\int\varphi_a^* H\varphi_b\mathrm{d}\tau, \quad H_{ba}=\int\varphi_b^* H\varphi_a\mathrm{d}\tau\\ S_{ab}=\int\varphi_a^*\varphi_b\mathrm{d}\tau, S_{ba}=\int\varphi_b^*\varphi_a\mathrm{d}\tau\end{cases}$$

H_2^+ 分子体系具有对称性，因此有

$$H_{aa}=H_{bb}, \quad H_{ab}=H_{ba}, \quad S_{ab}=S_{ba}=S$$

式(6.11a)和(6.11b)可以表达为

$$c_a(H_{aa}-E)+c_b(H_{ab}-ES_{ab})=0 \tag{6.12a}$$

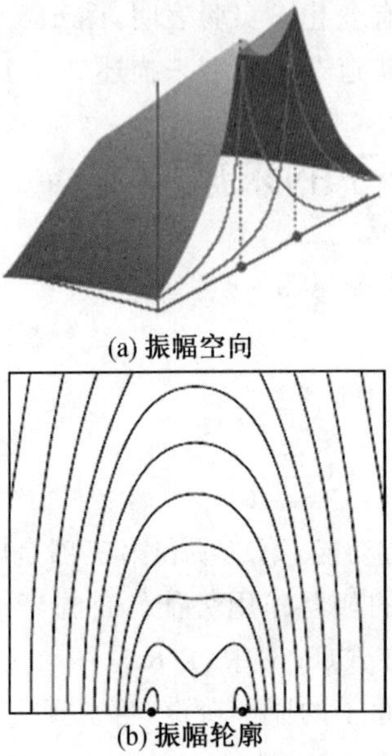

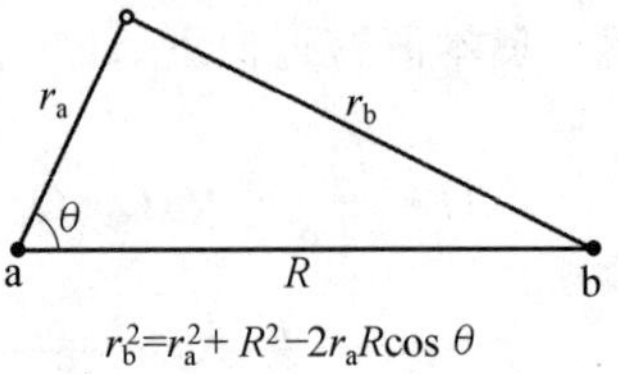

图 6.9 在两个原子核的平面内氢分子离子中键合分子轨道的振幅空间和振幅轮廓

$$c_a(H_{ba}-ES_{ba})+c_b(H_{bb}-E)=0 \tag{6.12b}$$

式(6.12a)和(6.12b)可以表达为矩阵的乘积，即

$$\begin{pmatrix} H_{aa}-E & H_{ab}-ES_{ab} \\ H_{ba}-ES_{ba} & H_{bb}-E \end{pmatrix}\begin{pmatrix} c_a \\ c_b \end{pmatrix}=0 \tag{6.13}$$

若 c_a 和 c_b 有解，则式(6.13)对应的久期行列式等于零，即

$$\begin{vmatrix} H_{aa}-E & H_{ab}-ES_{ab} \\ H_{ba}-ES_{ba} & H_{bb}-E \end{vmatrix}=0 \tag{6.14}$$

由此求得能量的本征值为

$$E_1=\frac{H_{aa}+H_{ab}}{1+S}, \quad E_2=\frac{H_{aa}-H_{ab}}{1-S} \tag{6.15}$$

将 E_1 的值代入式(6.13)，得到

$$(SH_{aa}-H_{ab})c_a+(H_{ab}-H_{aa}S)c_b=0 \tag{6.16a}$$

$$(H_{ab}-SH_{aa})c_a+(H_{aa}S-H_{ab})c_b=0 \tag{6.16b}$$

从上面两式可以得到 $c_a=c_b$，根据态函数的归一化条件 $\int\psi^*\psi\mathrm{d}\tau=1$，得

$$\int(c_a\varphi_a+c_b\varphi_b)^*(c_a\varphi_a+c_b\varphi_b)\,\mathrm{d}\tau=1$$

即要求

$$c_a^2+c_b^2+2c_ac_bS=1$$

可以得到

$$c_a=c_b=\frac{1}{\sqrt{2+2S}} \tag{6.17}$$

因此与能量 E_1 对应的态函数为

$$\psi_1 = \frac{1}{\sqrt{2+2S}}(\varphi_a + \varphi_b) \tag{6.18}$$

对于能量本征值 E_2，应用同样的方法可以得到

$$c_a = -c_b = \frac{1}{\sqrt{2+2S}}, \quad \psi_2 = \frac{1}{\sqrt{2-2S}}(\varphi_a - \varphi_b) \tag{6.19}$$

为了求得 E_1、E_2、c_a 和 c_b，需要对 S、H_{aa}和 H_{bb}进行计算。1s 原子轨道的形式为

$$\varphi_a = \varphi_b = \varphi_{1s} = \frac{1}{\sqrt{\pi a_0^3}} e^{-(r/a_0)} \tag{6.20}$$

重叠积分为

$$S_{ab} = \int \varphi_a^* \varphi_b \mathrm{d}\tau = e^{-(R/a_0)}\left(1 + \frac{R}{a_0} + \frac{R^2}{3a_0^2}\right) \tag{6.21}$$

依据 H_2^+ 分子哈密顿量，可以得到

$$E_1 = \frac{H_{aa} + H_{ab}}{1+S} \tag{6.22a}$$

$$\begin{aligned} H_{aa} &= \langle \varphi_a | \hat{H} | \varphi_a \rangle \\ &= \langle \varphi_a | -\frac{\hbar^2}{2m_e}\nabla^2 - \frac{e^2}{4\pi\varepsilon_0 r_a} | \varphi_a \rangle + \langle \varphi_a | \frac{e^2}{4\pi\varepsilon_0}\frac{1}{R} | \varphi_a \rangle - \langle \varphi_a | \frac{e^2}{4\pi\varepsilon_0 r_b} | \varphi_a \rangle \\ &= E_{1s} + \frac{e^2}{4\pi\varepsilon_0 R} - \frac{e^2}{4\pi\varepsilon_0}\langle \varphi_a | \frac{1}{r_b} | \varphi_a \rangle \\ &= E_{1s} + \frac{e^2}{4\pi\varepsilon_0 R} - \frac{e^2}{4\pi\varepsilon_0 R}[1 - e^{-2R/a_0}(1 + R/a_0)] \end{aligned} \tag{6.22b}$$

$$\begin{aligned} H_{ab} &= \left(E_{1s} + \frac{e^2}{4\pi\varepsilon_0 R}\right)S - \frac{e^2}{4\pi\varepsilon_0}\langle \varphi_a | \frac{1}{r_b} | \varphi_b \rangle \\ &= \left(E_{1s} + \frac{e^2}{4\pi\varepsilon_0 R}\right)S - \frac{e^2 e^{-R/a_0}}{4\pi\varepsilon_0 a_0}(1 + R/a_0) \end{aligned} \tag{6.22c}$$

$$E_1 = \frac{H_{aa} + H_{ab}}{1+S} = E_{1s} + \frac{e^2}{4\pi\varepsilon_0 R} - \frac{j+k}{1+S} \tag{6.23a}$$

$$j = \frac{e^2}{4\pi\varepsilon_0 R}[1 - (1 + R/a_0)e^{-2R/a_0}] \tag{6.23b}$$

$$k = \frac{e^2}{4\pi\varepsilon_0 a_0}(1 + R/a_0)e^{-R/a_0} \tag{6.23c}$$

式中，S_{ab}、H_{aa}和 H_{ab}积分都是正的，并且在大的核间距时向零递减。

图 6.10 中给出了这两个轨道能量的示意图，以及能量与核间距 R 的函数关系，从图中可以看出原子轨道线性组合模型与实验结果相比尽管存在偏差，但是模型的变化趋势与实验值变化趋势吻合得很好，而且该模型肯定抓住了问题的重要特征。当两个原子核相距很远时，这两个能量与氢原子的能量一致。随着两个原子核的接近，E_2不断增加，而 E_1最初减少，直到在某个点达到最小值，然后开始增加；ψ_1 称为成键轨道，因为在某些点上，系统的能量低于两个独立原子，而 ψ_2 为反键轨道，因为能量高于独立原子。原子轨道之间的相长干涉，导致电子密度在核间增长，两个 H_{1s}轨道重叠并形成成键 σ 轨道时发生的相长干涉如图 6.11 所示。

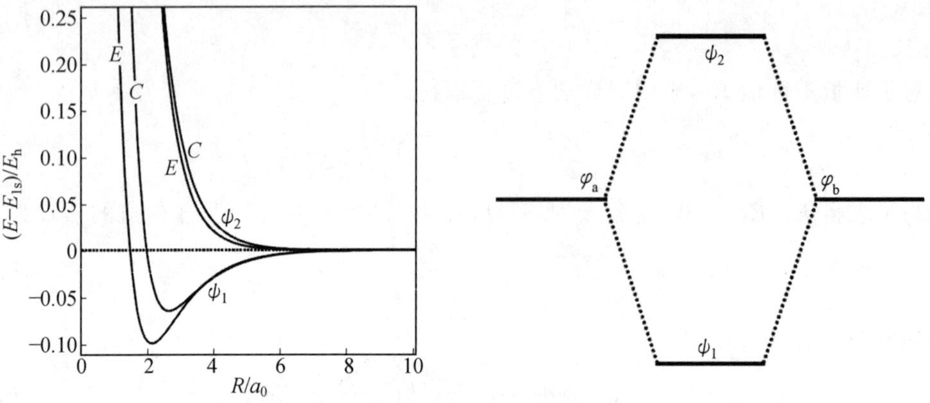

图 6.10　H_2^+ 的两个最低分子轨道能量的近似计算(C)和实验(E)与核间距 R 的函数关系

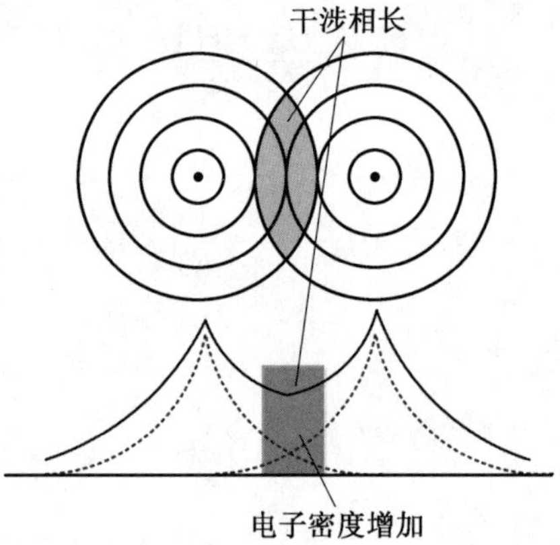

图 6.11　两个 H_{1s}轨道重叠并形成成键 σ 轨道时发生相长干涉示意图

E_1和 E_2对应态的波函数和电子概率密度如图 6.12 所示，各自的电子概率密度为

$$|\psi_1|^2=\psi_1^*\psi_1=\frac{1}{2+2S}(\varphi_a^2+\varphi_b^2+2\varphi_a\varphi_b) \tag{6.24a}$$

$$|\psi_2|^2=\psi_2^*\psi_2=\frac{1}{2-2S}(\varphi_a^2+\varphi_b^2-2\varphi_a\varphi_b) \tag{6.24b}$$

从式(6.24a)和(6.24b)中可以看出，在两个氢核之间，ψ_1态有很大的电子概率密度，这样两核通过库仑引力形成稳定的分子；而 ψ_2态在两个氢核之间的电子概率密度很小，在两核中点处 ψ_2态的电子概率密度为零。

ψ_2态对应比 ψ_1态更高的能量，因为它也是一个 σ 轨道，所以把它标记为 σ^* 反键轨道，该轨道有一个核间节面，其中 a 和 b 正好干涉相消，如图 6.13 所示。

σ^* 轨道是反键轨道，如果被占据，该轨道有助于降低两个原子之间的结合，并有助于提高分子相对于分离原子的能量。反键轨道的能量 E_2为

$$E_2=\frac{H_{aa}-H_{ab}}{1-S}=E_{1s}+\frac{e^2}{4\pi\varepsilon_0R}-\frac{j-k}{1-S} \tag{6.25}$$

式中，积分 j 和 k 由式(6.23b)和式(6.23c)给出。E_2随 R 的变化如图 6.10 所示，其中体现了反键电子的失稳效应，这种效应的部分原因是：反键电子被排除在核间区域，因此主

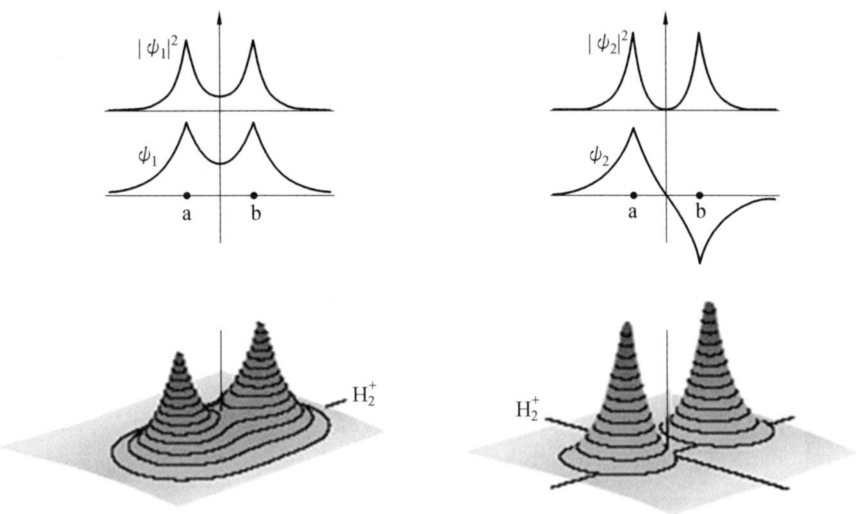

图 6.12　E_1 和 E_2 对应态的波函数和电子概率密度

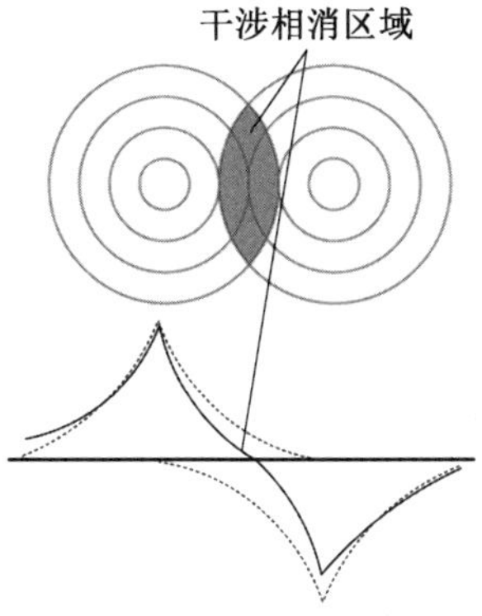

(a) 两个 H_{1s} 轨道形成反键 σ^* 轨道的相消干涉示意图

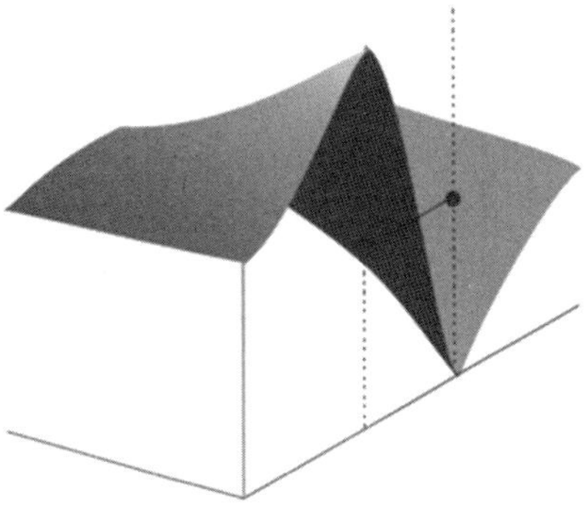

(b) 氢分子离子在两个原子核的平面上反键分子轨道的振幅

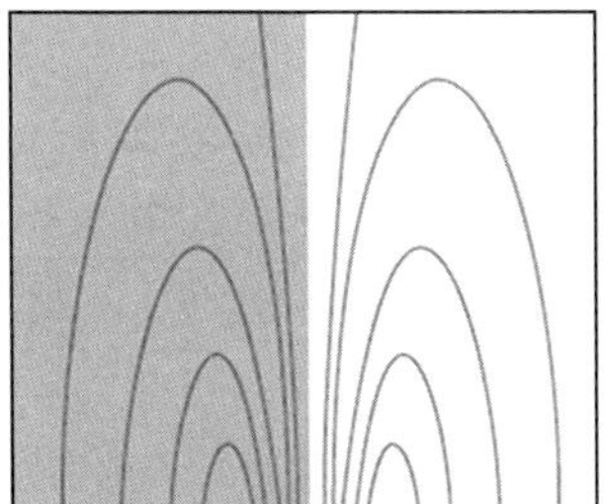

(c) 振幅的轮廓表示

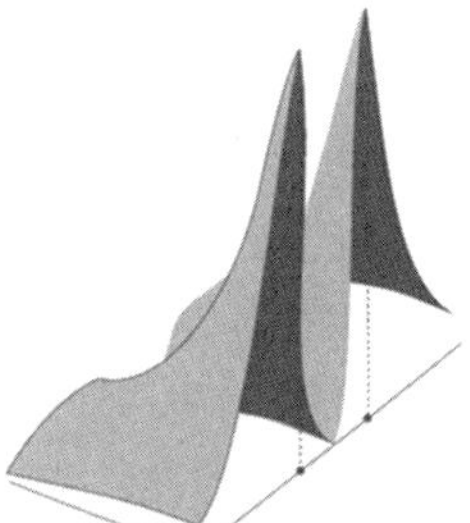

(d) 由波函数的平方计算得到的电子密度

图 6.13　与 σ^* 反键轨道有关的物理量的示意图

要分布在键区域之外。实际上，成键电子将两个原子核拉在一起，而反键电子趋于将原子核分开，如图 6.14 所示。图 6.10 还显示了反键轨道的能量 E_2 大于成键轨道的能量 E_1，即 $|E_2-E_{1s}|>|E_1-E_{1s}|$。

对于同核双原子分子，通过识别其反转对称性来描述分子轨道，即波函数通过分子中

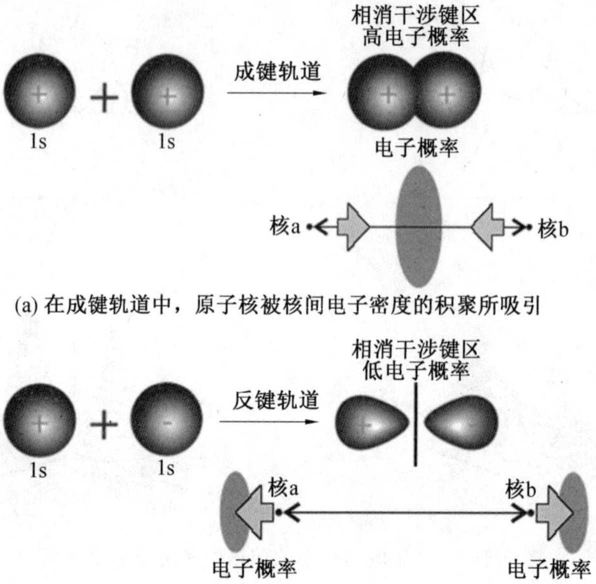

(a) 在成键轨道中，原子核被核间电子密度的积聚所吸引

(b) 在反键轨道中，原子核被核间区域外电子密度的积聚所吸引

图 6.14 成键和反键效应起源的部分解释

心(反转中心)反转时的行为，对称性由下标 g 表示，如 σ_g；反键轨道的反转会导致波函数的大小相同，但符号相反，这种反对称性由下标 u 表示，如 σ_u^*。这种反转对称性分类不适用于由两种不同元素(如 CO)的原子形成的双原子分子，因为这些分子没有反转中心。当使用 g、u 表示法时，具有相同反转对称性的每组轨道都被分别标记，1σ 变成 $1\sigma_g$，而与其对应的反键轨道 $1\sigma^*$ 具有不同对称性并被表示为 $1\sigma_u^*$。

6.3 同核双原子分子的分子轨道

1. σ 轨道

以最简单的多电子双原子分子 H_2 为例，每个氢原子贡献一个 1s 轨道(如同 H_2^+)，因此它们可以形成 $1\sigma_g$ 和 $1\sigma_u$ 轨道，轨道的能量如图 6.15 所示。H_2 的基态电子组态是在最低轨道(键合轨道)容纳两个电子，两个原子轨道可以建立两个分子轨道，一般来说，N 个原子轨道可以建立 N 个分子轨道。

有两个电子需要容纳，两个电子都可以通过配对自旋进入 $1\sigma_g$，这符合泡利不相容原理的要求，因此基态构型为 $1\sigma_{g2}$，原子通过一个键连接，该键由一个成键 σ 轨道中的电子对组成。

成键分子轨道 ψ 中两个电子的空间波函数是 $\psi(1)\psi(2)$，在交换电子标记的情况下，这两个电子波函数显然是对称的。为了满足泡利不相容原理，它必须乘反对称自旋态 $\alpha(1)\beta(2)-\beta(1)\alpha(2)$ 给出整体反对称态，即

$$\psi(1,2)=\psi(1)\psi(2)\left[\alpha(1)\beta(2)-\beta(1)\alpha(2)\right] \tag{6.26}$$

因为 $\alpha(1)\beta(2)-\beta(2)\alpha(1)$ 对应成对的电子自旋，只有当两个电子的自旋成对时，它们

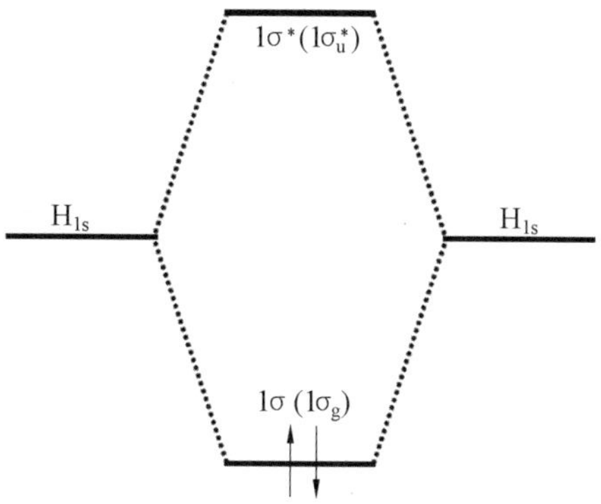

图 6.15 由 H_{1s}轨道重叠构成的分子轨道能级图

才能占据相同的成键分子轨道。

把同样的方法应用于 He 来说明它不能形成双原子分子。每个氦原子贡献一个 1s 轨道,因此可以构造 $1\sigma_g$ 和 $1\sigma_u$ 分子轨道。虽然这些轨道与 H_2 中的轨道在细节上有所不同,但总体形状是相同的,可以在讨论中使用相同的定性能级图,要容纳四个电子,两个可以进入 $1\sigma_g$ 轨道,但随后它就满了,接下来的两个必须进入 $1\sigma_u$ 轨道。因此,He_2的基态电子组态为 $1\sigma_{g2}1\sigma_{u2}$,有一个成键轨道和一个反键轨道,即两个成键电子和两个反键电子。因为一个反键轨道的反键作用比成键轨道的成键作用略强,所以 He_2 分子的能量比分离的 He 原子要高,所以它相对于单个原子来说是不稳定的。

在简单的讨论中,只有价壳层的轨道用于形成分子轨道,因此对于第二周期的元素原子形成的分子,只考虑 2s 和 2p 原子轨道。分子轨道理论的一般原理是,具有适当对称性的所有轨道都对构成分子轨道有贡献,因此为了建立 σ 轨道,需要将分子轨道形成为所有原子轨道的线性组合,这些轨道围绕核间轴具有圆柱对称性,这些轨道包括每个原子上的 2s 轨道和两个原子上的 $2p_z$轨道。根据分子轨道理论,σ 轨道由所有具有适当对称性的轨道构成。通过这四个原子轨道,可以建立四个分子轨道。因此,可能形成的 σ 轨道的一般形式是

$$\psi = c_{a2s}\varphi_{a2s} + c_{b2s}\varphi_{b2s} + c_{a2p_z}\varphi_{a2p_z} + c_{b2p_z}\varphi_{b2p_z} \tag{6.27}$$

根据这四个原子轨道,通过适当选择系数 c,可以形成四个 σ 对称的分子轨道。计算系数的方法将在后面描述。在这里,采用一种简化的方法,并且假设由于 2s 和 $2p_z$轨道具有明显不同的能量,它们可以单独处理。也就是说,四个 σ 轨道大致分为两组,一组为

$$\psi = c_{a2s}\varphi_{a2s} + c_{b2s}\varphi_{b2s} \tag{6.28a}$$

另一组为

$$\psi = c_{a2p_z}\varphi_{a2p_z} + c_{b2p_z}\varphi_{b2p_z} \tag{6.28b}$$

因为原子 a 和 b 是相同的,它们 2s 轨道的能量是相同的,所以系数是相等的(除了符号上可能的差异外);$2p_z$ 轨道也是如此。因此,这两组轨道的形式为 $\varphi_{a2s} \pm \varphi_{b2s}$ 和 $\varphi_{a2p_z} \pm \varphi_{b2p_z}$。

两个原子上的 2s 轨道重叠,产生成键和反键 σ 轨道(分别为 $1\sigma_g$ 和 $1\sigma_u$),其方式与前面的 1s 轨道完全相同,如图 6.16(a)所示。沿着核间轴的两个 $2p_z$轨道强烈重叠,它们可

能以相长或相消方式相互干涉,并分别给出成键或反键 σ 轨道,如图 6.16(b)所示,这两个 σ 轨道分别标记为 $2\sigma_g$ 和 $2\sigma_u$。

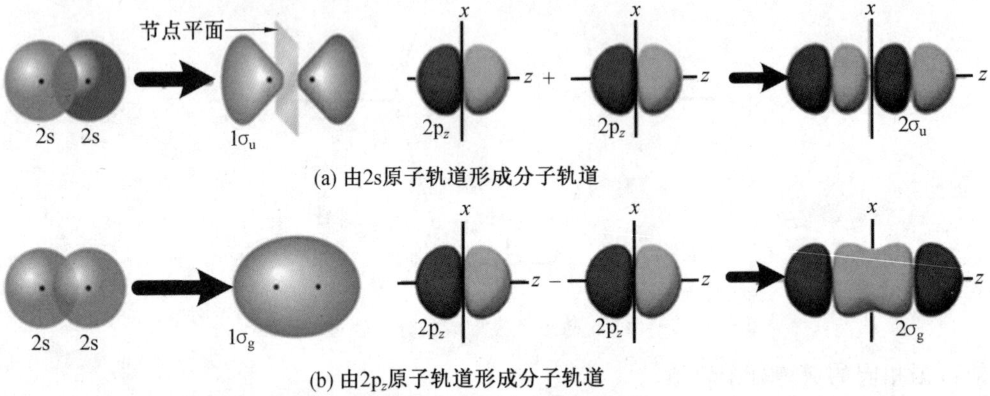

图 6.16 由 2s 原子轨道和 $2p_z$ 原子轨道形成分子轨道示意图

2. π 轨道

考虑每个原子的 $2p_x$ 和 $2p_y$ 轨道,这些轨道垂直于核间轴,并可能横向重叠,这种重叠可能是干涉相长或干涉相消,并导致成键或反键 π 轨道,如图 6.17 所示。π 类似于原子中的 p 符号,因为当沿着分子轴道观察时,π 轨道看起来像原子中的 p 轨道,两个 $2p_x$ 轨道重叠产生一个成键和反成键 π_x 轨道,两个 $2p_y$ 轨道重叠产生两个 π_y 轨道。π_x 和 π_y 成键轨道是简并的,它们对应的反键轨道也是简并的。从图 6.17 中可以看到,成键 π 轨道具有奇对称性,表示为 π_u;反键 π 轨道具有偶对称性,表示为 π_g。

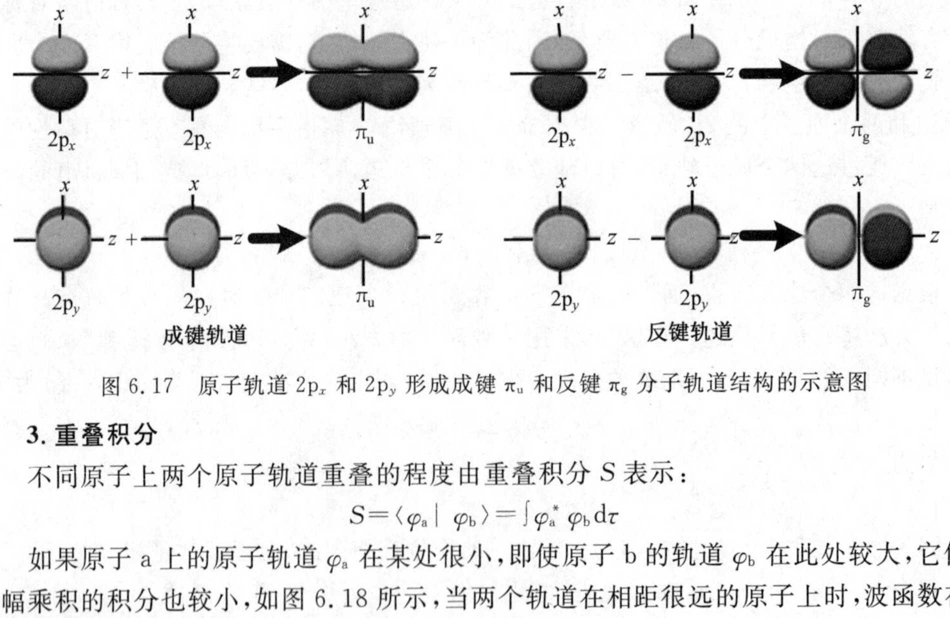

图 6.17 原子轨道 $2p_x$ 和 $2p_y$ 形成成键 π_u 和反键 π_g 分子轨道结构的示意图

3. 重叠积分

不同原子上两个原子轨道重叠的程度由重叠积分 S 表示:

$$S=\langle \varphi_a | \varphi_b \rangle=\int \varphi_a^* \varphi_b \mathrm{d}\tau$$

如果原子 a 上的原子轨道 φ_a 在某处很小,即使原子 b 的轨道 φ_b 在此处较大,它们的振幅乘积的积分也较小,如图 6.18 所示,当两个轨道在相距很远的原子上时,波函数在它们重叠的地方很小(图 6.18(a));当原子更靠近时,两个轨道在重叠处都有显著的振幅,S 可能接近 1(图 6.18(b)),当两个原子从此处所示进一步接近时,S 将再次减小,因为 p 轨道的负振幅区域开始与 s 轨道的正区域重叠。如果 φ_a 和 φ_b 在空间的某个区域同时较大，那么 S 可能较大。

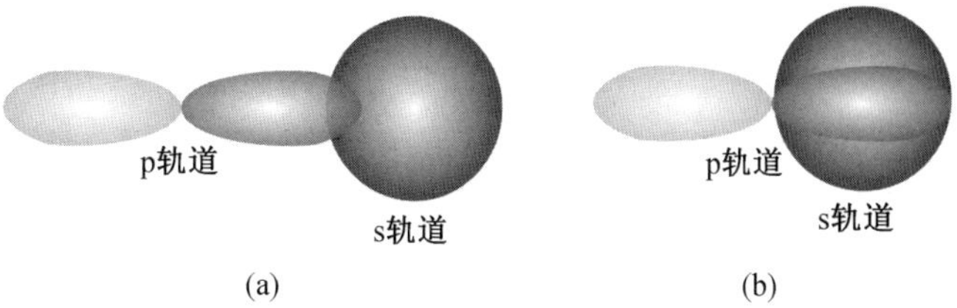

图 6.18 原子轨道 s 和原子轨道 p 重叠程度示意图

如果两个归一化原子轨道相同（如同一个原子核上的 1s 轨道），那么 $S=1$。在某些情况下，可以给出重叠积分 S 随键长变化的简单公式，图 6.19 表示 H_2^+ 在平衡键长度下，两个 H_{1s} 轨道的 $S=0.59$，这是一个非常大的值。$n=2$ 轨道的 S 典型值为 0.2～0.3。

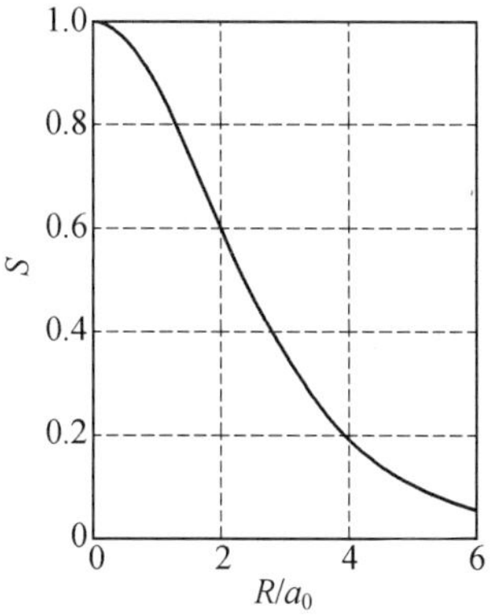

图 6.19 两个 H_{1s} 轨道之间的重叠积分 S 与其分离距离 R 的函数关系

考虑 s 轨道叠加在不同原子的 p_x 轨道上如图 6.20 所示，轨道积为正的区域上的积分正好抵消轨道积为负的区域上的积分，因此总体 $S=0$。所以，在这种排列中，s 轨道和 p 轨道之间没有净重叠。

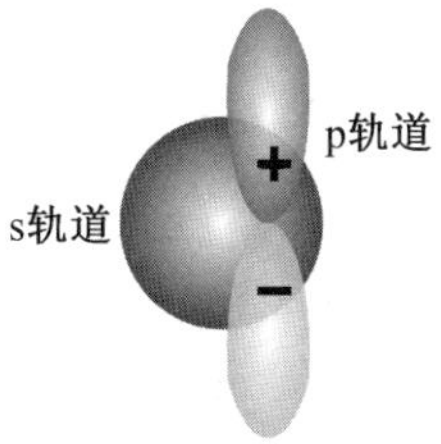

图 6.20 p 轨道与 s 轨道的净重叠为零（即 $S=0$）示意图

4. 同核双原子分子的电子结构

原子轨道叠加产生的分子轨道数与产生它们的原子轨道数相同（“轨道守恒定律”）；随着两个原子轨道之间重叠的增加，成键和反键分子轨道之间的能量差增加；当两个原子轨道结合形成一对分子轨道时，成键分子轨道的稳定程度与反键分子轨道的不稳定程度相当；当原子轨道具有相同的能量时，它们之间的相互作用最强。随着轨道的建立，可以通过向轨道添加适当数量的电子并遵循规则来推断分子的基态构型。

为了构造第二周期元素的同核双原子分子，如 N_2、O_2 和 F_2 的轨道能级图，由 8 个价壳层轨道(每个原子 4 个)形成 8 个分子轨道。在某些情况下,π 轨道的键合强度低于 σ 轨道,因为它们的最大重叠发生在轴外。图 6.21 所示为氟分子(F_2)的分子轨道能级示意图。由每个 F 上的 3 个(2p)轨道导出的最低能量分子轨道是 σ_{2p_z},其次最稳定的是两个简并轨道 π_{2p_x} 和 π_{2p_y}。对于图中的每个成键轨道,都有一个反成键轨道,反键轨道的不稳定程度大约相当于相应成键轨道的稳定程度。因此,$\sigma^*_{2p_z}$ 轨道的能量比简并轨道 $\pi^*_{2p_x}$ 和 $\pi^*_{2p_y}$ 轨道的能量都高。电子填充轨道时从能量最低的轨道开始。每个氟有 7 个价电子,因此 F_2 分子中总共有 14 个价电子(每个 F 原子有 7 个)。从最低能级开始,根据泡利不相容原理和洪德定律,电子被填充到轨道上。两个电子分别填充 σ_{2s} 和 σ^*_{2s} 轨道,两个填充 σ_{2p_z} 轨道。除了最高的 $\sigma^*_{2p_z}$ 轨道外,其他轨道都有电子填充,8 个电子在成键轨道上,6 个电子在反键轨道上,F_2 的分子电子组态为 $1\sigma_{g2}1\sigma_u^{*2}2\sigma_{g2}1\pi_{u4}1\pi_g^{*4}$。

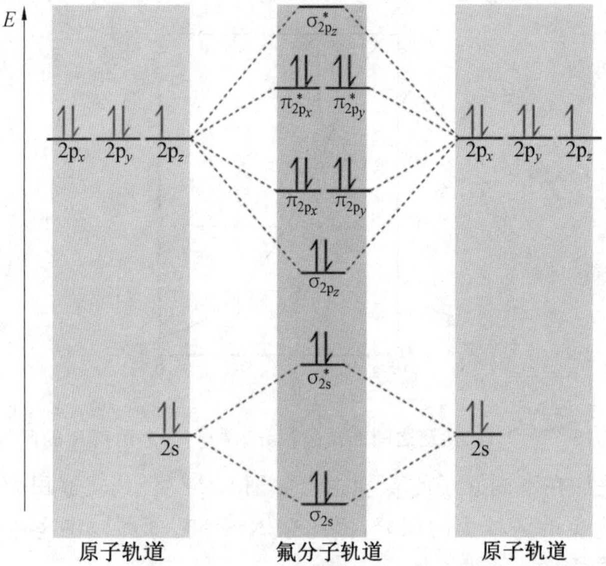

图 6.21 氟分子的分子轨道能级示意图

N_2 分子有 10 个价电子,2 个电子配对,占据并填充 $1\sigma_g$ 轨道;接下来的 2 个占据并填充 $1\sigma_u$ 轨道;剩下 6 个电子,有两个在 $1\pi_u$ 轨道,因此其中可以容纳 4 个电子。最后 2 个进入 $2\sigma_g$ 轨道。因此,N_2 的基态组态为 $1\sigma_{g2}1\sigma_u^{*2}1\pi_{u4}2\sigma_{g2}$。

为了获得 O_2 的分子轨道能级图,需要在能级图中填充 12 个价电子(每个 O 原子 6 个)。根据洪德定律和泡利不相容原理填充轨道,从能量最低的轨道开始,两个电子分别用来填充 σ_{2s} 和 σ^*_{2s} 轨道,两个电子用来填充 σ_{2p_z} 轨道,四个电子用来填充简并 $\pi^*_{2p_x}$ 轨道和 $\pi^*_{2p_y}$ 轨道。根据洪德定律,最后两个电子必须被放置在独立的 π^* 轨道上,自旋平行,从而产生两个未配对的电子,即在轨道对 π_{np_x}、$\pi^*_{np_y}$ 中只有 2 个电子,这导致了 O_2 分子有两个未配对的电子。8 个电子在成键轨道上,4 个电子在反键轨道上。图 6.22 给出了氧分子 O_2 的分子轨道能级示意图。类似于原子轨道中电子组态的表示方法,可以写出 O_2 的分子电子组态为 $1\sigma_{g2}1\sigma_u^{*2}2\sigma_{g2}1\pi_{u4}1\pi_g^{*2}$。

对于元素周期表中第二周期氮分子 N_2 左侧元素的双原子分子而言,分子轨道能级图

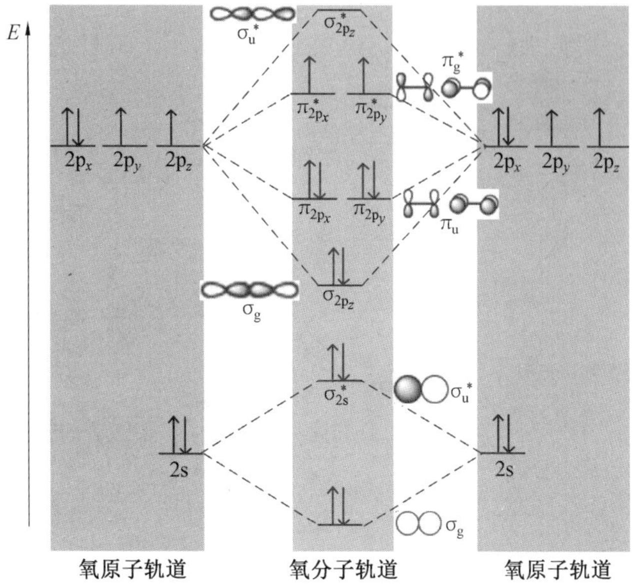

图 6.22 氧分子 O_2的分子轨道能级示意图

与 O_2和 F_2分子的轨道能级图稍有不同，因为它们的 σ_{2p_z} 分子轨道的能量略高于简并 $\pi^*_{np_x}$ 与 $\pi^*_{np_y}$ 轨道。从 Li_2到 F_2，2s 和 2p 原子轨道之间的能量差随核电荷数的增加而增加，这是由于随核电荷的增加，2p 子壳层中的电子对 2s 电子屏蔽变弱。如果能量相似但不相等的轨道具有相同的对称性，它们可以相互作用，当一个原子上的 2s 轨道和另一个原子上的 $2p_z$ 轨道具有相似的能量时，它们之间的这种相互作用是最重要的，这种相互作用降低了 σ_{2s}轨道的能量，增加了 σ_{2p_z} 轨道的能量，因此对于 Li_2、Be_2、B_2、C_2和 N_2，σ_{2p_z} 轨道的能量高于 σ_{3p_z} 轨道，如图 6.23 所示。实验发现，随着核电荷数的增加，ns 和 np 原子轨道之间的能隙增大，与图 6.23 相符，如 σ_{2p_z} 分子轨道的能量低于 $\pi_{2p_{x,y}}$ 轨道对；10 个价电子中 8 个成键电子和 2 个反键电子。

衡量双原子分子中净键的指标是它的键级 $b=(n-n^*)/2$，其中 n 是成键轨道中的电子数，n^* 是反键轨道中的电子数。键级是讨论化学键特征的一个有用参数，因为它与键长和键强度相关。对于给定元素原子之间的键：①键级越大，键越短；②键级越大，键强度越大。对于 H_2，$b=1$，对应两个原子之间的单键 H—H。在 He_2中，$b=0$，键级为零，没有化学键。在 N_2中，10 个价电子中 8 个成键电子和 2 个反键电子，$b=(8-2)/2=3$，因此 N_2为三键 N≡N。实验数据表明，N—N 键明显短于 F—F 键（N_2中为 109.8 pm，F_2中为 141.2 pm），且 N_2的键能远大于 F_2（分别为 945.3 kJ/mol 和 158.8 kJ/mol）。因此，N_2键比 F_2键短得多，也比 F_2键强得多。对于 O_2，预测的键级为 2 与实验数据一致，对应于双键，O—O 键长度为 120.7 pm 时键能为 498.4 kJ/mol。

表 6.1 列出了一些典型双原子分子中的键长度和键能，键能是通过离解能 D_e 来测量的。

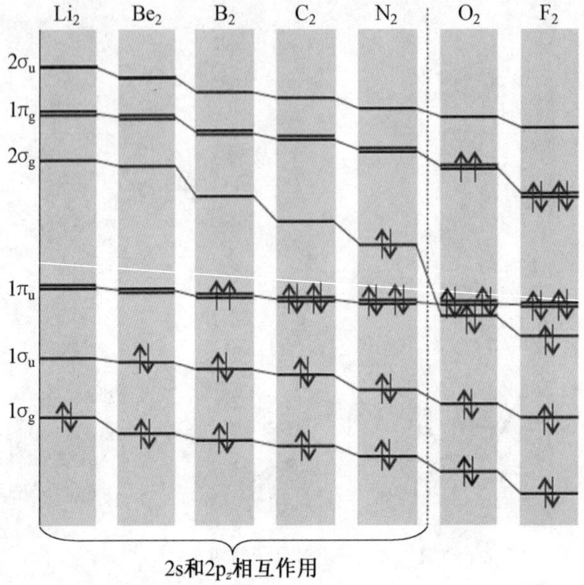

图 6.23 第二周期元素双原子分子的分子轨道能级分布示意图

表 6.1 一些典型双原子分子中的键长度和键能

键	键级	键长度 R_e/pm	键能 D_0/(kJ · mol^{-1})
H—H	1	74.14	432.1
N—N	3	109.76	941.7
H—Cl	1	127.45	427.7
C—H	1	114	435
C—C	1	154	368
C—C	2	134	720
C—C	3	120	962

例 6.1 ①写出硫的价电子构型,并确定 S_2 中形成的分子轨道类型,根据价原子轨道之间的能量接近程度,预测分子轨道的相对能量;②绘制该系统的分子轨道能级图,并确定 S_2 中的价电子总数;③按照能量增加的顺序填充分子轨道,确保遵守泡利不相容原理和洪德法则;④计算键级并描述键合。

解 ①硫具有 $3s^2 3p^4$ 价电子组态。为了创建分子轨道能级图,需要知道 3s 和 3p 原子轨道的能量有多接近,由于 ns、np 能隙随着核电荷的增加而增加(图 6.23),因此 σ_{3p_z} 轨道的能量将低于 $\pi_{3p_{x,y}}$ 轨道对的能量。

②硫分子 S_2 轨道能级图如图 6.24 所示。

每个硫原子贡献 6 个价电子,总共 12 个价电子。

③和④:10 个价电子填充 π_{3p_x} 和 π_{3p_y} 轨道,2 个价电子占据简并轨道对 $\pi^*_{3p_x}$ 和 $\pi^*_{3p_y}$。根据洪德法则,剩下的 2 个电子必须分别占据这些轨道,硫分子 S_2 的电子构型为

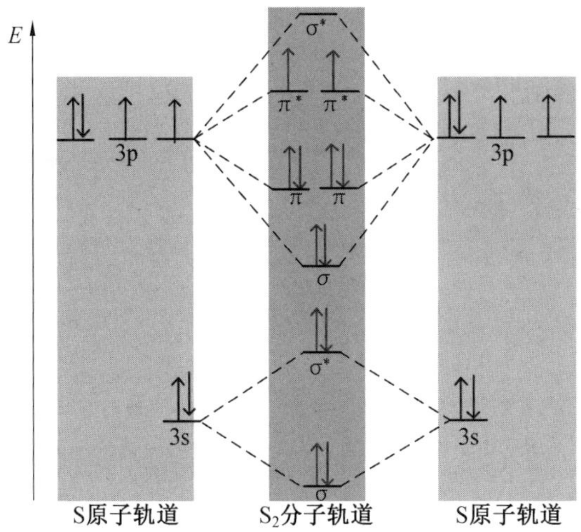

图 6.24 S_2 分子轨道能级图

$(\sigma_{3s})^2(\sigma_{3s}^*)^2(\sigma_{3p_z})^2(\pi_{3p_{x,y}})^4(\pi_{3p_{x,y}}^*)^2$，有 2 个未配对电子。键级为(8－4)÷2＝2，S═S 双键。

例 6.2 N_{2+} 的离解能比 N_2 大还是小？

分析 N_2 的基态电子组态为 $1\sigma_{g2}1\sigma_u^{*2}1\pi_{u4}2\sigma_{g2}$，键级为 3；$N_{2+}$ 的电子组态为 $1\sigma_{g2}1\sigma_u^{*2}1\pi_{u4}2\sigma_{g1}$，键级为 5/2。因为 N_{2+} 的键级较小，所以它的离解能较小。N_2 的实验离解能为 945 kJ/mol，N_{2+} 的实验离解能为 842 kJ/mol。

6.4 异核双原子分子的分子轨道

当两个不同的原子相互作用形成化学键时，相互作用的原子轨道不具有相同的能量，例如，如果元素 B 的电负性大于元素 A（$\chi_B > \chi_A$），则最终结果是"扭曲"的分子轨道能级图，如图 6.25 中假设的 A－B 分子所示，由于元素 B 中电子的稳定性增强，元素 B 的原子轨道的能量均低于元素 A 相应的原子轨道，分子轨道不再对称，成键分子轨道的能量与 B 原子轨道的能量更为相似，成键电子的电子密度可能更接近于电负性更强的原子。因此，成键轨道中的电子在两个原子之间并不平均共享，平均而言它们更接近 B 原子，形成极性共价键。分子轨道能级图总是向电负性更强的原子倾斜。

一氧化氮（NO）是异核双原子分子，因为 NO 有奇数个价电子（5 个来自氮，6 个来自氧，总共 11 个），它的成键和性质不能用电子对方法或价键理论成功解释。NO 的分子轨道能级图（图 6.26）表明，因为 10 个电子足以填满所有来源于由 2p 原子轨道给出的成键分子轨道，所以第 11 个电子必须占据其中一个简并 π^* 轨道。因此，NO 的键级为(8－3)/2＝5/2。实验数据表明，N—O 键长度为 115 pm，N—O 键能为 631 kJ/mol，这些值介于分别具有三键和双键的 N_2 和 O_2 分子之间。NO 的基态电子组态按能量增加的顺序为 $(\sigma_{2s})^2(\sigma_{2s}^*)^2(\pi_{2p_{x,y}})^4(\sigma_{2p_z})^2(\pi_{2p_{x,y}}^*)^1$，因此 $\pi_{2p_{x,y}}$ 轨道的能量低于 σ_{2p_z} 轨道。

分子轨道理论也能给出 NO 的化学性质，如图 6.26 的能级图所示，NO 在相对高能的分子轨道中有一个电子，因此可以预期它与带有单电子的碱金属（如锂和钠）具有类似的反应性，事实上 NO 很容易被氧化成 NO^+ 阳离子。

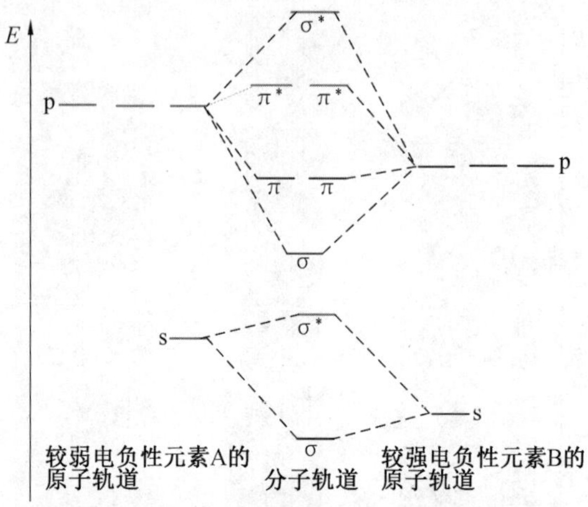

图 6.25　异核双原子分子 A－B 的分子轨道能级图（电负性$\chi_B>\chi_A$）

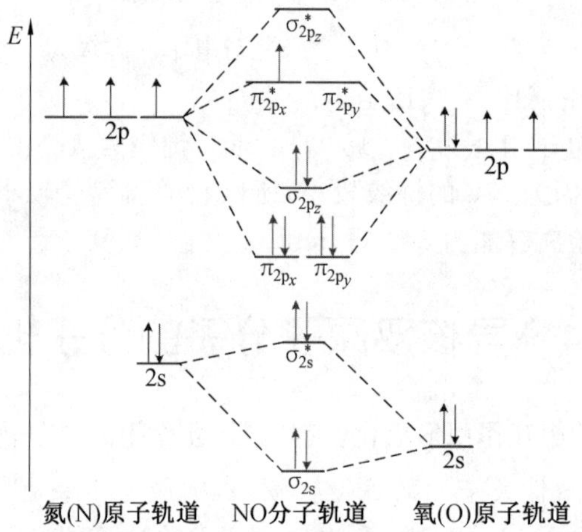

图 6.26　NO 的分子轨道能级图

分子轨道理论也能解释孤对电子的存在，孤对电子是指分子中除了用于形成共价键的键合电子外，在原子最外电子层中还经常存在未用于形成共价键的非键合电子。例如 HCl 分子，使用分子轨道方法来描述 HCl 中的键合，从图 6.27 中可以看出，氢原子的 1s 轨道在能量上最接近氯的 3p 轨道，因此填充 Cl 原子的 3s 轨道都不参与成键，唯一重要的相互作用是 H 的 1s 轨道和 Cl 的 3p 轨道之间的相互作用。在三个 p 轨道中，只有 $3p_z$ 轨道可以与 H 的 1s 轨道相互作用形成分子的 σ 轨道；$3p_x$ 和 $3p_y$ 原子轨道与氢原子的 1s 轨道没有净重叠，因此它们不参与成键。因为 Cl 的 3s、$3p_x$ 和 $3p_y$ 轨道的能量在形成 HCl 时不会改变，所以它们被称为非键分子轨道。由一对电子占据的非键分子轨道相当于一对孤电子的分子轨道。非键轨道中的电子对键级没有影响，因此在计算键级时不考虑它们。所以，预测的 HCl 键级为(2－0)÷2＝1。由于 σ 键分子轨道在能量上更接近 Cl 的 $3p_z$ 原子轨道，而不是 H 的 1s 原子轨道，因此 σ 轨道中的电子更靠近氯原子，而不是氢原子。H 的 1s 原子轨道与 Cl 上的 $3p_z$ 轨道相互作用最强，产生一对成键/反键的分子轨道。Cl 上的其他电子被视为非键电子。

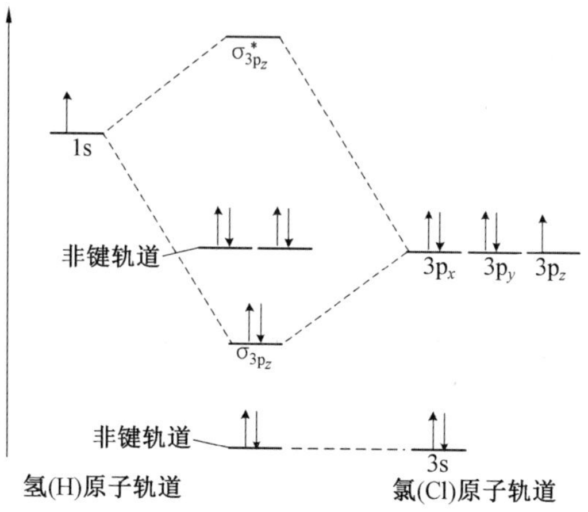

图 6.27 HCl 的分子轨道能级图

例 6.3 使用“扭曲”分子轨道能级图描述氰化物离子(CN^-)中的键合、键级。

分析 计算 CN^- 中的价电子总数，然后将这些电子按能量增加的顺序填充到分子轨道能级图中，填充时遵守泡利不相容原理和洪德法则。

CN^- 离子中总共有 10 个价电子，4 个来自 C，5 个来自 N，1 个来自 −1 电荷，并且 N 的电负性大于 C 的电负性。将这些电子填充于能级图中，填充 5 个最低能量轨道，如图 6.28 所示。

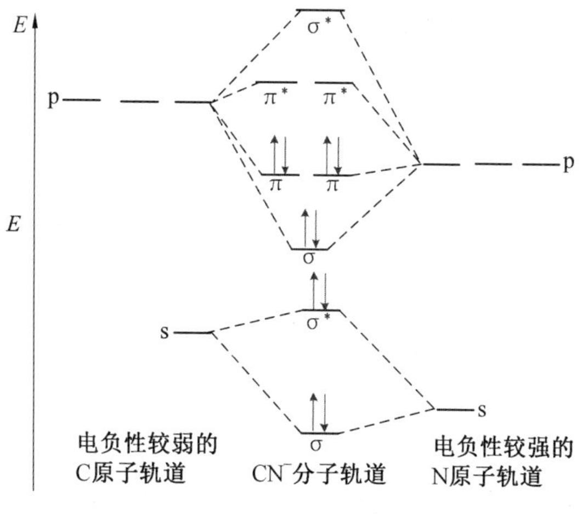

图 6.28 将电子填充于能级图中

由此产生的价电子构型给出了键级(8−2) ÷2=3，表示 CN^- 离子是三键，类似于 N_2 中的三键。

异核双原子分子中原子间共价键中的电子呈不均匀分布，电子对更靠近其中一个原子，这种不平衡导致了共价键的极性，如 HF 中的键是极性的，电子对更靠近 F 原子，F 原子附近电子对的累积导致该原子具有净负电荷，称为部分负电荷，表示为 $\delta-$；氢原子上有一个匹配的部分正电荷，表示为 $\delta+$。极性键由两个电子组成，即

$$\psi = c_a\varphi_a + c_b\varphi_b \tag{6.29}$$

两者具有不等系数，原子轨道 φ_a 在键中的比例为 $|c_a|^2$，φ_b 的比例为 $|c_b|^2$。非极性键有 $|c_a|^2=|c_b|^2$，纯离子键有一个系数为零（如 A^+B^- 有 $c_a=0,c_b=1$）。能量越低的原子轨道对成键分子轨道的贡献越大，反键轨道的情况正好相反，因为反键轨道中的主导部分来自能量较高的原子轨道。下面以 HF 为例，并根据原子的电离能判断原子轨道的能量来进行说明，HF 分子轨道的一般形式为

$$\psi=c_H\varphi_H+c_F\varphi_F$$

其中，φ_H 是 H_{1s} 轨道，φ_F 是 F_{2p} 轨道。H_{1s} 轨道位于能量零点（分离的质子和电子）以下 13.6 eV 处，F_{2p} 轨道位于 18.6 eV 处，如图 6.29 所示。因此，HF 中的键 σ 轨道主要是 F_{2p}，反键 σ 轨道主要是 H_{1s} 轨道。成键轨道中的两个电子最有可能在 F_{2p} 轨道中找到，因此 F 原子上有部分负电荷，H 原子上有部分正电荷。

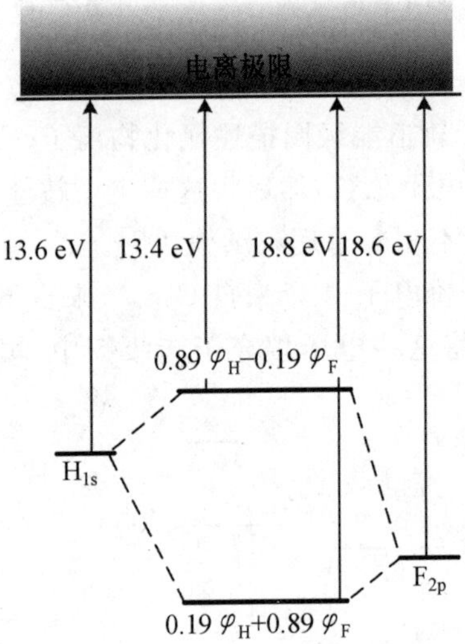

图 6.29　氢和氟原子的原子轨道能级及其形成的分子轨道示意图

变分原理为讨论键极性和寻找用于构建分子轨道的线性组合中的系数提供了一种更系统的方法，这一原理是所有现代分子结构计算的基础。任意波函数称为试验波函数，该原理意味着，如果改变试验波函数中的系数，直到达到最低能量（通过评估每个波函数的哈密顿量期望值），那么这些系数将是最好的。如果使用更复杂的波函数（如通过在每个原子上取几个原子轨道的线性组合），可能会得到更低的能量，将拥有最佳（最小能量）分子轨道，可以从所选的基集，即给定的原子轨道集来构建最佳分子轨道。该方法可以用方程(6.29)中的试验波函数来说明，系数由两个久期方程的解给出。

方程(6.29) 中的试验波函数为实数，但未归一化，系数可以取任意值。因此，可以写出 $\psi^*=\psi$，但不必要求 $\int\psi^2\mathrm{d}\tau=1$。试验波函数的能量是哈密顿算符的期望值，即

$$E=\frac{\int\psi^*\hat{H}\psi\mathrm{d}\tau}{\int\psi^*\psi\mathrm{d}\tau}\tag{6.30}$$

必须在试验波函数中搜索使 E 值最小化的系数值，这是微积分中的一个标准问题，满

足下列关系：

$$\frac{\partial E}{\partial c_a}=0,\quad \frac{\partial E}{\partial c_b}=0$$

第一步是用系数表示这两个积分，分母是

$$\begin{aligned}\int\psi^2\mathrm{d}\tau&=\int(c_a\varphi_a+c_b\varphi_b)^2\mathrm{d}\tau\\&=c_a^2\int\varphi_a^2\mathrm{d}\tau+c_b^2\int\varphi_b^2\mathrm{d}\tau+2c_ac_b\int\varphi_a\varphi_b\mathrm{d}\tau\\&=c_a^2+c_b^2+2c_ac_bS\end{aligned}$$

在上述积分中，用到了归一化的单个原子轨道，第三个积分是重叠积分 S，分子是

$$\begin{aligned}\int\psi^*\hat{H}\psi\mathrm{d}\tau&=\int(c_a\varphi_a+c_b\varphi_b)\hat{H}(c_a\varphi_a+c_b\varphi_b)\mathrm{d}\tau\\&=c_a^2\int\varphi_a\hat{H}\varphi_a\mathrm{d}\tau+c_b{}^2\int\varphi_b\hat{H}\varphi_b\mathrm{d}\tau+c_ac_b\int\varphi_a\hat{H}\varphi_b\mathrm{d}\tau+c_ac_b\int\varphi_b\hat{H}\varphi_a\mathrm{d}\tau\end{aligned}$$

这个表达式中有一些复杂的积分，但可以将它们全部组合到参数中，即

$$\begin{cases}\alpha_a=\int\varphi_a\hat{H}\varphi_a\mathrm{d}\tau\\\alpha_b=\int\varphi_b\hat{H}\varphi_b\mathrm{d}\tau\\\beta=\int\varphi_a\hat{H}\varphi_b\mathrm{d}\tau=\int\varphi_b\hat{H}\varphi_a\mathrm{d}\tau\end{cases}\tag{6.31}$$

则有

$$\int\psi\hat{H}\psi\mathrm{d}\tau=c_a^2\alpha_a+c_b^2\alpha_b+2c_ac_b\beta$$

E 的表达式为

$$E=\frac{c_a^2\alpha_a+c_b^2\alpha_b+2c_ac_b\beta}{c_a^2+c_b^2+2c_ac_bS}\tag{6.32}$$

通过对两个系数进行微分并令其等于零，可以得到

$$\begin{cases}\dfrac{\partial E}{\partial c_a}=\dfrac{2(c_a\alpha_a-c_aE+c_b\beta-c_bSE)}{c_a^2+c_b^2+2c_ac_bS}=0\\[2ex]\dfrac{\partial E}{\partial c_b}=\dfrac{2(c_b\alpha_b-c_bE+c_a\beta-c_aSE)}{c_a^2+c_b^2+2c_ac_bS}=0\end{cases}$$

因此上述表达式的分子必等于零，这样得到 c_a 和 c_b 应满足下列条件，即久期方程：

$$c_a\alpha_a-c_aE+c_b\beta-c_bSE=(\alpha_a-E)c_a+(\beta-SE)c_b=0\tag{6.33a}$$

$$c_b\alpha_b-c_bE+c_a\beta-c_aSE=(\beta-SE)c_a+(\alpha_b-E)c_b=0\tag{6.33b}$$

参数 α 称为库仑积分，它是负的，可以解释为电子的能量，当电子占据 φ_a 时为 α_a，当电子占据 φ_b 时为 α_b；在同核双原子分子中，$\alpha_a=\alpha_b$。参数 β 称为共振积分，当轨道不重叠时它不存在，在平衡键长度时它通常为负值。

为了求解系数的久期方程，需要知道轨道的能量 E。对于任何联立方程组，如果久期行列式（系数行列式）为零，则久期方程有解，也就是说

$$\begin{vmatrix}\alpha_a-E&\beta-SE\\\beta-SE&\alpha_b-E\end{vmatrix}=0\tag{6.34}$$

该行列式扩展为 E 中的二次方程，它的两个根给出了由原子轨道形成的成键和反键分子轨道的能量，根据变分原理，低能根是给定态函数集合可获得的最佳能量。当方程(6.34)中 $\alpha_a=\alpha_b=\alpha$ 时，可得到同核双原子分子的成键轨道和反键轨道的能量 E，则有

$$\begin{vmatrix} \alpha-E & \beta-SE \\ \beta-SE & \alpha-E \end{vmatrix}=(\alpha-E)^2-(\beta-SE)^2=0$$

该方程的解为

$$E_\pm=\frac{\alpha\pm\beta}{1\pm S}$$

较低的能量 E_+ 给出成键分子轨道的系数，较高的能量 E_- 给出反键分子轨道的系数。久期方程给出了每种情况下系数的比率表达式，最佳尝试波函数应是归一化的，这一条件意味着

$$\int\psi^2\,d\tau=c_a^2+c_b^2+2c_ac_bS=1 \tag{6.35}$$

为了找到对应于同核双原子分子能量 E_+ 的线性组合系数 c_a 和 c_b，应用式(6.32)，其中 $\alpha_a=\alpha_b=\alpha$，有

$$E_+=\frac{\alpha+\beta}{1+S}=\frac{c_a^2\alpha+c_b^2\alpha+2c_ac_b\beta}{c_a^2+c_b^2+2c_ac_bS}$$

使用归一化条件，即式(6.35)，得到

$$E_+=\frac{\alpha+\beta}{1+S}=c_a^2\alpha+c_b^2\alpha+2c_ac_b\beta$$

这个表达式意味着

$$c_a^2+c_b^2=2c_ac_b=\frac{1}{1+S},\quad |c_a|=\frac{1}{\sqrt{2(1+S)}},\quad c_b=c_a$$

以类似的方式可以求出与能量 E_- 对应的线性组合系数为

$$E_-=\frac{\alpha-\beta}{1-S}=c_a^2\alpha+c_b^2\alpha+2c_ac_b\beta$$

这意味着

$$c_a^2+c_b^2=-2c_ac_b=\frac{1}{1-S},\quad |c_a|=\frac{1}{\sqrt{2(1-S)}},\quad c_b=-c_a$$

久期方程的完整解非常烦琐，即使对于 2×2 行列式也是如此，但有两种情形可以非常简单地求解。

第一种情形，当两个原子相同时，$\alpha_a=\alpha_b=\alpha$，解为

$$E_+=\frac{\alpha+\beta}{1+S},\quad |c_a|=\frac{1}{\sqrt{2(1+S)}},\quad c_b=c_a \tag{6.36a}$$

$$E_-=\frac{\alpha-\beta}{1-S},\quad |c_a|=\frac{1}{\sqrt{2(1-S)}},\quad c_b=-c_a \tag{6.36b}$$

在这种情况下，成键轨道态函数的形式为

$$\psi_+=\frac{\varphi_a+\varphi_b}{\sqrt{2(1+S)}} \tag{6.37a}$$

相应的反键轨道态函数为

$$\psi_- = \frac{\varphi_a - \varphi_b}{\sqrt{2(1-S)}} \tag{6.37b}$$

与前面已经给出的同核双原子的讨论一致，但现在有了归一化常数。

第二种简单的情形是异核双原子分子但 $S=0$，久期行列式变为

$$\begin{vmatrix} \alpha_a - E & \beta \\ \beta & \alpha_b - E \end{vmatrix} = (\alpha_a - E)(\alpha_b - E) - \beta^2 = 0$$

解可以用参数 ζ 表示，其中

$$\zeta = \frac{1}{2}\arctan\frac{2|\beta|}{\alpha_a - \alpha_b} \tag{6.38}$$

$$E_- = \alpha_b - \beta\tan\zeta, \quad \psi_- = -\varphi_a\sin\zeta + \varphi_b\cos\zeta \tag{6.39a}$$

$$E_+ = \alpha_a + \beta\tan\zeta, \quad \psi_+ = \varphi_a\cos\zeta + \varphi_b\sin\zeta \tag{6.39b}$$

这些解表明，相互作用的两个原子轨道之间的能量差 $|\alpha_b - \alpha_a|$ 增加，则 ζ 值减小。当能量差非常大时即 $|\alpha_b - \alpha_a| \gg 2|\beta|$，得到的分子轨道的能量与原子轨道的能量仅仅略有不同，这意味着成键和反成键效应很小，也就是说，当两个贡献轨道具有相似的能量时，可以获得最强的成键和反键效应。内壳层轨道对成键的贡献可以忽略，一个原子的内壳层轨道与另一个原子的内壳层轨道具有相似的能量时，内壳层与内壳层轨道相互作用，在很大程度上可以忽略不计，因为它们之间的重叠（β 的值）非常小。

当 $|\alpha_b - \alpha_a| \gg 2|\beta|$ 即 $[2|\beta|/|\alpha_b - \alpha_a|] \ll 1$ 时，则 $\arctan[2|\beta|/|\alpha_b - \alpha_a|] \approx [2|\beta|/|\alpha_b - \alpha_a|]$ 以及 $\zeta \approx |\beta|/(\alpha_b - \alpha_a)$、$\tan\zeta \approx |\beta|/(\alpha_b - \alpha_a)$；$\beta$ 通常是负数，因此 $\beta/|\beta| = -1$。把这些关系式应用于式(6.39)，可以得到

$$E_- = \alpha_b + \frac{\beta^2}{\alpha_b - \alpha_a}, \quad E_+ = \alpha_a - \frac{\beta^2}{\alpha_b - \alpha_a}$$

因此，当原子轨道之间的能量差非常大以至于 $|\alpha_b - \alpha_a| \gg 2|\beta|$，两个分子轨道的能量为 $E_- \approx \alpha_b$ 和 $E_+ \approx \alpha_a$。

考虑在 $\zeta \ll 1$ 以及 $|\alpha_b - \alpha_a|$ 极大情形下的态函数，在这种情形下 $\sin\zeta \approx \zeta$ 和 $\cos\zeta \approx 1$，根据式(6.39)，可以得到 $\psi_- \approx \varphi_b$ 和 $\psi_+ \approx \varphi_a$，也就是说，分子轨道分别近似为原子 b 的纯原子轨道 φ_b 和原子 a 的纯原子轨道 φ_a。

例 6.4 计算 HF 分子中 σ 轨道的波函数和能量，取 $\beta = -1.0$ eV 和以下电离能 H_{1s} 为 13.6 eV，F_{2s} 为 40.2 eV，F_{2p} 为 17.4 eV。

分析 由于 F_{2p} 和 H_{1s} 轨道的能量比 F_{2s} 和 H_{1s} 轨道要接近得多，因此在一级近似下可以忽略 F_{2s} 轨道的贡献。利用式(6.39)，需要知道库仑积分 α_H 和 α_F 的值，这些积分分别代表 H_{1s} 和 F_{2p} 电子的能量，它们大约等于各自原子的电离能的负值。根据式(6.38)计算得到 ζ（a 表示 F，b 表示 H），然后使用式(6.39)可以给出波函数。

设 $\alpha_H = -13.6$ eV 和 $\alpha_F = -17.4$ eV，则 $\tan 2\zeta = 0.58$，因此 $\zeta = 13.9°$。

$$E_- = -13.4 \text{ eV}, \quad \psi_- = 0.97\varphi_a - 0.24\varphi_b$$

$$E_+ = -17.6 \text{ eV}, \quad \psi_+ = 0.24\varphi_a + 0.97\varphi_b$$

低能分子轨道（能量为 −17.6 eV）的组合中，H_{1s} 原子轨道的参与程度大于 F_{2p} 轨道的参与程度，而高能反键轨道的组合正好相反。

6.5 双原子分子运动薛定谔方程的分离

分子体系的运动包括分子整体的平动、转动、原子核间相对的振动、电子的运动，因此分子的总能量包括平动动能 E_T、转动能量 E_r、振动能量 E_v 和电子的能量 E_e，用公式可以表示为

$$E = E_T + E_e + E_r + E_v \tag{6.40}$$

由于分子体系的平动在空间是连续分布的而非量子化的，因此平动能量对分子光谱无贡献；而电子的运动态、分子的转动和振动态是量子化的，因此分子光谱的产生主要由电子运动态变化、分子的振动态变化和转动态的变化引起的。分子体系的薛定谔方程为

$$H\psi(R, r) = E\psi(R, r) \tag{6.41}$$

式(6.41)中的 R、r 分别是核运动和电子运动相对于核的坐标，分子体系的哈密顿量为

$$H = -\sum_{N} \frac{\hbar^2}{2M_N} \nabla_N^2 - \sum_{e} \frac{\hbar^2}{2m_e} \nabla_e^2 + \sum_{j>i} V_{N_i N_j} + \sum_{j>i} V_{e_i e_j} + \sum_{j>i} V_{N_i e_j} \tag{6.42}$$

式(6.42)中的第一项是分子中原子核的动能，第二项是电子的动能，第三项是原子核之间的静电相互作用，第四项是电子之间的静电相互作用，第五项是电子和原子核之间的静电相互作用。对于分子体系而言，要严格求解上述薛定谔方程是很困难的，需要采用玻恩一奥本海默近似方法对原子核的运动和电子的运动进行分离，采取分离变量的方法对上述方程进行求解。

玻恩一奥本海默近似由于在大多数情况下非常精确，又极大地降低了量子力学处理的难度，因此被广泛应用于分子结构研究、凝聚态物理、量子化学、化学反应动力学等领域。玻恩一奥本海默近似只有在电子态能量都能够分离的情况下才有效。当电子态出现交叉或者接近时，玻恩一奥本海默近似即失效。在玻恩一奥本海默近似中，考虑到原子核的质量要比电子大很多，一般要大 3 或 4 个数量级，因而在同样的相互作用下，电子的移动速度会较原子核快很多，这一速度差异的结果是使得电子在每一时刻仿佛运动在由静止原子核构成的势场中，而原子核则感受不到电子的具体位置，只能受到平均作用力。由此，可以实现原子核坐标与电子坐标的近似变量分离，将求解整个体系的波函数的复杂过程分解为求解电子波函数和求解原子核波函数两个相对简单得多的过程。在采用了玻恩一奥本海默近似后，分子的全波函数可以写成核波函数 $\psi_N(R)$ 和电子波函数 $\psi_e(R, r)$ 的乘积，即

$$\psi(R, r) = \psi_N(R)\psi_e(r, R) \tag{6.43}$$

式中，R 为原子核的位置坐标；r 为电子相对于核的坐标。

将 $\psi(R, r)$ 代入薛定谔方程，并且根据玻恩一奥本海默近似可知，$\psi_e(R, r)$ 对 R 的变化率比 $\psi_N(R)$ 对 R 的变化率小得多，因此有 $\nabla_N \psi_e(R, r) \approx 0$，由此得到原子核和电子运动的分离方程为

$$\left[-\sum_{N} \frac{\hbar^2}{2M_N} \nabla_N^2 + V_{NN} + E_e(R)\right]\psi_N(R) = E\psi_N(R) \tag{6.44}$$

$$\left[-\sum_{e}\frac{\hbar^2}{2m_e}\nabla_e^2+V_{ee}+V_{eN}\right]\psi_e(R,r)=E_e(R)\psi_e(R,r) \tag{6.45}$$

式(6.44)描述了分子的平动、原子核的振动和转动，式(6.45)描述了分子中电子的运动，E_e 为电子的能量。由于分子的平动对分子光谱无贡献，所以应对式(6.44)进行分离，扣除掉分子平动能量和运动态函数，从而得到对分子光谱有贡献的振动和转动方程。以双原子分子为例，为了扣除分子的平动，需要把坐标原点建立在分子质心上，质心的坐标位置(X, Y, Z)为

$$X=\frac{m_a x_a+m_b x_b}{m_a+m_b},\quad Y=\frac{m_a y_a+m_b y_b}{m_a+m_b},\quad Z=\frac{m_a z_a+m_b z_b}{m_a+m_b} \tag{6.46a}$$

$$x=x_a-x_b,\quad y=y_a-y_b,\quad z=z_a-z_b \tag{6.46b}$$

式中，(x, y, z)为双原子之间的相对坐标。

采用质心坐标系后，核波函数 $\psi_N(R)$可以分离为分子的平动波函数 $\psi_T(X, Y, Z)$和原子核内部的相对振动以及转动波函数 $\psi_{in}(x, y, z)$的乘积，即

$$\psi_N(R)=\psi_T(X,Y,Z)\psi_{in}(x,y,z) \tag{6.47}$$

则相应的核运动方程转换为

$$\left[-\frac{\hbar^2}{2M}\nabla_T^2-\frac{\hbar^2}{2\mu}\nabla_{in}^2+V_{NN}(x,y,z)+E_e(x,y,z)\right]\psi_T\psi_{in}=E\psi_T\psi_{in} \tag{6.48}$$

式(6.48)中 M 是整个分子的质量，μ 是分子的折合质量，表达式分别为

$$M=m_a+m_b,\quad \mu=\frac{m_a m_b}{m_a+m_b} \tag{6.49}$$

令 $U(x, y, z)=V_{NN}(x, y, z)+E_e(x, y, z)$，核运动方程进一步分离为

$$\left[-\frac{\hbar^2}{2M}\nabla_T^2\right]\psi_T=E_T\psi_T \tag{6.50}$$

$$\left[-\frac{\hbar^2}{2\mu}\nabla_{in}^2+U(x,y,z)\right]\psi_{in}=(E-E_T)\psi_{in} \tag{6.51}$$

式(6.50)描述了分子质心平动方程，式(6.51)描述了分子内部原子核的振动和转动方程。对内部运动方程采用极坐标表示为

$$x=r\sin\theta\cos\varphi,\quad y=r\sin\theta\sin\varphi,\quad z=r\cos\theta,\quad r=\sqrt{x^2+y^2+z^2} \tag{6.52}$$

则振动－转动方程转换为

$$-\frac{\hbar^2}{2\mu}\left[\frac{1}{r^2}\frac{\partial}{\partial r}r^2\frac{\partial}{\partial r}+\frac{1}{r^2\sin^2\theta}\frac{\partial^2}{\partial\varphi^2}+\frac{1}{r^2}\frac{1}{\sin\theta}\frac{\partial}{\partial\theta}\sin\theta\frac{\partial}{\partial\theta}\right]\psi_{in}+$$
$$U(r)\psi_{in}=(E-E_T)\psi_{in} \tag{6.53}$$

式(6.53)决定了分子的振动和转动特性，由于可以采用分离变量的方法对式(6.53)进行求解，所以态函数 $\psi_{in}(x, y, z)$可以表示为振动波函数和转动波函数的乘积 $\psi_{in}(x, y, z)=\psi_r\psi_v$，其中 ψ_r 为转动波函数，ψ_v 为振动波函数。为了得到双原子分子的纯转动光谱和纯振动光谱，需要对双原子分子的振动－转动方程进行求解。

习　题

6.1　原子的第二能级由一个 2s 轨道、一个 $2p_x$ 轨道、一个 $2p_y$ 轨道和一个 $2p_z$ 轨道组

成(p 轨道用后缀标记,与笛卡儿空间中的轴对齐,假设两个原子的 x、y 和 z 轴方向一致,并且选择 x 轴作为核间轴),分子轨道理论中遇到的最简单情况是,只有能量近似相等的原子轨道才能结合成分子轨道。因此,一个原子的 2s 轨道与相邻原子的 2s 轨道结合,生成两个分子轨道 σ 和 σ^*(就像两个 1s 轨道合并形成分子轨道一样)。

(1)为什么不考虑 s 轨道与 p 轨道结合的情况?

(2)为什么相同能量的 p_x 和 p_x 轨道的重叠(或 p_y 和 p_y 轨道)会产生一个能量较低的分子轨道和另一个能量较高的分子轨道?

6.2 H_2分子的分子轨道能级图如图 6.30 所示,分子轨道尚未标记,也没有表示 H_2 电子的箭头。

(1)在能级图中分别用 σ 和 σ^* 标记成键轨道和反键轨道,哪一个轨道拥有更高的能量,为什么?

(2)在分子轨道的能级图上绘制箭头(↑和↓)表示当分子处于其最低能量状态时占据 H_2分子轨道的电子。两个电子都在 σ 分子轨道或者 σ^* 分子轨道,还是一个在 σ 分子轨道另一个在 σ^* 分子轨道?为什么?

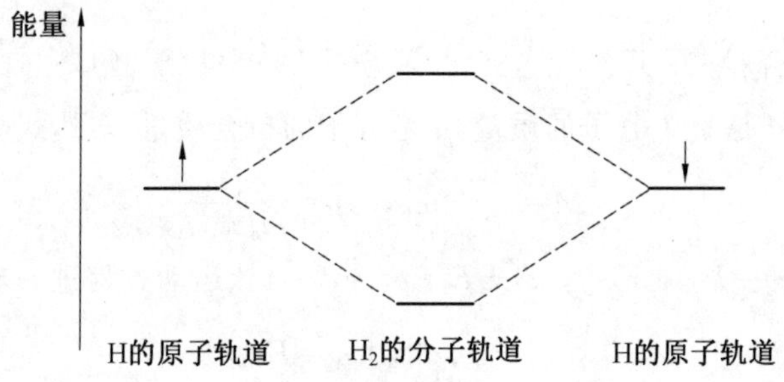

图 6.30

6.3 给出 Li_2、Be_2和 C_2的基态电子组态和键级。

6.4 给出 H_2^+、N_2和 O_2的基态电子组态。

6.5 给出 CO、NO 和 CN^- 的基态电子组态。

6.6 给出 ClF、CS 和 O_2^- 的基态电子组态。

6.7 根据 B_2和 C_2的基态电子构型,预测哪个分子应该具有更大的离解能。

6.8 F_2和 F_2^+ 哪一个的离解能更高?

6.9 使用定性的分子轨道能级图来描述次氯酸盐离子(OCl^-)中的键合、键级。

6.10 Cl 的电离能为 13.1 eV,用 $\beta=-1.0$ eV 求 HCl 分子中 σ 轨道的形式和能量。($E_-=-12.8$ eV, $\psi_-=-0.62\chi_H+0.79\chi_{Cl}$; $E_+=-13.9$ eV, $\psi_+=0.79\chi_H+0.62\chi_{Cl}$)

第 7 章　双原子分子的转动光谱

由于转动跃迁能量变化 ΔE_r 在分子光谱中最小，相应光子的能量很小，所产生的转动光谱一般在中、远红外甚至微波区域。在辐射过程中，分子的电子状态和振动状态都没有改变，辐射仅由分子转动状态的改变引起。转动光谱可以用来测定多原子分子的键长，甚至键角。

双原子分子纯转动光谱通常是指分子最低电子态和振动态内的转动能级间电偶极跃迁产生的光谱。异核双原子分子具有固有电偶极矩，能产生红外光谱；等电荷核双原子分子（如 HD 分子）和同核双原子分子（如氮分子 N_2、氧分子 O_2 等）没有固有电偶极矩，不能产生红外光谱。

本章介绍双原子分子的转动光谱，求解转动的薛定谔方程将给出转动能量和角动量以及与这些能级和角动量相关的波函数。

7.1　刚性转子模型

为了研究转动状态，可以把分子看作一个刚性转子，即键的长度是固定的，分子不能振动，这种转动模型称为刚性转子模型，这一模型是很好的近似。

在第 6 章中，式(6.53)表示分子振动—转动哈密顿量的球坐标，即

$$\hat{H}=-\frac{\hbar^2}{2\mu r^2}\left(\frac{\partial}{\partial r}r^2\frac{\partial}{\partial r}+\frac{1}{\sin\theta}\frac{\partial}{\partial\theta}\sin\theta\frac{\partial}{\partial\theta}+\frac{1}{\sin^2\theta}\frac{\partial^2}{\partial\varphi^2}\right) \tag{7.1}$$

由于 $r=r_0$ 对刚性转子而言（r_0 是双原子分子的核间距）是常数，因此与 r 相关的偏导数为零，即与 r 相关的函数不发生变化，且在函数中不作为变量出现，可以设方程式中 $\mu r^2=\mu r_0{}^2=I$，I 为转动惯量，得到分子转动的哈密顿量为

$$\hat{H}=-\frac{\hbar^2}{2I}\left(\frac{1}{\sin\theta}\frac{\partial}{\partial\theta}\sin\theta\frac{\partial}{\partial\theta}+\frac{1}{\sin^2\theta}\frac{\partial^2}{\partial\varphi^2}\right) \tag{7.2}$$

将刚性转子的转动波函数写成 θ 函数和 φ 函数的乘积，即

$$\psi_r(\theta,\varphi)=\Theta(\theta)\Phi(\varphi) \tag{7.3}$$

将转动态函数代入薛定谔方程，得

$$-\frac{\hbar^2}{2I}\left(\frac{1}{\sin\theta}\frac{\partial}{\partial\theta}\sin\theta\frac{\partial}{\partial\theta}+\frac{1}{\sin^2\theta}\frac{\partial^2}{\partial\varphi^2}\right)\Theta(\theta)\Phi(\varphi)=E\Theta(\theta)\Phi(\varphi) \tag{7.4}$$

将式(7.4)的两边同时乘$(2I/\hbar^2)$和$[-\sin^2\theta/\Theta(\theta)\Phi(\varphi)]$，得到

$$\frac{1}{\Theta(\theta)\Phi(\varphi)}\left(\sin\theta\frac{\partial}{\partial\theta}\sin\theta\frac{\partial}{\partial\theta}+\frac{\partial^2}{\partial\varphi^2}\right)\Theta(\theta)\Phi(\varphi)=-\frac{2I}{\hbar^2}E\sin^2\theta \tag{7.5}$$

通过设定参数 λ 简化式(7.5)的右端，则有

$$\lambda=\frac{2IE}{\hbar^2} \tag{7.6}$$

式(7.5)整理为

$$\frac{1}{\Theta(\theta)}\left[\sin\theta\frac{\partial}{\partial\theta}\left(\sin\theta\frac{\partial}{\partial\theta}\right)\Theta(\theta)+(\lambda\sin^2\theta)\Theta(\theta)\right]=-\frac{1}{\Phi(\varphi)}\frac{\partial^2}{\partial\varphi^2}\Phi(\varphi) \tag{7.7}$$

式(7.7)表示对于 θ 和 φ 的所有值,左侧的函数仅取决于变量 θ,始终等于右侧仅取决于变量 φ 的函数。对于变量的所有值,两个独立变量的不同函数可以相等的唯一方法是两个函数都等于一个常数,常数设为 m^2,要求解的两个微分方程是关于 θ 和 φ 的方程,即

$$\sin\theta\frac{\mathrm{d}}{\mathrm{d}\theta}\left(\sin\theta\frac{\mathrm{d}}{\mathrm{d}\theta}\right)\Theta(\theta)+(\lambda\sin^2\theta-m^2)\Theta(\theta)=0 \tag{7.8}$$

$$\frac{\mathrm{d}^2}{\mathrm{d}\varphi^2}\Phi(\varphi)+m^2\Phi(\varphi)=0 \tag{7.9}$$

因为每个方程中只涉及一个变量,偏导数被导数所取代。方程(7.9)与自由粒子的薛定谔方程相似,这个方程的解为

$$\Phi_m(\varphi)=N\mathrm{e}^{\pm im\varphi} \tag{7.10}$$

根据归一化条件:

$$\int_0^{2\pi}\Phi^*(\varphi)\Phi(\varphi)\,\mathrm{d}\varphi=1 \tag{7.11}$$

式(7.10)中的 N 值为

$$N=\frac{1}{\sqrt{2\pi}} \tag{7.12}$$

φ 的积分范围仅为 $0\sim2\pi$,因为角 φ 指定了核间轴相对于坐标系 x 轴的位置,大于 2π 的角不指定额外的新位置。可以利用循环边界条件求出 m 的值。循环边界条件是指,由于 φ 和 $\varphi+2\pi$ 在三维空间中是同一点,因此 $\Phi(\varphi)$ 必须等于 $\Phi(\varphi+2\pi)$,即

$$\mathrm{e}^{im\varphi}=\mathrm{e}^{im(\varphi+2\pi)}=\mathrm{e}^{im\varphi}\mathrm{e}^{im2\pi} \tag{7.13}$$

式(7.13)只有在 $\mathrm{e}^{im2\pi}=1$ 时成立,因此 $m=0,\pm1,\pm2,\cdots$。因此,Φ 函数是

$$\Phi_m(\varphi)=\frac{1}{\sqrt{2\pi}}\mathrm{e}^{\pm im\varphi},\quad m=\pm1,\pm2,\pm3,\cdots \tag{7.14}$$

式(7.8)是关于 θ 的方程,它的求解是一个更复杂的过程,它的解是一组级联勒让德函数。表7.1的第三列显示了 $\Theta_J^m(\theta)$ 函数及其归一化常数。

表7.1 球谐函数

m	J	$\Theta_J^m(\theta)$	$\Phi(\varphi)$	$\mathrm{Y}_J^m(\theta,\varphi)$
0	0	$1/\sqrt{2}$	$1/\sqrt{2\pi}$	$1/\sqrt{4\pi}$
0	1	$\sqrt{3/2}\cos\theta$	$1/\sqrt{2\pi}$	$\sqrt{3/4\pi}\cos\theta$
1	1	$\sqrt{3/4}\sin\theta$	$(1/\sqrt{2\pi})\mathrm{e}^{\mathrm{i}\varphi}$	$\sqrt{3/8\pi}\sin\theta\mathrm{e}^{\mathrm{i}\varphi}$
-1	1	$\sqrt{3/4}\sin\theta$	$(1/\sqrt{2\pi})\mathrm{e}^{-\mathrm{i}\varphi}$	$\sqrt{3/8\pi}\sin\theta\mathrm{e}^{-\mathrm{i}\varphi}$
0	2	$\sqrt{5/8}\,(3\cos^2\theta-1)$	$1/\sqrt{2\pi}$	$\sqrt{5/16\pi}\,(3\cos^2\theta-1)$
1	2	$\sqrt{15/4}\sin\theta\cos\theta$	$(1/\sqrt{2\pi})\mathrm{e}^{\mathrm{i}\varphi}$	$\sqrt{15/8\pi}\sin\theta\cos\theta\mathrm{e}^{\mathrm{i}\varphi}$
-1	2	$\sqrt{15/4}\sin\theta\cos\theta$	$(1/\sqrt{2\pi})\mathrm{e}^{-\mathrm{i}\varphi}$	$\sqrt{15/8\pi}\sin\theta\cos\theta\mathrm{e}^{-\mathrm{i}\varphi}$
2	2	$\sqrt{15/16}\sin^2\theta$	$(1/\sqrt{2\pi})\mathrm{e}^{2\mathrm{i}\varphi}$	$\sqrt{15/32\pi}\sin^2\theta\mathrm{e}^{2\mathrm{i}\varphi}$
-2	2	$\sqrt{15/16}\sin^2\theta$	$(1/\sqrt{2\pi})\mathrm{e}^{-2\mathrm{i}\varphi}$	$\sqrt{15/32\pi}\sin^2\theta\mathrm{e}^{2\mathrm{i}\varphi}$

θ 的解要求式(7.8)中的 λ 可由下式给出：

$$\lambda = J(J+1), \quad J \geqslant |m| \tag{7.15}$$

J 可以是 0 或大于或等于 m 的任何正整数，量子数 J 和 m 的每一对值表示一个转动状态和波函数。为了清楚地表示 J 和 m 的允许值，m 通常被称为 m_J。式(7.7)和式(7.15)表明，转动能量是量子化的

$$E = \frac{\hbar^2 \lambda}{2I} = J(J+1)\frac{\hbar^2}{2I} = \frac{h^2}{8\pi^2 I}J(J+1) \tag{7.16}$$

式中，$J=0,1,2,3,\cdots$。

刚性转子薛定谔方程的解可以表达为球谐函数，因为它的函数形式依赖于两个量子数 m_J 和 J，球谐函数被标记为

$$Y_J^{m_J}(\theta,\varphi) = \Theta_J^{|m_J|}(\theta)\Phi_{m_J}(\varphi) \tag{7.17}$$

式中，$m_J = 0, \pm 1, \pm 2, \pm 3, \cdots$。

刚性转子的二维空间定义为半径 r_0 球体的表面，如图 7.1 所示，自由度是沿着球面 θ 或 φ 的运动，在这个曲面上无穷小的面积 $\mathrm{d}s$ 内，在特定坐标 θ_0 和 φ_0 处核间轴的概率由下式给出：

$$\begin{aligned} \rho_r(\theta_0,\varphi_0) &= Y_J^{m_J *}(\theta_0,\varphi_0) Y_J^{m_J}(\theta,\varphi)\,\mathrm{d}s \\ &= Y_J^{m_J *}(\theta_0,\varphi_0) Y_J^{m_J}(\theta,\varphi)\sin\theta\,\mathrm{d}\theta\,\mathrm{d}\varphi \end{aligned} \tag{7.18}$$

式中，面积元素 $\mathrm{d}s$ 以 θ_0 和 φ_0 为中心，刚性转子波函数绝对值的平方给出了与 z 轴成 θ 角和与 x 轴成 φ 角的核间轴的概率密度。

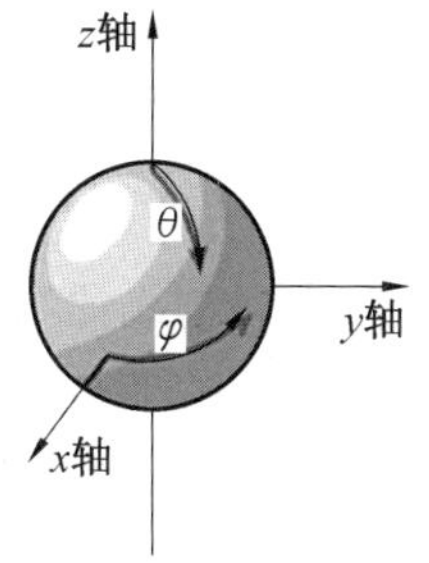

图 7.1　刚性转子模型的空间限制在半径 r_0 的球体表面

7.2　双原子分子的转动光谱概述

极性分子的永久电偶极矩可以与电磁辐射的电场耦合，这种耦合导致了分子转动状态之间的跃迁，与这些跃迁相关的能量在光谱的远红外和微波区域。如一氧化碳微波光谱的频率范围为 100～1 200 GHz，相当于 3～40 cm^{-1}。从跃迁矩积分出发，利用球谐函数和适当的偶极矩算符 μ，可以导出转动跃迁的选择规则：

$$\mu_T = \int Y_{J_k}^{m_{J_k}^*}(\theta_0,\varphi_0)\,\mu\, Y_{J_i}^{m_{J_i}}(\theta,\varphi)\sin\theta\,\mathrm{d}\theta\,\mathrm{d}\varphi \tag{7.19}$$

跃迁矩取决于分子偶极矩的平方 μ^2 和跃迁中初始状态的转动量子数 J，即

$$\mu_T = \mu^2 \frac{J+1}{2J+1} \tag{7.20}$$

转动跃迁的选择定则是：①分子必须有永久偶极矩；②仅允许相邻转动能级之间进行跃迁，即

$$\Delta J = \pm 1, \quad \Delta m_J = 0, \pm 1 \tag{7.21}$$

转动能级的能量为

$$E = \frac{h^2}{8\pi^2 I} J(J+1) \tag{7.22a}$$

用波数表示为

$$\tilde{\nu} = \frac{E}{hc} = \frac{h}{8\pi^2 Ic} J(J+1) = BJ(J+1) \tag{7.22b}$$

式中，B 为转动常数，$B = h/(8\pi^2 Ic)$。

由于 M_J 值不同，因此每个能级的简并度为 $2J+1$。吸收辐射的跃迁能量由下式得出

$$\Delta E = E_k - E_i = h\nu = hc\tilde{\nu} = \frac{h^2}{8\pi^2 I}[J_k(J_k+1) - J_i(J_i+1)] \tag{7.23}$$

红外光谱在描述转动光谱和能级时使用波数作为单位，并且 $J_k - J_i = 1$，转动吸收跃迁方程可以用初始能级的量子数 $J_i = J$ 来表示，即

$$\tilde{\nu} = \frac{2h}{8\pi^2 Ic}(J+1) = 2B(J+1) \tag{7.24}$$

相邻两条转动光谱线的间隔为

$$\Delta\tilde{\nu} = [F(J+1) - F(J)] - [F(J) - F(J-1)] = 2B \tag{7.25}$$

式(7.25)预言了完全等间距的谱线模式，最低能量跃迁发生在 $J_i = 0$ 和 $J_k = 1$ 二者之间，所以光谱中的第一条线出现在 $2B$，第二个跃迁是从 $J_i = 1$ 到 $J_k = 2$，所以第二条谱线出现在 $4B$，这两条谱线的间距为 $2B$。因此，刚性转子模型纯转动光谱将是间隔为 $2B$ 的一组等间隔谱线，如图 7.2 所示，图中光谱线的强度先增加，然后减小，这是由分子的初始粒子布居数决定的。跃迁概率是影响转动光谱线强度的最重要因素，这个概率与跃迁过程中初始状态的粒子布局数成正比。

转动状态的布居数取决于两个因子：第一个因子是量子数为 J 的激发态分子布居数 N_J 相对于基态分子数 N_0，N_J 和 N_0 遵从玻尔兹曼分布，即

$$\frac{N_J}{N_0} = e^{\frac{-(E_J - E_0)}{kT}} = e^{\frac{-BhcJ(J+1)}{kT}} \tag{7.26}$$

式中，k、T 分别是玻尔兹曼常数和绝对温度，这个因子随着 J 的增加而减小；第二个因子是转动状态的简并度 $2J+1$，这个因子随着 J 的增加而增加。结合这两个因子，粒子布居数正比于

$$(2J+1)e^{\frac{-E_J}{kT}} = (2J+1)e^{\frac{-BhcJ(J+1)}{kT}} \tag{7.27}$$

最大相对强度出现在

$$J = \sqrt{\frac{kT}{2Bhc}} - \frac{1}{2} \tag{7.28}$$

图 7.3 所示为不同转动能级相对粒子布居数的分布，从图中可以看出，其与谱线强度分布模式大致相同。

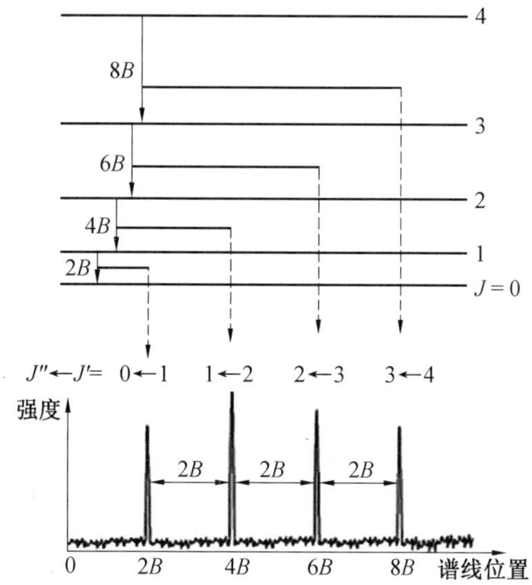

图 7.2 刚性转子模型近似计算的纯转动能级和谱线位置

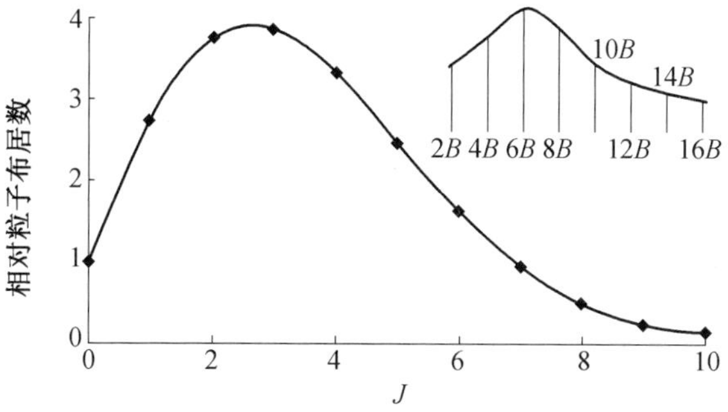

图 7.3 不同转动能级相对粒子布居数的分布(右上部插图为谱线强度图)

电磁辐射与样品相互作用时,是否观察到吸收或发射取决于参与跃迁的两种状态的粒子数之差 Δn,对于转动跃迁,有

$$\Delta n=n_J-n_{J+1} \tag{7.29}$$

式中,n_J 表示处于较低状态的分子数密度;n_{J+1} 表示处于较高状态的分子数密度。

如果此差值为 0,就不会有净吸收或受激发射;如果此差值为正,则观察到吸收;如果此差值为负,则观察到受激发射。可以建立一个 Δn 的表达式,只使用初始状态的分子数密度 n_J 和玻尔兹曼因子,即

$$\Delta n=n_J-n_{J+1}=\left(1-\frac{n_{J+1}}{n_J}\right)n_J=(1-\mathrm{e}^{-\frac{h\nu}{kT}})n_J \tag{7.30}$$

式中,$h\nu$ 是两种状态之间的能量差。对于刚性转子模型,有

$$\nu=c\tilde{\nu}=\frac{2hc}{8\pi^2 Ic}(J_i+1)=2cB(J_i+1) \tag{7.31}$$

将式(7.31)代入式(7.30),可以得到

$$\Delta n=(1-\mathrm{e}^{-\frac{2hcB(J+1)}{kT}})n_J \tag{7.32}$$

用初始状态的粒子数 n_J、分子的旋转常数 B、样品的温度 T 来表示参与转动跃迁的两个状态之间的粒子数差。为了得到初始状态下参与跃迁的分子数密度 n_J，将初始状态下的分子数总密度 n_{total} 乘参与跃迁的粒子所占的比例因子 A_J，有

$$n_J = A_J \cdot n_{\text{total}} \tag{7.33}$$

比例因子 A_J 为

$$A_J = (2J+1)\frac{hcB}{kT}\mathrm{e}^{-\frac{2hcB(J+1)}{kT}} \tag{7.34}$$

式(7.34)中指数是波尔兹曼因子，它解释了能量状态的热分布，式中的因子 $2J+1$ 是由能级的简并引起的，在一个特定的能量下，存在的状态越多，那么处于这个能量的分子就越多。hcB/kT 是归一化因子。在室温和更低温度下，只有基态振动被占据，所以所有分子 n_{total} 都处于基态振动状态，因此在基态振动状态下，各转动状态下的分子比率加起来必须为1。

图7.4所示为 $^{12}C^{16}O$ 在40 K下的转动光谱，它是一系列几乎等间隔的线，强度各不相同。表7.2给出了该光谱中每一条线的位置 ν_J、线间距和最大吸收系数 $\gamma_{\max}$ 与指定线位置相关的吸收系数。

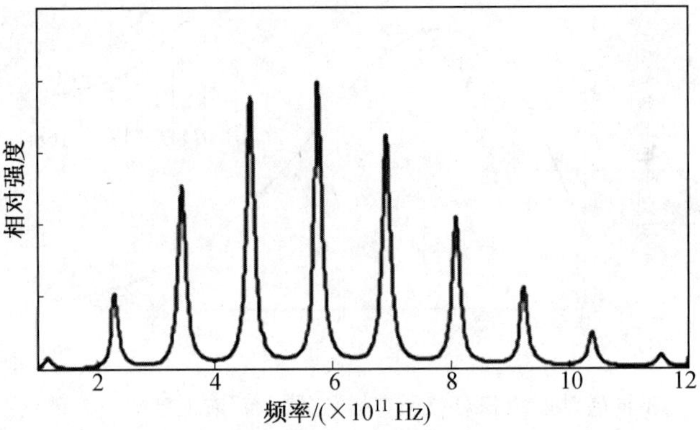

图7.4 $^{12}C^{16}O$ 在40 K下的转动光谱

表7.2 $^{12}C^{16}O$ 中40 K下的转动跃迁

J	ν_J/MHz	线间距/MHz	最大吸收系数 $\gamma_{\max}$
0	115 271.21	0	0.008 2
1	230 538.01	115 266.80	0.053 3
2	345 795.99	115 257.99	0.127 8
3	461 040.76	115 244.77	0.187 8
4	576 267.91	115 227.15	0.198 3
5	691 473.03	115 205.12	0.161 8
6	806 651.78	115 178.68	0.106 4
7	921 799.55	115 147.84	0.057 6
8	806 651.78	115 112.59	0.026 2
9	1 151 985.08	115 072.94	0.010 3

7.3 非刚性转子模型

当分子旋转时，由于离心趋势将增大原子核之间的距离，此时核间距 r 不再是恒量 r_0，r 将变大，增加的程度将取决于化学键的力常数。随着转动量子数 J 的增加，键的离心拉伸导致观察到的谱线之间的间距减小，这个减小表明分子实际上不是一个刚性转子。转动角动量随 J 的增加而增加，键会拉伸，这种拉伸增加了转动惯量，导致转动常数 B 减小。在 J 值较低时，离心拉伸的影响较小，因此从 $J=0$ 到 $J=1$ 的跃迁可以很好地估计 B，从 B 可以得到分子的键长值。

考虑到非刚性转子效应时，需要在双原子分子的转动能级上加上一个离心畸变校正项。转动时分子的离心力与核间距拉长而引起的回复力相平衡，即

$$\mu\omega^2 r = f_{\text{离心力}} = k(r-r_0) \tag{7.35}$$

式中，r_0 是分子的平衡核间距；k 是键的力常数。

r 可以表示为

$$r = r_0 + \frac{M^2}{k\mu r^3} \tag{7.36}$$

式中，M 为转动角动量，$M=I\omega$。

分子总能量为

$$E = T+V = \frac{M^2}{2I} + \frac{1}{2}k\ (r-r_0)^2 = \frac{M^2}{2\mu r^2} + \frac{1}{2}k\ \frac{M^4}{\mu^2 r^6 k^2} \tag{7.37}$$

根据式(7.36)，并应用泰勒级数公式，可以得到

$$\frac{1}{r^2} = \left[r_0 + \frac{M^2}{k\mu r^3}\right]^{-2} = \frac{1}{r_0^2}\left[1+\frac{M^2}{k\mu r_0 r^3}\right]^{-2} \approx \frac{1}{r_0^2}\left[1-2\ \frac{M^2}{k\mu r_0 r^3}\right] = \frac{1}{r_0^2} - 2\ \frac{M^2}{k\mu r_0^3 r^3} \tag{7.38}$$

将式(7.38)代入式(7.37)，并应用 $r\approx r_0$，得到

$$E_J = \frac{M^2}{2\mu r_0^2} - \frac{M^2}{2\mu^2 r_0^6 k} = \frac{h^2}{8\pi^2 \mu r_0^2}J(J+1) - \frac{h^4}{32\pi^4 \mu^2 r_0^6 k}J^2(J+1)^2 \tag{7.39}$$

因此非刚性转子模型得到的转动光谱谱项是

$$\begin{aligned} F(J) &= E_J/hc = \frac{h}{8\pi^2 \mu r_0^2 c}J(J+1) - \frac{h^3}{32\pi^4 \mu^2 r_0^6 kc}J^2(J+1)^2 \\ &= BJ(J+1) - DJ^2(J+1)^2 \end{aligned} \tag{7.40}$$

式中，D 是离心畸变常数。

在非刚性转子模型条件下，双原子分子转动光谱选律仍然是 $-J=\pm 1$。处于量子数为 J 能级的分子跃迁到量子数为 $J+1$ 能级的分子吸收光子的能量用波数表示为

$$\tilde{\nu} = F(J+1) - F(J) = 2B(J+1) - 4D\ (J+1)^3 \tag{7.41}$$

式中，$J=0,1,2\cdots$。

式(7.41)中第一项与刚性分子引起的跃迁项相同，第二项给出了相对于刚性分子模型跃迁谱线的位移，该位移随 J 的增加而增加并与 $(J+1)^3$ 成正比。图 7.5 所示为刚性转子和非刚性转子的能级和光谱示意图。

在非刚性转子模型下，相邻两条转动光谱线间隔为

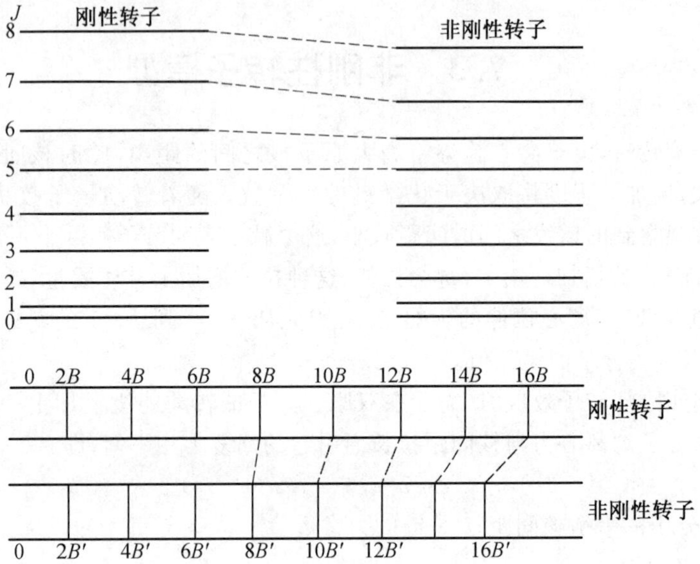

图 7.5 刚性转子和非刚性转子的能级和光谱示意图

$$\begin{aligned}\Delta\tilde{\nu} &= [F(J+1)-F(J)]-[F(J)-F(J-1)] \\ &= 2B-4D(3J^2+3J+1)\end{aligned} \tag{7.42}$$

从式(7.42)可以看出，在非刚性转子模型下，相邻光谱线之间的间隔不再是常数，光谱线之间的间隔随着 J 的增加而减小。

7.4 转动光谱的应用

转动光谱的典型应用是依据谱线的间隔求分子的平衡核间距。一般步骤是首先从实验数据中求得谱线的间隔，再从谱线间隔算出转动常数 B，然后从转动常数算出转动惯量和平衡核间距。以 HCl 分子为例，实验测得其转动光谱线之间的间隔是 20.80 cm^{-1}，所以转动常数为 $B=10.40\ cm^{-1}$，HCl 的折合质量是 1.6144×10^{-24} g，根据 $B=h/(8\pi^2\mu r^2 c)$ 可以求得平衡核间距为 $r=1.29\times10^{-8}$ cm。

转动光谱也是区分同位素效应的有效方法，由于同位素不会改变分子的电荷分布，因此同位素的变化不会改变平衡键长 r_0 或分子的力常数 k，但是同位素会导致约化质量的变化，从而导致转动惯量的变化。由于约化质量会影响分子的振动和转动行为，其跃迁的能量也会受到影响。采用刚性转子模型，同位素转动吸收跃迁方程可以表示为

$$\tilde{\nu}'=2B'(J+1) \tag{7.43}$$

对于同一能级跃迁，同位素之间的位移为

$$\Delta\tilde{\nu}=\tilde{\nu}-\tilde{\nu}'=2(B-B')(J+1) \tag{7.44}$$

由于不同同位素转动常数的关系式为

$$\frac{B'}{B}=\frac{\mu}{\mu'}=\rho^2 \tag{7.45}$$

因此同位素的位移为

$$\Delta\tilde{\nu}=\tilde{\nu}-\tilde{\nu}'=2B(1-\rho^2)(J+1) \tag{7.46}$$

如果同位素的质量增加，即 $\mu'>\mu$、$\rho<1$，对于同一能级跃迁，同位素的位移 $\Delta\tilde{\nu}\longrightarrow 0$，从式(7.46)中可以明显看出，同位素位移随着 J 值的增加而增加。图 7.6 显示了 ^{13}C 同位素取代双原子分子 $^{12}C^{16}O$ 中的 ^{12}C 对转动光谱的影响。

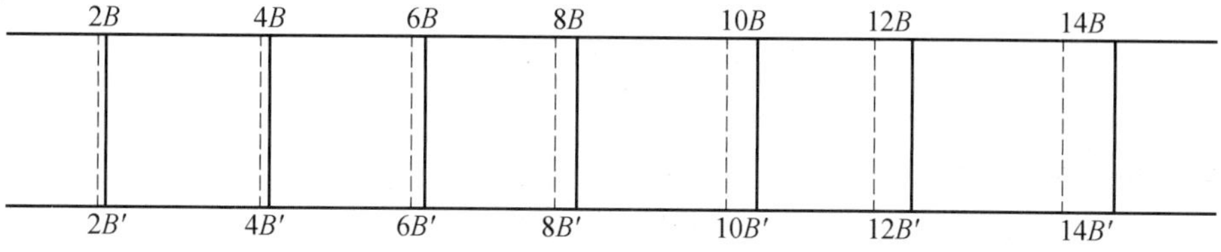

图 7.6　双原子分子 $^{12}C^{16}O$(实线)和 $^{13}C^{16}O$(虚线)的转动光谱

例如，当用氘(D)取代 HCl 中的氢以后，由于同位素取代不影响分子的电荷分布，所以 DCl 和 HCl 具有相同的核间距，但是 DCl 的折合质量是 3.145×10^{-24} g，于是其转动惯量为 $I=5.234\times10^{-40}\ \mathrm{g\cdot cm^2}$，转动常数是 5.257。所以氘取代氢以后，DCl 的转动光谱线和 HCl 的转动光谱线相比的偏移为

$$\Delta\tilde{\nu}=2(B_{\mathrm{HCl}}-B_{\mathrm{DCl}})(J+1)=2\times(10.40-5.23)(J+1)$$
$$=10.12(J+1)(\mathrm{cm^{-1}})$$

例 7.1　氢分子中的氢(H)被氘(D)取代时，转动常数 B 的变化是多少？

解
$$\frac{B_{\mathrm{H}}}{B_{\mathrm{D}}}=\frac{I_{\mathrm{D}}}{I_{\mathrm{H}}}=\frac{\mu_{\mathrm{D}}}{\mu_{\mathrm{H}}}$$

$$\mu_{\mathrm{H}}=\frac{m_{\mathrm{H}}}{2},\quad \mu_{\mathrm{D}}=\frac{m_{\mathrm{D}}}{2}=m_{\mathrm{H}}$$

$$\frac{B_{\mathrm{H}}}{B_{\mathrm{D}}}=\frac{\mu_{\mathrm{D}}}{\mu_{\mathrm{H}}}=\frac{m_{\mathrm{H}}}{m_{\mathrm{H}}/2}=2$$

转动常数的变化为

$$B_{\mathrm{H}}-B_{\mathrm{D}}=B_{\mathrm{H}}-\frac{B_{\mathrm{H}}}{2}=\frac{B_{\mathrm{H}}}{2}$$

例 7.2　一氧化碳(CO)转动光谱的第一条线的频率为 3.842 4 $\mathrm{cm^{-1}}$。计算转动常数，从而计算一氧化碳中的 C—O 键长度(阿伏伽德罗数为 $6.022\times10^{23}\ \mathrm{mol^{-1}}$)。

解　$2B=3.842\ 4\ \mathrm{cm^{-1}}$，　$B=1.921\ 2\ \mathrm{cm^{-1}}=192.12\ \mathrm{m^{-1}}$

$$I=\mu r^2=\frac{h}{8\pi^2Bc},\quad r^2=\frac{h}{8\pi^2\mu Bc}$$

$$\mu=\frac{12\times15.994\ 9}{(12+15.994\ 9)\times6.022\times10^{23}}=1.138\ 5\times10^{-23}\mathrm{g}$$

$$r=1.131\times10^{-10}\mathrm{m}=1.131\ \text{Å}$$

例 7.3　观察到 $^{12}C^{16}O$ 的第一条转动谱线在 3.842 35 $\mathrm{cm^{-1}}$ 处，$^{13}C^{16}O$ 的第一条转动谱线在 3.673 37 $\mathrm{cm^{-1}}$ 处，计算 ^{13}C 的原子质量(假设 ^{16}O 的质量为 15.994 9 g/mol)。

解
$$\frac{B}{B'}=\frac{3.842\ 35}{3.673\ 37}=1.046$$

$$\frac{B}{B'}=\frac{I'}{I}=\frac{\mu'}{\mu}$$

设[13]C 的质量为 m，则

$$\frac{\mu'}{\mu}=\frac{27.9949}{12\times 15.9949}\times\frac{m\times 15.9949}{m+15.9949}$$

$$m=13.001\ \mathrm{g/mol}$$

7.5 斯塔克效应

转动角动量(线性分子)的空间量子化可以表示为

$$(P_J)_z=m_J\hbar$$

式中，$m_J=J(J-1,\cdots,-J)$。

在正常条件下，每个 J 能级的 $2J+1$ 个分量是简并的。在存在电场 E 的情况下，简并度被部分去除，根据 $|m_J|=0,1,2,\cdots,J$，每一个分裂成 $J+1$ 个分量。

分子存在固有电偶极矩 μ，在外电场作用 E 下引起附加能量 $-\mu\cdot E=\mu E\cos\theta$，$\theta$ 为 μ 与 E 的夹角，这必然造成光谱线分裂，谱线分裂间距大小与电场强度成正比，称为一级斯塔克效应。不存在固有电偶极矩的原子或分子受电场作用，产生感生电偶极矩，在电场中引起能级分裂，与电场强度平方成正比，称为二级斯塔克效应，一般二级效应比一级效应小得多，斯塔克分裂的谱线是偏振的。在外电场作用下，转动光谱线可以发生偏移也可以发生分裂，如图 7.7 所示，斯塔克效应将 J 能级的简并度分解为 $2J+1$ 个能级，因此对于 $J>0$的所有谱线，可以观察到多重态结构。

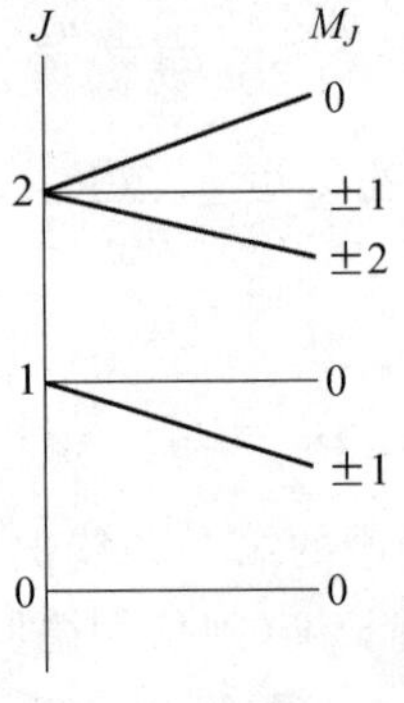

图 7.7 斯塔克效应下转动能量分裂示意图

根据量子力学，可以得到一级斯塔克效应引起的附加能量为

$$\Delta W_{\mathrm{Stark}}^{(1)}=-\frac{\mu E M_J\Lambda}{J(J+1)} \tag{7.47}$$

式中，J 为转动量子数；$M_J=0,\pm1,\pm2,\cdots$；Λ 为分子中的角动量 L 在核轴上的量子化投影。

对于双原子分子而言，固有电偶极矩必沿核轴方向，等电荷原子构成的分子没有固有电偶极矩。另外，若分子的角动量垂直于核轴，则不会产生一阶斯塔克效应。不存在固有电偶极矩的分子在外界电场作用下产生的感应偶极矩在电场中引起能级分裂，这些情况下，应用二级微扰理论可以算出二阶斯塔克效应引起的附加能量为

$$\Delta W_{\mathrm{Stark}}^{(2)}=\frac{\mu^2E^2[J(J+1)-3M_J^{\ 2}]}{2hcBJ(J+1)(2J-1)(2J+3)} \tag{7.48}$$

对于一阶斯塔克效应，从式(7.47)可以看出，每个能级被分成 $2J+1$ 个分量，而对于二阶斯塔克效应，式(7.48)中 M_J 的平方导致简并度仅为 $J+1$。

7.6 微波光谱仪

微波光谱仪结构示意图如图 7.8 所示，其由辐射源、样品池、探测器等组成。

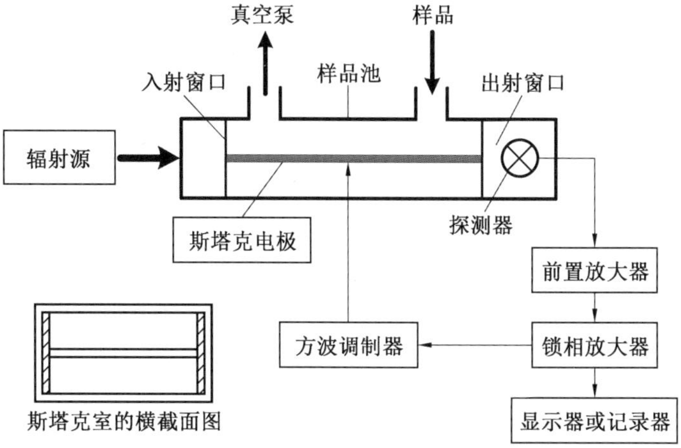

图 7.8 微波光谱仪结构示意图

(1)辐射源。

大多数光谱仪都使用速调管，这种速调管能发出非常稳定的单色微波辐射。速调管的频率可以进行机械调整在大范围内变化，也可以进行电气调整在小范围内变化。耿氏二极管也被广泛使用，因为它们只需要 20 V 输入功率，而速调管需要 300～4 000 V 输入功率。反射振荡器也可取代速调管和耿氏二极管作为辐射源。

(2)频率测量装置。

腔波长计用于测量频率，精度为±1～5 MHz，更精确的频率测量可以直接通过频率计数器或使用拍频技术来完成。

来自辐射源的微波辐射可以通过矩形横截面的空心金属管(通常用铜制作)传输到样品池，这种管被称为波导。根据使用的光谱仪波段类型如 X 波段(8～12.4 GHz)、K 频段(12.4～18 GHz)等需要使用不同尺寸的波导。

同时，需要耦合出辐射源的小部分功率到频率测量装置用于波长或频率测量、监测功率等。

(3)样品池。

最常用的样本池是采用斯塔克调制技术的斯塔克样品池，样品池由一个长 3～4 m 的矩形波导组成，其两端用薄云母窗密封，辐射源通过入射云母窗口进入样品池，对出射云母窗口透射的辐射进行检测。

在斯塔克样品池中，一条扁平的金属条安装在波导的中间，用电介质特氟隆将板与金属波导隔离，可以在金属板和波导之间注入 0～2 000 V 方波电势，分子的共振频率可以通过斯塔克效应进行调制，调制之后是一个只对分子共振做出响应的锁相检测器，因此斯塔克调制光谱仪消除了样品池背景噪声。

(4)探测器。

硅晶体是最常用的探测器,传入的辐射产生直流电流,只有当分子发生共振时,透射辐射才会被调制。共振时,一个小的方波叠加在直流信号的顶部,交流分量由相敏探测器放大和检测,相敏探测器连接至示波器或数据记录器。

由转动光谱可以得到的信息包括:

①精度非常高的转动常数;

②双原子分子中原子间的距离;

③通过下列关系式,依据常数 B 和转动畸变常数 D 的值可以估计键的力常数 k,有

$$B=\frac{h}{8\pi^2\mu r_0^2 c} \tag{7.49a}$$

$$D=\frac{h^3}{32\pi^4\mu^2 r_0^6 kc} \tag{7.49b}$$

$$\tilde{\omega}=\frac{4B^3}{D} \tag{7.49c}$$

$$\tilde{\omega}=\frac{1}{2\pi c}\sqrt{\frac{k}{\mu}} \tag{7.49d}$$

可以得到

$$k=\frac{16\pi^2 c^2\mu B^3}{D} \tag{7.50}$$

④依据斯塔克效应,通过已知电场 E 和测量谱线分裂的能量间隔,可以从微波光谱中精确测定电偶极矩 μ。

⑤根据同位素效应导致的光谱线偏移,可以测定同位素的原子质量。

习 题

7.1 计算 H_2O 分子绕 HOH 角平分线定义的轴的惯性矩。HOH 键合角度为 104.5°,键长度为 95.7 pm。

7.2 对于有效质量为 1.33×10^{-25} kg 的谐振子,相邻能级差为 4.82×10^{-20} J。计算谐振子的力常数。

7.3 考虑 $^{1}H^{127}I$ 分子的转动,由于两个原子质量的巨大差异,可以将 ^{1}H 原子视为在 $r=160$ pm(平衡键距离)处围绕静止 ^{127}I 原子转动的刚性转子。$^{1}H^{127}I$ 分子转动能级之间的跃迁可以通过吸收光子实现,那么光子的频率为多少?

7.4 观察到 CO 转动光谱中的第一条光谱线在 3.842 35 cm^{-1} 处。计算转动惯量常数 B 和 CO 的键长。C 和 O 的相对原子量分别是 12.00 g/mol 和 15.999 4 g/mol。

7.5 对于转动量子数 $J=4$ 的转动激发态,其转动能级与最低转动能级的间隔为 30 cm^{-1},分别计算 25 ℃和 1 000 ℃时,$J=4$ 激发态中分子与最低转动能级中分子的比率。

7.6 $^{127}I^{35}Cl$ 的转动常数为 0.114 2 cm^{-1},计算 ICl 键长($m_{Cl}^{35}=34.968\ 8$ g/mol,$m_I^{127}=126.904\ 5$ g/mol)。

第 8 章　双原子分子的振动光谱

分子振动一转动哈密顿量的球坐标为

$$\hat{H}=-\frac{\hbar^2}{2\mu r^2}\left(\frac{\partial}{\partial r}r^2\frac{\partial}{\partial r}+\frac{1}{\sin\theta}\frac{\partial}{\partial\theta}\sin\theta\frac{\partial}{\partial\theta}+\frac{1}{\sin^2\theta}\frac{\partial^2}{\partial\varphi^2}\right)$$

在不考虑转动的单纯振动中，θ 和 φ 都是常数，双原子分子只剩下一个振动自由度，这个自由度就是两个原子核之间的相对位移，这种情况下的薛定谔方程为

$$-\frac{\hbar^2}{2\mu}\frac{1}{r^2}\frac{\mathrm{d}}{\mathrm{d}r}r^2\frac{\mathrm{d}}{\mathrm{d}r}\psi(r)+U(r)\psi(r)=E_v\psi(r) \tag{8.1}$$

令 $\psi(r)=\psi_v(r)/r$，代入上式得到

$$-\frac{\hbar^2}{2\mu}\frac{\mathrm{d}^2}{\mathrm{d}r^2}\psi_v(r)+U(r)\psi_v(r)=E_v\psi_v(r) \tag{8.2}$$

这个方程形式上与一维振子的薛定谔方程完全相同，只要知道势能 $U(r)$ 的具体形式，就可以求解上述方程，得到振动本征函数 $\psi_v(r)$ 和振动能量 E_v，而采用不同精度的势能函数，就构成了不同精确程度的振子模型。

8.1　简谐振子模型

量子谐振子是经典谐振子的量子近似，是量子力学中最重要的模型体系之一，它的势能曲线 $U(r)$ 通常可近似表示为稳定平衡点附近的谐波势；另外，它是少数几个存在精确解析解的量子力学模型体系之一。谐振子模型可用于解释双原子分子的振动红外光谱。

谐振子可以吸收或发射光子，从一种振动能量状态跃迁到另一种振动能量状态。振动状态之间的跃迁必须满足两个条件：①由于分子振动，分子的偶极矩必须发生变化，偶极矩的变化（或振荡）允许与红外辐射波的交变电场相互作用；②如果辐射的频率与振动的固有频率匹配，则吸收红外光子，振动的振幅增加。此外，还有一些选择规则描述是否允许特定的跃迁，这些结果来自于从 v 到 v' 本征状态的跃迁矩积分：

$$\mu_T=\langle\psi_{v'}\mid\mu(r)\mid\psi_v\rangle=\int_{-\infty}^{\infty}\psi_{v'}\mu(r)\psi_v\mathrm{d}r \tag{8.3}$$

为了计算式(8.3)的积分，需要用振动的大小 r 来表示偶极矩算符，偶极矩算符定义为

$$\mu(r)=\sum_{\text{electrons}}-er+\sum_{\text{nuclei}}qR \tag{8.4}$$

式(8.4)中两个求和覆盖了所有电子和原子核，涉及粒子电荷（$-e$ 或 q）乘位置矢量（分别为 $\boldsymbol{r}$ 或 $\boldsymbol{R}$），利用泰勒级数展开的方法，可以简单地求出位移坐标 $x=r-r_0$ 的偶极矩算符，即

$$\mu(r)=\mu_{r_0}+\left(\frac{\mathrm{d}\mu(r)}{\mathrm{d}r}\right)_{r_0}(r-r_0)+\left(\frac{\mathrm{d}^2\mu(r)}{\mathrm{d}r^2}\right)_{r_0}(r-r_0)^2+\cdots \tag{8.5}$$

只保留前两个项并代入式(8.3)可得

$$\mu_T = \mu_{r_0}\int_{-\infty}^{\infty}\psi_{v'}(r)\psi_v(r)\mathrm{d}r + \left(\frac{\mathrm{d}\mu(r)}{\mathrm{d}r}\right)_{r_0}\int_{-\infty}^{\infty}\psi_v{'}(r)(r-r_0)\psi_v(r)\mathrm{d}r \tag{8.6}$$

并且 $\mu_{r_0}=0$ 是原子核处于平衡位置时分子的偶极矩，即

$$\left(\frac{\mathrm{d}\mu(r)}{\mathrm{d}r}\right)_{r_0} \tag{8.7}$$

式(8.6)是在正常模式下由于原子核发生位移而引起的偶极矩的线性变化，因为它的值在 r_0 是不再依赖于 r 的常数，因此可以移到积分号的外面。式(8.6)中第一项的积分为零，因为任意两个谐振子波函数都是正交的；式(8.6)中第二项的积分只有在 $v'=v\pm1$ 时不为零，因为在谐振子模型中，能级是等间距分布的，这一结论表明双原子分子的振动吸收光谱仅由一条谱线组成，因此在谐振子模型的红外光谱中，只观察到基本跃迁即 $\Delta v=\pm1$。

分子振动的势能曲线 $U(r)$ 一般可以扩展为平衡核间距 r_0 附近的泰勒级数，即

$$U(r)=U(r_0)+\left(\frac{\mathrm{d}U}{\mathrm{d}r}\right)_{r_0}(r-r_0)+\frac{1}{2!}\left(\frac{\mathrm{d}^2U}{\mathrm{d}r^2}\right)_{r_0}(r-r_0)^2+\frac{1}{3!}\left(\frac{\mathrm{d}^3U}{\mathrm{d}r^3}\right)_{r_0}(r-r_0)^3+\cdots+\frac{1}{n!}\left(\frac{\mathrm{d}^nU}{\mathrm{d}r^n}\right)_{r_0}(r-r_0)^n+\cdots \tag{8.8}$$

由于势能是个相对数值，可以定义 $U(r_0)=0$，平衡核间距处是能量最低点，所以 $(\mathrm{d}U/\mathrm{d}r)_{r_0}=0$，如果只取势能展开后的前三项，而忽略其他更高项次，可得到

$$U(r)=\frac{1}{2!}\left(\frac{\mathrm{d}^2U}{\mathrm{d}r^2}\right)_{r_0}(r-r_0)^2=\frac{1}{2}kx^2 \tag{8.9}$$

式中，r 是两个原子核之间的相对距离；k 是化学键的力常数，典型双原子分子的力常数为 $400\sim2\ 000\ \mathrm{N\cdot m^{-1}}$。

如果作用在一个粒子上的势能可以用式(8.9)描述，它将做简谐振动，所以这一模型被称为简谐振子模型，把这个势能代入薛定谔方程中，导出下列微分方程：

$$-\frac{\hbar^2}{2m}\frac{\partial^2\psi}{\partial x^2}+\frac{1}{2}kx^2\psi=E\psi\longrightarrow\frac{\partial^2\psi}{\partial y^2}+(\varepsilon-y^2)\psi=0 \tag{8.10}$$

其中

$$y=\frac{x^4\sqrt{mk}}{\sqrt{\hbar}},\quad \varepsilon=\frac{2E}{\hbar}\sqrt{\frac{m}{k}} \tag{8.11}$$

虽然谐振子是通过单个粒子在力场中的运动来描述的，但光谱学中最简单的例子是双原子分子的两个原子围绕共同的质心运动。在这种情况下，必须把式(8.10)中的质量 m 替换为约化质量 μ，并且 $x=r-r_e$ 表示原子间距离 r 相对于平衡距离 r_e 的位移。式(8.11)的解可用 $\psi=H\exp(-y^2/2)$ 求得，它的结果是厄米微分方程：

$$\frac{\partial^2H}{\partial y^2}-2y\frac{\partial H}{\partial y}+(\varepsilon-1)H=0 \tag{8.12}$$

如果选择 $H(y)$ 作为多项式，对于很大的 y，则 ψ 降到零，只有当 $\varepsilon=2v+1$ 时这个微分方程存在有限解，其中 $v=0,1,2,\cdots$ 为振动量子数，有

$$E_v=\frac{1}{2}(2v+1)hc\tilde{\omega}=\left(v+\frac{1}{2}\right)hc\tilde{\omega},\quad \tilde{\omega}=\frac{1}{2\pi c}\sqrt{\frac{k}{\mu}} \tag{8.13}$$

相应的波函数为

$$\psi_v = N_v H_v(y)\exp(-y^2/2) \tag{8.14}$$

式中，N_v 是对于积分$\int\psi^2 dy=1$的归一化因子，$N_v=[(\hbar\pi/m\omega)^{1/2}2^v v!]^{-1/2}$。

当 $v=0$、1、2、3 和 4 时对应的厄米多项式为 1、$2y$、$4y^2-2$、$8y^3-12y$ 和 $16y^4-48y^2+12$。计算厄米特多项式的一般方程是

$$\mathrm{H}_v(y)=(-1)^v e^{y^2}\left(\frac{\partial}{\partial y}\right)^v e^{-y^2} \tag{8.15}$$

振动光谱项为

$$G(v)=E_v/hc=(v+1/2)\tilde{\omega} \tag{8.16}$$

振动能级跃迁的选择定则是 $\Delta v=\pm 1$，当分子从 v 能级跃迁到 $v+1$ 能级时，吸收光子的能量为

$$\tilde{v}=G(v+1)-G(v)=\tilde{\omega} \tag{8.17}$$

这样，对任何一个双原子分子，用简谐振子模型处理的振动光谱将只有一条谱线。实验事实表明，双原子分子的振动光谱并不是一条单一谱线，而是由一系列的谱线构成，这表明简谐振子模型过于简单，需要进行修正。

8.2 非简谐振子模型

谐振子模型是讨论分子振动的一个近似模型，主要局限性为：由于能量间隔相等，所有的跃迁都以相同的频率发生(即单线谱)。然而，实验中经常观察到许多条谱线。另外，谐振子不能预测键的离解能，无论引入多少能量，都不能使其断裂。在谐振子模型式(8.9)中加入非谐性扰动可以更好地描述分子振动，非简谐振动描述的恢复力不再与位移成正比。

非简谐振子模型的势能 $U(r)$通常缩减为三次项，即取式(8.8)的前四项为

$$U(x)=\frac{1}{2}kx^2+\frac{1}{6}k'x^3 \tag{8.18}$$

式中，k'是立方非谐性项的力常数，$k'=(d^3U/dr^3)|_{r=r_0}$。

需要注意的是，这个近似值只适用于 r_0 附近的 r，r_0 代表平衡键距离。谐振子模型势能、三阶多项式的非谐性势能与精确势能曲线如图 8.1 所示。

将非简谐振子模型的 $U(r)$代入纯振动方程，得到能量本征值为

$$E_v=\left(v+\frac{1}{2}\right)h\tilde{c}\omega-\left(v+\frac{1}{2}\right)^2 hc\,\chi\tilde{\omega} \tag{8.19}$$

式(8.19)中的χ是非谐性系数，$v=0,1,2,3\cdots$。对应的光谱项为

$$G(v)=\frac{E_v}{hc}=\left(v+\frac{1}{2}\right)\tilde{\omega}-\left(v+\frac{1}{2}\right)^2\chi\tilde{\omega} \tag{8.20}$$

在非谐振子模型中，跃迁的选择定则为

$$\Delta v=\pm 1,\pm 2,\pm 3,\cdots \tag{8.21}$$

按照玻尔兹曼分布，常温下分子主要处在振动基态，所以跃迁主要发生在从振动基态

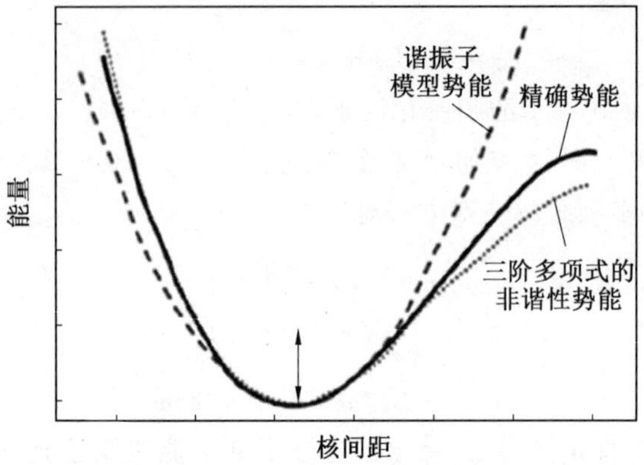

图 8.1 谐振子模型势能、三阶多项式的非谐性势能与精确势能曲线

出发向上的各能级之间，其吸收频率为

$$\nu=G(v+1)-G(0)=(\tilde{\omega}-\chi\tilde{\omega})v-\chi\tilde{\omega}v^2 \tag{8.22}$$

图 8.2 所示为 HCl 分子势能的能级，HCl 分子是一个非谐振子，图中 HCl 在能级 E_3 下振动。D_0 是离解能，r_0 是键长，U 是势能，其中 D_0 与阱深（解离极限）D_e 不同。该图的振动能级为

$$G(v)=\left(v+\frac{1}{2}\right)\tilde{\omega}-\left(v+\frac{1}{2}\right)^2\chi\tilde{\omega}+\left(v+\frac{1}{2}\right)^3 y\tilde{\omega}+\text{高阶项} \tag{8.23}$$

式中，v 是振动量子数；χ、y 分别是一阶和二阶非谐性常数。

$v=0$ 是振动基态，由于这个势能小于谐振子中使用的抛物线势能，因此在高激发态下，能级的间距变小。谐振子具有均匀分布的能级，但非谐振子能级在解离极限 D_e 处会聚，在解离极限 D_e 上方的能级是连续的。

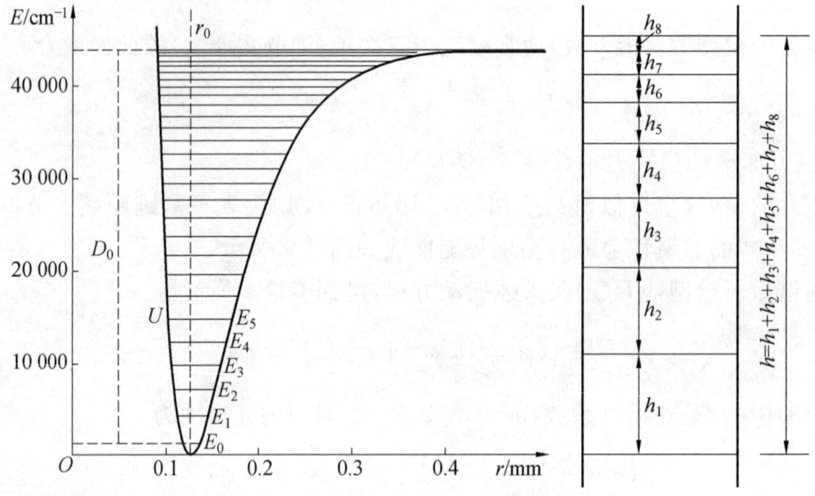

图 8.2 HCl 分子势能的能级

在谐振子模型下，$\tilde{\omega}$ 不能直接测量，但对谐振子项进行修改后，情况就会不同，$v+1$ 和 v 两个能级之间跃迁的波数 $\Delta G_{v+1/2}$ 为

$$\Delta G_{v+1/2}=G(v+1)-G(v)=\tilde{\omega}-(2v+2)\chi\tilde{\omega}+\left(3v^2+6v+\frac{13}{4}\right)\tilde{y\omega}+\cdots \tag{8.24}$$

为了确定 $\tilde{\omega}$ 和$\chi\tilde{\omega}$，必须至少需要两个跃迁波数，如 $G(1)-G(0)=\tilde{\omega}$ 和 $G(2)-G(1)=\tilde{\omega}-4\chi\tilde{\omega}$。离解能 D_e 近似由下式给出

$$D_e\approx\frac{\tilde{\omega}^2}{4\chi\tilde{\omega}} \tag{8.25}$$

这种近似忽略了除$\chi\tilde{\omega}$ 以外的所有非谐性常数。在实验上，可以测量相对于零点 $v=0$ 能级的离解能 D_0。从图 8.2 可以清楚地看出

$$D_0=\sum_v \Delta G_{v+1/2} \tag{8.26}$$

如果忽略式(8.24)中的高阶非简谐常数，那么 $\Delta G_{v+1/2}$ 是 v 的线性函数，D_0 是 $\Delta G_{v+1/2}$ 与 $v+1/2$ 曲线下的面积，如图 8.3 中的直线所示。

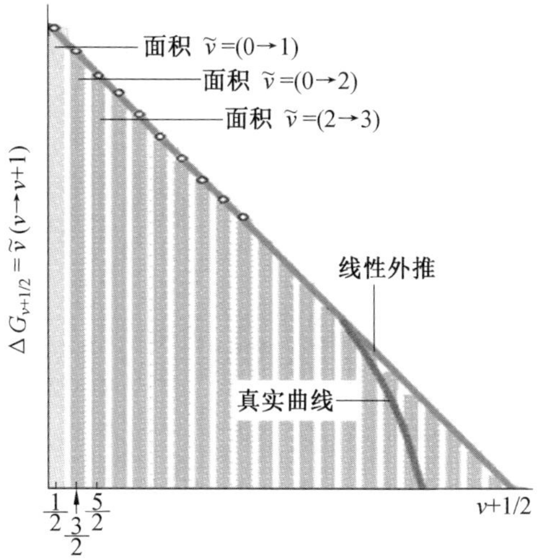

图 8.3 线性外推用于确定相对于零点能级的离解能 D_0，实验点位于真实曲线上

在许多情况下，实际上只能观察到前几个 ΔG 值，因此必须对 $\Delta G_{v+1/2}=0$ 进行线性外推，外推图下的面积给出了 D_0 的近似值。然而，大多数实际曲线图与图 8.3 所示的高 v 下的线性外推直线有很大的偏差，因此 D_0 的值通常被高估。由于 $\Delta v=\pm2,\pm3,\cdots$跃迁的强度较低，且受激振动能级的粒子布居数较低，因此通常无法从红外光谱或拉曼光谱中获得较高振动量子数 v 值的 $\Delta G_{v+1/2}$实验值。

离解能 D_e(图 8.4)不受同位素替代的影响，因为势能曲线和力常数不受核中粒子数的影响。然而，$\tilde{\omega}$ 的质量依赖性(与约化质量 μ 的 $\mu^{-1/2}$ 成正比)改变了振动能级，导致 D_0 与同位素有关，如$^2H_2$的 $\tilde{\omega}$ 小于$^1H_2$的 $\tilde{\omega}$，因此 $D_0(^2H_2)>D_0(^1H_2)$。

8.3 莫尔斯势能——更好的近似

比非谐性校正谐振子解更有效的方法是采用不同的势能 $V(r)$，其中一种方法是以物理学家 Philip M. Morse 命名的莫尔斯势能，它比谐振子模型更好地描述了分子结构振动的近似，因为它明确地包括了键的断裂效应，并解释了实际键的非谐性，莫尔斯势能和谐振子势能如图 8.4 所示，当能量接近离解能时，莫尔斯势能级间距减小。D_0 为热力学离解能，D_e 为光谱学离解能(阱深)。

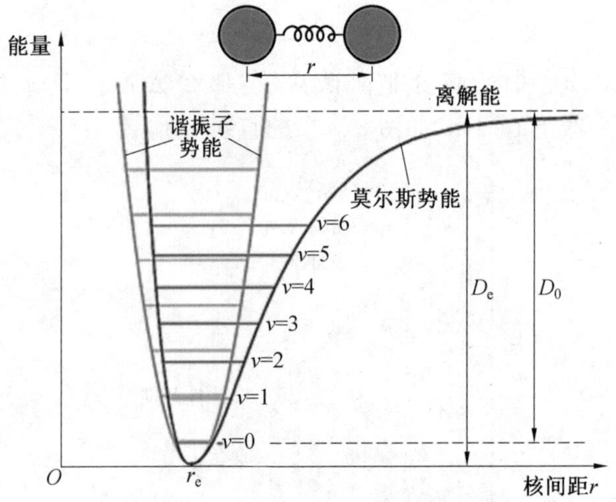

图 8.4 莫尔斯势能和谐振子势能

莫尔斯势能是 $V(r)$ 的很好近似，并且在寻找所有 r(从 0 到∞)的一般公式 $V(r)$ 时是最好的，而不仅仅适用于 r_e 周围的局部区域，即

$$V(x)=D_e\left[1-e^{-\beta(r-r_e)}\right]^2 \tag{8.27}$$

式中，r 是原子之间的距离；r_e 是平衡核间距；D_e 是阱深，对应离解能；β 是控制势阱宽度的参数，β 越小，势阱越宽，$\beta=[k_e/(2D_e)]^{1/2}$，其中 k_e 是势阱最小处的力常数。

莫尔斯势能在 r 趋于无穷时接近零，在 $r=r_e$ 处等于 $-D_e$，满足 $V(r=r_e)=0$ 和 $V(r=\infty)=D_e$。这清楚地表明，莫尔斯势能是短程排斥项(小 r 值)和长程吸引项(大 r 值)的组合。

莫尔斯势能代入振动薛定谔方程，得到本征能量是

$$E_v=Ahc(v+1/2)-Bhc\,(v+1/2)^2,\quad v=0,\ 1,\ 2,\cdots \tag{8.28a}$$

式中

$$A=\frac{\beta}{4\pi c}\sqrt{\frac{2D_e}{\mu}}=\tilde{\omega},\quad B=\frac{h\beta^2}{8\pi^2\mu c}=\tilde{\omega}\,\chi \tag{8.28b}$$

用波数表示为

$$G(v)=\frac{E_v}{hc}=(v+1/2)\tilde{\omega}-(v+1/2)^2\,\chi\tilde{\omega} \tag{8.28c}$$

结果与非简谐振子能量本征值的形式相同，但是参数 A 和 B 与结构参数之间的关系比非简谐振子更接近于真实情况。

对于非谐振子模型，前几个跃迁的频率如下。

(1) $v=0 \longrightarrow v=1$。

$$\tilde{\nu}_{0\longrightarrow 1}=G(1)-G(0)=(1+\frac{1}{2})\tilde{\omega}-(1+\frac{1}{2})^2\chi\tilde{\omega}-\left(\frac{1}{2}\tilde{\omega}-\frac{1}{4}\chi\tilde{\omega}\right)$$
$$=\tilde{\omega}-2\chi\tilde{\omega}(\mathrm{cm}^{-1})$$

(2) $v=0 \longrightarrow v=2$。

$$\tilde{\nu}_{0\longrightarrow 2}=G(2)-G(0)=\left(2+\frac{1}{2}\right)\tilde{\omega}-\left(2+\frac{1}{2}\right)^2\chi\tilde{\omega}-\left(\frac{1}{2}\tilde{\omega}-\frac{1}{4}\chi\tilde{\omega}\right)$$
$$=2\tilde{\omega}-6\chi\tilde{\omega}(\mathrm{cm}^{-1})$$

(3) $v=0 \longrightarrow v=3$。

$$\tilde{\nu}_{0\longrightarrow 3}=G(3)-G(0)=\left(3+\frac{1}{2}\right)\tilde{\omega}-\left(3+\frac{1}{2}\right)^2\chi\tilde{\omega}-\left(\frac{1}{2}\tilde{\omega}-\frac{1}{4}\chi\tilde{\omega}\right)$$
$$=3\tilde{\omega}-12\chi\tilde{\omega}(\mathrm{cm}^{-1})$$

如果样品的温度很高，或者 $v=1$ 能级与 $v=0$ 能级相差不大，则 $v=1$ 态的粒子布居数可能也是很可观的，这种情况下 $v=1 \longrightarrow v=2$ 跃迁为

$$\tilde{\nu}_{1\longrightarrow 2}=G(2)-G(1)=\left(2+\frac{1}{2}\right)\tilde{\omega}-\left(2+\frac{1}{2}\right)^2\chi\tilde{\omega}-\left[(1+\frac{1}{2})\tilde{\omega}-(1+\frac{1}{2})^2\chi\tilde{\omega}\right]$$
$$=\tilde{\omega}-4\chi\tilde{\omega}(\mathrm{cm}^{-1})$$

8.4 振动光谱的应用

1. 求化学键力常数 k

力常数 k 是表征化学键的伸缩振动强度的一个重要参数，它的定义式为

$$k=4\pi^2\tilde{\omega}^2c^2\mu \tag{8.29}$$

如对 HCl 分子，实验测得$\tilde{\nu}_{0\longrightarrow 1}=2\ 885.9\ \mathrm{cm}^{-1}$、$\tilde{\nu}_{0\longrightarrow 2}=5\ 668.0\ \mathrm{cm}^{-1}$，代入式(8.22)得到

$$\tilde{\nu}_{0\longrightarrow 1}=(1-2\chi)\tilde{\omega}=2\ 885.9\ \mathrm{cm}^{-1}$$
$$\tilde{\nu}_{0\longrightarrow 2}=(1-3\chi)\tilde{\omega}=5\ 668.0\ \mathrm{cm}^{-1}$$

由上述两个方程，可以求得$\chi=0.017\ 26$、$\tilde{\omega}=2\ 988.9\ \mathrm{cm}^{-1}$，因此化学键力常数为 $k=4\pi^2\tilde{\omega}^2c^2\mu=516\ \mathrm{N\cdot m^{-1}}$。

2. 求离解能

将化学键完全破坏，从而使稳定分子 AB 解离成相应的中性原子 A 和 B，所需要的能量称为离解能。谐振子模型无法表现分子的离解情况，而在非简谐振子模型中，相邻两个能级之间的能量差是

$$\Delta E=E_{v+1}-E_v=hc\tilde{\omega}\left[1-2(v+1)\chi\right] \tag{8.30}$$

随着振动量子数 v 的增加，振动能级之间的间隔变小。当发生解离时，可以认为相邻的振动能级已经连在一起。设解离区的振动量子数为 v_D，则

$$\Delta E=E(v_{D+1})-E(v_D)=0 \tag{8.31}$$

即

$$\Delta E=E_{v+1}-E_v=h\tilde{c}\omega[1-2(v_D+1)\chi]=0 \tag{8.32}$$

得到

$$v_D=\frac{1}{2\chi}-1\approx\frac{1}{2\chi} \tag{8.33}$$

于是相对于零点能，将一个分子解离所需要的能量为

$$D_0=E(v_D)-E(0)=\left[\frac{1}{4\chi}-\frac{1}{2}\right]h\tilde{c}\omega\approx\frac{1}{4\chi}h\tilde{c}\omega \tag{8.34}$$

这一能量 D_0 被称为热力学离解能。而不考虑零点能的离解能称为光谱学离解能，记作 D_e。

3. 同位素效应

当双原子分子中的原子用同位素取代以后，由于决定化学键性质的电荷分布不受同位素取代的影响，所以力常数不会因为同位素取代而改变。在同位素取代前后，分子的振动频率有如下关系：

$$\frac{\tilde{\omega}_2}{\tilde{\omega}_1}=\left[\frac{1}{2\pi c}\sqrt{\frac{k}{\mu_2}}\right]\Big/\left[\frac{1}{2\pi c}\sqrt{\frac{k}{\mu_1}}\right]=\sqrt{\frac{\mu_1}{\mu_2}}=\rho \tag{8.35}$$

在简谐振子模型中，由于同位素取代而引起的 $v=0\longrightarrow v=1$ 谱线位移是

$$\Delta\tilde{\nu}=\tilde{\omega}_2-\tilde{\omega}_1=\tilde{\omega}_1(1-\rho) \tag{8.36}$$

该位移称为同位素位移。而在非简谐振子模型下，同位素取代不仅影响了频率，而且也使非谐性常数发生了改变。假设 $\chi_2=\rho\chi_1$，则同位素位移是

$$\Delta\tilde{\nu}=\tilde{\nu}_2-\tilde{\nu}_1=(1-\rho)\left[1-2(\rho+1)\chi_1\right]\tilde{\omega}_1 \tag{8.37}$$

如当用 D 取代了 HCl 中的 H 以后，$\rho=(\mu_1/\mu_2)^{1/2}=0.716\,9$，相应的同位素位移为

$$\Delta\tilde{\nu}=(1-\rho)\left[1-2(\rho+1)\chi_1\right]\tilde{\omega}_1=796.5\ \mathrm{cm}^{-1}$$

8.5　振动光谱的精细结构——振转光谱

1. 振动－转动光谱（振转光谱）的能量

分子在振动的同时转动，由于分子的振动引起键长的变化，因此分子的转动会受到其振动跃迁的影响，由于振动和转动的能量相差很大，因此每个振动带都含有转动精细结构。振动能态的量级为 1 000 cm^{-1}，处于气态的异核双原子分子中的每一种正常振动跃迁模式，伴随转动跃迁引起的近间隔差（1～10 cm^{-1}）能量状态。分子的转动和振动跃迁有助于确定分子是如何通过它们的键长相互作用的，为了了解每一个跃迁，必须考虑其他项，如波数、力常数、量子数等。与所有振动能级相关的转动能级的跃迁耦合到振动跃迁，如图 8.5 所示，由此得到振动－转动光谱。

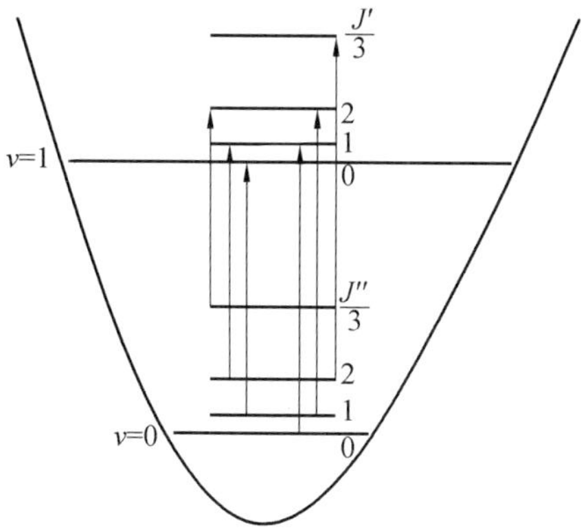

图 8.5 振动—转动跃迁

包含振动一转动的总能量为

$$E_{J,v}=F(J)+G(v)=BJ(J+1)-DJ^2(J+1)^2+\left(v+\frac{1}{2}\right)\tilde{\omega}-\left(v+\frac{1}{2}\right)^2\chi\tilde{\omega} \tag{8.38}$$

式中，$J=0,1,2,\cdots$；$v=0,1,2,\cdots$。跃迁的选择定则为 $\Delta J=\pm1$ 和 $\Delta v=\pm1,\pm2,\cdots$。

将分子的振动视为谐振子的振动（忽略非谐振性），将分子的转动视为刚性转子（忽略离心畸变），则振动一转动的总能量为

$$E_{J,v}=F(J)+G(v)=BJ(J+1)+\left(v+\frac{1}{2}\right)\tilde{\omega} \tag{8.39}$$

在室温下，分子通常只填充最低能量振动状态 $v=0$，因此通常 $v_0=0$ 和 $\Delta v=+1$，完整的选择定则为 $\Delta v=\pm1$，然而由于上能级缺乏分子布居数，因此假定跃迁是由低能级向高能级。在室温下，$J\neq0$ 的态可以被分子布居数填充，因为它们代表振动态的精细结构，并且比连续的振动能级具有更小的能量差；另外，$\Delta J=\pm1$ 也是转动跃迁的选择定则。

$\Delta J=0$（即 $J''=0$ 和 $J'=0$）是禁戒跃迁，转动选择规则产生 R 分支（当 $\Delta J=+1$）和 P 分支（当 $\Delta J=-1$），分支的每一条线都可以用 $R(J)$ 或 $P(J)$ 标记，其中 J 表示较低状态的量子数。

（1）R 分支。

当 $\Delta J=+1$ 时，即初态的转动量子数为 J、末态的转动量子数为 $J+1$，R 分支中光谱线的能量为

$$\begin{aligned}\Delta E&=\tilde{\omega}+B[J'(J'+1)-J(J+1)]\\&=\tilde{\omega}+B[(J+1)(J+2)-J(J+1)]\\&=\tilde{\omega}+2B(J+1),\quad J=0,1,2,\cdots\end{aligned} \tag{8.40}$$

（2）P 分支。

当 $\Delta J=-1$ 时，即初态的转动量子数为 J、末态的转动量子数为 $J-1$，P 分支中光谱线的能量为

$$\begin{aligned}\Delta E&=\tilde{\omega}+B[J'(J'+1)-J(J+1)]\\&=\tilde{\omega}+B[(J-1)J-J(J+1)]\end{aligned}$$

$$=\tilde{\omega}-2BJ,\quad J=1,2,\cdots \tag{8.41}$$

(3)Q 分支。

当 $\Delta J=0$ 时，即初态的转动量子数与末态的转动量子数相同，Q 分支中光谱线的能量为

$$\begin{aligned}\Delta E&=\tilde{\omega}+B[J'(J'+1)-J(J+1)]\\&=\tilde{\omega}+B[J(J+1)-J(J+1)]\\&=\tilde{\omega}\end{aligned} \tag{8.42}$$

如图 8.6 所示，P 分支和 R 分支的线间隔为 $2B$，因此不需要纯转动光谱即可推导出键长。

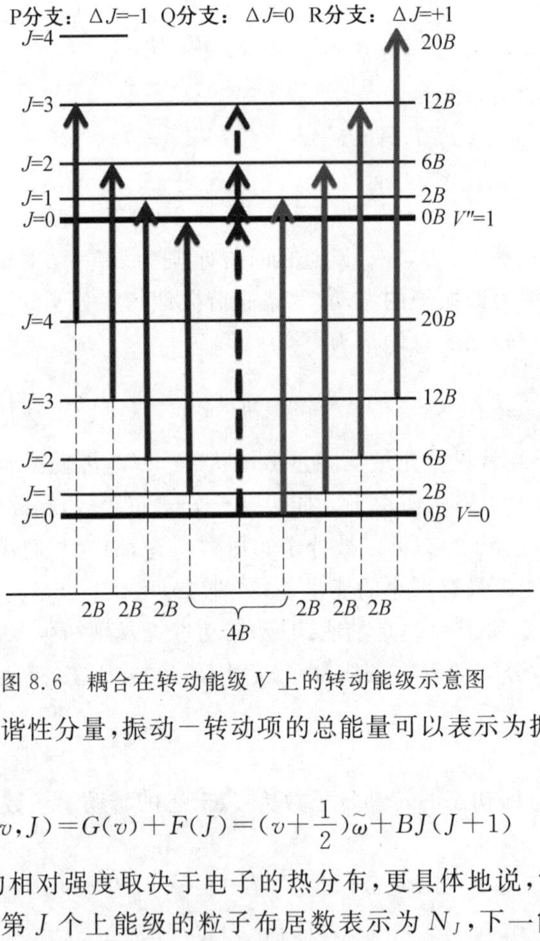

图 8.6 耦合在转动能级 V 上的转动能级示意图

忽略离心畸变和非谐性分量，振动—转动项的总能量可以表示为振动能量 $G(v)$ 和转动能量 $F(J)$ 之和，即

$$\tilde{\nu}(v,J)=G(v)+F(J)=\left(v+\frac{1}{2}\right)\tilde{\omega}+BJ(J+1) \tag{8.43}$$

P 分支和 R 分支的相对强度取决于电子的热分布，更具体地说，它们取决于下能级的粒子布居数。如果把第 J 个上能级的粒子布居数表示为 N_J，下一能级的布居数表示为 N_0，上能级的粒子布居数相对于下能级的粒子布居数可以用玻尔兹曼分布表示为

$$\frac{N_J}{N_0}=(2J+1)\mathrm{e}^{-(E_r/kT)} \tag{8.44}$$

$2J+1$ 为第 J 个能级的简并度。当 J 增大时，简并度系数增大，而指数系数减小，指数系数起主导作用，直到 J 增大到一定程度时，N_J/N_0 接近于零，此时 J 值达到最大值。

$$J_{\max}=\left(\frac{kT}{2hcB}\right)^{1/2}-\frac{1}{2} \tag{8.45}$$

这就是振动一转动光谱线能量随着 J 的增加而增加到最大值，然后随着 J 的继续增加而减少到零的原因，如图 8.7 所示。

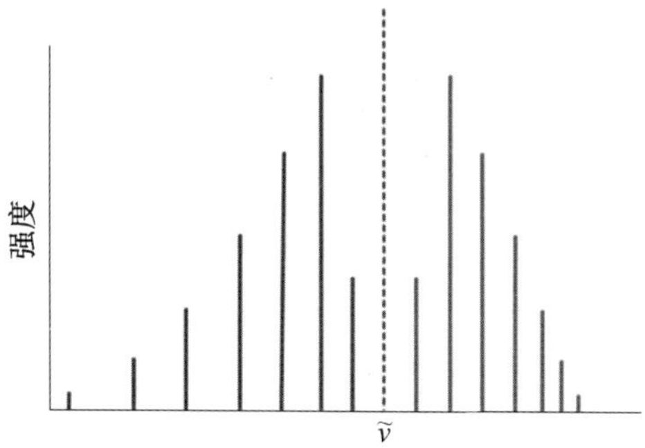

图 8.7 实际振动一转动光谱分布的示意图

基于上述条件，理想的光谱由间隔为 $2B$ 的等间距谱线组成，线的相对强度是下能级转动粒子布居数的函数，也就是说，强度与发生跃迁的分子数成正比，线的总强度取决于振动跃迁偶极矩。在 $P(1)$ 和 $R(0)$ 之间是零间隔，假设两个能级的旋转常数 B 相等，其中 P 分支和 R 分支的第一条谱线的间隔为 $4B$。但是，真实的光谱并不完全符合上面理想光谱的预期。随着能量的增加，R 分支光谱线在能量上变得越来越相似，光谱线逐渐靠近即光谱线的间隔越来越小。随着能量的减少，P 分支光谱线在能量上变得越来越不同，即谱线之间移动得越来越远，这种现象可归因于两个原因：转动一振动耦合和离心畸变。

2. 转动一振动耦合

当双原子分子振动时，其键长发生变化。由于转动惯量 I 取决于键长，因此它也会发生变化，进而改变转动常数 B_e。在上面假设 $R(0)$ 的转动常数 B_e 和 $P(1)$ 的转动常数 B 相等，但是由于转动一振动耦合效应，实际上它们并不相同，B_e 表达式为

$$B_e = -\alpha_e v + \frac{1}{2} \tag{8.46}$$

式中，B_e 是刚性转子的转动常数；α_e 是转动一振动耦合常数；v 是转动量子数。光谱带内信息可以用来确定两种不同能量状态的 B_0、B_1，以及转动一振动耦合常数 α_e，这可以通过组合差分法得到。

组合差分法涉及通过测量共享一个公共态的两个不同跃迁的变化来找到 B_0 和 B_1 的值以及转动一振动耦合常数。

为了确定 B_1，将两个共享公共低能态的跃迁配对，即这里为 $R(1)$ 和 $P(1)$，两个分支都从 $J=1$ 开始的，如图 8.8 所示，振动能级没有改变，所以通过找出两条线之间的能量差，可以得到 B_1。

$$\begin{aligned}\Delta E_R - \Delta E_P &= E(v=1, J \longrightarrow J+1) - E(v=1, J \longrightarrow J-1)\\ &= \tilde{\nu}[R(J)] - \tilde{\nu}[P(J)]\\ &= [\tilde{\omega}_0 + B_1(J+1)(J+2) - B_0 J(J+1)] - \\ &\quad [\tilde{\omega}_0 + B_1(J-1)J - B_0 J(J+1)]\\ &= 4B_1\left(J+\frac{1}{2}\right)\end{aligned} \tag{8.47}$$

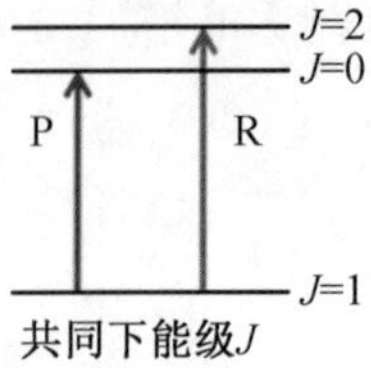

图 8.8　P 分支和 R 分支跃迁共享一个共同的下能级 J 态

如果绘制 $\Delta E_R - \Delta E_P$ 相对于 $J+1/2$ 的图像就得到一条直线，直线的斜率为 $4B_1$。

同样地，可以通过将两个共享一个上能级的跃迁配对，如图 8.9 所示，这里为 $R(0)$ 和 $P(2)$，通过这两个共享一个上能级态的跃迁的波数差异来确定 B_0。两个分支都终止于 $J=1$ 的能级，二者的差异取决于 B_0。

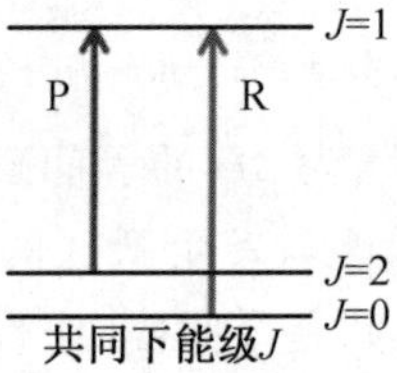

图 8.9　共享一个共同的上能级 J 态的 P 分支和 R 分支跃迁

$$\begin{aligned}\Delta E_R - \Delta E_P &= E(v=1, J-1 \longrightarrow J) - E(v=1, J+1 \longrightarrow J) \\ &= \tilde{\nu}[R(J-1)] - \tilde{\nu}[P(J+1)] \\ &= [\tilde{\omega}_0 + B_1 J(J+1) - B_0 J(J-1)] - \\ &\quad [\tilde{\omega}_0 + B_1 J(J+1) - B_0 (J+1)(J+2)] \\ &= 4B_0\left(J+\frac{1}{2}\right) \end{aligned} \tag{8.48}$$

同样绘制 $\Delta E_R - \Delta E_P$ 相对于 $J+1/2$ 的图像就得到一条直线，直线的斜率为 $4B_0$。由此可以得到转动－振动耦合常数为 $B_1 - B_0 = \alpha_e$。

3. 离心畸变

与转动－振动耦合相似，离心畸变与分子的键长变化有关。一个真实的分子并不是具有固定键长的刚性转子，随着分子转动速度的增加，其键长增加，转动惯量增加，考虑离心畸变的转动光谱项为

$$F(J) = BJ(J+1) - DJ^2(J+1)^2 \tag{8.49}$$

式中，D 是离心畸变常数，表达式为

$$D = \frac{4B^3}{\omega^2}$$

当考虑到上述因素时，转动－振动状态的实际能量为

$$S(v,J) = \left(v+\frac{1}{2}\right)\tilde{\omega}_0 + B_e J(J+1) - \alpha_e\left(v+\frac{1}{2}\right)J(J+1) - D_e J^2 (J+1)^2 \tag{8.50}$$

8.6 红外光谱仪

红外光谱仪的基本部件有:辐射源、前置光学元件、单色仪、探测器(带放大器)。红外光谱仪原理框架图如图8.10所示。

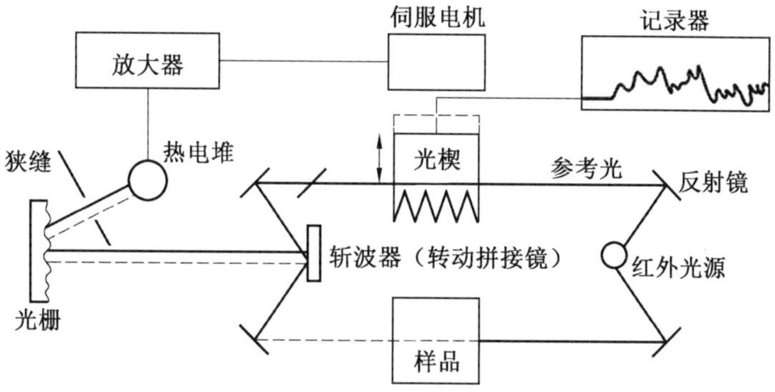

图8.10 红外光谱仪原理框架图

(1)辐射源。

最常见的红外光源是锆(Zr)、钇(Y)、铒(Er)等氧化物的电加热棒,或碳化硅、各种陶瓷(黏土)材料等能斯特发光器。

(2)前置光学元件。

前置光学元件由光源、反射镜 M_1 和 M_2 以及旋转反射镜/斩波器M组成。M_1 和 M_2 将光源辐射分成两个等效光束,其中一束通过样品,另一束通过等效参考路径,称为参考光束,两束光在旋转反射镜/斩波器处会合。旋转镜交替地允许样品光束通过空间,或以预定周期将参考光束反射到单色器狭缝。因此,探测器交替接收样品光束和参考光束。

(3)单色仪。

单色仪是光谱仪最重要的部分,通过使用棱镜或光栅使得多色辐射发生色散,通常有三种类型:①各种金属卤化物棱镜,如KBr(12~25 μm)、LiF(0.2~6 μm)和CeBr(15~38 μm);②氯化钠棱镜(2~15 μm),氯化钠棱镜用于650~4 000 cm^{-1}的整个区域,在2 500~4 000 cm^{-1}时分辨率较低,由于其易于潮解,所以平时需要放置在干燥器皿中保护;③光栅,一般来说,光栅比棱镜能够提供更好的分辨率,在1 500~4 000 cm^{-1}区域典型的光栅刻槽为240线/mm,在650~1 500 cm^{-1}区域典型的刻槽为120线/mm。

(4)探测器。

红外探测器是通过其热效应测量辐射能,红外区域使用的探测器有三种不同类型:①热电偶;②Golay池探测器;③测辐射热计。

红外光谱仪的运行原理如下。

①来自红外光源的光被平均分为两束,其中一束穿过样品即样品光束,另一束用作参考光束,这种双光束操作的主要目的是测量每个波长下两个光束之间的强度差异,可以连续或交替地每秒多次比较这两个光束。因此在双光束仪器中,源强度、探测器响应和放大器增益的波动通过观察样本光和参考光之间的信号比较来进行补偿。

②这两束光随后反射到旋转反射镜/斩波器上，斩波器旋转频率大约为10次/s，这有助于样品光束和参考光束交替反射到光栅上。

③光栅缓慢旋转，并将各个频率传输到热电堆探测器，从而将红外(热能)转换为相应的电能。

④当样品吸收一定量的特定频率的光时，探测器交替从斩波器接收相对较强的光束(参考光)和相对较弱的光束(样品光)，这样它将产生脉冲或交变流电，从探测器输送到放大器。

⑤放大器接收到的这一失衡信号被耦合到一个小型伺服电机上，该电机将一个光楔驱动到参考光束中，直到探测器接收的样品光和参考光强度相等。

⑥楔块(或衰减器)的轻微移动进一步耦合到记录器，楔块在参考光束支路中的"进"和"出"运动充分记录在不同吸收带的打印图表上。

另外，傅里叶变换红外光谱仪被广泛地应用。传统的光谱法称为频域光谱法，记录辐射功率 $F(\omega)$ 是频率 ω 的函数；在时域光谱仪中，记录辐射功率 $f(t)$ 的变化为时间 t 的函数。在傅里叶变换光谱仪中，时域图被转换为频域光谱。

习　题

8.1　考虑一个X—H化学键，其中重X原子固定不动，只有非常轻的H原子做简谐振动，符合谐振子模型，X—H化学键的力常数约为500 N・m^{-1}，质子的质量约为1.7×10^{-27}kg。如果X—H键振动能级的跃迁是吸收光子激发所造成的，光的波长为多少？

8.2　分子HCl的振动波数为2 991 cm^{-1}，计算其力常数。

8.3　已知振动激发态与最低转动态能级差为1 000 cm^{-1}，分别计算系统处于25 ℃和1 000 ℃时，处于此振动激发态的分子与最低振动能级中分子的比率。

8.4　观察到的 H_2^+ 振动间隔 $1 \longleftarrow 0, 2 \longleftarrow 1, \cdots$ (单位：cm^{-1})位于以下值：2 191、2 064、1 941、1 821、1 705、1 591、1 479、1 368、1 257、1 145、1 033、918、800、677、548、411，根据以上实验数据确定分子 H_2^+ 的离解能。

8.5　假设 $^1H^{35}Cl$ 和 $^2H^{37}Cl$ 的力常数相同，计算其基本振动波数的百分比差。

8.6　对于 $^{16}O_2$，跃迁 $v=1 \longleftarrow 0, 2 \longleftarrow 0$ 和 $3 \longleftarrow 0$ 的 ΔG 值分别为1 556.22、3 088.28和4 596.21 cm^{-1}，计算 $\tilde{\omega}$ 和 χ_e。

第9章 拉曼光谱

分子可以获得或失去的能量是量子化的,能量必须与两个分子能级之间的跃迁相一致。分子受到电磁波辐射,如果辐射场的能量相当于分子的两个能级的能量差,辐射场可能被吸收;如果电磁辐射没有被吸收,它可能被分子散射或透射而继续传播。当一束光子与一个特定的分子碰撞时,如果碰撞是完全弹性的,光子将在不改变能量的情况下发生偏转;如果能量在光子和分子之间交换,则称碰撞是非弹性的。1923 年,Smekal 从理论上,以及 1928 年 Raman 和 Krishnan 从实验上证明了被物质散射的电磁辐射中有少量辐射的波长比入射波长略有增加或减少,这种现象称为拉曼效应,波长变大(频率或能量减小)和波长变小(频率或能量增加)分别称为斯托克斯(Stokes)－拉曼散射和反斯托克斯(Anti－Stokes)－拉曼散射。

拉曼光谱是一种利用散射光测量分子转动、振动能量模式的分析技术,它是以印度物理学家 C. V. Raman 命名的。拉曼光谱可以提供化学和结构信息,是特定分子或材料的独特化学指纹,可用于快速识别物质。

9.1 拉曼散射

光与分子相互作用时可能发生的三种散射过程如图 9.1 所示,当光被分子散射时,光子的振荡电磁场引起分子电子云的极化,使分子处于较高的能量状态,光子的能量转移到分子上,这可以认为是在光子和分子之间形成了一种非常短暂的中间态,通常称为分子的虚态,虚态是不稳定的,光子几乎立即以散射光的形式重新发射。

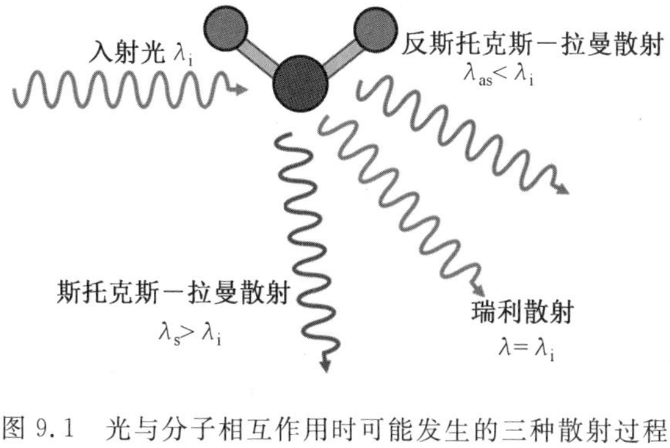

图 9.1 光与分子相互作用时可能发生的三种散射过程

在散射过程中,大多数分子与光子相互作用后其能量是不变的,因此散射光子的能量等于入射光子的能量,这称为弹性散射(散射粒子的能量守恒)或瑞利散射,是散射的主要过程。然而,在散射过程中,会有极少数分子和散射光子(大约 1 000 万分之一的光子)之间存在能量转移,这是一个非弹性散射过程,称为拉曼散射。如果分子在散射过程中从光子获得能量(激发到更高的振动能级),则散射光子会损失能量,波长增加,这称为斯托克斯一拉曼散射;反之,如果分子由于弛豫到较低的振动水平而损失能量,散射光子获得相应的能量,其波长减小,这称为反斯托克斯一拉曼散射,如图 9.2 所示。

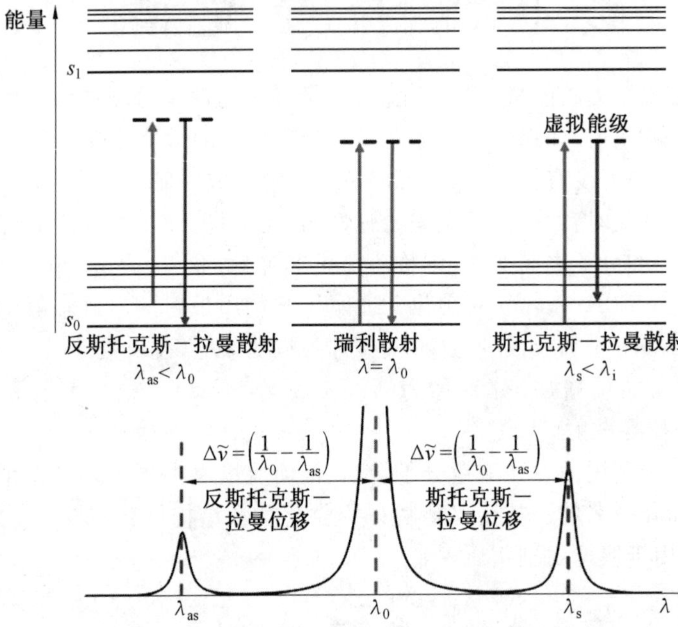

图 9.2 瑞利散射、斯托克斯一拉曼散射和反斯托克斯一拉曼散射起源示意图

从量子力学来看,斯托克斯和反斯托克斯是同样可能的过程,然而对于分子系统而言,大多数分子将处于基态振动能级(玻尔兹曼分布),因而斯托克斯一拉曼散射是统计上更可能的过程,所以斯托克斯一拉曼散射总是比反斯托克斯一拉曼散射更强烈,因此在拉曼光谱中测量的几乎总是斯托克斯一拉曼散射。

从图 9.2 中可以清楚地看出,拉曼散射光的波长取决于激发光的波长,因此拉曼散射光波长可以被转换为远离激发波长的拉曼位移,即

$$\Delta\tilde{\nu}(\mathrm{cm}^{-1})=\left(\frac{1}{\lambda_0(\mathrm{nm})}-\frac{1}{\lambda_1(\mathrm{nm})}\right)\times\frac{(10^7\ \mathrm{nm})}{(\mathrm{cm})} \tag{9.1}$$

式中,$\Delta\tilde{\nu}$是以波数表示的拉曼位移,单位为 cm^{-1};λ_0 是激发激光的波长,单位为 nm;λ_1 是拉曼散射的波长,单位为 nm。拉曼位移只与分子自身的结构有关,而与入射光的频率无关。拉曼光谱看起来很像红外光谱,然而红外光谱检测的是具有振动模式的一个官能团的波数,而拉曼光谱则是观察相对于入射源的偏移,是与斯托克斯跃迁和反斯托克斯跃迁相关的入射光子和散射光子之间的能量变化。拉曼位移与给定分子或官能团的红外峰值频率相同,如前所述,这种位移与激发波长无关。

由于拉曼光谱测量波数的变化,因此可以使用任何波长的光源进行测量,通常使用近红外和可见光,也可以使用紫外波长的光,但往往会导致样品的光分解。

9.2 转动拉曼光谱

拉曼效应是一个双光子过程，包括激发到一个虚拟激发态，然后返回到一个较低能量的状态，这些过程对于振动和转动是类似的，只是能量不同。转动光谱中斯托克斯和反斯托克斯的峰值通常有相似的强度，因为能级的布居数相似。然而，对于振动光谱的斯托克斯和反斯托克斯峰值，在标准温度下反斯托克斯峰值强度较小，因为通常情况下激发态布居数比基态布居数少很多。

分子的极化率决定了入射辐射的散射程度，当入射光在紫外或可见光区域时，它是分子中电子相对于原子核的位移或扭曲程度的量度。当单色辐射场照射在分子样品上且不被其吸收时，电场 $\boldsymbol{E}$ 诱导产生电偶极矩 $\boldsymbol{\mu}$，即

$$\boldsymbol{\mu}=\alpha\boldsymbol{E} \tag{9.2}$$

式中，$\boldsymbol{\mu}$ 和 $\boldsymbol{E}$ 都是矢量，矢量 $\boldsymbol{E}$ 的大小可以表示为

$$E=A\sin 2\pi c\,\tilde{\nu}_0 t \tag{9.3}$$

式中，A 是振幅；$\tilde{\nu}_0$ 是辐射场的波数。

极化率是各向异性的，这意味着在距离分子中心相等的距离处，当在不同方向测量时，可能会有不同的大小。原子和球形转子是各向同性极化的，这意味着无论外加电场的方向如何，都会产生相同的畸变，因此无论是极性分子还是非极性分子都能够产生拉曼散射光谱。

非球形分子的极化是各向异性的，这意味着它是取向相关的极化率，形成如图 9.3 所示的椭球体，数学上描述这种各向异性特性的最常用方法是使用二阶张量，即

$$\boldsymbol{\alpha}=\begin{pmatrix}\alpha_{xx} & \alpha_{xy} & \alpha_{xz}\\ \alpha_{yx} & \alpha_{yy} & \alpha_{yz}\\ \alpha_{zx} & \alpha_{zy} & \alpha_{zz}\end{pmatrix} \tag{9.4}$$

式中，α_{xx}、α_{yy} 和 α_{zz} 是沿分子 x、y 和 z 轴的主要分量，$\alpha_{xz}=\alpha_{zx}$、$\alpha_{yz}=\alpha_{zy}$ 和 $\alpha_{xy}=\alpha_{yx}$。

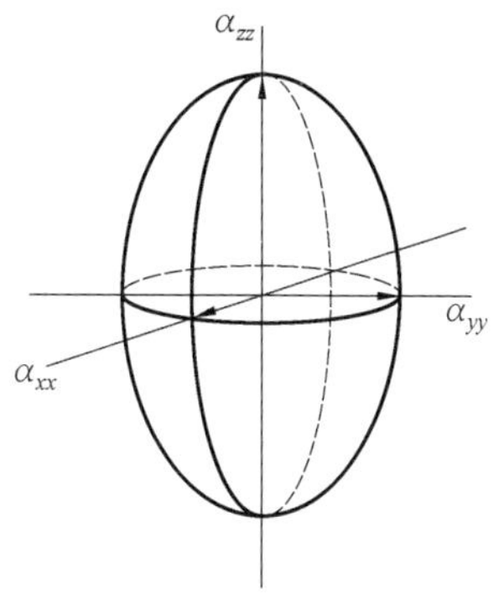

图 9.3 极化率椭球体示意图

因此，有 6 个不同的分量分别是 α_{xx}、α_{yy}、α_{zz}、α_{xz}、α_{yz} 和 α_{xy}。图 9.4 所示为极化取向示意图。

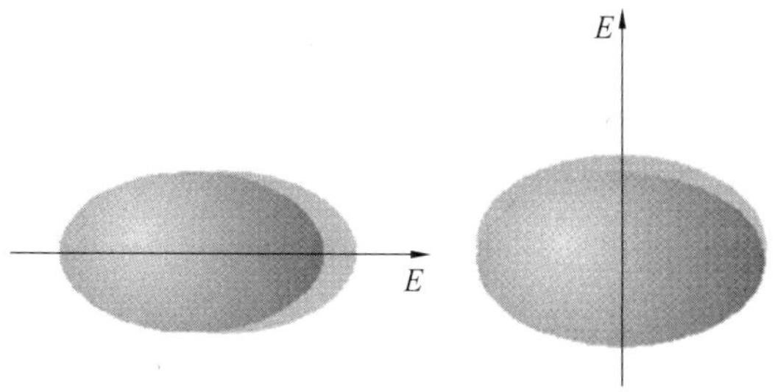

图 9.4 极化取向示意图

电场引起的畸变取决于分子的取向，极化率椭球以 ν_{rot} 的频率随分子转动。由于椭球绕坐标系中任意坐标轴旋转 π 后是对称的，因此极化率变化的频率是转动频率的 2 倍，极化率随旋转而变化可以表示为

$$\alpha = \alpha_{0,r} + \alpha_{1,r} \sin 2\pi c (2\,\tilde{\nu}_{rot}) t \tag{9.5}$$

式中，$\alpha_{0,r}$ 是平均极化率；$\alpha_{1,r}$ 是旋转过程中极化率变化的幅度。

根据式(9.2)、式(9.3)和式(9.5)，感应偶极矩的大小为

$$\mu = \alpha_{0,r} A \sin 2\pi c\,\tilde{\nu}_0 t - \frac{1}{2}\alpha_{1,r} A \cos 2\pi c(\tilde{\nu}_0 + 2\,\tilde{\nu}_{rot}) t + \frac{1}{2}\alpha_{1,r} A \cos 2\pi c(\tilde{\nu}_0 - 2n\,\tilde{\nu}_{rot}) t \tag{9.6}$$

式(9.6)包含了三项之和，所有这三项代表了分子对辐射的散射。第一项代表了波数 $\tilde{\nu}_0$ 不变的瑞利散射，第二项代表了波数为 $\tilde{\nu}_0 + 2\,\tilde{\nu}_{rot}$ 的反斯托克斯分量，第三项代表了波数为 $\tilde{\nu}_0 - 2\,\tilde{\nu}_{rot}$ 的斯托克斯分量。根据量子力学跃迁定律，线性分子转动拉曼光谱的选择规则为

$$\Delta J = 0, \pm 2 \tag{9.7}$$

$\Delta J = 0$ 的跃迁是非常强烈的瑞利散射，这种散射在考虑拉曼光谱时并不重要；选择规则 $\Delta J = \pm 2$ 是分子必须具有各向异性的极化率——只有原子和球形转子不符合这一要求，而所有其他分子都满足这一要求，这意味着所有的线性分子，不管它们是否有反转中心，都具有拉曼活性。同核双原子分子（如 O_2，H_2）既不具有红外光谱，也不具有微波光谱，因为它们不具有固有偶极矩，但这样的分子确实会产生转动拉曼光谱。

转动的分子通过极化率椭球的旋转来调节光的散射，最初处于 $J=0$ 状态的分子遇到频率为 ν 的单色光辐射，如果 $h\nu$ 与 $J=0$ 和任何其他状态（旋转、振动或电子）之间的能量差不对应相等，则它不会被分子吸收；相反，它产生一个感应偶极子 $\mu = \alpha E$，带有感应偶极子的分子处于一个虚态 V_0，当散射发生时，分子返回 $J=0$（瑞利散射）或 $J=2$（斯托克斯散射）。初始处于 $J=2$ 状态的分子处于虚态 V_1，并返回到 $J=2$（瑞利）或 $J=4$（斯托克斯）或 $J=0$（反斯托克斯），所有的跃迁由图 9.5 中的实线表示。

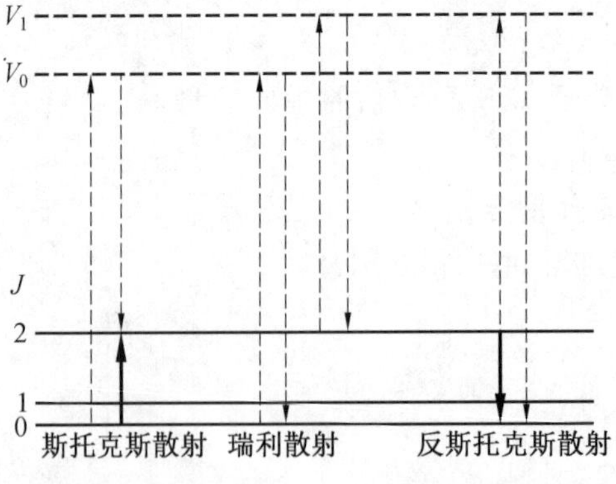

图 9.5 与选择定则 $\Delta J = 0$、± 2 相对应的拉曼散射示意图

在图 9.6 中显示了更多的跃迁，整体跃迁指向下方表示反斯托克斯线，指向上的则表示斯托克斯线，谱线的相对强度取决于转动能级的相对粒子布居数。

对于 $\Delta J = +2$ 而言，有

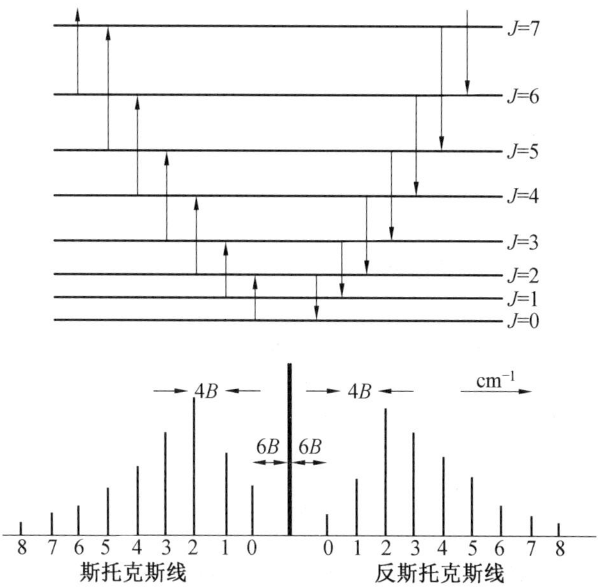

图 9.6 双原子分子的转动能级和它们之间的跃迁产生的转动拉曼光谱(谱线根据其较低的 J 值进行编号)

$$\tilde{\nu}=F(J+2)-F(J)=4B_0J+6B_0,\quad J=0,1,2\cdots \tag{9.8}$$

式中,下标"0"表示处于振动基态,所以谱线平均间距为 $4B_0$,第一条反斯托克斯线和斯托克斯线之间的间隔为 $12B_0$。

转动光谱的一系列跃迁对应于下列分支:

$\Delta J=$	-2,	-1	0	1	2
	↓	↓	↓	↓	↓
	O 分支	P 分支	Q 分支	R 分支	S 分支

斯托克斯和反斯托克斯都是 S 分支,尽管它们有时分别被称为 O 分支和 S 分支。图 9.7 为 CO 分子零点振动能态的 O、Q 和 S 分支拉曼转动光谱结构,光谱上显示两组等间隔的谱线,间隔为 $4B_0$,第一斯托克斯和反斯托克斯谱线的间隔为 $12B_0$。

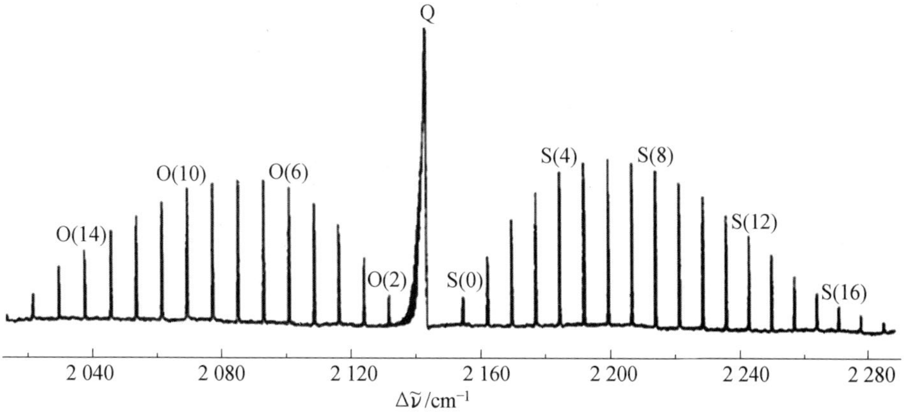

图 9.7 CO 分子零点振动能态的 O、Q 和 S 分支拉曼转动光谱结构

如果分子在碰撞过程中从光子获得了如式(9.8)所示的转动能量，在激发源谱线的低波数一侧得到一条S分支光谱线，这是斯托克斯线，斯托克斯线的波数(单位:cm^{-1})为

$$\tilde{\nu}_s=\tilde{\nu}_0-(4B_0J+6B_0) \tag{9.9}$$

式中，$\tilde{\nu}_0$ 是激发源的波数。显然，S分支的反斯托克斯线的对应方程为

$$\tilde{\nu}_s=\tilde{\nu}_0+(4B_0J+6B_0) \tag{9.10}$$

式中，J 是较低状态下的转动量子数。

根据转动拉曼光谱可以获得同核双原子分子的分子参数，因此它是研究微波和红外光谱的有效补充。

若考虑离心畸变的转动光谱，由此产生附加项为

$$\tilde{\nu}=(4B_0J-6D_0)\left(J+\frac{3}{2}\right)-8D_0\left(J+\frac{3}{2}\right)^3 \tag{9.11}$$

9.3 振动拉曼光谱

讨论振动拉曼光谱的结构相对来说比较容易，每个振动模式能量的表达式(单位为cm^{-1})为

$$G(v)=\left(v+\frac{1}{2}\right)\tilde{\omega}-\left(v+\frac{1}{2}\right)^2\chi\tilde{\omega} \tag{9.12}$$

式中，$\tilde{\omega}$ 为以波数表示的平衡振动频率；χ为非谐性系数。拉曼振动跃迁的选择定则为 $\Delta v=0,\pm1,\pm2,\cdots$，这对于振动拉曼光谱和红外光谱来说是一样的，且 $\Delta v=0,\pm1,\pm2,\cdots$的概率迅速降低，这是由体系的温度和粒子布居数决定的。仅考虑 $v=0\rightarrow v=1$ 的跃迁，有

$$\tilde{\nu}_{0\longrightarrow1}=G(1)-G(0)=(1-2\chi)\tilde{\omega} \tag{9.13}$$

对应的拉曼谱线为

$$\begin{aligned}\tilde{\nu}_s&=\tilde{\nu}_0-\tilde{\nu}_{0\longrightarrow1}=\tilde{\nu}_0-(1-2\chi)\tilde{\omega}\\ \tilde{\nu}_{as}&=\tilde{\nu}_0+\tilde{\nu}_{0\longrightarrow1}=\tilde{\nu}_0+(1-2\chi)\tilde{\omega}\end{aligned} \tag{9.14}$$

式中，$\tilde{\nu}_0$ 是激发源的波数，在常温下，$v=1$ 状态的分子数很少，因此振动拉曼光谱反斯托克斯线通常比斯托克斯线弱得多。分子的振动拉曼光谱基本上是简单的，在激励源谱线的低频一侧显示一系列相当密集的线，在高频一侧显示一系列较弱的与低频一侧对称的谱线，每一条线与激发源波数的间隔给出了分子的拉曼基本振动频率。

9.4 振动一转动拉曼光谱

除了双原子分子外，一般不需要详细地考虑拉曼光谱的振动一转动结构，因为这种转动精细结构很少能够分辨，因此只对双原子分子进行讨论。双原子分子的振动一转动能量状态为

$$\tilde{\nu}_{v,J}=G(v)+F(J)=\left(v+\frac{1}{2}\right)\tilde{\omega}-\left(v+\frac{1}{2}\right)^2\chi\tilde{\omega}+BJ(J+1) \tag{9.15}$$

式(9.15)中量子数 v 和 J 的取值分别为 $v=0,1,2,\cdots$；$J=0,1,2,\cdots$。对于振

动一转动跃迁而言，为了便于分析，振动部分仅考虑 $v=0\longrightarrow v=1$ 的跃迁。

对于 $\Delta J=0$，即 Q 分支，有

$$\Delta\tilde{\nu}=\tilde{\nu}_{1,J}-\tilde{\nu}_{0,J}=(1-2\chi)\tilde{\omega}=\tilde{\omega}_0,\quad J=0,1,2,\cdots \tag{9.16a}$$

对于 $\Delta J=+2$，即 S 分支，有

$$\Delta\tilde{\nu}=\tilde{\nu}_{1,J+2}-\tilde{\nu}_{0,J}=\tilde{\omega}_0+(4BJ+6B),\quad J=0,1,2,\cdots \tag{9.16b}$$

对于 $\Delta J=-2$，即 O 分支，有

$$\Delta\tilde{\nu}=\tilde{\nu}_{1,J-2}-\tilde{\nu}_{0,J}=\tilde{\omega}_0-(4BJ+6B),\quad J=2,3,4,\cdots \tag{9.16c}$$

斯托克斯线将出现在以下给定的波数处：

$$\tilde{\nu}_Q=\tilde{\nu}_0-\Delta\tilde{\nu}=\tilde{\nu}_0-\tilde{\omega}_0,\quad J=0,1,2,\cdots \tag{9.17a}$$

$$\tilde{\nu}_O=\tilde{\nu}_0-[\tilde{\omega}_0-(4BJ+6B)],\quad J=2,3,4,\cdots \tag{9.17b}$$

$$\tilde{\nu}_S=\tilde{\nu}_0-[\tilde{\omega}_0+(4BJ+6B)],\quad J=0,1,2,\cdots \tag{9.17c}$$

式中，$\tilde{\nu}_0$ 是激发源的波数。

双原子分子的纯转动和旋转一振动光谱如图 9.8 所示，其基本振动频率为 $\tilde{\omega}_0$（单位为 cm^{-1}），图中仅显示斯托克斯线。图中还显示了激发源波数附近的纯转动谱线。从图中可以看出，拉曼光谱中 Q 分支较强，对拉曼光谱中的 O 分支和 S 分支进行分析，可以得出 B 的值，从而直接得出转动惯量 I 和键长的值。对应的反斯托克斯谱线会出现在与激发源谱线等距离的高频率处，但强度要弱很多。表 9.1 给出了根据拉曼光谱测定的 H_2、N_2、F_2 分子的数据。

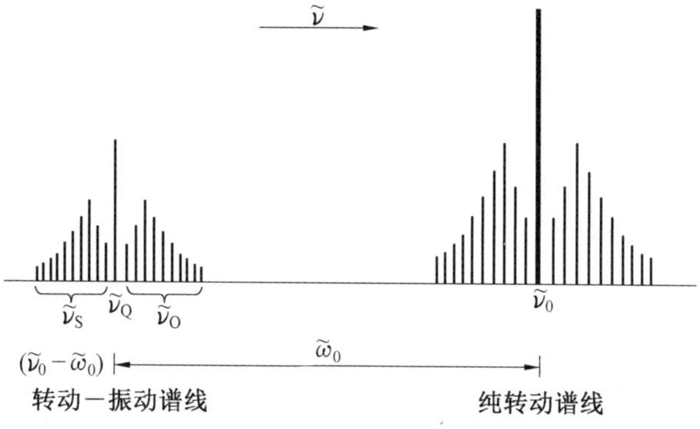

图 9.8 双原子分子的纯转动和旋转一振动光谱

表 9.1 拉曼光谱测定的一些分子数据

分子	键长/nm	振动频率/cm^{-1}
H_2	0.074 13±0.000 01	4 395.2
N_2	0.109 76±0.000 01	2 359.6
F_2	0.141 8±0.000 1	802.1

拉曼散射光谱具有以下明显的特征：①拉曼散射谱线的波数虽然随入射光的波数而不同，但对同一样品，同一拉曼谱线的位移与入射光的波长无关，只和样品的振动转动能级有关；②在以波数为变量的拉曼光谱图上，斯托克斯线和反斯托克斯线对称地分布在瑞

利散射线两侧，这是由于在上述两种情况下分别相应于得到或失去了一个振动量子的能量；③一般情况下，斯托克斯线比反斯托克斯线的强度大，这是因为玻尔兹曼分布，使处于振动基态上的粒子数远大于处于振动激发态上的粒子数。

9.5 拉曼光谱中的选择定则

瑞利线两侧出现的纯转动拉曼谱线是由分子在相同振动态下从一个转动能态到另一个转动能态的跃迁而产生的，这种情况下的选择定则为 $\Delta J=0,\pm2$，这与远红外光谱的选择定则不同，$\Delta J=0$ 对应于瑞利谱线，跃迁 $J\longrightarrow J+2$ 给出了斯托克斯转动拉曼谱线，跃迁$J+2\longrightarrow J$给出了反斯托克斯转动拉曼谱线。

双原子分子振动拉曼光谱的选择规则是 $\Delta v=\pm1$，因为在室温下大多数分子处于振动基态($v=0$)，只有 $v=0\longrightarrow v=1$ 的振动跃迁值得关注。因此，如果考虑伴随着双原子分子振动拉曼跃迁的转动跃迁，则选择规则现在涉及振动和转动量子数的变化，双原子分子的选择规则如下：

$$\Delta v=+1,\quad \Delta J=0,\pm2 \tag{9.18}$$

与红外振动-转动光谱的 P、Q 和 R 分支相类比，这里 $\Delta J=0$、$\Delta J=2$ 和 $\Delta J=-2$ 也分别形成 Q 分支、S 分支和 O 分支。

所有的 Q 分支谱线叠加在一起，在能带中心形成一条谱线，由于两种振动状态的转动常数 B 相差不大，因此 Q 分支总是比 S 和 O 分支强烈得多，S 和 O 分支由间距为 $4B$ 的谱线组成。该注意的是，支配拉曼光谱和红外吸收光谱的选择规则是完全不同的，适用于红外吸收光谱的选择规则由 $\Delta J=\pm1$ 给出，然而拉曼光谱的选择规则由 $\Delta J=0,\pm2$ 给出。这两种情况不同的原因是所需的条件不同，在直接吸收效应中，偶极矩的存在或偶极矩的变化是必要的，而在拉曼效应中，如光学各向异性、分子极化率或折射率的变化等其他因素占主导地位。因此，只有当所涉及的分子具有光学各向异性时，才会出现转动拉曼谱线，各向异性越大，转动拉曼谱线的强度越大。所以非极性但光学各向异性的分子如 H_2、N_2、O_2等会产生纯转动拉曼谱线，但它们没有相应的远红外吸收线。

当所涉及的振动模式引起分子极化程度变化时，就会产生振动拉曼谱线，分子的极化程度变化越大，振动拉曼谱线的强度就越大，因此发生对称振动的分子如 NO_2、CS_2和CO_2不会引起偶极矩的变化，但由于极化程度变化很大，会产生强烈的振动拉曼线。

9.6 拉曼光谱仪

拉曼光谱仪的组成主要包括光源、样品室、单色仪和探测器。

在激光出现之前，研究拉曼光谱常用的光源是汞蒸气的发射光 435.8 nm(蓝色)和 253.6 nm(紫外线)，这些普通光源能量较低，导致拉曼散射信号很弱。激光的出现避免了这些缺点，激光具有很好的方向性和高强度。带有激光源的拉曼光谱仪的结构示意图如图 9.9 所示。

激光束可以通过透镜聚焦产生直径小得多的光束，光源照射样品几何结构如图 9.10

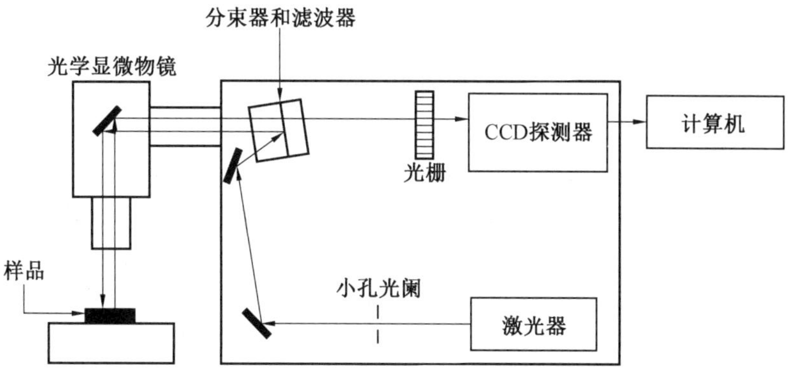

图 9.9 带有激光源的拉曼光谱仪的结构

所示，照明系统中使用的另外两个凹面镜将观察到的散射强度增加了 8～10 倍，在入射激光束或散射光束中还可以加入滤光片、偏振片等光学元件或设备。

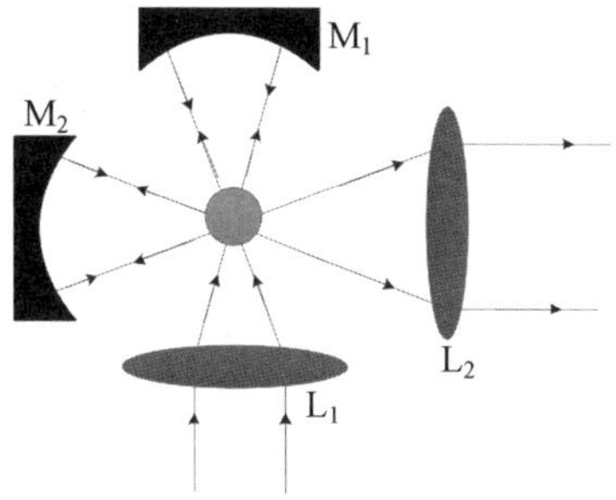

图 9.10 光源照射样品几何结构

常用的单色仪是基于光栅色散的单色仪，任何单色仪最重要的特性是它能够区分形成相邻线图像的两个波长的光，这主要取决于分辨率、狭缝宽度等因素。基本上，单个单色仪可以具有足够高的拉曼光谱分辨率，但可能没有足够好的杂散光抑制。

采用光电探测器对拉曼散射信号进行探测，如 CCD 或光电倍增管等。

9.7 共振拉曼光谱

目前，讨论的拉曼散射仅仅局限于自发拉曼散射，在自发拉曼光谱中，中间态不是分子的本征态（通常是个虚拟态），使得吸收和散射的概率都很小。当激光器的频率等于或接近于待测分子中生色团的电子吸收（紫外一可见吸收）频率时，入射激光与生色基团的电子耦合而处于共振状态，使虚拟态变成了本征态即形成共振跃迁，从而大大增加了分子对入射光的吸收强度，所产生的共振拉曼效应可使拉曼散射比自发拉曼散射增强 10^2～10^6 倍。

共振拉曼效应可以很好地改善对复杂分子进行拉曼测量的选择性，因为电子跃迁仅局限在复杂分子的一部分上，所以只有与分子中某生色团有关的带才能被激发增强。同一分子各种拉曼谱线强度的增加是不同的，增强只限于与电子跃迁偶合的振动模式，也就是说那些在电子激发时平衡几何形状会有较大改变的振动将被增强。

共振拉曼光谱的实验技术,原则上与自发拉曼光谱的技术相同,设备基本是一样的,但它也有一些特殊要求。

①要求光源的频率可调谐,至少在化合物的电子吸收谱区的长波部分可调谐,即在可见光和近紫外光谱区可调,以方便选择任意的激发频率,达到共振。

②激发光源的谱线宽度要尽可能的窄,谱线要有很好的单色性,频率要稳定。

③激发光要尽可能强和会聚,这样可以减少样品对散射光的吸收损耗。

④单色器和探测器的灵敏度和分辨率要尽可能高。

9.8 非线性拉曼现象

激光自20世纪60年代早期发展起来后,被用于各种形式的光谱实验,可调谐激光的发展很快开始为光谱应用开辟了新的可能性。激光所具有的高强度导致介质的非线性极化,出现了许多非线性现象,如非线性拉曼光谱、多光子光谱、饱和吸收光谱、谐波产生等。当光通过光学介质传播时,光电场分量 E 在介质中诱导偶极子。由此产生的极化 μ 与 E 成正比,即

$$\mu=\alpha E \tag{9.19}$$

式中,α 是极化率,由介质自身特性决定,通常情况下,它是张量。

在高强度激发源作用下,电场 E 诱导产生的电偶极矩 μ 可以表示为

$$\mu=\alpha E+\frac{1}{2}\beta E^2+\frac{1}{6}\gamma E^3+\cdots \tag{9.20}$$

式中,β 是超极化率张量;γ 是二阶超极化率张量。因此,在这里张量表示电子对分子系统的畸变程度,其值取决于原子核和电子组态构型。对于介质整体而言,对应于式(9.20)的表达式为

$$P=\varepsilon_0\sum_j \chi_{ij}^{(1)}E_j(\omega_j)+\varepsilon_0\sum_{jk}\sum_{mn}\chi_{ijk}^{(2)}E_j(\omega_m)E_k(\omega_n)+\\ \varepsilon_0\sum_{jkl}\sum_{mno}\chi_{ijk}^{(3)}E_j(\omega_m)E_k(\omega_n)E_l(\omega_o)+\cdots \tag{9.21}$$

只有一个激发场的极化表达式为

$$P=\varepsilon_0\chi^{(1)}E+\varepsilon_0\chi^{(2)}E^2+\varepsilon_0\chi^{(3)}E^3+\cdots \tag{9.22}$$

式中,$\chi^{(1)}$ 是线性极化率;$\chi^{(2)}$、$\chi^{(3)}$ 分别是二阶和三阶非线性极化率。电偶极矩 μ 是对一个分子体系而言的,P 是对介质单位体积内的分子整体而言的。

当一个分子被聚焦的频率为 ω_0 的强激光照射时,它可以产生频率为 ω_0、$(\omega_0+\omega_m)$、$(\omega_0-\omega_m)$、$2\omega_0$、$(2\omega_0+\omega_m)$、$(2\omega_0-\omega_m)$ 的散射光,其中 ω_m 对应于分子的拉曼振动频率。这些散射分别称为瑞利散射、反斯托克斯－拉曼散射、斯托克斯－拉曼散射、超瑞利散射、超拉曼－反斯托克斯散射和超拉曼－斯托克斯散射。如果入射光的强度非常强,还可以观察到频率为 $3\omega_0$、$(3\omega_0+\omega_m)$、$(3\omega_0-\omega_m)$ 的散射光。图9.11所示为两个入射光子和一个散射光子的超瑞利散射和超拉曼－斯托克斯散射原理示意图。

超拉曼散射的振动跃迁选择规则不同于线性拉曼散射和红外吸收的振动跃迁选择规

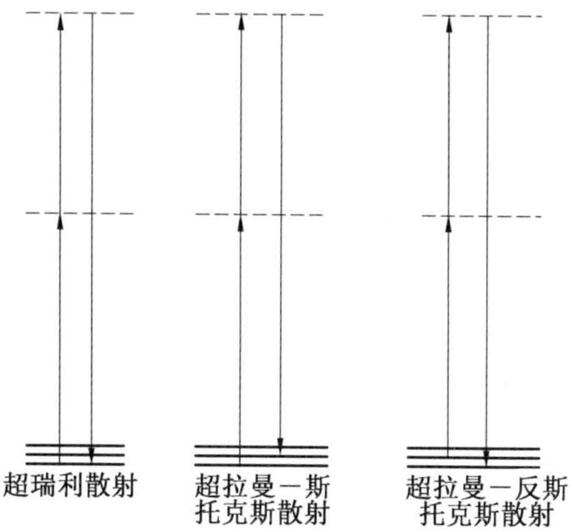

图 9.11 超瑞利散射和超拉曼散射示意图

则。一般来说，超拉曼选择规则具有以下特点：

①所有红外活性带均为超拉曼活性；

②并非所有拉曼活性带都是超拉曼活性的；

③同时具有红外和拉曼活性的振动是超拉曼振动；

④具有红外活性的超拉曼活性振动总是偏振的。

可以采用经典理论对超拉曼效应进行分析，设入射光的电场为

$$E=E_0\cos 2\pi\omega_0 t \tag{9.23}$$

为了简单起见，考虑系统的振动情形。设 Q 为简谐近似下与振动频率 ω_m 有关的正则坐标，则

$$Q=Q_0\cos 2\pi\omega_m t \tag{9.24}$$

极化的表达式为式(9.22)，将该式中的 $\chi^{(1)}$ 和 $\chi^{(2)}$ 展开为正则坐标 Q 中的泰勒级数，则

$$\chi^{(1)}=\chi_0^{(1)}+\left(\frac{\partial\chi^{(1)}}{\partial Q}\right)_0 Q+\text{高阶项} \tag{9.25a}$$

$$\chi^{(2)}=\chi_0^{(2)}+\left(\frac{\partial\chi^{(2)}}{\partial Q}\right)_0 Q+\text{高阶项} \tag{9.25b}$$

忽略高阶项把 $\chi^{(1)}$ 和 $\chi^{(2)}$ 代入式(9.22)中，得到

$$P=\left[\chi_0^{(1)}+\left(\frac{\partial\chi^{(1)}}{\partial Q}\right)_0 Q_0\cos 2\pi\omega_m t\right]E_0\cos 2\pi\omega_0 t+$$
$$\left[\chi_0^{(2)}+\left(\frac{\partial\chi^{(2)}}{\partial Q}\right)_0 Q_0\cos 2\pi\omega_m t\right]E_0^2\cos^2 2\pi\omega_0 t \tag{9.26}$$

对式(9.26)进行展开，得

$$P=\chi_0^{(1)}E_0\cos 2\pi\omega_0 t+\frac{1}{2}E_0Q_0\left(\frac{\partial\chi^{(1)}}{\partial Q}\right)_0\cos 2\pi(\omega_0-\omega_m)t+$$
$$\frac{1}{2}E_0Q_0\left(\frac{\partial\chi^{(1)}}{\partial Q}\right)_0\cos 2\pi(\omega_0+\omega_m)t+\frac{1}{2}Q_0E_0^2\left(\frac{\partial\chi^{(2)}}{\partial Q}\right)_0\cos 2\pi\omega_m t+$$

$$\frac{1}{2}\chi_0^{(2)}E_0^2+\frac{1}{2}\chi_0^{(2)}E_0^2\cos 4\pi\omega_0 t+\frac{1}{4}Q_0E_0^2\left(\frac{\partial\chi^{(2)}}{\partial Q}\right)_0\cos 2\pi(2\omega_0+\omega_m)t+$$

$$\frac{1}{4}Q_0E_0^2\left(\frac{\partial\chi^{(2)}}{\partial Q}\right)_0\cos 2\pi(2\omega_0-\omega_m)t \tag{9.27}$$

因此,极化率包含8个不同的频率分量,它们是:

①$\omega=0$ 的直流场项$\chi_0^{(2)}E_0{}^2/2$;

②$\omega=\omega_0$ 的瑞利散射;

③$\omega=\omega_0-\omega_m$的斯托克斯—拉曼散射;

④$\omega=\omega_0+\omega_m$的反斯托克斯—拉曼散射;

⑤$\omega=\omega_m$分子频率;

⑥$\omega=2\omega_0$ 超瑞利散射;

⑦$\omega=2\omega_0-\omega_m$的超拉曼—斯托克斯散射;

⑧$\omega=2\omega_0+\omega_m$的超拉曼—反斯托克斯散射。

这8个项中有5项是由非线性极化率$\chi^{(2)}$引起的。

通常高能量脉冲激光器被用作观察超拉曼散射效应的光源。来自脉冲激光器频率为ω_0的典型纳秒脉冲向样品发送约10^{17}个光子,但探测器接收的频率为$2\omega_0-\omega_m$的光子数范围从1个光子到几个光子,具体取决于样品。观察如此低强度的散射辐射有两种方法:①单通道探测;②多通道探测。在这两种情况下,来自强激光脉冲的辐射被聚焦到样品上,与激光束方向成直角方向的散射光被一个大口径的单透镜收集,并传输到一个光栅系统发生色散,如图9.12所示。在单通道探测中,光栅色散系统充当单色仪,通过单色仪的辐射被设置为在较窄的频率范围内,这种方法非常耗时。在多通道探测中,光栅色散系统作为摄谱仪使用,狭缝出口和光电倍增管被一个像增强器取代,该像增强器将整个光谱的强度提高到可以被电子摄像机扫描的水平,信息以数字形式存储,因此可以轻松地将其与其他激光发射的信息结合起来,然后进行平均。存储的数据可以在示波器上以模拟形式显示。

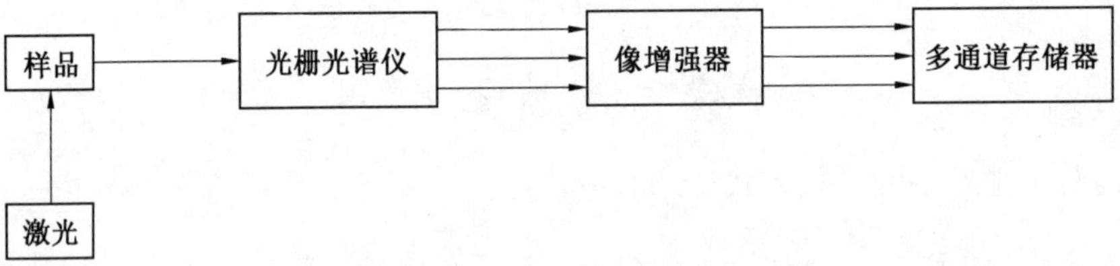

图9.12 超拉曼散射实验框架图

9.9 受激拉曼散射

当强激光脉冲聚焦到样品中,沿与激光束传播方向成小角度范围进行观察时,可以观察到散射光是由入射光频率ω_0和频率为$\omega_0-n\omega_m$的斯托克斯线以及频率为$\omega_0+n\omega_m$的反斯托克斯线组成,其中$n=1,2,3,\cdots,\omega_m$对应散射分子的一个拉曼活性振动,这种散射现象称为受激拉曼散射。在受激拉曼散射中，不需要体系状态的布居数反转，这种非线性拉曼散射与三阶非线性极化率有关。

研究表明，受激斯托克斯—拉曼效应的增强机制是光参量放大。由于激光源的强度足够大，以致自发拉曼散射产生的频率为 $\omega_0-\omega_m$ 的斯托克斯线也足够强，足以作为产生频率 $\omega_0-2\omega_m$ 的斯托克斯线的强大激励源，如图 9.13 所示。随着频率为 $\omega_0-2\omega_m$ 为斯托克斯线强度的增加，它会成为另一个激励源，以此类推。

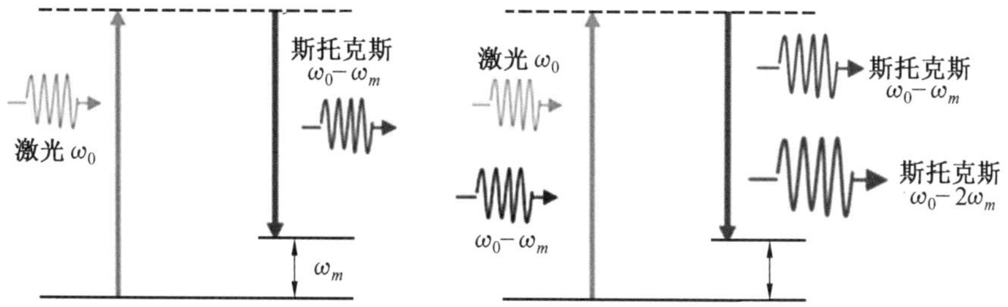

(a) 自发斯托克斯—拉曼散射　(b) 受激斯托克斯—拉曼散射

图 9.13　斯托克斯—拉曼散射

观测受激拉曼散射的典型实验装置示意图(图 9.14(a))，红宝石激光器输出的高能量激光脉冲聚焦到拉曼活性介质，沿着激光束方向和与该方向成小角度范围内观察拉曼散射，在彩色感光胶片上拍摄前向散射时得到如图 9.14(b)所示的同心彩色光环。中心的红点对应于红宝石激光输出和几乎沿激光束方向发射的斯托克斯带，彩色光环对应于较高波数的连续反斯托克斯线，沿与激光束方向形成一定小角度的方向发射。

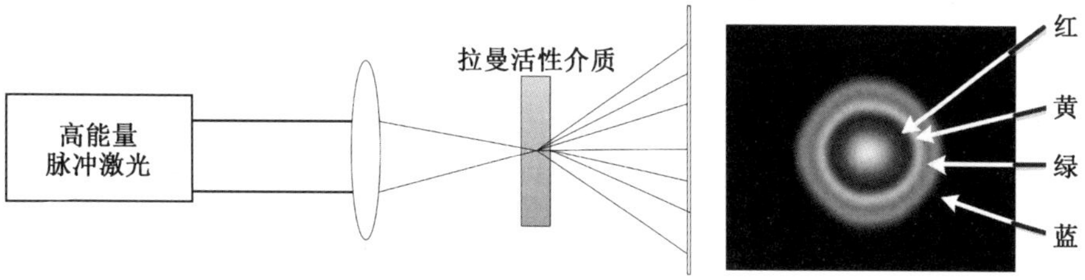

(a) 受激拉曼散射实验装置　(b) 观察到的受激拉曼斯散射图样模式

图 9.14　拉曼散射

受激拉曼散射也可以通过使用频率分别为 ω_1 和 ω_2 的两束激光来实现，设 $\omega_1>\omega_2$，第二束频率为 ω_2 的激光使介质产生频率为 ω_2 的斯托克斯—拉曼散射 $\omega_1-\omega_2=\omega_m$，如图 9.15所示。受激拉曼散射产生的频率为 ω_2 的斯托克斯光谱特性与第二束频率为 ω_2 的激光完全相同。在拉曼增益过程中，频率为 ω_1 的光子被湮灭，产生了一个频率为 ω_2 的新光子，因此进行实验时有两种测量方法，一种是测量频率为 ω_2 的光的增益，另一种是测量频率为 ω_1 的光的损耗，这两种光谱有时分别称为拉曼增益光谱和拉曼损耗光谱。

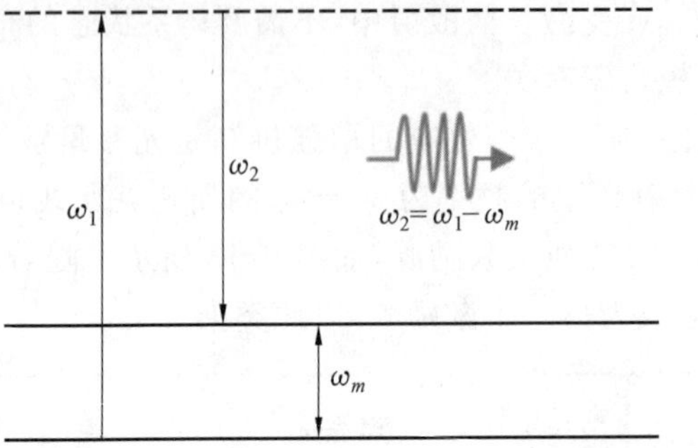

图 9.15 使用频率分别为 ω_1 和 ω_2 的两束激光的受激拉曼散射原理示意图

9.10 逆拉曼散射

拉曼散射是分子对能量为 $\hbar\omega_0$ 的光子的非弹性散射，如果散射光子的能量为 $\hbar(\omega_0+\omega_m)$，则入射光子从分子中获得了能量 $\hbar\omega_m$，图 9.16(a)所示为正常反斯托克斯一拉曼散射效应，如果这个过程是反向的，散射分子吸收频率为 $\hbar(\omega_0+\omega_m)$ 的辐射，导致分子进入更高的能级，并发射频率为 $\hbar\omega_0$ 的辐射，这种现象称为逆反斯托克斯一拉曼散射效应，如图 9.16(b)所示。分子吸收频率为 $\omega_0-\omega_m$ 的辐射会导致散射分子的能量降低 $\hbar\omega_m$，并发射能量为 $\hbar\omega_0$ 的辐射，这个过程是逆斯托克斯一拉曼散射。研究发现，只有在频率 ω_0 处的辐射非常强烈时，才会在频率 $\omega_0\pm\omega_m=\omega_L$ 处发生吸收。因此，观察逆拉曼散射的基本要求是同时用频率为 ω_0 的超强脉冲激光束和具有覆盖斯托克斯及反斯托克斯区域带宽的激光同时照射样品。

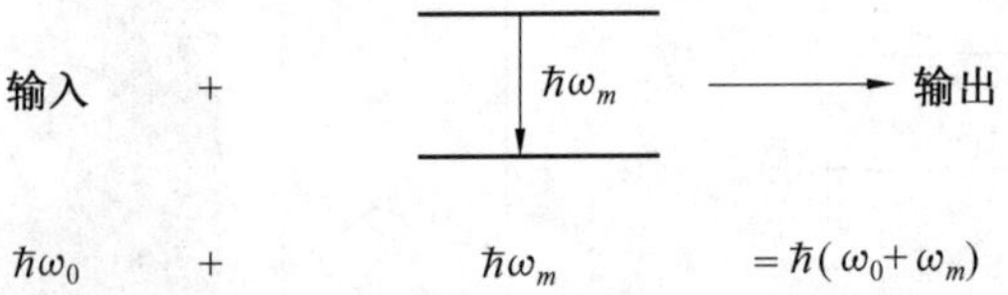

(a) 正常反斯托克斯一拉曼散射效应

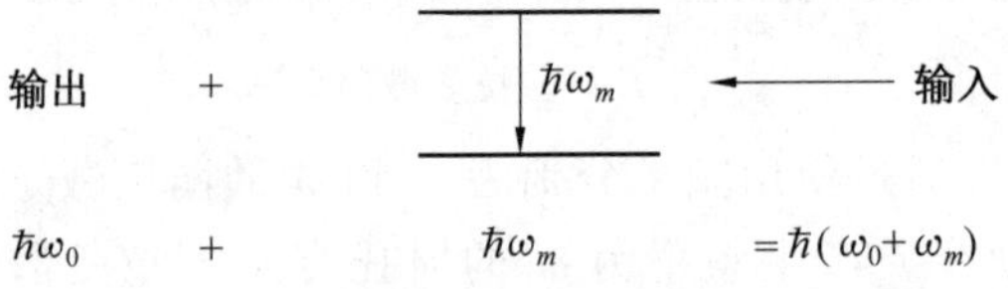

(b) 逆反斯托克斯一拉曼散射效应

图 9.16 反斯托克斯一拉曼散射效应

9.11 相干反斯托克斯一拉曼散射

相干反斯托克斯一拉曼散射(CARS)通常使用两束激光在拉曼散射介质中进行非线性混频过程，用于增强弱(自发)拉曼信号，以特定频率产生反斯托克斯信号，它结合了普通拉曼散射的普遍适用性和受激拉曼散射的优点。在分子介质中，当频率为 ω_1 的激光与

频率为 $\omega_2(\omega_1>\omega_2)$ 的激光混合时，在这里混合意味着两束激光脉冲在空间和时间上发生重叠，如果两束激光的脉冲强度足够大，会产生频率为 $\omega_3=2\omega_1-\omega_2=\omega_1+(\omega_1-\omega_2)$ 的相干辐射。如果 ω_1 是固定的，而 ω_2 是可调谐变化的，当两束激光之间的频率差(拍频)与拉曼活性振动模式的频率 ω_m 匹配时，即 $\omega_1-\omega_2=\omega_m$，会产生反斯托克斯拉曼频率 $\omega_3=\omega_1+\omega_m$，以这种方式产生的辐射形成 CARS，这一过程与三阶非线性极化率有关。CARS 过程能级示意图如图 9.17 所示。

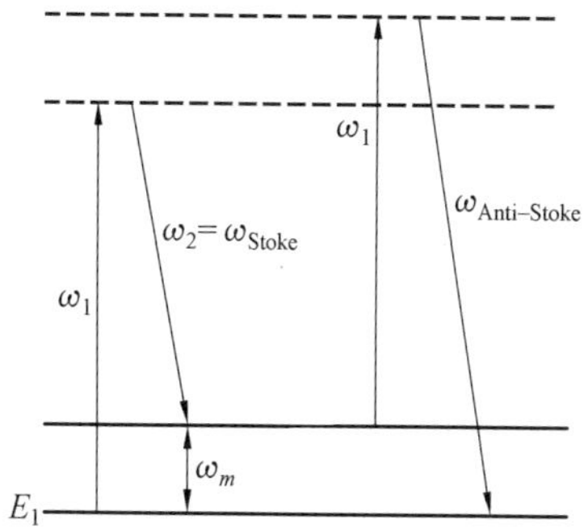

图 9.17　CARS 过程能级示意图

根据不同的使用目的，CARS 有不同的实验框架结构。图 9.18 所示为 CARS 实验装置结构，其中两束激光分别来自飞秒激光器提供的 ω_1 作为泵浦光和由飞秒激光器泵浦光子晶体光纤产生的超连续谱 ω_2 作为斯托克斯光。

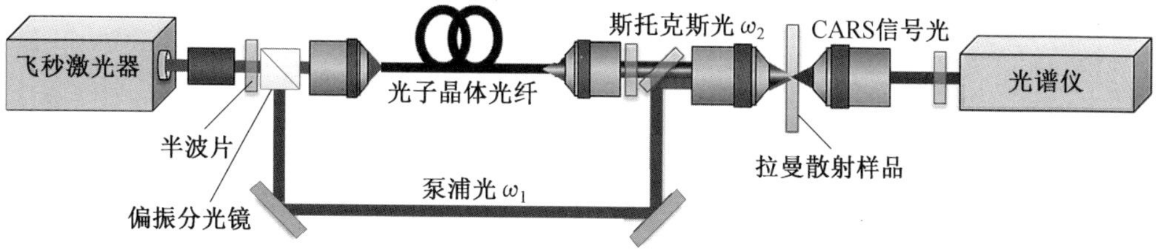

图 9.18　CARS 实验装置结构

对于 CARS，产生 $\omega_3=\omega_1+\omega_m$ 的转换效率比正常拉曼散射的转换效率高几个数量级，而且产生的信号光是高度相干的准直光束，而正常拉曼散射是非相干的。由于 CARS 是高度准直的，因此热样品的荧光和热辐射可以通过在探测器和样品之间放置一个直径为几毫米的孔进行过滤来实现，该孔仅通过 CARS 光束。此外，原则上 CARS 实验不需要分散介质，CARS 的无荧光特性使其成为高分辨率光谱研究和生物样品分析的理想工具。

习　题

9.1　$^{16}O_2$ 的转动拉曼光谱中的前三条斯托克斯线与激发源的间隔分别为 14.4 cm^{-1}、25.8 cm^{-1} 和 37.4 cm^{-1}，使用刚性转子模型计算 $^{16}O_2$ 的平衡核间距 r_0 的近似值。

9.2 对于$^{1}H^{35}Cl$分子，$v=0$ 和 1 振动能级的转动常数分别为 $B_0=10.44\ cm^{-1}$ 和 $B_1=10.13\ cm^{-1}$，这两个振动能级的间隔为 $\tilde{\omega}_0=2\ 886.04\ cm^{-1}$，分别计算拉曼振动-转动光谱中 O 分支和 S 分支的第一条谱线的波数。

9.3 对于$^{1}H_2$，$v=1 \longrightarrow 0$ 间隔为 $4\ 160\ cm^{-1}$；对于$^{2}H_2$，$v=1 \longrightarrow 0$ 间隔为 $2\ 990\ cm^{-1}$。分别估算这两种气体在 XeCl 激光器(波长 308 nm)激发下的拉曼位移波长。

9.4 分子$^{14}N_2$的 $B=1.99\ cm^{-1}$，当受到 336.732 nm 的单色激光激发时，分别给出前两条斯托克斯线和反斯托克斯线的波数。

第10章 电子光谱

电子光谱用于描述分子中电子态之间的跃迁，分子中的电子可以从一个被占据的分子轨道激发到一个空的或部分充满的分子轨道，这就是电子跃迁。电子光谱位于电磁光谱中可见光和紫外区域，电子能级的变化涉及相对较大的能量，因此在电子跃迁过程中，振动和旋转能级也会发生变化，这导致电子光谱更加复杂，电子能级之间的间距约为$10^6\,cm^{-1}$或更大，振动能级变化产生振动粗结构，而转动能级变化产生电子光谱上的转动精细结构。由于许多紧密间隔的子能级，因此分子的电子光谱显示为吸收带。具有永久电偶极矩的分子给出纯转动光谱，在正常振动模式下改变偶极矩产生振动光谱。然而，所有分子都能产生电子光谱，因为分子中电子分布的变化总是伴随着偶极矩的变化，所以同核双原子分子虽然不具有永久电偶极矩，但表现出具有转动和振动结构的电子光谱。

10.1 振动粗结构

根据波恩一奥本海默近似，分子的电子能量、振动能量和转动能量彼此完全独立。一个分子在每个稳定的电子能级上都可以具有振动和转动，分子的量子化总能量为

$$E_{total}=E_e+E_v+E_r \tag{10.1}$$

转动能级、振动能级和电子能级间隔的量级分别为$1\sim30\ cm^{-1}$、$300\sim4\,000\ cm^{-1}$和$10^6\,cm^{-1}$，即$\Delta E_e\approx10^3\Delta E_v\approx10^6\Delta E_r$。为了理解振动粗结构，从总能量表达式中忽略转动能项E_r，则有

$$\begin{aligned}E_{total}&=E_e+E_v\\&=E_e+\left(v+\frac{1}{2}\right)\tilde{\omega}-\left(v+\frac{1}{2}\right)^2\chi\tilde{\omega}+\left(v+\frac{1}{2}\right)^3\tilde{y\omega}+\cdots\quad(cm^{-1})\end{aligned} \tag{10.2}$$

式中，$v=0,\ 1,\ 2,\ 3,\cdots$。

对于两个任意的电子能级E_e值，式(10.2)表示的能级示意图如图10.1所示，较低的能量状态用$(v',\ E_e')$表示，$(v'',\ E_e'')$表示较高的能量状态。

当一个分子经历电子跃迁时，v基本上没有选择规则，所有$v'\longrightarrow v''$的跃迁具有相同的概率，因此会有大量谱线。如果从电子基态考虑吸收光谱，情况会大大简化，在这种情况下，几乎所有的分子都以最低振动状态存在即$v'=0$，因此只有图10.1中标记的跃迁才能被观察到具有明显的跃迁强度，通常把它们标记为$(v'',\ v')$，即上能级量子数在前，也就是(0,0)、(1,0)、(2,0)、(3,0)、(4,0)、(5,0)和(6,0)，这样的一组跃迁分别称为谱带，(1,0)为基谱带，(2,0)为第一泛音谱带，(3,0)为第二泛音谱带，其他依次类推。这一系列谱带可以被称为V^1序列，因为在这些谱带集合中每条谱线对应的v''值都以单位1递增。在低分辨率下该组跃迁的每一谱线都显得有些宽和不清晰。

如图10.1的下部所示，在更高的频率下，谱带中的谱线间隔逐渐变小，谱线将更紧密

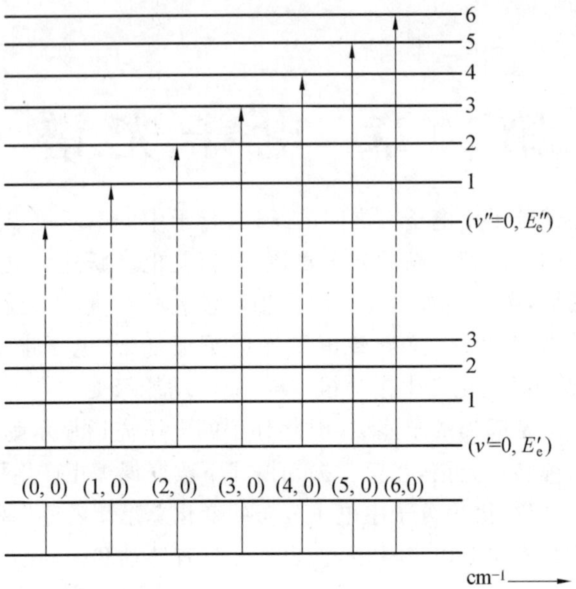

图 10.1 电子从基态吸收跃迁到更高态时形成的振动粗结构示意图

地聚集在一起，这是高能级振动态的非简谐性导致的。对于图中光谱示意图，可以用下式进行解析表达：

$$\tilde{\nu}_{v''v'}=E''_{e}-E'_{e}+\left[\left(v''+\frac{1}{2}\right)\tilde{\omega}''-\left(v''+\frac{1}{2}\right)^{2}\chi''\tilde{\omega}''\right]-\left[\left(v'+\frac{1}{2}\right)\tilde{\omega}'-\left(v'+\frac{1}{2}\right)^{2}\chi'\tilde{\omega}'\right] \tag{10.3}$$

(0,0)跃迁的波数为

$$\tilde{\nu}=(E''_{e}-E'_{e})+\frac{1}{2}\tilde{\omega}''+\frac{1}{4}\chi''\tilde{\omega}''-\frac{1}{2}\tilde{\omega}'+\frac{1}{4}\chi'\tilde{\omega}' \tag{10.4}$$

10.2 振动跃迁与振动系列

虽然量子力学对电子跃迁过程中振动量子数的变化没有限制，但是观察到的一个系列中的振动谱线并非都具有相同的强度。在一些光谱中，(0,0)跃迁最强；在另一些光谱中，强度在 v''的某个值处增加到最大值；还有一些光谱中，仅看到几个高 v''的振动线，然后是连续谱。所有这些类型的光谱都可以用弗兰克一康登原理进行解释，即分子中电子态发生变化时，电子跃迁发生得如此之快，以至于振动的分子在跃迁过程中不会明显改变其核间距，因此电子跃迁时核间距或动量都没有明显的变化。

弗兰克一康登原理是光谱学中的重要原理，用于解释电子一振动跃迁的强度，在分子的电子跃迁过程中，当分别属于不同的电子能级的两个振动能级的波函数有效重叠程度最大时，这两个振动能级之间的跃迁发生的概率最大，所形成的状态称为弗兰克一康登态，跃迁方式属于垂直跃迁。考虑从基态电子能级的初始振动状态 $|v', E_{e}'\rangle$ 跃迁到激发电子态的一些振动状态 $|v'', E_{e}''\rangle$ 的电偶极，分子偶极算符 μ 由电子的电荷 $-e$ 和位置 r_{i}

以及原子核的电荷 $+eZ_j$ 和位置 R_j 决定，即

$$\mu=\mu_{\mathrm{e}}+\mu_N=-\sum_i er_i+\sum_j Z_j eR_j \tag{10.5}$$

两种状态之间跃迁 $|v', E_{\mathrm{e}}'\rangle \to |v'', E_{\mathrm{e}}''\rangle$ 的概率振幅 ρ 由下式给出：

$$\begin{aligned}\rho &= \langle\psi''|\mu|\psi'\rangle=\int\psi''^{*}\mu\psi'\mathrm{d}\tau=\int\psi_{\mathrm{e}}''^{*}\psi_{\mathrm{v}}''^{*}(\mu_{\mathrm{e}}+\mu_N)\psi'_{\mathrm{e}}\psi'_{\mathrm{v}}\mathrm{d}\tau\\ &= \int\psi_{\mathrm{e}}''^{*}\psi_{\mathrm{v}}''^{*}\mu_{\mathrm{e}}\psi'_{\mathrm{e}}\psi'_{\mathrm{v}}\mathrm{d}\tau+\int\psi_{\mathrm{e}}''^{*}\psi_{\mathrm{v}}''^{*}\mu_N\psi'_{\mathrm{e}}\psi'_{\mathrm{v}}\mathrm{d}\tau\\ &= \int\psi_{\mathrm{v}}''^{*}\psi'_{\mathrm{v}}\underset{\leftrightarrow}{\mathrm{d}\tau_N}\int\psi_{\mathrm{e}}''^{*}\mu_{\mathrm{e}}\psi'_{\mathrm{e}}\underset{\leftrightarrow}{\mathrm{d}\tau_{\mathrm{e}}}+\int\psi_{\mathrm{e}}''^{*}\psi'_{\mathrm{e}}\underset{\leftrightarrow}{\mathrm{d}\tau_{\mathrm{e}}}\int\psi''^{*}_{\mathrm{v}}\mu_N\psi'_{\mathrm{v}}\mathrm{d}\tau_N\end{aligned}$$

↓ 弗兰克一康登因子　↓ 轨道选择定则　↓ || 0　(10.6)

式(10.6)第二个积分如果电子空间坐标的积分不依赖核坐标，则式(10.6)中的分解是准确的。然而，在波恩一奥本海默近似中，ψ'_{e} 和 ψ''_{e} 确实依赖于核坐标，因此电子空间积分是核坐标的函数，由于这种依赖变化关系通常是相当平滑的，所以忽略对核坐标的依赖通常是允许的。加号后的第一个积分等于零，因为不同状态的电子波函数是正交的。式(10.6)只剩下第一项两个积分的乘积，第一个积分是振动重叠积分，也称为弗兰克一康登因子，第二个对概率振幅有贡献的积分决定了电子空间的选择定则。弗兰克一康登原理是关于两个不同电子态间跃迁时所允许的振动能级跃迁。

如果一个双原子分子经历了一个跃迁到电子激发态的过程中，受激发的分子在分解成原子之前是稳定的，那么可以用一条莫尔斯曲线来表示激发态，它的轮廓与基态的相似，如图 10.2 所示，莫尔斯曲线显示了双原子分子的能量随核间距的变化，它表示一个原子被认为固定在 $r=0$ 轴上，而另一个原子被允许在曲线极限之间振荡时的能量，根据核间距 r 绘制了每个振动状态下的概率分布。经典理论和量子理论表明：在 $v=0$ 时，原子位于其运动的中心即在平衡核间距 r_0 处的概率最大。

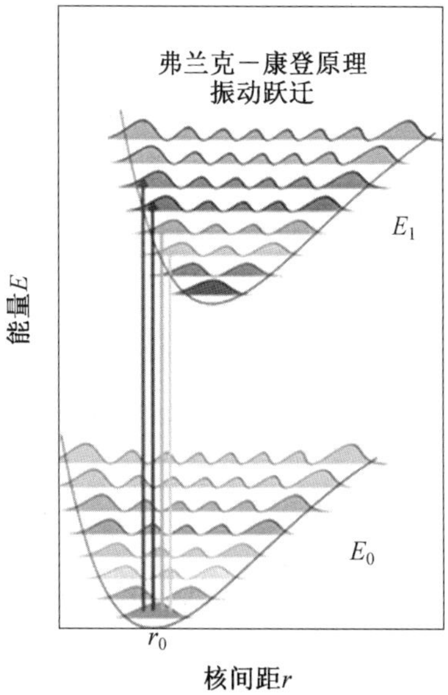

图 10.2　双原子分子振动状态概率分布。

图 10.3 显示了跃迁的三种可能，图 10.3(a)所示为上态(激发态)与下态(基态)具有相同的平衡核间距，根据弗兰克一康登原理，在图中发生垂直跃迁，核间距没有改变，因此如果认为分子最初处于电子基态和振动基态($v'=0$)，那么最可能的跃迁是图中垂直线所示的跃迁。因此，$v'=0$ 系列中的最强谱线将是(0,0)谱线。然而，量子理论只是表明，在 $v=0$ 状态下，在平衡距离处找到振荡原子的概率最大，它允许原子接近其振动运动的极值，尽管可能性很小，因此存在从 $v'=0$ 状态开始跃迁到 $v''=1,2,\cdots$ 等状态的可能性，但(1, 0)，(2, 0)等谱线的强度迅速减小，如图 10.3(a)底部所示。

图 10.3(b)所示为激发态的核间距比基态稍大的情况，在这种情况下，从 $v'=0$ 能级的垂直跃迁最有可能发生在上振动态 $v''=2$，向其他 v''态跃迁的可能性较小。一般来说，最有可能达到的激发态将取决于基态和激发态的平衡间距之间的差异。

在图 10.3(c)中，激发态的平衡间距远大于基态的平衡间距，发生跃迁的振动能级 v'' 数值较大，甚至跃迁到激发态分子的能量超过其自身的解离能，从这种状态开始，分子将在没有任何振动的情况下解离成原子，并且由于形成的原子可能具有任意动能值，因此跃迁不再是量子化的，从而产生连续谱，如图 10.3(c)的底部所示。

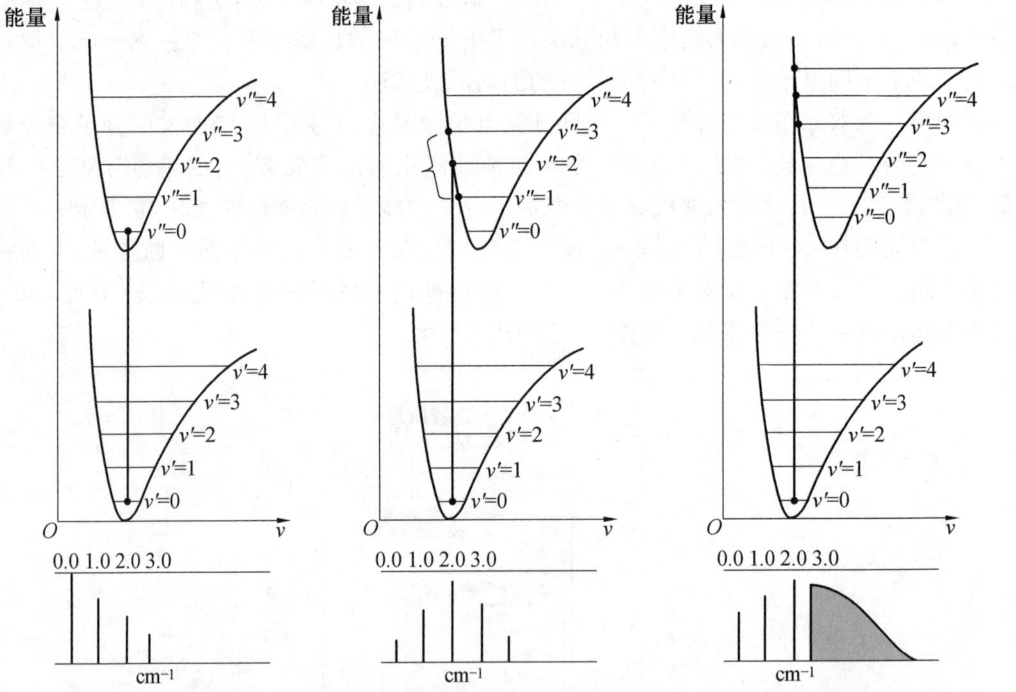

(a) 上下态的核间距相等 (b) 上态的核间距略大于下态的核间距 (c) 上态的核间距远大于下态的核间距

图 10.3 弗兰克一康登原理

10.3 电子一振动的转动精细结构

在高分辨率光谱仪器测量下，每一条电子一振动跃迁光谱线都由一组紧密间隔的线组成，这些紧密间隔的线是由转动跃迁形成的电子一振动跃迁光谱的精细结构，考虑到转动能：

$$E''_{\text{total}}=E''_{\text{e}}+E''_{\text{v}}+B''J''(J''+1),\quad J''=0,1,2\cdots \tag{10.7a}$$

$$E'_{\text{total}}=E'_{\text{e}}+E'_{\text{v}}+B'J'(J'+1),\quad J'=0,1,2\cdots \tag{10.7b}$$

跃迁光谱线的频率是

$$\begin{aligned}\tilde{\nu}&=E''_{\text{total}}-E'_{\text{total}}=(E''_{\text{e}}-E'_{\text{e}})+(E''_{\text{v}}-E'_{\text{v}})+[B''J''(J''+1)-B'J'(J'+1)]\\&=\tilde{\nu}_{v''v'}+[B''J''(J''+1)-B'J'(J'+1)]\end{aligned} \tag{10.8}$$

$\tilde{\nu}_{v''v'}$可以是(0,0)，(1,0)，(2,0)，(3,0)，…跃迁中的任意一个，J 的选择定则为 $\Delta J=0,\pm1$。对于 P 分支，$\Delta J=J''-J'=-1$，有

$$\tilde{\nu}_{\text{P}}=\tilde{\nu}_{v''v'}-(B''+B')J'+(B''-B')J'^2,\quad J'=1,2,\cdots \tag{10.9a}$$

或

$$\tilde{\nu}_{\text{P}}=\tilde{\nu}_{v''v'}-(B''+B')(J''+1)+(B''-B')(J''+1)^2,\quad J''=0,1,2,\cdots \tag{10.9b}$$

对于 R 分支，$\Delta J=J''-J'=1$，有

$$\tilde{\nu}_{\text{R}}=\tilde{\nu}_{v''v'}-(B''+B')(J'+1)+(B''-B')(J'+1)^2,\quad J'=0,1,2,\cdots \tag{10.10}$$

对于 Q 分支，$\Delta J=J''-J'=0$，有

$$\tilde{\nu}_{\text{Q}}=\tilde{\nu}_{v''v'}+(B''-B')J'^2+(B''-B'),\quad J'=1,2,\cdots \tag{10.11}$$

一般来说，高能电子态的平衡核间距将大于低能电子态的平衡核间距，因此转动常数 B''将小于 B'。在这种情况下，P 分支谱线出现在波带原点的低波数侧，并且谱线间距随着涉及的量子数的增加而增加。R 分支谱线出现在波带原点的高波数一侧，谱线间距随着量子数的增加而减小。

10.4 双原子分子的电子能态

双原子分子中，电子所受的势场不再是中心力场，而是具有轴对称的势场（对称轴为键轴，取为 z 方向），如图 10.4 所示。

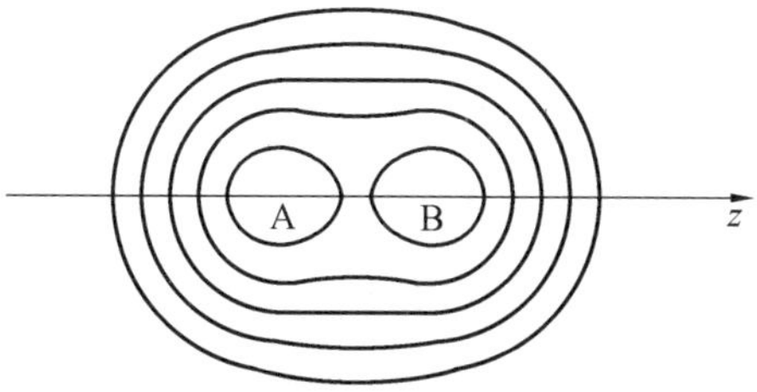

图 10.4 双原子分子的轴对称势场

双原子分子中各电子在两核的电场和其他电子的平均场中运动，由于原子核的质量比电子的质量大得多，可将快的电子运动和慢的原子核运动分开处理，在计算电子运动时，可近似地认为分子中原子核保持某种固定构形，则其哈密顿算符是常数，在玻恩一奥本海默近似中，可用单电子波函数来描述各电子的状态。轨道角动量 L 不再是描述电子运动的好的量子数，单电子的轨道角动量在键轴上的投影是守恒量。单电子态的轨道角动量在分子轴方向分量的量子数 m_l被严格确定，$m_l=0,\pm1,\pm2,\cdots$。常用 λ 标记 m_l的绝对值，$\lambda=|m_l|$。

$m_l=l_z=$	0	±1	±2	±3	±4	…
$\lambda=$	0	1	2	3	4	…
符号	σ	π	δ	φ	τ	…

电子轨道角动量在分子轴上的分量的绝对值为 $\lambda h/2\pi(\lambda=0,1,2,3,\cdots)$，相应的电子分别称为 $\sigma,\pi,\delta,\varphi,\cdots$电子，所有$(\pi,\delta,\varphi$ 等$)\lambda\neq0$ 的单电子态都是双重简并的。

双原子分子电子态是按照双原子分子中电子的总角动量量子数和波函数的空间对称性来对分子的状态进行分类的，这种状态在一定程度上可以用双原子分子的电子组态来推断，但具体光谱项一般还需要进一步用电子光谱来决定。

分子中两核的连线称为分子轴，两核产生的电场是轴对称的。电子在与此轴对称的电场中运动时，其总轨道角动量 L 绕分子轴进动，它在分子轴上的分量取值为 M_L 的绝对值，不同的电子系统有不同的能量，因此可用 M_L 的绝对值 Λ 标记双原子分子的电子态，相应的电子态用大写希腊字母 $\Sigma,\Pi,\Delta,\Phi,\cdots$表示，$\Lambda=0$ 的态记为 Σ，$\Lambda=1$ 的态记为$\Pi\cdots$，$\Lambda\neq0$ 的态是双重简并的，称为 Λ 双重态。分子中几个电子的总轨道角动量的量子数为

$$L=\sum_i l_i,\sum_i l_i-1,\cdots \tag{10.12}$$

其轴向分量用 Λ 表示，如图 10.5 所示。因为所有的 λ_i 都沿着核间轴，所以它们的总和是

$$\Lambda=\sum_i \lambda_i \tag{10.13}$$

电子态用大写的希腊字母表示为

$\Lambda=$	0	1	2	3	4	…
态符号	Σ	Π	Δ	Φ	Γ	…

在使用式(10.13)时，单个 λ_i 可能具有相同或相反的方向，但应考虑所有可能的组合，这些组合给出正的 Λ。对于 $\pi\pi$ 电子组态，$\lambda_1=\lambda_2=1$，因此 $\Lambda=0,2$，态符号为 Σ^-、Δ。

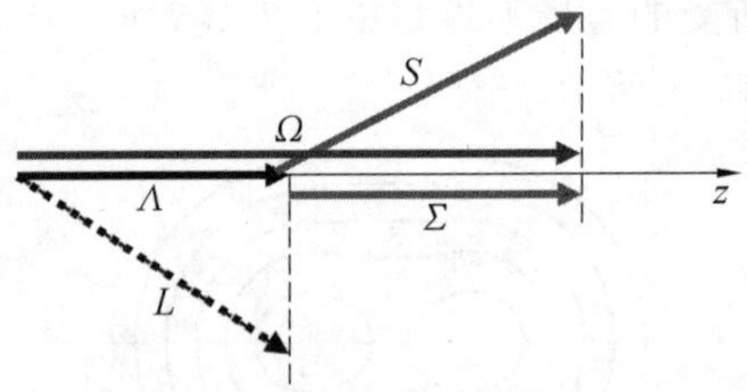

图 10.5　双原子分子中轨道和电子自旋角动量的耦合

双原子分子电子光谱带具有多重结构，它来源于电子的自旋与磁场之间的相互作用。如图 10.5 所示，在双原子分子中，各电子的自旋合成总自旋角动量 S，自旋量子数 S 取整数或半整数，由电子数为偶数或奇数而定。$\Lambda\neq0$ 时，电子的轨道运动形成一轴向内磁场，并引起 S 绕分子轴进动，S 在分子轴方向的分量是 $M_S(h/2\pi)$。将量子数 M_S 记为 Σ，其允许值为 $\Sigma=S,S-1,S-2,\cdots,-S$。

对于一定的 S 值，有 $2S+1$ 个不同的 Σ 值，Σ 不同时分子能量稍有不同，电子光谱项因此分裂成 $2S+1$ 个分量。$\Lambda=0$ 时分子没有轴向内磁场，若不考虑它的转动，光谱项不分裂。但不论 Λ 是否为零，总把 $2S+1$ 个值称为电子态（以及相应的光谱项）的多重性，分别称为单态、双重态、三重态等。电子态的多重性标记在分子电子态符号的左上角。

总角动量是总轨道角动量、总自旋角动量的矢量和，总的角动量通常与轴强耦合，其绝对值表示为 Ω，沿着分子轴的总角动量的这个分量可能有 $\Omega=|\Lambda+\Sigma|,|\Lambda+\Sigma-1|,|\Lambda+\Sigma-2|,\cdots,|\Lambda-\Sigma|$。分子态的光谱项符号表达为

$$^{2S+1}\Lambda_{\Omega}$$

例如对于 σ 电子组态，$\Lambda=\lambda=0,S=s=1/2$，$\Sigma=M_S=1/2$、$-1/2$，$\Omega=|\Lambda+\Sigma|,|\Lambda+\Sigma-1|,|\Lambda+\Sigma-2|,\cdots,|\Lambda-\Sigma|$，$\Omega=1/2$，光谱项为 $^2\Sigma_{1/2}$。

对于 σπ 电子组态，$\lambda_1=0$，$\lambda_2=1,\Lambda=1$；$s_1=s_2=1/2$，$m_{s1}=m_{s2}=1/2$、$-1/2$，$S=1,0$，$\Sigma=M_S=1,\ 0,\ -1$；$\Omega=|\Lambda+\Sigma|,|\Lambda+\Sigma-1|,|\Lambda+\Sigma-2|,\cdots,|\Lambda-\Sigma|$，$\Omega=2,\ 1,\ 0$；光谱项为 $^1\Pi_1$ 和 $^3\Pi_{2,1,0}$。

对于 π^4 电子组态而言，$\lambda_1=\lambda_2=\lambda_3=\lambda_4=1$；$m_{l1}=m_{l2}=1$，$m_{s1}=1/2$，$m_{s2}=-1/2$，$m_{l3}=m_{l4}=-1$，$m_{s3}=1/2$，$m_{s4}=-1/2$；$\Lambda=0$，$\Sigma=0$；光谱项为 $^1\Sigma_0$。

在具有对称中心的分子中，根据总分子轨道波函数是对称的(g)还是不对称的(u)，给分子态下一个下标“g”或“u”。

当 $\Lambda=0$ 时，电子的总角动量就是总自旋，此时总角动量的量子数 $\Omega=\Sigma$；当 $\Lambda\neq0$ 时，分子电子态的对称性通过双原子分子轴的任一平面都是对称面。非简并态的电子波函数对这些对称面的镜面反映或者不变或者改变符号，前者所对应的电子态称为正，后者所对应的电子态称为负，相应的标记为在电子态符号的右上角分别标记“+”或“−”。Σ 态是非简并态，记为 Σ^+ 或 Σ^-。对双重简并的 $\Lambda\neq0$ 的态就没有必要做这样的区分。当考虑分子的转动时，这种双重简并解除。

He_{2+} 和 He_2 的电子组态分别为 $(1\sigma_g)^2(1\sigma_u)^1$ 和 $(1\sigma_g)^2(1\sigma_u)^2$，对应的光谱项分别为 $^2\Sigma_{u+}$ 和 $^1\Sigma_{g+}$。

电子电偶极子跃迁的选择规则如下。

①$\Delta\Lambda=0,\ \pm1$；

②$\Delta\Lambda S=0$，与原子中一样，这种选择规则随着核电荷的增加而失效，如在 H_2 分子中的三重态—单重态跃迁是严格禁戒的。但是在 CO 分子中三重态—单重态跃迁并不严格禁戒，只不过它们可能很弱。

③多重态分量之间的跃迁 $\Delta\Sigma=0$；$\Delta\Omega=0,\ \pm1$；

④对于 Σ−Σ 跃迁，$+\longleftrightarrow-$；$+\longleftrightarrow+$；$-\longleftrightarrow-$

⑤$g\longleftrightarrow u, g\longleftrightarrow g, u\longleftrightarrow u$。

10.5 光电子能谱

1. 原理

光电子能谱涉及的基本原理是爱因斯坦的光电效应定律。样品暴露在波长足够短(高光子能量)的电磁波下，可以观察到电子的发射，由于材料内电子是被束缚在不同的量子化能级上，当用一定波长的光子照射样品时，原子中的价电子或内部电子吸收一个光子后，从初态跃迁到高激发态而离开原子，这一过程满足能量守恒，即

$$h\nu = I + E_e + E_{ion} \tag{10.14}$$

式中，I 是电离能；E_e 是发射电子的动能；E_{ion} 是离子的动能加上离子的内能。

根据光源的不同，光电子能谱可分为：①紫外光电子能谱；②X 射线光电子能谱；③俄歇电子能谱。图 10.6 所示为光电子能谱能量示意图。

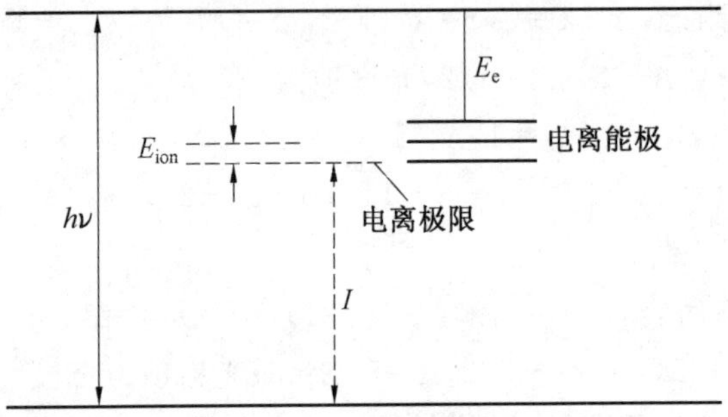

图 10.6 光电子能谱能量示意图

2. 电子能谱仪

典型的电子能谱仪结构原理图如图 10.7 所示，其主要组成部分包括超高真空系统、激发源（X 射线光源、UV 光源、电子枪）、电子能量分析器、探测器和数据系统，以及其他附件等。

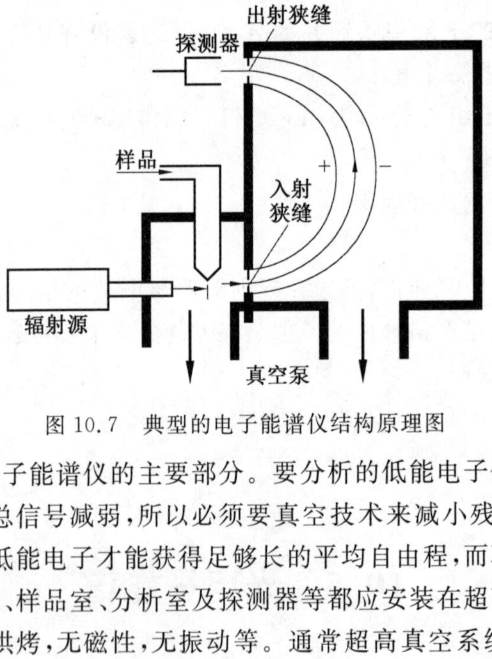

图 10.7 典型的电子能谱仪结构原理图

超高真空系统是电子能谱仪的主要部分。要分析的低能电子信号很容易被残余气体分子所散射，使得谱的总信号减弱，所以必须要真空技术来减小残余气体分子的浓度，只有在超高真空条件下，低能电子才能获得足够长的平均自由程，而不被散射损失掉。电子能谱仪的光源等激发源、样品室、分析室及探测器等都应安装在超高真空中。对真空系统的真空度尽可能高，耐烘烤，无磁性，无振动等。通常超高真空系统真空室由不锈钢材料制成，真空度优于 5×10^{-10} mbar（1 bar＝0.1 MPa）。现在所有商业电子能谱仪都工作在 $10^{-8}\sim10^{-10}$ mbar 的超高真空范围下。

电子能谱仪通常采用的激发源有三种：X 射线源、真空紫外灯和电子枪。X 射线源主要由灯丝、阳极靶及滤窗组成，常用的有 Mg/Al 双阳极 X 射线源，其产生的 X 射线特征辐射为 Mg Kα（0.989 nm，1 253.6 eV，线宽 0.7 eV）和 Al Kα（0.834 nm，1 486.6 eV，线宽 0.85 eV)。X 射线的自然宽度对电子能谱仪的分辨率影响很大,为了提高电子能谱仪的分辨率就要大大减小 X 射线的谱线宽度。X 射线的单色性越高,电子能谱仪的能量分辨率也越高。真空紫外灯使用的是高强度单色紫外线源,常用氦气放电共振灯 HeⅠ(58.4 nm,21.21 eV)和 HeⅡ(30.39 nm,40.81 eV)。作为激发源的电子枪,要求具有良好的空间分辨率和足够高的电子强度,其空间分辨可以小于 10 nm。电子枪的关键部件是电子源和用于电子束聚焦、整形和扫描的透镜组件。电子源可用热电离发射或场发射。

能量分析器用于在满足一定能量分辨率、角分辨率和灵敏度的要求下,分析出某能量范围的电子,测量样品表面发射出的电子能量分布。它是电子能谱仪的核心部件,分辨能力、灵敏度和传输性能是它的三个主要指标。常用的静电偏转型分析器有半球扇形分析器和筒镜形分析器。半球扇形分析器对应于同心半球内外两面的电位差值,只允许一种能量的电子通过,连续改变两面间的电势差值,就可以对电子动能进行扫描,获得电子强度与电子动能的关系,即能谱图。在电子收集端,可采用单通道和多通道电子倍增器,以提高分析速度。半球面静电能量分析器内外半球半径分别为 R_1 和 R_2,在两半球上加上负电位。当被测电子以能量 E_0 进入能量分析器的入口后,在两个同心球面上施加控制电压后使电子偏转,在出口处的检测器上聚焦。

由于电子能谱检测的电子流非常弱(10^{-11}~10^{-8} A),因此检测器一般采用电子倍增管来测量电子的数目,包括通道电子倍增器和多通道板。

3. 俄歇电子

当入射电子束和物质发生作用时,除产生 X 射线之外,还会激发出俄歇电子。当原子内壳层的一个电子被电离后,产生空穴,外层电子向内层跃迁填充空穴过程中所释放的能量,可能以 X 光的形式放出,即产生特征 X 射线。多余的能量也可能以无辐射的过程传给另一个电子,并将它激发出来使其成为自由电子,这种自由电子就是俄歇电子,最后使原子处于双电离状态。因此,俄歇电子发射过程是二级过程,原子处于双电离状态。它与光电子辐射的区别还在于它是真实的无辐射过程。如果电子束将某原子 K 层电子激发为自由电子,L 层电子跃迁到 K 层,释放的能量又将 L 层的另一个电子激发为俄歇电子,这个俄歇电子就称为 KLL 俄歇电子。同样,LMM 俄歇电子是 L 层电子被激发,M 层电子填充到 L 层,释放的能量又使另一个 M 层电子激发所形成的俄歇电子。

对于一个原子,激发态原子在释放能量时只能进行一种发射,即特征 X 射线或俄歇电子。原子序数大的元素,特征 X 射线的发射概率较大,原子序数小的元素,俄歇电子发射概率较大,当原子序数为 33 时,两种发射概率大致相等。因此,俄歇电子能谱适用于较轻元素的分析。

4. 应用

光电子能谱的主要应用有:①测定各个被占据轨道上电子电离所需要的能量,为分子轨道理论提供实验依据;②研究固体表面的组成和结构,表面的组成包括元素的种类和含量、化学价态和化学键的形成等,表面结构包括宏观和表面的形貌、物相分布、元素分布及微观的原子表面排列等、表面的电子云分布和能级结构。

(1)X 射线光电子能谱取样深度分析。

对于在表面以下深度 d 处发射强度为 I_0 的电子，根据比尔－朗伯定律，到达表面的强度 I_S 为

$$I_S = I_0 e^{-d/\lambda} \tag{10.15}$$

式中，λ 为电子逃逸深度，它表示逸出电子的非弹性散射平均自由程。

对于金属 λ 为 0.5～2 nm，对于氧化物 λ 为 1.5～4 nm，对于有机和高分子 λ 为 4～10 nm。在常规的 XPS 分析中，分析的是来自相对于样品表面 90°方向出射的电子，在一张 XPS 谱图中，无损的分析深度大约 65%的信号来自小于 λ 的深度内，85%的信号来自小于 2λ 的深度内，95%的信号来自小于 3λ 的深度内。取样深度定义为 95%的光电子到达表面时散射的深度(3λ)。对于 Al－Kα 辐射，大多数 λ 在 1～3.5 nm 范围内，因此在这些条件下，XPS 的取样深度(3λ)为 3～10 nm。

(2)X 射线光电子能谱定量分析。

一般情况下，X 射线光电子能谱定量分析的准确度为±10%，依据的关系式为

$$I_i = N_i \sigma_i \lambda_i K \tag{10.16}$$

式中，I_i 为元素 i 的光电子峰的强度；N_i 为分析表面中元素 i 的平均原子浓度；σ_i 为元素 i 的光电子截面；λ_i 为来自元素 i 光电子的非弹性平均自由程；K 为与信号定量检测相关的所有其他因素(假设在实验期间保持不变)。

习　题

10.1　激光是光谱学研究中的典型光源，一台 0.10 J 的激光器可以输出 3.0 ns 的脉冲，脉冲重复频率为 10 Hz。假设脉冲为矩形，计算该激光器的输出峰值功率和平均功率。

10.2　给出氧分子基态的光谱项。

10.3　解释弗兰克－康登原理的基础以及它如何导致振动跃迁的形成。

第 11 章　核磁共振谱

核磁共振谱提供了分子和化合物中原子核所在环境的信息。从单一光谱中可以获得大量信息，在许多情况下，这将有助于确定分子的结构，它是对各种有机和无机物的成分、结构进行定性分析的最强有力的工具之一，有时亦可进行定量分析。1946 年，首次观察到的核磁共振现象涉及由于放置在磁场中的原子核的磁矩方向不同而产生的能级之间的跃迁，这些跃迁是通过共振方法研究的，因此得名为核磁共振。

11.1　原子核的磁性

核磁共振主要是由原子核的自旋运动引起的。在外磁场存在时，拥有自旋的原子核可以与外磁场同向(＋)或与之反向(－)排列。由于原子核带正电荷，原子核绕一个轴自旋，这种自旋与电荷运动有关。运动电荷会产生磁场，所以有自旋的原子核也有磁矩，当置于外部磁场中时，原子核倾向于转向与外部磁场同向，当原子核转向与外部磁场反向时具有更高的能量。

不同的原子核，自旋运动的情况不同，它们可以用核的自旋量子数 I 来表示。自旋量子数与原子的质量数和原子序数之间存在一定的关系。原子核最重要的性质之一是它有自旋量子数 I 或固有自旋角动量 $I\hbar$，并导致原子核的磁矩。在确定核自旋量子数 I 的值时遵循的规则见表 11.1。

表 11.1　核自旋量子数 I 的值遵循的规则

原子序数 Z	质量数 A	核自旋量子数 I
偶数或奇数	奇数	1/2, 3/2, 5/2,…
偶数	偶数	0
奇数	偶数	1, 2, 3, …

①如果质量数 A 是奇数，原子数 Z 是偶数或奇数，核自旋量子数 I 是半整数，例如 $^{1}H_{1}$、$^{6}C_{13}$、$^{7}N_{15}$、$^{9}F_{19}$ 等。

②如果质量数 A 和原子数 Z 都是偶数，则 I 为零，如 $^{2}He_{4}$、$^{6}C_{12}$、$^{8}O_{16}$、$^{16}S_{32}$ 等。

③如果质量数 A 是偶数，原子数 Z 是奇数，则 I 是整数，如 $^{1}H_{2}$、$^{5}B_{10}$、$^{7}N_{14}$ 等。

自旋向量 $\boldsymbol{I}$ 在任何方向上的投影都可以有 $m_{I}=-I,(-I+1),(-I+2),\cdots,(I-2),(I-1),I$，共有 $2I+1$ 个值，在没有外部磁场的情况下是简并的。在磁场中将分裂成 $2I+1$ 个态，磁矩 $\boldsymbol{\mu}$ 与相关的自旋角动量关系为

$$\boldsymbol{\mu}=\gamma \boldsymbol{I}\hbar \tag{11.1}$$

式中，γ 为旋磁比，是标量。磁矩 $\boldsymbol{\mu}$ 的另一个表达式是

$$\boldsymbol{\mu}=g_{N}\mu_{N}\boldsymbol{I} \tag{11.2}$$

式中，g_N 为核 g 因子；μ_N 为核磁场且其定义为

$$\mu_N=\frac{e\hbar}{em_p}=5.51\times10^{-27}\quad(\mathrm{J}\cdot\mathrm{T}^{-1}\text{，焦耳}\cdot\text{特斯拉}^{-1})\tag{11.3}$$

式中，m_p 为质子质量。

11.2 共振条件

当磁矩为 μ 的原子核置于磁场 B_0 中时，相互作用能为

$$E=-\mu\cdot B_0=-\mu B_0\cos\theta=-\frac{\mu B_0 m_I}{I}\tag{11.4}$$

因为 m_I 可以有 $2I+1$ 个值，所以会有 $2I+1$ 等间距的能级，任意两个相邻能级之间的能量间隔为

$$|\Delta E|=\mu B_0\ \frac{\Delta m_I}{I}=\frac{\mu B_0}{I}=g_N\mu_N B_0\tag{11.5}$$

核磁共振实验的基础是诱导产生一个从较低能级到相邻较高能级的跃迁，如果 g 是引起相邻能级之间跃迁电磁辐射的频率，则有

$$h\gamma=\frac{\mu B_0}{I}=g_N M_N B_0\tag{11.6}$$

式(11.6)为核磁共振条件。

对于自旋为 1/2 的系统，将有两种状态，一种对应于 $m_I=1/2$，另一种对应于 $m_I=-1/2$，它们的能量为

$$E_{1/2}=-\mu B_0,\quad E_{-1/2}=+\mu B_0\tag{11.7}$$

共振条件简化为

$$h\gamma=2\mu B_0\tag{11.8}$$

外磁场 $B=B_0$ 中自旋 1/2 系统的能级如图 11.1 所示。对质子而言，$\mu=2.792\ 68\mu_N$，因此

$$\gamma=\frac{2\mu B_0}{h}=\frac{2\times2.792\ 68\times15.051\times10^{-27}}{6.626\times10^{-34}}B_0=42.577\ 2\times10^6 B_0\tag{11.9}$$

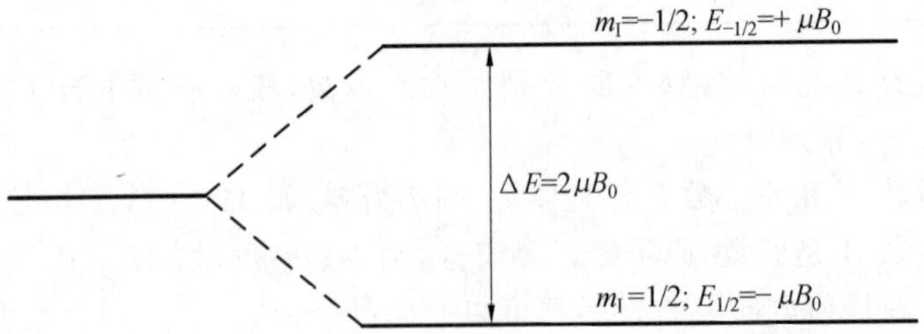

图 11.1 外磁场 $B=B_0$ 中自旋 1/2 系统的能级

核磁共振实验中使用的典型外磁场范围为 1～5 T，频率在电磁频谱的射频区域，用于诱导跃迁的源与其他频谱区域中使用的源不同。共振条件是通过施加一个在垂直于外部磁场的拉莫尔频率下振荡的射频场来实现的。

蛋白质是自旋 $I=1/2$ 的最重要的核之一，它是所有有机分子中的一种成分，蛋白质核的核磁共振通常称为质子磁共振。存在于所有有机化合物中的另一个原子核是碳，因为 ^{12}C 没有磁矩，所以它不会显示任何核磁共振谱，然而 ^{13}C 具有磁矩并显示共振。

11.3 弛豫过程

能量从自旋体系转移到其他自由度的过程称为弛豫。当提供的辐射频率对应能级之间的能量差时，随着辐射被吸收跃迁到高能态的粒子数增加，通过自旋晶格弛豫过程重新建立平衡布居数分布，在此过程中，先前吸收的能量与周围环境（自旋－晶格弛豫）或其他原子核（自旋－自旋弛豫）共享。液体样品中的自旋－晶格弛豫过程通常比固体样品更快，因为在液相中分子的迁移率更大。大多数溶液的弛豫时间为 $10^2\sim10^{-4}$ s，大多数 ^1H 和 ^{13}C 原子核需要几分之一秒的时间，而固体样品可能需要几分钟，顺磁性材料的存在可以加速弛豫过程。原子核有两种不同的弛豫过程，在第一种情况下，处于高能态的自旋将多余的能量转移到周围（晶格），这种现象称为自旋晶格弛豫，布居数差变为在 $t=0$ 时布居数差的 $1/e$ 倍所需的时间被称为自旋晶格弛豫时间或纵向弛豫时间 T_1。T_1 在很大范围内变化，对于固体，T_1 的范围为 $10^{-2}\sim10^4$ s；对于液体，T_1 的范围为 $10^{-4}\sim10$ s。除了自旋晶格弛豫外，自旋的弛豫也可以通过两个自旋态的直接相互作用发生，如果两个自旋态最初有一个共同的相位，那么随着时间的推移，相位将变得随机，这一退相过程所经历的时间称为自旋－自旋弛豫时间（或）横向弛豫时间 T_2。

对于自旋为 1/2 的系统，$t=0$ 时刻的布居数 N_0 和 $t=t$ 时刻的布居数 $N(t)$ 之差为

$$\frac{dN_1(t)}{dt}=\omega N_2(t)-\omega N_1(t)=\omega[N_2(t)-N_1(t)]=-\omega N(t) \tag{11.10}$$

式中，w 是单位时间内诱导吸收/发射的跃迁概率，由于 $N_1(t)+N_2(t)=N_0$ 和 $N_1(t)-N_2(t)=N(t)$，所以

$$N_1(t)=\frac{1}{2}[N_0+N(t)],\quad \frac{dN_1(t)}{dt}=\frac{1}{2}\frac{dN(t)}{dt} \tag{11.11}$$

依据式(11.10)和(11.11)，得到

$$\frac{dN(t)}{dt}=-2\omega N(t),\quad N(t)=N_0e^{-2\omega t} \tag{11.12}$$

$N(t)$ 值变为 N_0/e 所需的时间被定义为自旋晶格弛豫时间 T_1，因此

$$T_1=\frac{1}{2\omega} \tag{11.13}$$

也就是说，自旋－晶格弛豫时间与单位时间内的跃迁概率成反比。

11.4 布洛赫方程

考虑一个具有磁矩 $\boldsymbol{m}$ 和角动量 $\boldsymbol{I}\hbar$ 的原子核，在静态磁场 $\boldsymbol{B}$ 中，磁矩矢量 $\boldsymbol{m}$ 所承受的力矩为 $\boldsymbol{m}'\boldsymbol{B}$，而角动量的变化率等于作用在系统上的力矩，即

$$\frac{\mathrm{d}(\boldsymbol{I}\hbar)}{\mathrm{d}t}=\boldsymbol{\mu}\times\boldsymbol{B},\quad \boldsymbol{\mu}=\gamma\boldsymbol{I}\hbar \tag{11.14a}$$

$$\frac{\mathrm{d}\boldsymbol{\mu}}{\mathrm{d}t}=\gamma(\boldsymbol{\mu}\times\boldsymbol{B}) \tag{11.14b}$$

如果向量 $\boldsymbol{m}$ 以角速度 $\boldsymbol{\omega}$ 转动，则

$$\frac{\mathrm{d}\boldsymbol{\mu}}{\mathrm{d}t}=\boldsymbol{\omega}\times\boldsymbol{\mu} \tag{11.15}$$

比较式(11.14)和式(11.15)可以得到

$$\boldsymbol{\omega}=\gamma\boldsymbol{B} \tag{11.16}$$

磁场的作用相当于以角速度旋转，也就是说，磁偶极子以角速度 $\boldsymbol{\omega}$ 围绕 $\boldsymbol{B}$ 的方向运动，这种现象称为拉莫尔进动，拉莫尔频率为

$$\boldsymbol{v}=\frac{\gamma}{2\pi}\boldsymbol{B} \tag{11.17}$$

核的磁化强度 $\boldsymbol{M}$ 是对单位体积内所有原子核磁矩 $\boldsymbol{m}$ 求和 $\Sigma\mu_i$，因此式(11.14)对所有原子核求和得到

$$\frac{\mathrm{d}\boldsymbol{M}}{\mathrm{d}t}=\gamma(\boldsymbol{M}\times\boldsymbol{B}) \tag{11.18}$$

如果外加磁场 $\boldsymbol{B}$ 沿 z 方向，即 $\boldsymbol{B}=B_0\boldsymbol{k}$，$\boldsymbol{k}$ 是沿 z 轴方向的单位矢量。在热平衡下，原子核的磁化强度 $M=\mathring{a}m_i$ 是单位体积内对所有原子核的总和，磁化强度沿 z 轴，即

$$M_x=0,\quad M_y=0,\quad M_z=M_0=\chi B_0=\frac{CB_0}{T} \tag{11.19}$$

式中，C 是居里常数；T 是绝对温度；χ 是体积磁化率。

对于自旋 1/2 体系，存在磁场 B_0 的情况下，两个能级之间的间隔为 $2\mu B_0$，如果 N_1 和 N_2 是上能级和下能级单位体积内的布居数，则

$$M_z=(N_1-N_2)\mu=N\mu \tag{11.20}$$

在热平衡下，有

$$\frac{N_2}{N_1}=\exp\left(-\frac{2\mu B_0}{kT}\right) \tag{11.21}$$

式中，k 是玻尔兹曼常数，热平衡下磁化强度可以表示为

$$M_0=N\mu\tan h\left(-\frac{\mu B_0}{kT}\right) \tag{11.22}$$

当 M_z 不处于热平衡时，假设磁化以与偏离平衡值成比例的速率接近平衡值 M_0，即

$$\frac{\mathrm{d}M_z}{\mathrm{d}t}=\frac{M_0-M_z}{T_1} \tag{11.23}$$

式中，T_1 是自旋一晶格弛豫时间，根据式(11.18)和式(11.23)，运动方程的 z 分量为

$$\frac{\mathrm{d}M_z}{\mathrm{d}t}=\gamma(\boldsymbol{M}\times\boldsymbol{B})_z+\frac{M_0-M_z}{T_1} \tag{11.24}$$

布洛赫方程描述了考虑自旋弛豫的样品在磁场(具有较大静态 z 分量)中磁化的演变，即

$$\frac{\mathrm{d}\boldsymbol{M}}{\mathrm{d}t}=\gamma(\boldsymbol{M}\times\boldsymbol{B})+\frac{(M_0-M_z)}{T_1}\boldsymbol{k}-\frac{1}{T_2}(M_x\boldsymbol{i}+M_y\boldsymbol{j}) \tag{11.25}$$

式(11.25)表达为分量形式为

$$\frac{\mathrm{d}M_x}{\mathrm{d}t}=\gamma(\boldsymbol{M}\times\boldsymbol{B})_x-\frac{M_x}{T_2}=\gamma(M_yB_z-M_zB_y)-\frac{M_x}{T_2} \tag{11.26a}$$

$$\frac{\mathrm{d}M_y}{\mathrm{d}t}=\gamma(\boldsymbol{M}\times\boldsymbol{B})_y-\frac{M_y}{T_2}=\gamma(M_zB_x-M_xB_z)-\frac{M_y}{T_2} \tag{11.26b}$$

$$\frac{\mathrm{d}M_z}{\mathrm{d}t}=\gamma(\boldsymbol{M}\times\boldsymbol{B})_z+\frac{M_0-M_z}{T_1}=\gamma(M_xB_y-M_yB_x)+\frac{M_0-M_z}{T_1} \tag{11.26c}$$

在核磁共振实验中,施加的射频磁场方向垂直于 $B_0\boldsymbol{k}$ 方向,样品在射频磁场和静电场的组合场中产生磁化,沿 x 轴偏振的交流磁场可以用两个旋转场来表示,即

$$\boldsymbol{B}_1=B_x\boldsymbol{i}+B_y\boldsymbol{j}=B_1\cos\omega t\boldsymbol{i}-B_1\sin\omega t\boldsymbol{j} \tag{11.27}$$

作用在样品体系上的磁场分量为

$$B_x=B_1\cos\omega t \tag{11.28a}$$

$$B_y=-B_1\sin\omega t \tag{11.28b}$$

$$B_z=B_0 \tag{11.28c}$$

把 B_x、B_y 和 B_z 代入式(11.26),得到

$$\begin{cases}\dfrac{\mathrm{d}M_x}{\mathrm{d}t}=\gamma(M_yB_0+M_zB_1\sin\omega t)-\dfrac{M_x}{T_2}\\ \dfrac{\mathrm{d}M_y}{\mathrm{d}t}=\gamma(M_zB_1\cos\omega t-M_xB_0)-\dfrac{M_y}{T_2}\\ \dfrac{\mathrm{d}M_z}{\mathrm{d}t}=-\gamma(M_xB_1\sin\omega t+M_yB_1\cos\omega t)+\dfrac{M_0-M_z}{T_1}\end{cases} \tag{11.29}$$

式(11.29)称为布洛赫方程,磁化矢量尖端的轨迹如图 11.2 所示,显示纵向磁化的增加和横向分量的衰减,初始值沿 y 轴。

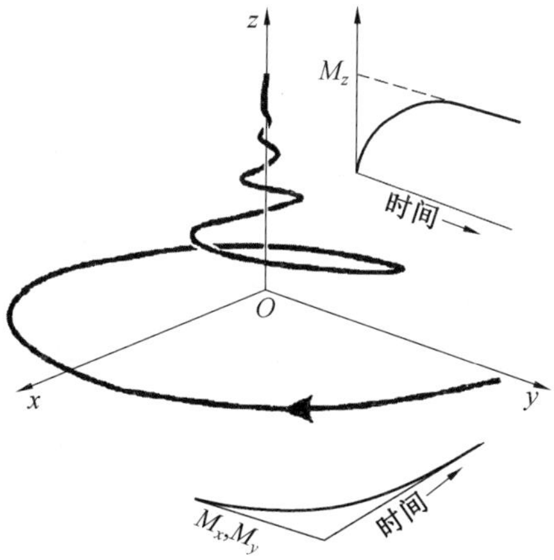

图 11.2 磁化矢量尖端的轨迹

11.5 核磁共振仪器

图 11.3 所示为典型核磁共振仪器组成框架示意图,组成部件包括:

①产生稳定和均匀磁场的强电磁铁 B_0，在样品区域和实验期间，磁场必须是常数；

②频率扫描发生器向第二块磁铁提供可变电流，产生可以在一个小范围内变化的磁场 B_1；

③由空气驱动涡轮机旋转的样品容器，用以平均样品容器上的磁场；

④射频发射器线圈，将能量传输至样品；

⑤与环绕着样品的线圈相连的射频接收器；

⑥由射频放大器、记录器和其他附件组成的读出系统，以提高灵敏度、分辨率和准确性。

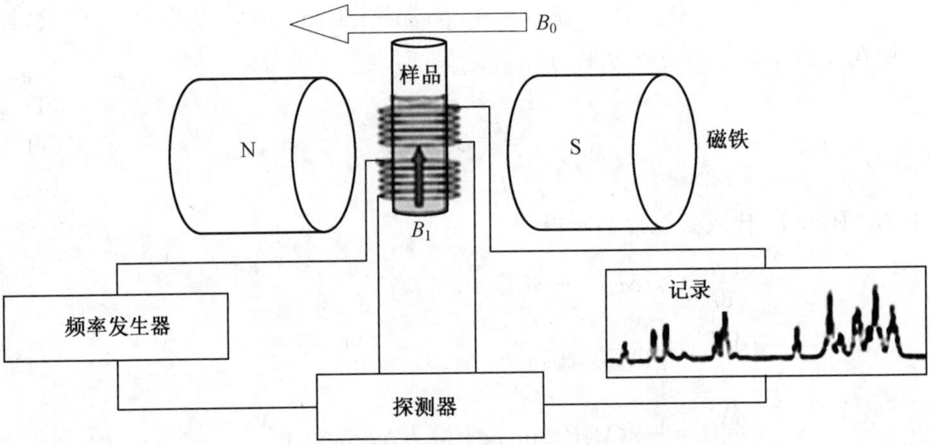

图 11.3 典型核磁共振仪器组成框架示意图

11.6 化学位移

1. 原理

同样的氢(H)核在照射频率确定时，吸收峰的位置应该是相同的，而实际不这样，即产生了共振吸收峰的位移，这种氢核吸收峰出现在不同位置的现象称为化学位移。化学位移是由核外电子的屏蔽效应引起的，H 核在分子中被价电子所包围，因此在外加磁场 B_0 的同时，还有核外电子绕核旋转产生的感应磁场 B'，如图 11.4 所示。由于分子中氢原子周围的电子分布不同，诱导场略有不同，因此原子核在同一外场中经历不同的磁场，这种影响非常小，对于氢原子，它只有百万分之几，尽管线宽非常小，仍然可以测量这些化学位移。如果感应磁场与外加磁场方向相反，则 H 核实际感受到的磁场强度为

$$B_{eff}=B_0-\sigma B_0=B_0(1-\sigma) \tag{11.30}$$

式中，$\sigma\approx 10^{-5}$ 是量纲为一的常数，称为屏蔽常数或屏蔽参数，σ 的值取决于质子周围的电子密度。显然，核外电子云密度越大，屏蔽效应越强。发生共振吸收就势必会增加外加磁场强度，共振信号将移向高频区；反之，共振信号将移向低频区。图 11.5 显示了自旋 1/2 核的屏蔽能级示意图。

乙醛(CH_3CHO)的 H 核磁共振光谱显示出两条线，强度比为 1∶3，而乙醇

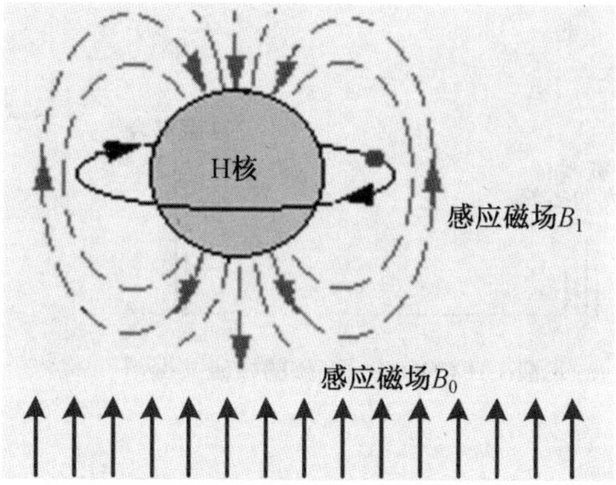

图 11.4　电子对质子的屏蔽作用

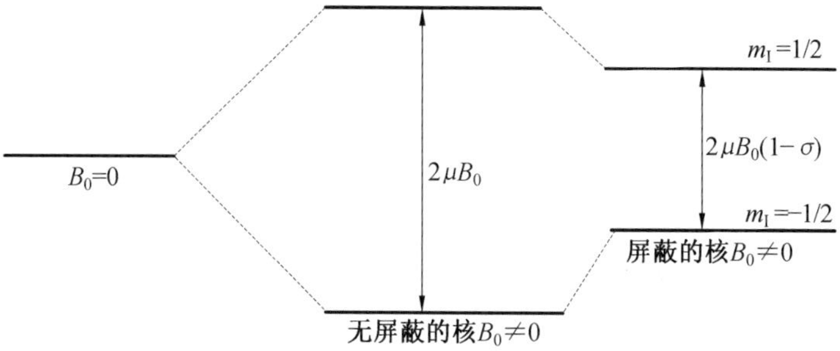

图 11.5　磁场 B_0 中自旋为 1/2 的无屏蔽核和屏蔽核

(CH_3CH_2OH)的光谱显示出 3 条线，强度比为 1∶2∶3，如图 11.6 所示。化合物的核磁共振谱图中，峰的数目表示分子中带有磁矩的质子的种类，峰的(面积)强度即代表每类质子的相对数目，峰的位移即化学位移可以分析每类质子在分子机构中所处的化学环境。

核磁共振波谱测量分子中特定原子(通常是氢)的磁特性。因此，样品分子的不同局部环境中的氢会根据环境的电子特征给出不同的峰。核磁共振峰也会分裂，如图11.6(c)所示，分裂模式是与氢峰相邻的氢化物数量的函数，对于乙醇的 CH_3 基团，有两个相邻的氢，因此预计 CH_3 峰将被分成 3 个峰，这正是图 11.6(c)中观察到的，未显示的 OH 峰是单线态。

乙醇的核磁共振谱图 11.6(b)表明，能量的吸收既不受磁场的影响，也不受射频的影响，它的标度(无单位)从右向左递增；因为化学位移是由外加磁场引起的，并与其成正比，无论所用仪器的磁场或频率范围如何，峰值在该标度 δ 上都具有相同的值。标度 δ 的值可以通过射频或磁场的测量并相对于标度一端的标准参考峰给出，即选用一个标准物质，以该标准物的共振吸收峰所处位置为零点，其他吸收峰的化学位移大小依据这些吸收峰的位置与零点的距离来确定。通常使用的参考标准物质是四甲基硅烷(Tetramethylsilane, TMS)，TMS 有许多优点：①无毒、惰性；②它发出的信号与几乎所有其他有机氢共振都很遥远，因为质子被很好地屏蔽，不会干扰光谱；③四个甲基对称分布，因此所有氢都处在相同的化学环境中，它们都以相同的频率共振，因此它们只有一个锐利的吸收峰，很容易识别；④TMS 的屏蔽效应很高，共振吸收在高场出现；⑤TMS 的沸点相当低，它可以被蒸发掉。

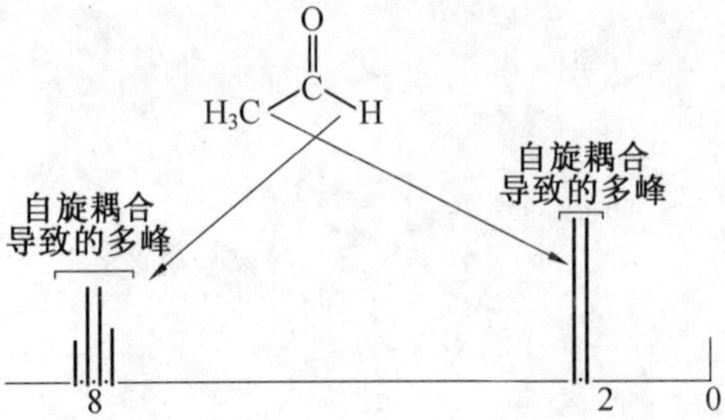

(a) 乙醛(CH_3CHO)分子H核的核磁共振谱

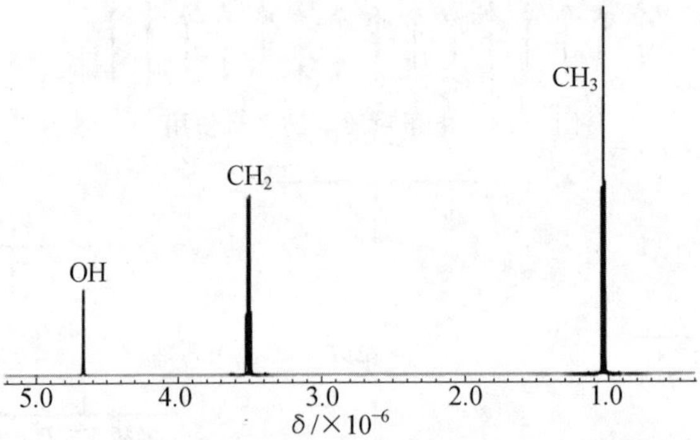

(b) 低分辨率下乙醇(CH_3CH_2OH)分子H核的核磁共振谱

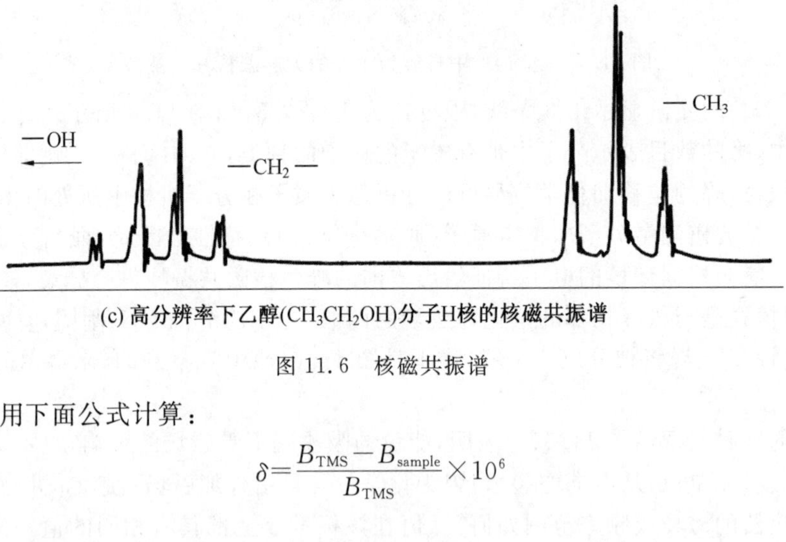

(c) 高分辨率下乙醇(CH_3CH_2OH)分子H核的核磁共振谱

图 11.6　核磁共振谱

δ 可使用下面公式计算：

$$\delta=\frac{B_{\mathrm{TMS}}-B_{\mathrm{sample}}}{B_{\mathrm{TMS}}}\times 10^6$$

或

$$\delta=\frac{\nu_{\mathrm{TMS}}-\nu_{\mathrm{sample}}}{\nu_{\mathrm{TMS}}}\times 10^6 \tag{11.31}$$

式中，B 为共振时的磁场强度，ν 为共振时的射频。共振总是以化学位移的形式表示，以百万分之几(10^{-6})为单位进行测量，因此无论在哪台机器上运行光谱，也无论使用何种外加磁场(在不同磁场下运行的机器可用)，结果都是可再现的。化学位移取决于核外电子云密度，因此影响电子云密度的各种因素都对化学位移有影响，影响最大的是电负性和各向异性效应。

定义 TMS 的 δ 值为零，大多数有机质子共振的标度量级为 0～10，磁场、频率与核屏蔽之间的关系如图 11.7 所示。

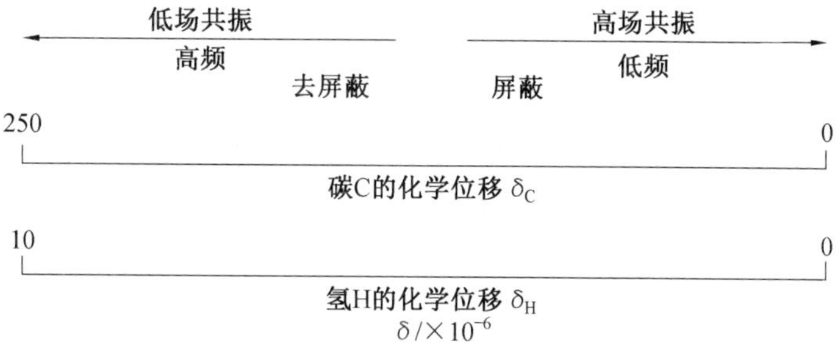

图 11.7 磁场、频率与核屏蔽之间的关系

电负性大的原子(或基团)吸引电子能力强,降低了氢核外围的电子云密度,屏蔽效应也就随之降低,其共振吸收峰移向低场,化学位移会变大;反之,可给电子基团增加氢核外围的电子云密度,共振吸收峰移向高场,化学位移会变小。

分子中的某些基团的电子云排布不呈球形对称,它对邻近的^{1}H 核产生一个各向异性的磁场,从而使某些空间位置上的核受屏蔽,而另一些空间位置上的核去屏蔽,这种各向异性效应是由成键电子的电子云分布不均匀导致在外磁场中所产生的感应磁场的不均匀所引起的。

氢键对羟基质子化学位移的影响与氢键的强弱及氢键的电子供体的性质有关,在大多数情况下,氢键产生去屏蔽效应,使^{1}H 的 δ 值移向低场。

有时同一种样品使用不同的溶剂也会使化学位移值发生变化,这称为溶剂效应。

当取代基与共振核之间的距离小于范德瓦耳斯半径时,取代基周围的电子云与共振核周围的电子云就互相排斥,共振核周围的电子云密度降低,使质子受到的屏蔽效应明显下降,质子峰向低场移动。

2. 自旋—自旋耦合

在外磁场的作用下,自旋的质子会产生一个小的磁矩,通过成键价电子的传递,对邻近的质子产生影响。在一个分子中,原子 A 的原子核可以在化学键的价电子中产生一个非常弱的磁矩,这一磁矩会影响邻近原子 B 原子核处的磁场,当原子 A 的原子核自旋与外磁场顺向时,原子 B 的原子核处的总磁场感应强度为 B_0+B';当 A 的原子核自旋与外磁场逆向时,原子 B 的原子核处的总磁场感应强度为 B_0-B',这种原子核之间的相互作用称为自旋—自旋耦合,因此当发生核磁共振时,一个质子发出的信号就分裂成若干条谱线。一般只有相隔三个化学键之内的质子间才会发生自旋分裂现象。

通常用符号 J 表示自旋耦合强弱的量度,称为自旋耦合常数,J 的左上方常标记有数字,它表示两个耦合核之间相隔键的数目,J 的右下方则标以其他信息。耦合常数是质子自旋分裂时两个核磁共振能之差,它可以通过共振吸收的位置差别来体现,这在图谱上就是分裂峰之间的距离。耦合常数的大小与两个作用核之间的相对位置有关,随着相隔键数目的增加会很快减弱,一般来讲,两个质子相隔少于或等于三个单键时可以发生耦合分裂,相隔三个以上单键时,耦合常数趋于零。

具有相同化学位移的质子之间不存在耦合,即在相同化学环境中的质子之间不存在耦合。因此，在碘乙烷 CH_3CH_2I 的光谱中，CH_3 质子将与 CH_2 每个质子相互作用，这两个质子有三种能量状态，这取决于它们的自旋是向上还是向下，组合如下：①两者均与磁场同向（↑↑）；②一个与磁场同向，一个与磁场反向（↑↓或↓↑）；③两者均与磁场反向（↓↓）。因此，甲基质子可以以略微不同的频率与这三种能量状态中的每一种相互作用，因为一个原子核自旋向上同时另一个原子核自旋向下有两种组合，所以这个峰的强度（峰下面积）是另外两个的两倍，这个三重峰集中在图 11.8 的化学位移上。类似地，两个 CH_2 质子可以通过 4 种方式与三个甲基质子耦合相互作用：①三者均与磁场同向（↑↑↑）；②两个与磁场同向，一个与磁场反向（↑↑↓、↑↓↑或↓↑↑）；③两个与磁场反向，一个与磁场同向（↑↓↓、↓↑↓或↓↓↑）；④三者均与磁场反向（↓↓↓）；根据自旋组合，给出强度比为 1∶3∶3∶1 的四重峰，它的中心是与烷基和碘原子（δ=3.2）结合的 CH_2 质子的化学位移。

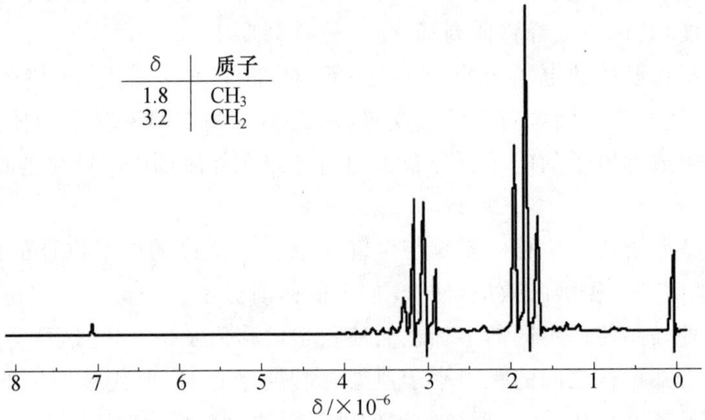

图 11.8 碘乙烷的高分辨质子核磁共振谱

由于质子通常可以与三个键之外的其他质子相互作用，因此一般来说，共振群相隔三个化学键之内有 n 个质子，单峰谱线将分裂成 $n+1$ 个峰，可以使用帕斯卡三角形预测它们的强度：

与 0 个质子的耦合 1
与 1 个质子的耦合 1 1
与 2 个质子耦合 1 2 1
与 3 个质子耦合 1 3 3 1
与 4 个质子耦合 1 4 6 4 1
与 5 个质子耦合 1 5 10 10 5 1
与 6 个质子耦合 1 6 15 20 15 6 1

如果一种环境的氢为 n 个，而另一种环境的氢为 n' 个，则有 $(n+1)(n'+1)$ 个峰。若这些不同环境的相邻氢与该氢的耦合常数相同，则可把这些不同环境的相邻氢的总数看作 n，仍按 $n+1$ 规律计算分裂峰的数目。

化学位移随外磁场的改变而改变，耦合常数 J 与化学位移不同，它不随外磁场的改变而改变。由于自旋耦合产生于核之间的相互作用，是通过成键电子来传递的，并不涉及外磁场，因此当化学位移形成的峰与耦合分裂峰不易区别时，可通过改变外磁场的方法来予以区别。同样在一个多重态中，谱线之间的间隔对于共振核之间的特定类型的相互作用（自旋一自旋耦合）是恒定的。

3. 峰值积分

在每个频率/磁场强度下吸收的能量与吸收的质子数成正比，因此每组谱线下的面积与吸收质子的相对数量成正比，许多仪器也会通过在光谱上绘制积分曲线来直接提供这些信息。通过测量每一组峰值处积分曲线的高度，可以确定吸收质子的比率，图 11.9 所示的乙酸丙酯的核磁共振光谱说明了积分曲线的使用方法，使用积分曲线获得在每个频率共振的质子数信息，积分曲线上台阶的高度之比给出了在每个频率下共振的质子数之比，在图中质子的比率（不一定是质子的绝对数）为$b:a:c:d=2:3:2:3$。

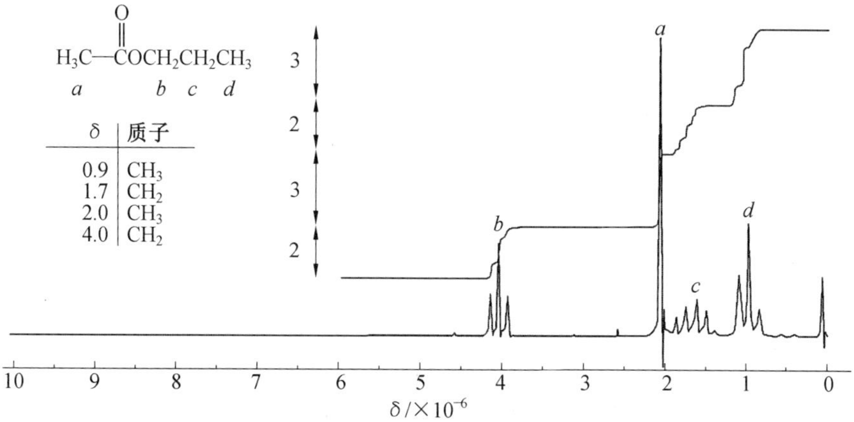

图 11.9 乙酸丙酯的核磁共振谱积分曲线

核磁共振谱中，共振峰下面的面积与产生峰的质子数成正比，因此峰面积比即为不同类型质子数目的相对比值，若知道整个分子中的质子数，即可从峰面积的比例关系算出各组磁等价质子的具体数目。核磁共振仪用电子积分仪来测量峰的面积，在谱图上从低场到高场用连续阶梯积分曲线来表示。积分曲线的总高度与分子中的总质子数成正比，各个峰的阶梯曲线高度与该峰面积成正比，即与产生该吸收峰的质子数成正比。各个峰面积的相对积分值也可以在谱图上直接用数字显示出来，如果将含一个质子的峰的面积指定为 1，则图谱上的数字与质子的数目相符。

11.7 电子自旋共振光谱

1. 电子自旋共振原理

虽然电子具有 1/2 的自旋，但多数分子的自旋电子都是成对的，所以自旋结果等于零；不过，在电子不成对时，如具有奇数个电子的过渡金属离子、自由基、离子和分子等，电子的自旋仍然存在。电子自旋共振光谱是一种仅限于研究携带一个或多个未配对电子样品的光谱技术。

当一个具有磁矩 μ 的电子被放置在磁场 B 中时，相互作用能为

$$E=-\mu\cdot B=-\mu B\cos\theta \tag{11.32a}$$

式中，θ 是 μ 与 B 之间的夹角，如果系统只有自旋磁矩 μ，其大小为 $\mu=g\mu_B S=g\mu_B m_S$，代入式(11.31a)，得到

$$E=-g\mu_B B m_S \tag{11.32b}$$

式中，对于电子而言 $m_S=\pm 1/2$，有两个能级，如图 11.10 所示。

$$E_{-\frac{1}{2}}=-\frac{1}{2}g\mu_B B,\quad E_{\frac{1}{2}}=\frac{1}{2}g\mu_B B \tag{11.33}$$

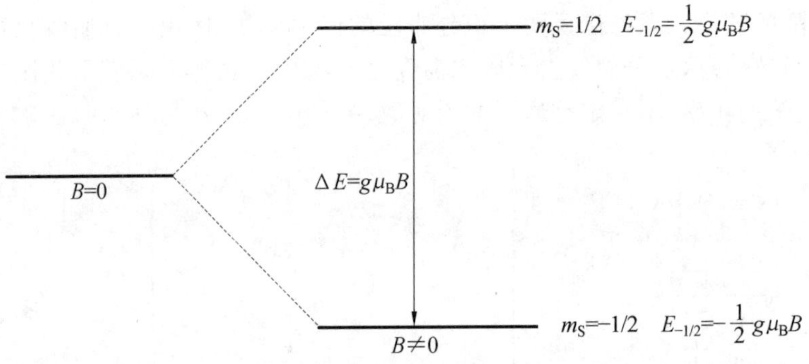

图 11.10 磁场 B 中不成对电子的塞曼分裂

如果施加的电磁辐射的频率 ν 满足下列关系：

$$h\nu=E_{\frac{1}{2}}-E_{-\frac{1}{2}}=g\mu_B B \tag{11.34}$$

塞曼能级之间发生跃迁，式(11.33)给出了观测电子自旋的共振条件，对于自由电子 $g=2.0023$。在 0.34 T 的磁场中，根据式(11.33)，有

$$\nu=\frac{2.0023\times(9.274\times10^{-24}\,\text{J}\cdot\text{T}^{-1})\times0.34\,\text{T}}{6.626\times10^{-34}\,\text{J}\cdot\text{S}}=9\,528\ \text{MHz}$$

这个频率在微波区。因此，必须使用微波源和技术来观察电子自旋共振。

2. 电子自旋共振光谱仪

成功观察电子自旋共振光谱需要频率 ν 和磁场 B 的合适值以满足式(11.33)，对于连续吸收，可以通过共振保持磁场 B 恒定，改变频率 ν 或者保持频率 ν 恒定，改变磁场 B，后一种方法通常是首选的，因为磁场更容易改变使稳定性保持在非常高的水平。电子自旋共振光谱仪的一些基本要求是：①一个能够提供均匀磁场的电磁铁，该磁场的任一侧可以线性变化；②0～9.5 GHz 范围内的微波辐射源；③合适的样品腔；④将辐射能量传输至样品腔的装置；⑤测量微波功率变化的检测系统；⑥合适的示波器或记录器。简单平衡桥电子自旋共振光谱仪框架图如图 11.11 所示。

通常的辐射源是调速管振荡器，它产生测量所需频率的单色辐射。辐射通过微波阻抗桥传输到样品腔，包含样品的矩形微波腔放置在电磁铁的两极之间。在微波桥的第三臂中有一个虚拟负载，第四臂中有一个半导体晶体探测器，用于探测到达的辐射，然后将其放大并反馈至合适的记录仪，通常采用相敏探测器检测电子自旋共振信号。通过改变安装在样品腔壁上的一对扫描线圈中的电流，使得磁场在谐振条件下的一个小范围内扫描变化。

当微波阻抗桥处于平衡状态时，微波能量仅存在于样品腔和虚拟负载两个臂中，第四

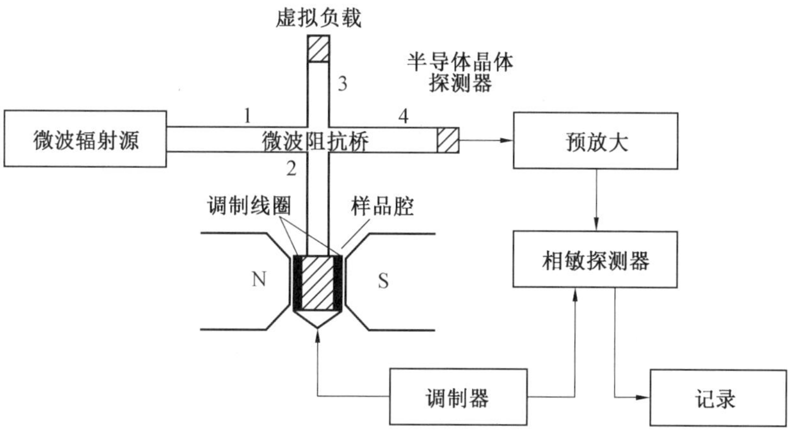

图 11.11 简单平衡桥电子自旋共振光谱仪框架图

臂无微波能量，只有当桥不平衡时，第四臂中才会有微波能量存在。电子自旋共振光谱谱线的宽度相当大，因此通常以一阶导数模式记录光谱，因此能够更精确地确定频率位置和强度。

3. 精细和超精细结构

在电子自旋共振光谱中，可以观察到两种多重态结构，一种是精细结构，另一种是超精细结构。在含有一个以上未配对电子自旋的样品中才会出现精细结构，未成对电子自旋磁矩与核自旋的相互作用产生超精细结构。为了简单起见，在这里仅局限于自旋为1/2的核，它把电子共振谱线分裂成双线结构。

自旋未成对电子与核之间的相互作用有两种，一是偶极一偶极相互作用，这种作用是由于核自旋在电子处产生局部磁场，因此就存在能引起共振的其他外磁场值，而且核自旋矢量的量子化，使得有多个外磁场值能满足共振条件，从而显现出多条谱线，这种电子与核之间偶极一偶极作用可以用经典模型加以解释。由于这种相互作用取决于磁场和连接两个偶极子的线之间的角度，因此它是与方向有关的，被称为各向异性相互作用。它的大小与 $1/r^3$ 成正比，其中 r 是偶极子之间的距离。偶极一偶极相互作用由下式给出：

$$H_{\text{dipole-dipole}}=gg_{\text{N}}\mu_{\text{B}}\mu_{\text{N}}\left[\frac{S\cdot I}{r^3}-\frac{3(S\cdot r)(I\cdot r)}{r^S}\right] \tag{11.35}$$

第二种自旋未成对电子与核之间相互作用为费米接触相互作用，它代表了原子核的磁矩和电子自旋在原子核处产生的磁场之间的相互作用，接触就是指电子与核的接触，接触相互作用与原子核处的电子云密度成正比的，这种相互作用与方向无关，它是属于各向同性的超精细相互作用，只有 S 轨道中的电子在原子核处有非零的电子云密度时，才存在费米接触相互作用，这种相互作用与方向无关，即

$$H_{\text{Femi}}=\frac{8\pi}{3}gg_{\text{N}}\mu_{\text{B}}\mu_{\text{N}}\ |\psi(0)|^2SI=\alpha SI \tag{11.36a}$$

$$\alpha=\frac{8\pi}{3}gg_{\text{N}}\mu_{\text{B}}\mu_{\text{N}}\ |\psi(0)|^2 \tag{11.36b}$$

式中，$\psi(0)$是原子核中心的电子波函数；α 是超精细分裂常数。

电子自旋共振光谱的超精细结构是由于偶极一偶极相互作用项式(11.35)和费米接

触项式(11.36)。对于液体和气体中的自由电子或价电子,偶极一偶极贡献平均为零,在这种情况下,势能项 V 也是零,忽略场自由电子能量项,哈密顿量的剩余项由自旋哈密顿量给出

$$H = g\mu_B B \cdot S - \sum_i g_N \mu_N B \cdot I_i - \sum_i \alpha_i I_i S \tag{11.37}$$

求和是对体系中的所有原子核进行的,式(11.37) 中的第二项比第一项小 2 000 倍,因此,作为第一近似值,有

$$H = g\mu_B B \cdot S + \sum_i \alpha_i I_i S \tag{11.38}$$

4. 氢原子的电子自旋共振谱

对于基态的氢原子,总哈密顿量的简单形式如式(11.38)所示,将 αIS 视为微扰,修正为一阶的能量为

$$\begin{cases} E_{m_S,m_I} = g\mu_B B m_S + \alpha m_I m_S, \quad m_S = \pm\dfrac{1}{2}, \quad m_I = \pm\dfrac{1}{2} \\ E_{\frac{1}{2},\frac{1}{2}} = \dfrac{1}{2}g\mu_B B + \dfrac{1}{4}\alpha, \quad E_{-\frac{1}{2},\frac{1}{2}} = -\dfrac{1}{2}g\mu_B B - \dfrac{1}{4}\alpha \\ E_{\frac{1}{2},-\frac{1}{2}} = \dfrac{1}{2}g\mu_B B - \dfrac{1}{4}\alpha, \quad E_{-\frac{1}{2},-\frac{1}{2}} = -\dfrac{1}{2}g\mu_B B + \dfrac{1}{4}\alpha \end{cases} \tag{11.39}$$

电子自旋共振跃迁的选择规则为

$$\Delta m_S = \pm 1, \quad \Delta m_I = 0 \tag{11.40}$$

图 11.12 所示为氢原子的能级(式(11.38))和允许跃迁。

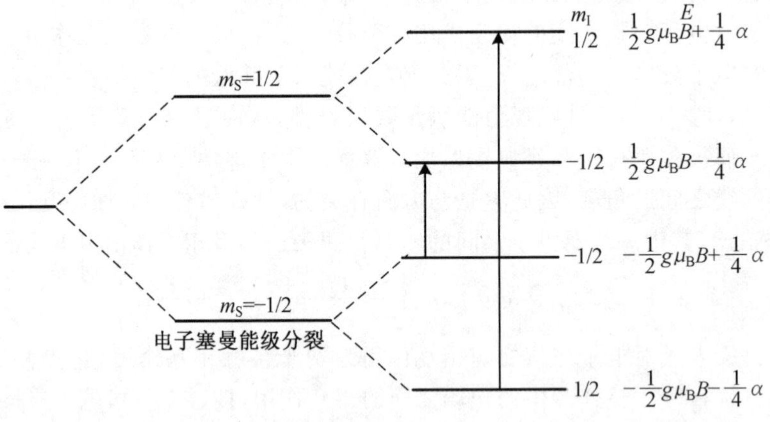

图 11.12 氢原子的能级和允许跃迁($m_S = \pm 1/2$, $m_I = \pm 1/2$)

假设偶极一偶极对超精细结构的贡献为零,图 11.13 表示与自旋 $I=1$ 原子核耦合的电子自旋的能级和允许跃迁。去掉式(11.37)中的核塞曼能量项,有

$$E_{m_S,m_I} = g\mu_B B m_S + \alpha m_I m_S, \quad m_S = \pm\frac{1}{2}, m_I = 0, \pm 1 \tag{11.41}$$

这样会出现间隔等于超精细分裂常数的三个等强度跃迁,它们的能量为

$$\begin{cases} h\nu_1 = g\mu_B B - \alpha \\ h\nu_2 = g\mu_B B \\ h\nu_3 = g\mu_B B + \alpha \end{cases} \tag{11.42}$$

当一个未配对电子与一个核自旋 I 相互作用时，有 $2I+1$ 个超精细结构分量。

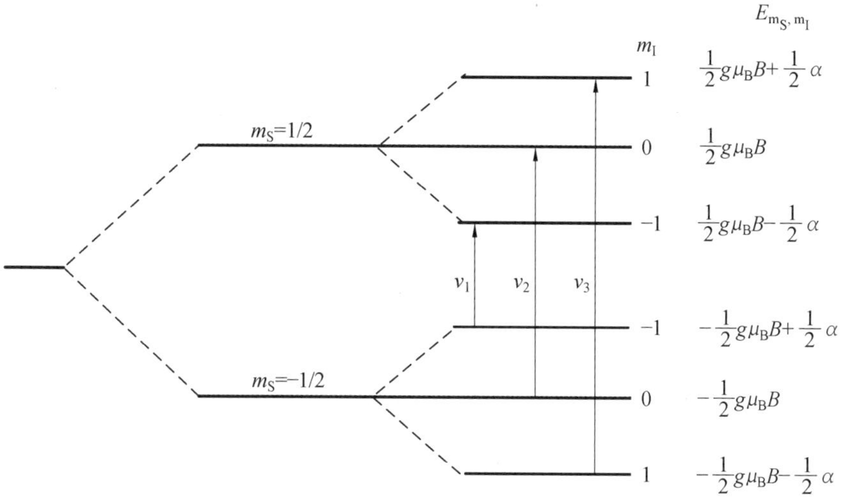

图 11.13　与自旋 $I=1$ 的原子核耦合的电子能级图和允许跃迁

习　题

$C_2H_5OC_2H_5$ 的 ^1H 核磁共振谱如图 11.4 所示，谱中标记为 X 的峰与标记为 Y 的峰具有不同的化学位移 $\delta_X = 3.36$、$\delta_Y = 1.16$。

(1) 在固定场 B_0 中，标记为 Y 的峰值出现的平均频率为 60.015 069 6 MHz，计算相同场中峰 X 的平均频率。

(2) 描述核自旋–自旋耦合的机制，并解释为什么 $C_2H_5OC_2H_5$ 中的 10 个质子仅在光谱中产生 7 个峰值，强度比为 1∶3∶3∶1 和 1∶2∶1，如图 11.14 所示。

图 11.14

(3) 如果(1)和(2)中的磁场 B_0 大小变为原来的 2 倍，假设标记为 Y 的峰之间的分裂为 7.2 Hz，计算 $C_2H_5OC_2H_5$ 频谱中标记为 X 的四个峰中每个峰值的新频率。

(4) $C_2H_5OC_2H_5$ 的宽带去耦 ^{13}C 核磁共振谱显示了两个化学位移为 67.4 和 17.1 的峰，解释为什么 ^{13}C 化学位移的范围远大于同一化合物的质子核磁共振化学位移。

参考文献

[1] MCHALE J L. Molecular spectroscopy[M]. 2nd ed. Boca Raton: Taylor & Francis Group, 2017.

[2] 范康年. 谱学导论[M]. 2 版. 北京:高等教育出版社, 2011.

[3] HOLLAS J M. Modern spectroscopy[M]. 4th ed. New York: John Wiley & Sons, 2004.

[4] ATKINS P W. Physical chemistry[M]. 8th ed. New York: W. H. Freeman Company, 1998.

[5] DEMTRÖDER W. Laser spectroscopy: Vol. 1: Basic principles[M]. 4th ed. Berlin: Springer, 2008.

[6] SVANBERG S. Atomic and molecular spectroscopy: Basic aspects and practical applications[M]. 4th ed. Berlin: Springer, 2004.

[7] ANATOLI A. Atomic spectroscopy: Introduction to the theory of hyperfine structure[M]. Berlin: Springer, 2006.

[8] INGOLF V H, CLAUS P S. Atoms, molecules and optical physics 1:Atoms and spectroscopy[M]. Berlin: Springer, 2015.

附录　部分彩图

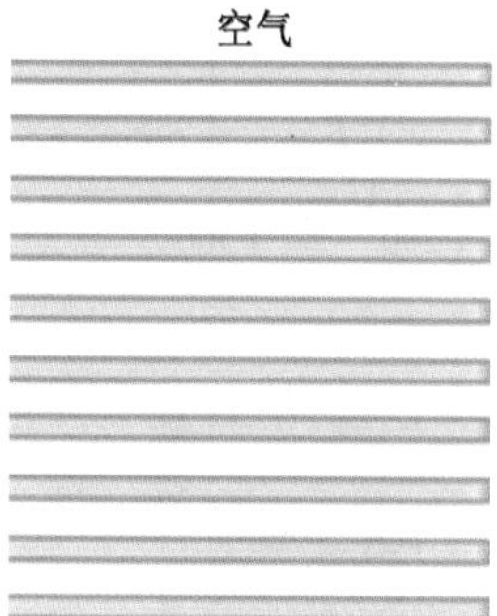

(a) 多层反射镜的组成

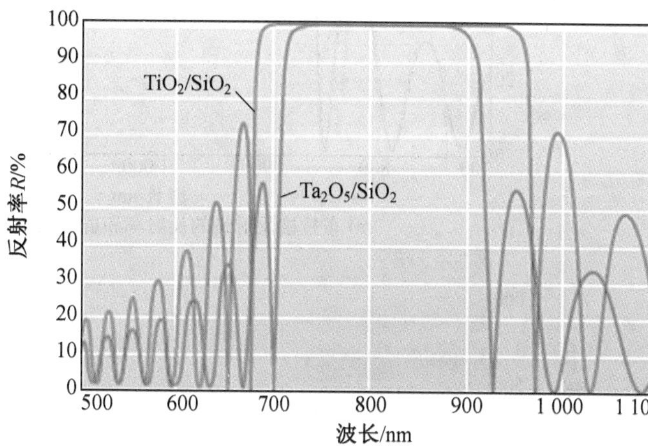

(b) 15层Ta_2O_5/SiO_2和TiO_2/SiO_2组成多层膜的反射率

图 4.24

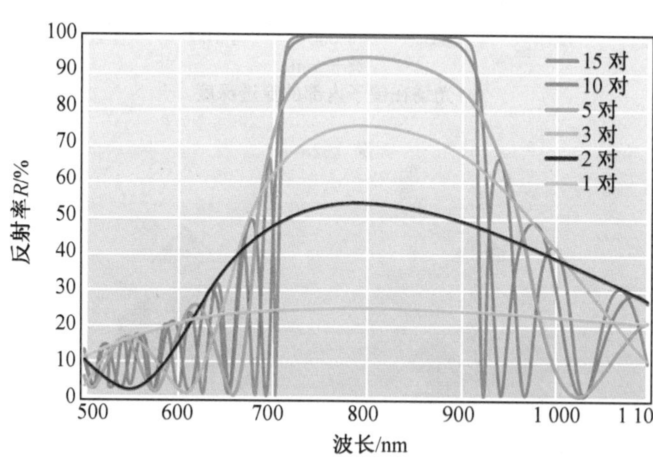

图 4.25

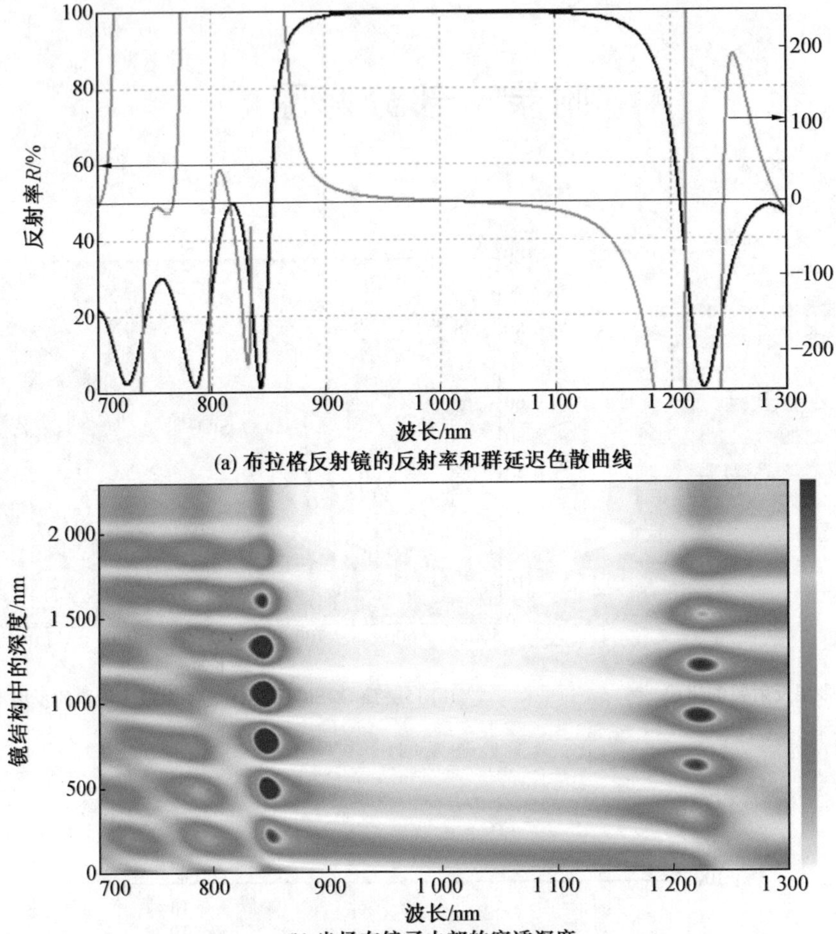

(a) 布拉格反射镜的反射率和群延迟色散曲线

(b) 光场在镜子内部的穿透深度

图 4.26

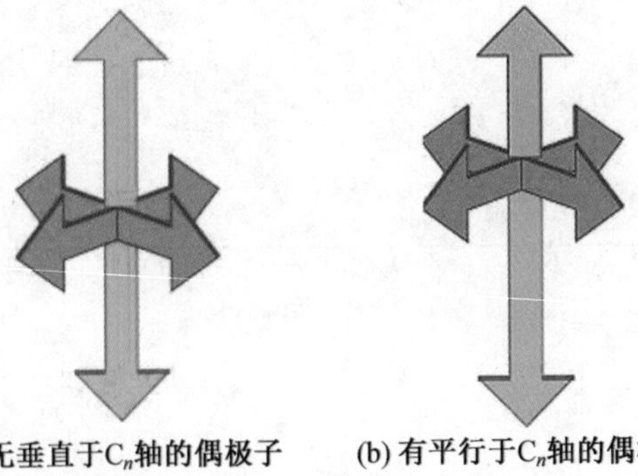

(a) 无垂直于C_n轴的偶极子 (b) 有平行于C_n轴的偶极子

图 5.16